Lecture Notes in Mathematics

Edited by A. Dold and B. Eckmann

1284

B. Heinrich Matzat

Konstruktive Galoistheorie

Springer-Verlag
Berlin Heidelberg New York London Paris Tokyo

Author

Bernd Heinrich Matzat
Mathematisches Institut II, Universität Karlsruhe (TH)
Englerstraße 2, D-7500 Karlsruhe 1

Mathematics Subject Classification (1980): 12-02, 12F10

ISBN 3-540-18444-9 Springer-Verlag Berlin Heidelberg New York
ISBN 0-387-18444-9 Springer-Verlag New York Berlin Heidelberg

Printing and binding: Druckhaus Beltz, Hemsbach/Bergstr.
2146/3140-543210

Vorwort

Vorliegendes Heft der Lecture Notes Reihe enthält die Ausarbeitung meiner Vorlesungen über Konstruktive Galoistheorie in den Sommersemestern 1983 und 1984 in Karlsruhe. Hierfür standen mir neben den Vorbereitungsnotizen noch die Mitschrift von G. Malle zur Verfügung.

Ziel der Vorlesungen war es, meinen Karlsruher Studenten im Anschluß an die Algebra-Vorlesungen einen Einstieg in das Arbeitsgebiet der konstruktiven Galoistheorie zu ermöglichen. Dazu wurden zu Beginn des ersten Teils einige nicht allen Hörern bekannte Resultate aus der Topologie, der Funktionentheorie und der Theorie der algebraischen Funktionen zusammengestellt. Im folgenden Text wird mit Ausnahme weniger Stellen im Kapitel IV auf keine weiteren Vorkenntnisse zurückgegriffen. Im Zentrum der Kapitel II und III stehen dann die Beweise des ersten und des zweiten Rationalitätskriteriums. Als Testbeispiele dienen in erster Linie die zyklischen Gruppen Z_m, die alternierenden Gruppen A_m, die Gruppen $PSL_n(\mathbb{F}_q)$ sowie die Mathieugruppen M_{11} und M_{12}. Anhand dieser Gruppen wird vorgeführt, daß man mit den dargestellten Methoden nicht nur die Existenz von Galoiserweiterungen über $\mathbb{Q}(t)$ und $\mathbb{Q}$ nachweisen, sondern auch erzeugende Polynome für diese berechnen kann. Im letzten Kapitel werden noch einige Sätze bewiesen, mit denen man aus Galoiserweiterungen mit einfachen Gruppen solche mit zusammengesetzten Gruppen konstruieren kann.

An dieser Stelle möchte ich noch S. Lang und J.-P. Serre für kritische Anmerkungen zum Text, meinem Kollegen W. Trinks und meinen Schülern G. Malle, A. Zeh-Marschke, R. Dentzer, F. Häfner und B. Przywara für die Mithilfe bei der Korrektur sowie Frl. A. Grimm für das sorgfältige Tippen des Manuskripts danken.

Karlsruhe, Dezember 1986 B.H. Matzat

Inhaltsverzeichnis

0. EINLEITUNG

DAS UMKEHRPROBLEM DER GALOISTHEORIE

Vor über 150 Jahren hat Galois jedem Polynom ohne mehrfache Nullstellen $f(X)$, dessen Koeffizientenbereich ein Körper K sei, eine endliche Gruppe G zugeordnet: Sind m der Grad von $f(X)$, $\theta_1,\ldots,\theta_m$ die Nullstellen von $f(X)$ (in einer algebraisch abgeschlossenen Hülle $\overline{K}$ von K), $N := K(\theta_1,\ldots,\theta_m)$ der Zerfällungskörper von $f(X)$ über K und

$$R := \{r(X_1,\ldots,X_m) \in K[X_1,\ldots,X_m] \mid r(\theta_1,\ldots,\theta_m) = 0\}$$

die Menge der K-rationalen Relationen zwischen $\theta_1,\ldots,\theta_m$, dann bildet

$$\mathrm{Gal}(f) := \{\sigma \in S_m \mid r(\theta_{\sigma(1)},\ldots,\theta_{\sigma(m)}) = 0,\ r(X_1,\ldots,X_m) \in R\}$$

eine Untergruppe der symmetrischen Gruppe S_m. Diese (noch von der Numerierung der Nullstellen abhängende) Gruppe heißt die *Galoisgruppe des Polynoms* $f(X)$. $\mathrm{Gal}(f)$ ist isomorph zur Gruppe derjenigen Automorphismen von N, die K elementweise festlassen; letztere Gruppe heißt deswegen die *Galoisgruppe der galoisschen Körpererweiterung* N/K und wird mit $\mathrm{Gal}(N/K)$ bezeichnet; es ist also

$$\mathrm{Gal}(f) \cong \mathrm{Gal}(N/K).$$

Für die Galoisgruppe $G = \mathrm{Gal}(f)$ gelten unter anderem, daß der Grad $(N:K)$ der Körpererweiterung N/K gleich der Ordnung $|G|$ der Gruppe G ist, daß die Zwischenkörper von N/K bijektiv den Untergruppen von G entsprechen und daß genau dann jede Nullstelle von $f(X)$ durch einen Wurzelausdruck über K darstellbar (durch Radikale auflösbar) ist, wenn G eine auflösbare Gruppe ist. Die Galoisgruppe G enthält also wichtige Informationen über die Struktur der Körpererweiterung N/K. Das ist Grund genug, danach zu fragen, ob es zu jeder endlichen Gruppe G ein Polynom $f(X) \in K[X]$ gibt mit $\mathrm{Gal}(f) \cong G$. Dies ist das *Umkehrproblem der Galoistheorie für* K.

1. Auflösbare Körper und Einbettungsprobleme

Obwohl das Umkehrproblem der Galoistheorie für den Körper der rationalen Zahlen $\mathbb{Q}$ bereits von Hilbert [1892] formuliert wurde, blieb es bis heute ungelöst. Teilresultate waren aber bereits im letzten Jahrhundert bekannt: Jede abelsche endliche Gruppe ist als Galoisgruppe über $\mathbb{Q}$ realisierbar. Eine abelsche endliche Gruppe G läßt sich nämlich in ein direktes Produkt zyklischer endlicher Gruppen zerlegen: $G = Z_{n_1} \times \cdots \times Z_{n_r}$. Für die zyklischen Faktoren Z_{n_j} der Ordnung n_j gibt es paarweise verschiedene Primzahlen p_j mit $p_j \equiv 1 \bmod n_j$. Bereits Galois wußte, daß der Kreisteilungskörper $\mathbb{Q}^{(p_j)} := \mathbb{Q}(\exp(\frac{2\pi i}{p_j}))$ eine über $\mathbb{Q}$ zyklische Galoisgruppe der Ordnung $p_j - 1$ und damit einen Teilkörper N_j mit $\mathrm{Gal}(N_j/\mathbb{Q}) \cong Z_{n_j}$ besitzt. Das Kompositum N dieser Körper N_j ist dann über $\mathbb{Q}$ galoissch mit $\mathrm{Gal}(N/\mathbb{Q}) = \prod_{j=1}^{r} Z_{n_j} = G$. Demnach ist G innerhalb des n-ten Kreisteilungskörpers $\mathbb{Q}^{(n)} := \mathbb{Q}(\exp(\frac{2\pi i}{n}))$ für $n = \prod_{j=1}^{r} p_j$ als Galoisgruppe über $\mathbb{Q}$ realisierbar. Dieses Resultat wird durch den folgenden Satz verallgemeinert (Weber [1886]):

<u>Satz A:</u> (Satz von Kronecker-Weber)
<u>Jeder über $\mathbb{Q}$ galoissche Körper N mit einer abelschen Galoisgruppe $\mathrm{Gal}(N/\mathbb{Q})$ ist ein Teilkörper eines n-ten Kreisteilungskörpers $\mathbb{Q}^{(n)}$ für ein geeignetes n.</u>

Aus diesem Satz ergibt sich, daß alle über $\mathbb{Q}$ galoisschen Körper mit einer abelschen Galoisgruppe, diese heißen auch über $\mathbb{Q}$ abelsch, im vollen Kreisteilungskörper $\bigcup_{n\in\mathbb{N}} \mathbb{Q}^{(n)}$ enthalten sind. Somit stimmt dieser mit dem maximal abelschen Erweiterungskörper $\mathbb{Q}^{ab}$ von $\mathbb{Q}$ überein:

$$\mathbb{Q}^{ab} = \bigcup_{n\in\mathbb{N}} \mathbb{Q}^{(n)}.$$

Der nächste große Schritt gelang erst Šafarevič [1954c], als er zeigen konnte, daß auch jede auflösbare Gruppe, d.h. jede endliche Gruppe G, deren Kompositionsreihe

$$G = G_0 > \cdots > G_n = I$$

zyklische Faktorgruppen G_{i-1}/G_i für $i = 1,\ldots,n$ besitzt, als Galoisgruppe über $\mathbb{Q}$ realisierbar ist. Der Hauptschritt in diesem Beweis besteht im Lösen eines *Einbettungsproblems*. Darunter versteht man die Frage, ob es zu einer vorgegebenen Galoiserweiterung N_0/K mit der Galoisgruppe G_0 und einer Gruppenerweiterung $G_1 = H\cdot G_0$ einer Gruppe H, dem Kern des Einbettungsproblems, mit G_0 eine Galoiserweiterung N_1/K mit $N_1 \geq N_0$ und $\mathrm{Gal}(N_1/K) \cong G_1$ gibt. Ein solches Einbettungsproblem heißt endlich, wenn G_1 eine endliche Gruppe ist, und zerfallend, wenn G_1 ein semidirektes Produkt von H mit G_0 ist. Der allgemeinste, leicht formulierbare Einbettungssatz stammt ebenfalls von Šafarevič [1958] (siehe auch

Išhanov [1976]):

<u>Satz B:</u> (Einbettungssatz von Šafarevič)
<u>Über einem Zahlkörper von endlichem Grad über $\mathbb{Q}$ ist jedes zerfallende endliche Einbettungsproblem mit einem nilpotenten Kern lösbar.</u>

(Nilpotente Gruppen können als direkte Produkte von p-Gruppen definiert werden.) Vorläufer zu diesem Satz stehen bei Scholz [1929] und Šafarevič [1954b]. Weitere Einbettungssätze, die auch die arithmetische Struktur berücksichtigen, findet man zum Beispiel bei Hoechsmann [1968], Sonn [1972] und Neukirch [1973], [1979]. Durch eine einfache gruppentheoretische Überlegung (siehe Išhanov [1976]) gewinnt man aus dem obigen Einbettungssatz das folgende großartige Resultat von Šafarevič [1954c]:

<u>Satz C: Jede auflösbare endliche Gruppe ist unendlich oft als Galoisgruppe über $\mathbb{Q}$ realisierbar.</u>

Das entsprechende Ergebnis für p-Gruppen wurde bereits von Scholz [1937] und Šafarevič [1954a] erzielt. Polynome mit rationalen Koeffizienten für einige auflösbare Gruppen, insbesondere einige Frobeniusgruppen, findet man bei Sonn [1980], Roland, Yui, Zagier [1982], Jensen, Yui [1982], Bruen, Jensen, Yui [1986] und Heider, Kolvenbach [1984]. Einbettungen von Galoisgruppen in Kranzprodukte werden bei Odoni [1985] und Gow [1986] untersucht.
Adjungiert man zum Körper $\mathbb{Q}$ statt der n-Teilungspunkte des Einheitskreises die Koordinaten aller n-Teilungspunkte einer über $\mathbb{Q}$ definierten elliptischen Kurve ohne komplexe Multiplikation, so sind die so erhaltenen Körper E_n über $\mathbb{Q}$ galoissch mit $Gal(E_n/\mathbb{Q}) \leq GL_2(\mathbb{Z}/n\mathbb{Z})$, wobei der Index von $Gal(E_n/\mathbb{Q})$ in $GL_2(\mathbb{Z}/n\mathbb{Z})$ durch eine nur von der elliptischen Kurve abhängende natürliche Zahl beschränkt ist. Aus diesem Satz von Serre [1972] (siehe auch Shimura [1966] für ein Teilresultat) folgt speziell, daß die allgemeinen linearen Gruppen $GL_2(\mathbb{Z}/n\mathbb{Z})$ unendlich oft als Galoisgruppen über $\mathbb{Q}$ realisierbar sind. Dieses Ergebnis kann allerdings auch schon aus einem klassischen Resultat über die Galoisgruppen der n-Teilungspolynome einer elliptischen Kurve gefolgert werden (siehe Lang [1973], Ch. 6, § 3, Cor. 1, beruhend auf Weber [1908], § 63), wenn man den Hilbertschen Irreduzibilitätssatz zu Hilfe nimmt.

2. Der Hilbertsche Irreduzibilitätssatz und das Noethersche Problem

Zu fast allen weiteren bisherigen Resultaten wurde der Hilbertsche Irreduzibilitätssatz benötigt. In der hier passenden Version lautet er (siehe Hilbert [1892] oder Kapitel IV, § 1.4):

Satz D: (Hilbertscher Irreduzibilitätssatz)
Es seien $K = \mathbb{Q}(t_1,\ldots,t_n)$ ein rationaler Funktionenkörper über $\mathbb{Q}$ und $f(t_1,\ldots,t_n,X) \in K[X]$ ein irreduzibles Polynom mit der Galoisgruppe G. Dann existieren unendlich viele $(\tau_1,\ldots,\tau_n) \in \mathbb{Q}^n$, so daß $f(\tau_1,\ldots,\tau_n,X) \in \mathbb{Q}[X]$ irreduzibel ist und $\mathrm{Gal}(f(\tau_1,\ldots,\tau_n,X)) \cong G$ ist.

Man nennt nun einen Körper k einen *Hilbertkörper*, wenn der Hilbertsche Irreduzibilitätssatz für k statt $\mathbb{Q}$ richtig bleibt. Zu diesen zählen unter anderem die über $\mathbb{Q}$ endlich erzeugten Körper (Hilbert [1892]) sowie die über $\mathbb{Q}^{ab}$ endlich erzeugten Körper (Weissauer [1982], Fried [1985] oder Kapitel IV, A.).

Unter Verwendung des Hilbertschen Irreduzibilitätssatzes erhält man sofort, daß die symmetrischen Gruppen S_m als Galoisgruppen über $\mathbb{Q}$ realisierbar sind, da die Galoisgruppe der allgemeinen Gleichung m-ten Grades die S_m ist. Hieraus folgt, daß jede endliche Gruppe als Galoisgruppe über einem endlichen Erweiterungskörper K von $\mathbb{Q}$ realisiert werden kann. Denn jede endliche Gruppe G läßt sich für ein geeignetes m in die symmetrische Gruppe S_m einbetten, für diese gibt es eine Galoiserweiterung $N/\mathbb{Q}$ mit $\mathrm{Gal}(N/\mathbb{Q}) \cong S_m$, und N ist über dem Fixkörper $K = N^G$ von G galoissch mit $\mathrm{Gal}(N/K) \cong G$. Weiter konnte Hilbert mit dem Irreduzibilitätssatz nachweisen, daß auch die alternierenden Gruppen A_m als Galoisgruppen über $\mathbb{Q}$ vorkommen. Explizite Polynome mit den Galoisgruppen A_m für $m \not\equiv 2 \bmod 4$ fand Schur [1930], [1931] bei der Untersuchung der abgebrochenen Exponentialreihe und der abgeleiteten Laguerreschen Polynome. Polynome mit den Gruppen A_m für alle m sind aufgestellt worden von Matzat [1984] und Nart, Vila [1983] (siehe auch Kapitel II, § 3).

Polynome mit Koeffizienten aus rationalen Funktionenkörpern über gewissen algebraischen Zahlkörpern, deren Galoisgruppen von den Gruppen S_m und A_m verschieden sind, wurden vor allem innerhalb der Theorie der Modulfunktionen konstruiert (Klein [1884], Klein, Fricke [1897], [1912], Fricke [1928], siehe auch Atkin, Swinnerton-Dyer [1971]). Dabei stellte Weber [1908] fest, daß die Galoisgruppen der Transformationspolynome der elliptischen Modulfunktionen für Primzahlen p über $\mathbb{Q}(j)$ die Gruppen $\mathrm{PGL}_2(\mathbb{F}_p)$ sind, die damit auch als Galoisgruppen über $\mathbb{Q}$ vorkommen. Dieses Resultat wurde von Macbeath [1969b] auf die Gruppen $\mathrm{PGL}_2(\mathbb{Z}/n\mathbb{Z})$ ausgedehnt. Unter zusätzlicher Verwendung der Shimuraschen Theorie der kanonischen Systeme von Modellen (siehe z.B. Shimura [1971]) konnte Shih [1974] (siehe auch Shih [1978]) zeigen, daß auch die einfachen Gruppen $\mathrm{PSL}_2(\mathbb{F}_p)$, für die 2, 3 oder 7 kein quadratischer Rest modulo p ist, als

Galoisgruppen über $\mathbb{Q}(t)$ und $\mathbb{Q}$ vorkommen. Dasselbe gilt auch für die Gruppen $PSL_2(\mathbb{F}_{p^2})$ bei Primzahlen $p \neq 47$, für die 144169 ein quadratischer Nichtrest modulo p **ist** (Ribet [1975]).

Ein allgemeiner Ansatz geht auf Emmy Noether [1918] **(siehe** auch Kuyk [1964]) zurück. Dazu bettet man eine vorgegebene endliche Gruppe G in eine symmetrische Gruppe S_m ein, die die m über k unabhängigen Transzendenten von $K = k(t_1,\ldots,t_m)$ permutiert.

Satz E: (Noethersches Kriterium)
Es seien k ein Hilbertkörper, G eine Untergruppe der S_m und $K=k(t_1,\ldots,t_m)$. Weiter sei der Invariantenkörper K^G von K unter der $\{t_1,\ldots,t_m\}$ permutierenden Gruppe G ein rationaler Funktionenkörper. Dann ist G unendlich oft als Galoisgruppe über k realisierbar, und die Menge der Polynome $f(X) \in k[X]$ mit einer zu G isomorphen Galoisgruppe ist parametrisierbar.

Der Nachweis der Voraussetzungen dieses Satzes, das ist das *Noethersche Problem*, wurde von E. Noether [1918] selbst für die Untergruppen der S_4 erbracht (siehe auch Noether [1915]), und Seidelmann [1918] berechnete die zugehörigen Parameterdarstellungen. Dieses Programm wurde für spezielle auflösbare Gruppen von Breuer [1921], [1924], [1926], [1932], Furtwängler [1925] und Gröbner [1932] fortgeführt. Chevalley [1955] konnte zeigen, daß die Invariantenkörper der endlichen Spiegelungsgruppen rationale Funktionenkörper sind. Im allgemeinen führt aber dieser Ansatz nicht zum Ziel. Ein erstes Gegenbeispiel fand Swan [1969], indem er bewies, daß der Invariantenkörper der Z_{47} kein rationaler Funktionenkörper über $\mathbb{Q}$ ist. Die Frage nach der Rationalität der Invariantenkörper abelscher endlicher Gruppen über Zahlkörpern, diese sind nach einem Satz von Fischer [1915] über $\mathbb{Q}^{ab}$ als Grundkörper stets rational, konnte Lenstra [1974] auf rein arithmetische Bedingungen zurückführen und damit lösen (siehe auch Masuda [1955], [1968], Voskresenskiǐ [1970], [1971], [1973] und Endo, Miyata [1973]). Kürzlich zeigte Saltman [1984], daß es schon unter den endlichen p-Gruppen Beispiele gibt, deren Invariantenkörper selbst über $\mathbb{C}$ nicht rational ist.

3. Folgerungen aus dem Riemannschen Existenzsatz

Ein weiterer Ansatz zur Lösung des Umkehrproblems der Galoistheorie beruht auf dem Riemannschen Existenzsatz. Nach diesem nämlich entsprechen die endlich galoisschen Körpererweiterungen von $\mathbb{C}(t)$, die höchstens in s Stellen verzweigt sind, bijektiv den in höchstens s Punkten verzweigten endlichen Riemannschen Überlagerungen der Riemannschen Zahlenkugel (siehe Hurwitz [1891] oder Kap. I, § 2.2). Damit werden diese Galoiserweiterungen durch die endlichen Faktorgruppen der Fundamentalgruppe der in s Punkten gelochten Riemannschen Zahlenkugel, dies ist eine freie Gruppe vom Rang s-1, klassifiziert. Die algebraische Beschreibung dieses Sachverhalts, welche für alle algebraisch abgeschlossenen Grundkörper richtig bleibt, lautet (siehe Šafarevič [1963], Douady [1964], Grothendieck [1971], van den Dries, Ribenboim [1979] oder Kap. I, § 4.3):

Satz F: Es seien $K = k(t)$ ein rationaler Funktionenkörper der Charakteristik 0 über einem algebraisch abgeschlossenen Konstantenkörper k und $\mathbf{S}$ eine s-elementige Menge von Stellen von K/k. Dann ist die Galoisgruppe der maximalen, außerhalb von $\mathbf{S}$ unverzweigten, algebraischen Körpererweiterung eine freie proendliche Gruppe vom Rang s-1.

Wendet man diesen Satz beispielsweise auf den Körper aller algebraischen Zahlen $k = \bar{\mathbb{Q}}$ an, so erhält man, daß jede endliche Gruppe als Galoisgruppe über $\bar{\mathbb{Q}}(t)$ realisierbar ist. Damit stellt sich ganz naturgemäß die Frage ein, über welchen Teilkörpern von $\bar{\mathbb{Q}}$ diese Galoiserweiterungen definiert sind. Hierfür gibt es neuerdings ein rein gruppentheoretisches (hinreichendes) Kriterium, das in verschiedenen Allgemeinheitsstufen von Shih [1974], Fried [1977], Belyi [1979], Matzat [1984] und Thompson [1984] bewiesen wurde. Es lautet in seiner rudimentärsten Form (vergleiche Kap. II, § 4.2):

Satz G: Besitzt eine endliche Gruppe mit trivialem Zentrum ein Erzeugendensystem $\underline{\sigma} = (\sigma_1,\ldots,\sigma_s)$ mit $\sigma_1\cdots\sigma_s = \iota$ derart, daß es für jedes komponentenweise zu $\underline{\sigma}$ konjugierte Erzeugendensystem $\underline{\tau} = (\tau_1,\ldots,\tau_s)$ von G mit $\tau_1\cdots\tau_s = \iota$ ein $\gamma \in G$ mit $\underline{\tau}^{\gamma} = \underline{\sigma}$ gibt, so ist G als Galoisgruppe über $\mathbb{Q}^{ab}(t)$ realisierbar. Sind überdies die Konjugiertenklassen von σ_j in G rationale Klassen, so ist G als Galoisgruppe über $\mathbb{Q}(t)$ realisierbar.

Unter Verwendung des Hilbertschen Irreduzibilitätssatzes erhält man dann jeweils unendlich viele Realisierungen von G als Galoisgruppe über $\mathbb{Q}^{ab}$ beziehungsweise über $\mathbb{Q}$. Mit den verschiedenen Versionen dieses Satzes konnte bisher nachgewiesen werden, daß alle klassischen einfachen Gruppen (Belyi [1979], [1983]), ein großer Teil der nichtklassischen einfachen Gruppen vom Lie-Typ (Malle [198?b]) und alle sporadischen einfachen Gruppen mit Ausnahmen der J_4 (Hunt [1986], Hoyden-Siedersleben, Matzat [1986]) als Galoisgruppen über $\mathbb{Q}^{ab}(t)$ vorkommen. Für einen Teil dieser Gruppen wurden auch Realisierungen über $\mathbb{Q}(t)$ gefunden (siehe den Übersichtsartikel Matzat [198?a] sowie Kap. III, § 4.4 und § 6.4). Der

Beweis der diesen Ergebnissen zugrunde liegenden Sätze (mit Ausnahme der in der Lehrbuchliteratur enthaltenen) bildet den wesentlichen Inhalt dieser Vorlesungsausarbeitung. Daneben wird an den Anwendungbeispielen vorgeführt, daß man mit diesen Sätzen nicht nur die Existenz von Galoiserweiterungen etwa über $\mathbb{Q}(t)$ nachweisen kann, sondern für diese auch erzeugende Polynome berechnen kann. (Die Hauptschwierigkeit besteht darin, nichtlineare algebraische Gleichungssysteme zu lösen, siehe hierzu Trinks [1978], [1984] und Malle, Trinks [198?].)

Zum Schluß dieser Einführung wird noch auf verwandte Ansätze zur Lösung des Umkehrproblems der Galoistheorie hingewiesen: Fried [1977] wählte einen stärker geometrisch motivierten Zugang, indem er zunächst die Definitionskörper k von Hurwitz-Familien galoisscher Überlagerungen der Riemannschen Zahlenkugel zu bestimmen versucht, wonach aber das schwierige diophantische Problem zu lösen bleibt, k-rationale Punkte auf diesen zu finden. Diese Überlegungen wurden bei Biggers, Fried [1982], Fried [1984] und Coombes, Harbater [1985] weitergeführt. In eine andere Richtung entwickelte sich die Fragestellung bei Harbater [1984a], [1984b], [198?a], [198?b]: Er zeigte, daß das Umkehrproblem der Galoistheorie unter anderem über dem rationalen Funktionenkörper $\mathbb{Q}_p(t)$ über dem Körper der rationalen p-adischen Zahlen $\mathbb{Q}_p$ und über dem Quotientenkörper der ganzzahligen Potenzreihen $F(t) \in \mathbb{Z}[[t]]$ mit mindestens dem Konvergenzradius 1 lösbar ist. Der erhoffte Abstieg zu $\mathbb{Q}[t]$ und damit zu $\mathbb{Q}$ ist aber bisher nicht gelungen.

Auf die historische Entwicklung des Umkehrproblems der Galoistheorie wird in den Übersichtsartikeln von Tschebotaröw [1934], Neukirch [1974], Geyer [1978], Jehne [1979], Faddeev [1984] und dem Autor [198?a] eingegangen. Ein Abriß der jüngeren Geschichte des Noetherschen Problems ist bei Swan [1981], [1983] aufgezeichnet.

KAPITEL I

FUNDAMENTALGRUPPEN

Fundamentalgruppen bilden das Fundament der konstruktiven Galoistheorie, da man mit ihrer Hilfe die Überlagerungen topologischer und Riemannscher Flächen und auch die algebraischen Körpererweiterungen algebraischer Funktionenkörper einer Veränderlichen über einem algebraisch abgeschlossenen Konstantenkörper klassifizieren kann. Daher werden im ersten Kapitel in den Paragraphen 1 bis 4 zunächst die Fundamentalgruppen topologischer Räume sowie der kompakten und abstrakten Riemannschen Flächen eingeführt und ihre Beziehung untereinander untersucht. Da dieser Teil nur zur Vorbereitung dient, wird für die Beweise der angegebenen Sätze auf die Literatur verwiesen, vor allem auf die Lehrbücher "Topologie" von Schubert, "Riemannsche Flächen" von Forster und "Algèbre et Théories Galoisiennes II" von Douady.

In dem Paragraphen 5 wird dann der Grundstein für die im Kapitel II entwickelte Galoisdescent-Theorie algebraischer Funktionenkörper einer Veränderlichen gesetzt. Dazu wird auf der Fundamentalgruppe Π einer abstrakten Riemannschen Fläche über einem algebraisch abgeschlossenen Konstantenkörper k eine Operation der Automorphismengruppe von k erklärt und auf der Kommutatorfaktorgruppe Π^{ab} explizit bestimmt. Im letzten Paragraphen dieses Kapitels wird dann die Fundamentalgruppe des Körpers der rationalen Zahlen $\mathbb{Q}$, das ist die absolute Galoisgruppe von $\mathbb{Q}$, in Automorphismengruppen freier proendlicher Gruppen eingebettet. Diese Paragraphen decken sich weitgehend mit den ersten 3 Abschnitten bei Matzat [1985a].

§ 1 Fundamentalgruppen topologischer Räume

Als erstes werden die Fundamentalgruppen topologischer Räume X eingeführt und ihr Zusammenhang mit den Überlagerungen von X beschrieben. Im später wichtigen Fall der topologischen Flächen wird die Fundamentalgruppe durch Erzeugende und Relationen angegeben.

1. Definition der Fundamentalgruppe

Die Fundamentalgruppe eines topologischen Raumes X wird als Gruppe von Wegeklassen auf X definiert.

Definition 1: Eine stetige Abbildung $w : [0,1] \to X$ heißt ein *Weg in X*. $w(0)$ nennt man den *Anfangspunkt* und $w(1)$ den *Endpunkt* des Weges. Stimmen Anfangs- und Endpunkt überein, so heißt w ein *geschlossener Weg*.

Ein topologischer Raum X heißt *bogenweise zusammenhängend*, wenn es für alle Punkte P,Q aus X einen Weg w mit dem Anfangspunkt P und dem Endpunkt Q gibt.

Eine Verknüpfung zweier geschlossener Wege w_1 und w_2 mit gleichem Anfangspunkt in X wird definiert durch

$$(w_1 * w_2)(t) := \begin{cases} w_1(t) & \\ & \text{für} \\ w_2(2t-1) & \end{cases} \begin{matrix} 0 \le t \le \frac{1}{2} \\ \\ \frac{1}{2} < t \le 1 \end{matrix}$$

Das Inverse eines geschlossenen Weges w in X ist

$$w^{-1}(t) := w(1-t)$$

Wie man sieht, sind sowohl $w_1 * w_2$ als auch w^{-1} geschlossene Wege. Allerdings ist die $*$-Verknüpfung von Wegen im allgemeinen nicht assoziativ. Führt man auf der Menge der geschlossenen Wege eine geeignete Äquivalenzrelation ein, so wird die Verknüpfung von Wegeklassen nach dieser Relation auch assoziativ:

Definition 2: Zwei Wege w_1, w_2 in X heißen *homotop*, in Zeichen $w_1 \simeq w_2$, wenn Anfangs- und Endpunkt P und Q von w_1 und w_2 übereinstimmen und es eine stetige Abbildung $v : [0,1] \times [0,1] \to X$ mit $v(s,0) = P$, $v(s,1) = Q$, $v(0,t) = w_1(t)$ und $v(1,t) = w_2(t)$ gibt; v führt also w_1 stetig in w_2 über.

Die Homotopie bildet eine Äquivalenzrelation auf den Wegen in X, die zugehörigen Klassen werden mit $\bar{w}$ bezeichnet. Die Verknüpfung $\bar{w}_1 * \bar{w}_2 := \overline{w_1 * w_2}$ für Klassen geschlossener Wege ist wohldefiniert, und es gilt:

Aussage 1: Die Homotopieklassen der geschlossenen Wege in einem topologischen Raum X mit festem Anfangspunkt P bilden eine Gruppe $\pi_1(X,P)$ bezüglich der Verknüpfung $*$.

Ein Beweis findet sich beispielsweise bei Schubert [1964], III, § 5.2. Weiter wird dort in § 5.3 gezeigt:

Aussage 2: Für einen bogenweise zusammenhängenden topologischen Raum X sind die Gruppen $\pi_1(X,P)$ für alle $P \in X$ isomorph.

Da hiernach $\pi_1(X,P)$ von P unabhängig ist, erlaubt dies die

Definition 3: Es sei X ein bogenweise zusammenhängender topologischer Raum. Dann heißt $\pi_1(X) := \pi_1(X,P)$ die *Fundamentalgruppe von X* oder die *Wegeklassengruppe von X*.

Beispiele: $\mathbb{C}$ sei die Menge der komplexen Zahlen mit der üblichen Topologie.

(1) In $X = \mathbb{C}$ sind alle geschlossenen Wege äquivalent, also ist $\pi_1(\mathbb{C}) = I$ (Einsgruppe). Aus demselben Grund ist auch die Fundamentalgruppe der Riemannschen Zahlenkugel $\hat{\mathbb{C}} := \mathbb{C} \cup \{\infty\}$ trivial.

(2) Sei $X = \mathbb{C}\setminus\{P_1\} \cong \hat{\mathbb{C}}\setminus\{P_1,P_2\}$ die "zweifach gelochte" Riemannsche Zahlenkugel. Alle Wegeklassen von X sind Vielfache der Wegeklasse $\bar{a}_1$ eines "einfachen Umlaufs" a_1 um P_1, also ist $\pi_1(X) = \langle \bar{a}_1 \rangle \cong \mathbb{Z}$ frei vom Rang eins. Analog ist für die (s+1)-fach gelochte Riemannsche Zahlenkugel $X = \mathbb{C}\setminus\{P_1,\ldots,P_s\}$ die Fundamentalgruppe frei erzeugt von den Wegeklassen der "einfachen Umläufe" um die P_i :

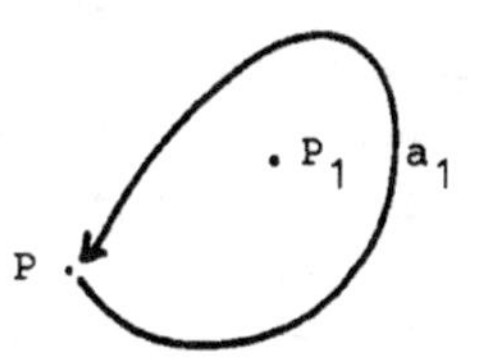

$$\pi_1(X) = \langle \bar{a}_1,\ldots,\bar{a}_s \rangle \cong \mathop{\ast}_{i=1}^{s} \mathbb{Z}.$$

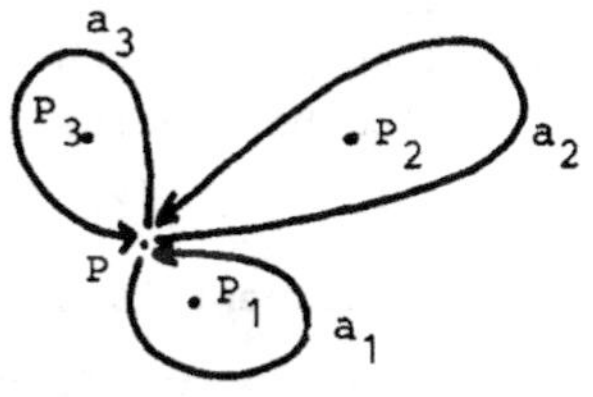

(3) Ist $\Gamma := \mathbb{Z}\gamma_1 + \mathbb{Z}\gamma_2$ ein Gitter in $\mathbb{C}$, dann ist $X := \mathbb{C}/\Gamma$, versehen mit der Quotiententopologie, homöomorph zu einem Torus, der auf dem Bild nebenan als Reifen dargestellt ist. Die Klassen der von einem festen Punkt $P \in X$ ausgehenden geschlossenen Wege a_1 um das Loch im Reifen und a_2

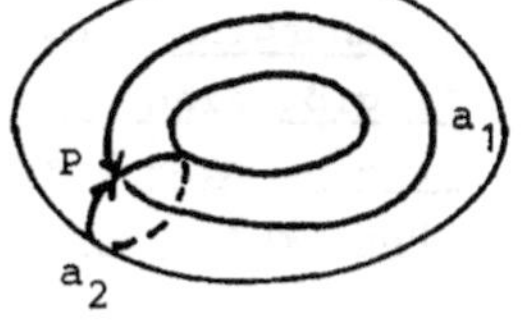

durch das Loch im Reifen erzeugen die Fundamentalgruppe von X und sind vertauschbar, also ist $\pi_1(X)$ eine freie abelsche Gruppe vom Rang zwei:

$$\pi_1(X) = \langle \bar{a}_1, \bar{a}_2 \mid [\bar{a}_1, \bar{a}_2] = o \rangle \cong \mathbb{Z} \times \mathbb{Z}$$

2. Überlagerungen topologischer Räume

Die Überlagerungen gewisser topologischer Räume lassen sich durch die Untergruppen der Fundamentalgruppe klassifizieren. Diese Tatsache wird später die Klassifikation aller außerhalb vorgegebener Stellen unverzweigter Körpererweiterungen von algebraischen Funktionenkörpern einer Veränderlichen ermöglichen.

Definition 4: X und Y seien bogenweise zusammenhängende topologische Räume. Dann heißen eine surjektive Abbildung $f : Y \to X$ eine *Überlagerung von* X und Y ein Überlagerungsraum von X, wenn für alle Punkte $P \in X$ eine Umgebung U existiert, deren Urbild $f^{-1}(U)$ eine disjunkte Vereinigung offener Mengen $\bigcup_{i \in I} \tilde{U}_i$ in Y ist, so daß $f|_{\tilde{U}_i}$ Homöomorphien sind.
$f : Y \to X$ heißt eine *endliche Überlagerung von* Y, wenn die Fasern $f^{-1}(P) = \{Q \in Y \mid f(Q) = P\}$ endliche Mengen sind.

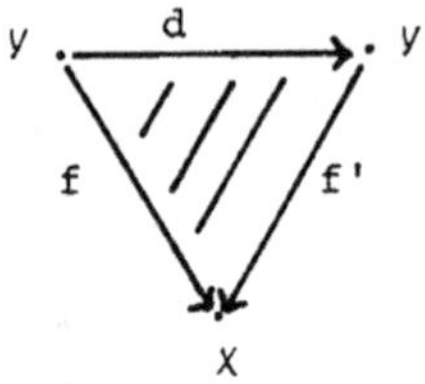

Sind $f : Y \to X$ und $f' : Y' \to X$ zwei Überlagerungen von X, dann heißt $d : Y \to Y'$ eine *Spurhomöomorphie*, wenn d eine Homöomorphie ist, für die $f' \circ d = f$ gilt. Eine Spurhomöomorphie d von Y auf sich mit $f \circ d = f$ heißt eine *Deckbewegung*. Die Menge

$$\mathrm{Deck}(f:Y \to X) := \{d \mid d: Y \to Y \text{ ist Deckbewegung}\}$$

mit dem Abbildungsprodukt heißt die *Deckbewegungsgruppe von* f. f heißt eine *normale* (oder *galoissche* oder *reguläre*) *Überlagerung von* X, wenn $\mathrm{Deck}(f:Y \to X)$ auf jeder Faser $f^{-1}(P)$ von $P \in X$ transitiv operiert.

Definition 5: Ein topologischer Raum X heißt *lokal einfach bogenweise zusammenhängend*, wenn für jeden Punkt $P \in X$ und jede offene Umgebung U von P eine bogenweise zusammenhängende Umgebung V mit $P \in V \subseteq U \subseteq X$ existiert, so daß $\pi_1(V) = I$ gilt.

Dem Fundamentalsatz der Galoistheorie entspricht der

Satz A: (Fundamentalsatz für Überlagerungen topologischer Räume)
Es sei X ein bogenweise zusammenhängender, lokal einfach bogenweise zusammenhängender topologischer Raum. Dann gelten:

(a) Es gibt einen einfach zusammenhängenden topologischen Raum $\hat{X}$ und eine normale Überlagerung $\hat{f} : \hat{X} \to X$ mit einer zu $\pi_1(X)$ antiisomorphen Deckbewegungsgruppe: $\mathrm{Deck}(\hat{f}:\hat{X} \to X) \underset{a}{\cong} \pi_1(X)$.

(b) Für $U \leq \pi_1(X)$ sei $\hat{X}/U$ der Bahnenraum, versehen mit der Quotiententopologie. Dann ist die Abbildung $f_U : \hat{X}/U \to X$ mit $f_U(Q) := \hat{f}(\hat{Q})$ für $\hat{Q} \in Q$ eine Überlagerung von X. Dabei ergeben konjugierte Untergruppen U, V in $\pi_1(X)$ spurhomöomorphe Überlagerungen f_U und f_V von X.

(c) Ist $U \trianglelefteq \pi_1(X)$ ein Normalteiler, so ist $f_U : \hat{X}/U \to X$ eine normale Überlagerung von X mit $\mathrm{Deck}(f_U:\hat{X}/U \to X) \underset{a}{\cong} \pi_1(X)/U$.

(d) Zu jeder Überlagerung $f : Y \to X$ existiert eine Untergruppe $U \leq \pi_1(X)$, so daß $f_U : \hat{X}/U \to X$ spurhomöomorph zu f ist.

Einen Beweis kann man etwa bei Schubert [1964], III, § 6.8, nachlesen (siehe auch Douady [1979] , Ch. IV). Also sind die Klassen spurhomöormorpher Überlagerungen $f : Y \to X$ durch die Konjugiertenklassen von Untergruppen der Fundamentalgruppe $\pi_1(X)$ charakterisdert.

Definition 6: Eine zu $\hat{f} : \hat{X} \to X$ aus Satz A(a) spurhomöomorphe Überlagerung heißt eine *universelle Überlagerung von X*.

3. Das Geschlecht topologischer Flächen

Eine charakteristische Größe topologischer Flächen ist das Geschlecht. Die Fundamentalgruppe einer Fläche kann damit explizit beschrieben werden.

Definition 7: Ein Hausdorffraum X heißt eine *n-dimensionale Mannigfaltigkeit*, wenn es für jeden Punkt $P \in X$ eine offene Umgebung $U \subseteq X$ gibt, die homöomorph zu einer offenen Teilmenge des $\mathbb{R}^n$ ist. Im Spezialfall $n = 2$ heißt X eine *topologische Fläche*.

Das Geschlecht läßt sich nur für Flächen definieren, die eine Triangulierung besitzen.

Definition 8: Es seien $P_o,\ldots,P_q$ linear unabhängige Punkte im n-dimensionalen affinen Raum $\mathbb{A}^n(\mathbb{R})$. Dann heißt

$$S := \{\sum_{i=o}^{q} \lambda_i P_i \mid \sum_{i=o}^{q} \lambda_i = 1,\ 0 \leq \lambda_i \in \mathbb{R}\}$$

ein *q-Simplex* in $\mathbb{A}^n(\mathbb{R})$, kurz $\langle P_o,\ldots,P_q\rangle$. Ist $\{Q_o,\ldots,Q_r\}$ eine Teilmenge von $\{P_o,\ldots,P_q\}$, so heißt $\langle Q_o,\ldots,Q_r\rangle$ eine *r-Seite von* S.

Ein Paar $(X,\mathcal{S})$ mit $X \subseteq \mathbb{A}^n(R)$ und einer endlichen Menge $\mathcal{S}$ von Simplizes in X heißt ein *simplizialer Komplex*, wenn die folgenden drei Eigenschaften gelten:

(1) Für alle $S \in \mathcal{S}$ liegt jede Seite T von S in $\mathcal{S}$.

(2) Der Schnitt zweier Elemente $S, T \in \mathcal{S}$ ist leer oder eine Seite von S.

(3) Die Vereinigung aller $S \in \mathfrak{S}$ ergibt ganz X.

$(X,\mathfrak{S})$ heißt *orientierbar*, wenn auf den (n-1)-dimensionalen Simplizes des n-dimensionalen Raumes X eine kohärente Orientierung möglich ist.

Definition 9: Ein topologischer Raum, der homöomorph zu einem simplizialen Komplex ist, heißt *triangulierbar*. Er heißt *orientierbar*, falls der Komplex zudem orientierbar ist.

Bezeichnet man mit χ_i die Anzahl der i-Seiten einer Triangulierung von X, so ist für triangulierbare topologische Flächen $\chi_i = 0$ für $i \geq 3$, und es gilt (siehe Seifert, Threllfall [1934], § 23):

Aussage 3: (Eulerscher Polyedersatz)
Für eine triangulierbare zusammenhängende topologische Fläche X ist $\chi(X) := \chi_2-\chi_1+\chi_0$ unabhängig von der Triangulierung.

Beispiele:

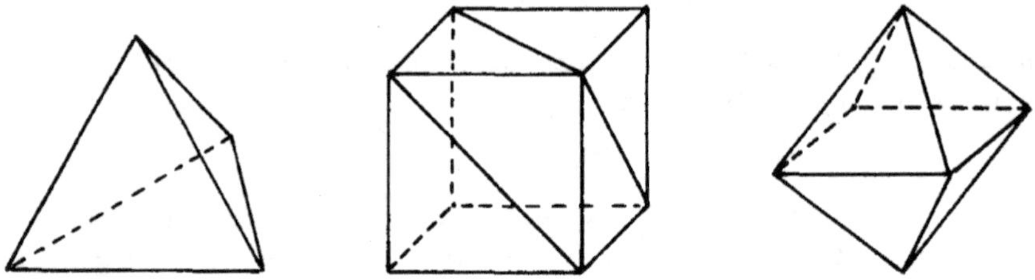

(1) Für ein Tetraeder X ist $\chi(X) = 4-6+4 = 2$,
für einen Würfel X ist $\chi(X) = 12-18+8 = 2$,
für ein Oktaeder X ist $\chi(X) = 8-12+6 = 2$.

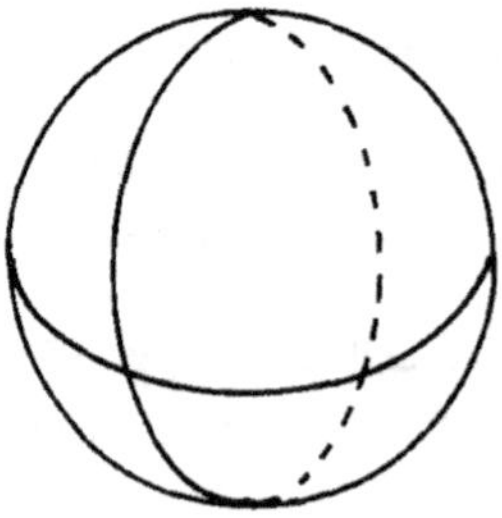

(2) In nebenstehender Zeichnung erkennt man leicht, daß die Riemannsche Zahlenkugel $X = \hat{\mathbb{C}}$ homöomorph zu einem Oktaeder ist, also gilt auch hier $\chi(X) = 2$.

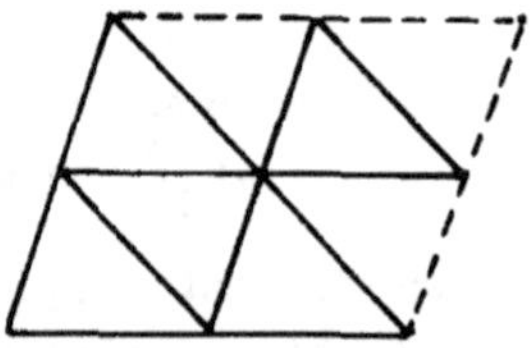

(3) Ein Torus $X \cong \mathbb{C}/\Gamma$ ist homöomorph zu einem Rechteck mit identifizierten gegenüberliegenden Kanten. Mit nebenstehender Triangulierung eines solchen Rechtecks ergibt sich $\chi(X) = 8-12+4 = 0$.

Definition 10: Die Zahl $\chi(X)$ aus der Aussage 3 heißt die *Eulercharakteristik von X*; $g(X) := 1-\frac{1}{2}\chi(X)$ heißt das *Geschlecht von X*.

Die triangulierbaren orientierbaren Flächen lassen sich nach ihrem Geschlecht parametrisieren:

Satz B: (Hauptsatz der Flächentheorie)
Es sei X eine triangulierbare, orientierbare topologische Fläche. Dann gelten:

(a) X ist homöomorph zu einer "Kugel mit $g = g(X)$ Henkeln".

(b) Topologische Flächen unterschiedlichen Geschlechts sind nicht homöomorph.

Der Beweis dieses Satzes findet sich etwa bei Seifert, Threllfall [1934], § 39.

4. Fundamentalgruppen topologischer Flächen

Für topologische Flächen kann nun die Fundamentalgruppe in Abhängigkeit vom Geschlecht explizit angegeben werden:

Satz C:

(a) Die Fundamentalgruppe einer triangulierbaren orientierbaren topologischen Fläche X vom Geschlecht g ist

$$\pi_1(X) = \langle \bar{a}_1,\ldots,\bar{a}_{2g} \,|\, [\bar{a}_1,\bar{a}_2]*\ldots*[\bar{a}_{2g-1},\bar{a}_{2g}] = o\rangle .$$

(b) Entfernt man eine s-elementige Menge S von Punkten aus X, so hat die verbleibende Menge die Fundamentalgruppe

$$\pi_1(X\backslash S) = \langle \bar{a}_1,\ldots,\bar{a}_{s+2g} \,|\, \bar{a}_1*\ldots*\bar{a}_s*[\bar{a}_{s+1},\bar{a}_{s+2}]*\ldots*[\bar{a}_{s+2g-1},\bar{a}_{s+2g}]=o\rangle$$

Hierzu bestimmt man die Fundamentalgruppe einer "s-fach gelochten Kugel mit g Henkeln" (siehe etwa Seifert, Threllfall [1934], § 47, oder Douady [1979], Th. 4.6.7 und Th. 4.8.8), wie es für die Kugel und den Torus bereits in den Beispielen (2) und (3) des ersten Abschnitts skizziert wurde.

Die definierende Relation von $\pi_1(X\backslash S)$ wird im kommenden in verschiedenen Zusammenhängen auftreten. Daher wird diese für beliebige Gruppen G und $\gamma := (\gamma_1,\ldots,\gamma_{s+2g}) \in G^{s+2g}$ mit

$$\kappa_{s,g}(\underline{\gamma}) := \gamma_1\cdot\ldots\cdot\gamma_s\cdot[\gamma_{s+1},\gamma_{s+2}]\cdot\ldots\cdot[\gamma_{s+2g-1},\gamma_{s+2g}]$$

bezeichnet, wobei $[\gamma_i,\gamma_j] = \gamma_i^{-1}\gamma_j^{-1}\gamma_i\gamma_j$ der Kommutator von γ_i und γ_j ist. Damit wird also

$$\pi_1(X\backslash S) = \langle \bar{a}_1,\ldots,\bar{a}_{s+2g} \,|\, \kappa_{s,g}(\underline{\bar{a}}) = o\rangle$$

Insbesondere ist $\pi_1(X\backslash S)$ für $s \geq 1$ eine freie Gruppe vom Rang $r = s+2g-1$.

§ 2 Fundamentalgruppen kompakter Riemannscher Flächen

Topologische Flächen, deren Topologie lokal mit der Topologie von $\mathbb{C}$ homöomorph ist, heißen Riemannsche Flächen. Hier wird die Klassifikation der verzweigten Überlagerungen kompakter Riemannscher Flächen X zurückgeführt auf die Klassifikation der topologischen Überlagerungen der an endlich vielen Stellen punktierten Fläche X. Dabei ergibt sich eine Lösung des Umkehrproblems der Galoistheorie über dem Körper der meromorphen Funktionen von X.

1. Riemannsche Flächen und meromorphe Funktionen

Im ersten Abschnitt werden die Begriffe Riemannsche Fläche und meromorphe Funktion auf einer Riemannschen Fläche eingeführt, und die Existenz genügend vieler meromorpher Funktionen festgestellt.

Definition 1: Es sei X eine topologische Fläche. Eine Homöomorphie $\varphi : U \to V$ einer offenen Teilmenge U von X auf eine offene Teilmenge V von $\mathbb{C}$ heißt eine *komplexe Karte von X*. Eine Menge $\mathbb{A} = \{\varphi_i : U_i \to V_i \mid i \in I\}$ komplexer Karten von X heißt ein *komplexer Atlas von X*, wenn $X = \bigcup_{i \in I} U_i$ ist und für alle $i,j \in I$ die Abbildungen

$$\varphi_j \circ \varphi_i^{-1} : \varphi_i(U_i \cap U_j) \to \varphi_j(U_i \cap U_j)$$

biholomorph sind. Zwei komplexe Atlanten $\mathbb{A}$ und $\mathbb{B}$ heißen *äquivalent*, wenn $\mathbb{A} \cup \mathbb{B}$ ein komplexer Atlas ist. Eine Äquivalenzklasse komplexer Atlanten auf X nennt man eine *komplexe Struktur auf X*.
Eine zusammenhängende topologische Fläche mit einer komplexen Struktur heißt eine *Riemannsche Fläche*.

Beispiele:
(1) $\mathbb{C}$ mit dem komplexen Atlas $\{id : \mathbb{C} \to \mathbb{C}\}$ ist eine Riemannsche Fläche.
(2) Die Riemannsche Zahlenkugel $\hat{\mathbb{C}}$ mit dem komplexen Atlas

$$\{\varphi_1 = id : \mathbb{C} \to \mathbb{C},\ \varphi_2 = (z \mapsto \tfrac{1}{z}) : \hat{\mathbb{C}} \setminus \{0\} \to \mathbb{C}\}$$

ist eine kompakte Riemannsche Fläche.
(3) Es seien Γ ein Gitter in $\mathbb{C}$ und $X = \mathbb{C}/\Gamma$. Da für jede offene Teilmenge $V \subseteq \mathbb{C}$ ohne Γ-äquivalente Punkte die Projektion $\pi_V := \pi|_V : V \to U \subseteq V$ eine Homöomorphie ist, werden $\pi_V^{-1} : U \to V \subseteq \mathbb{C}$ eine komplexe Karte und $\{\pi_V^{-1} \mid V \subseteq \mathbb{C}\}$ ein komplexer Atlas von X. Der Torus $\mathbb{C}/\Gamma$ ist also eine kompakte Riemannsche Fläche.

Die Begriffe der holomorphen und meromorphen Funktion übertragen sich durch einen Atlas auf die Riemannsche Fläche; dabei ist die Auswahl des Atlanten aus seiner Äquivalenzklasse unerheblich.

<u>Definition 2:</u> Es seien $X, \tilde{X}$ Riemannsche Flächen mit den Atlanten $\mathfrak{A}$ bzw. $\tilde{\mathfrak{A}}$. Eine Abbildung $f : X \to \tilde{X}$ nennt man *holomorph*, wenn für alle Paare $(\varphi, \tilde{\varphi})$ von Karten $\varphi : U \to V$ aus $\mathfrak{A}$ und $\tilde{\varphi} : \tilde{U} \to \tilde{V}$ aus $\tilde{\mathfrak{A}}$ mit $f(U) \subseteq \tilde{U}$ die Funktionen

$$\tilde{\varphi} \circ f \circ \varphi^{-1} : V \to \tilde{V}$$

holomorph sind. Die Menge der holomorphen Abbildungen von X in $\tilde{X}$ sei $\mathrm{Hol}(X, \tilde{X})$.
Eine Abbildung $f : Z \to \mathbb{C}$ einer offenen Teilmenge $Z \subseteq X$ in $\mathbb{C}$ heißt eine *holomorphe Funktion von* Z, wenn f eine holomorphe Abbildung Riemannscher Flächen ist; eine Abbildung $f : Z \to \hat{\mathbb{C}}$ heißt eine *meromorphe Funktion von* Z, wenn f eine holomorphe Abbildung Riemannscher Flächen ist und die Urbildmenge $f^{-1}(\infty)$ diskret und abgeschlossen ist. Die Menge der meromorphen Funktionen von X wird mit $M(X)$ bezeichnet.

Wie auch für holomorphe Funktionen von $\mathbb{C}$ gilt für die hier definierten Abbildungen der Identitätssatz:

<u>Aussage 1:</u> <u>Zwei holomorphe Abbildungen</u> $f_1, f_2 : X \to \tilde{X}$ <u>Riemannscher Flächen</u> X, $\tilde{X}$, <u>die auf einer Menge</u> $Z \subseteq X$ <u>mit mindestens einem Häufungspunkt übereinstimmen, sind gleich.</u>

Der Beweis kann zum Beispiel bei Forster [1977], § 1.11, nachgelesen werden. Dort findet man in § 1.8 und § 1.15 auch den Beweis des Riemannschen Hebbarkeitssatzes:

<u>Aussage 2:</u> (Riemannscher Hebbarkeitssatz)
<u>Es seien</u> Z <u>eine offene Teilmenge einer Riemannschen Fläche</u> X, $P \in Z$ <u>und</u>

$$f : Z \setminus \{P\} \to \mathbb{C}$$

<u>eine holomorphe Funktion. Dann gelten:</u>

(a) <u>Ist</u> f <u>beschränkt, so besitzt</u> f <u>eine holomophe Fortsetzung</u> $\tilde{f}$ <u>auf</u> Z.

(b) <u>Ist</u> $\lim_{Q \to P} |f(Q)| = \infty$, <u>so ist</u> P <u>eine Polstelle einer meromorphen Fortsetzung</u> $\tilde{f}$ <u>von</u> f <u>auf</u> Z.

Hieraus folgt nun leicht (siehe Forster [1977], § 1.16):

<u>Folgerung:</u> <u>Die Menge</u> $M(X)$ <u>der meromorphen Funktion auf einer Riemannschen Fläche</u> X <u>bildet einen Körper.</u>

Zum Beispiel ist $M(\hat{\mathbb{C}})$ isomorph zum algebraischen Funktionenkörper einer Transzendenten t über $\mathbb{C}$ (siehe Forster [1977] , § 2.9):

$$M(\hat{\mathbb{C}}) \cong \mathbb{C}(t).$$

Auf dem folgenden Existenzsatz beruht die funktorielle Beziehung zwischen den kompakten Riemannschen Flächen und den zugehörigen Körpern der meromorphen Funktionen. Für einen Beweis wird zum Beispiel auf Forster [1977], § 14.12 verwiesen:

Satz A: (Existenzsatz für Riemannsche Flächen)
Zu je zwei verschiedenen Punkten P, Q einer kompakten Riemannschen Fläche X gibt es eine meromorphe Funktion auf X, die in P und Q verschiedene Werte annimmt.

2. Überlagerungen kompakter Riemannscher Flächen

Die komplexe Struktur einer kompakten Riemannschen Fläche X läßt sich mittels holomorpher Abbildungen nicht nur auf die im vorigen Paragraphen eingeführten Überlagerungen von X übertragen, sondern auch auf Überlagerungen der an endlich vielen Stellen $S = \{P_1,\dots,P_s\}$ punktierten Riemannschen Fläche $X\backslash S$. Damit werden durch die Fundamentalgruppe von $X\backslash S$ auch die außerhalb S unverzweigten Riemannschen Überlagerungsflächen von X klassifiziert.

Aussage 3: (Lokale Gestalt holomorpher Abbildungen)
Es seien X, Y Riemannsche Flächen, $f : Y \to X$ eine nichtkonstante holomorphe Abbildung und $P \in Y$. Dann gibt es Paare (φ,ψ) von Karten $\varphi : \mathcal{U} \to V \subseteq \mathbb{C}$ von X und $\psi : \tilde{\mathcal{U}} \to \tilde{V} \subseteq \mathbb{C}$ von Y mit $f(\tilde{\mathcal{U}}) \subseteq \mathcal{U}$, $P \in \tilde{\mathcal{U}}$ sowie $\psi(P) = \varphi(f(P)) = 0$, so daß die Funktion $g := \varphi\circ f\circ\psi^{-1} : \tilde{V} \to V$ für alle $z \in \tilde{V}$ die Form $g(z) = z^e$ hat. Dabei ist $e \in \mathbb{N}$ durch f und P eindeutig bestimmt.

Beweise findet man zum Beispiel bei Forster [1977], § 2.1, oder bei Douady [1979], VI, § 1.4.

Definition 3: Die Zahl $e =: e_P$ in der Aussage 3 heißt die *Verzweigungsordnung von* f in P. Ist $e_P > 1$, so heißen P ein *Verzweigungspunkt von* f und f(P) ein *kritischer Wert von* f. Ferner seien

$$X^{\bullet} := X\backslash S_f \text{ mit } S_f := \{Q \in X \mid Q \text{ ist ein kritischer Wert von } f\},$$

$$Y^{\bullet} := Y\backslash T_f \text{ mit } T_f := f^{-1}(S_f) = \{P \in Y \mid f(P) \in S_f\}.$$

Beispiel: Es seien $X = Y = \hat{\mathbb{C}}$. Dann ist die Polynomfunktion

$$f : \hat{\mathbb{C}} \to \hat{\mathbb{C}},\ z \mapsto f(z) = \sum_{i=0}^{n} a_i z^i$$

mit $a_n \neq 0$ eine holomorphe Abbildung von $\hat{\mathbb{C}}$ auf sich. Der Punkt ∞ ist ein Verzweigungspunkt von f mit der Verzweigungsordnung $e_\infty = n$.

Aussage 4: Es seien X, Y kompakte Riemannsche Flächen und $f : Y \to X$

eine nichtkonstante holomorphe Abbildung. Dann gelten:

(a) Die Mengen S_f und T_f sind endlich.

(b) $f : Y^{\bullet} = Y \backslash T_f \to X^{\bullet} = X \backslash S_f$ ist eine endliche Überlagerung.

Ein Beweis zu der Aussage 4 steht bei Douady [1979], VI, § 1.7. Hierdurch werden die Resultate des ersten Paragraphen in überraschender Weise auf kompakte Riemannsche Flächen anwendbar, da jede nichtkonstante holomorphe Abbildung von Y in X die in den Verzweigungspunkten von f punktierte Riemannsche Fläche $Y^{\bullet}$ zu einer Überlagerungsfläche der in den kritischen Werten von f punktierten Riemannschen Fläche $X^{\bullet}$ macht. Dies motiviert die

Definition 4: Es seien X, Y kompakte Riemannsche Flächen. Eine nichtkonstante holomorphe Abbildung $f : Y \to X$ heißt eine *(in S_f verzweigte) Riemannsche Überlagerung* und Y heißt eine *Riemannsche Überlagerungsfläche von X*. Für einen Punkt $Q \notin S_f$ ist $|f^{-1}(Q)| = n$ die *Blätterzahl von* f.

Man weiß, daß die Zahl n nicht von dem gewählten Punkt $Q \notin S_f$ abhängt. Dies wird etwa bei Forster [1977], § 4.16, gezeigt. Die Aussage 4 besitzt die folgende bei Douady [1979], VI, § 1.9 und § 1.11 bewiesene Umkehrung, die dann eine funktorielle Beziehung zwischen den Überlagerungen der in $S = \{P_1,\dots,P_s\}$ punktierten Riemannschen Fläche $X^{\bullet}$ und den außerhalb S unverzweigten Riemannschen Überlagerungen von X herstellt:

Satz B: Es seien X eine kompakte Riemannsche Fläche, $S \subseteq X$ eine endliche Teilmenge und $X^{\bullet} = X \backslash S$. Dann gelten:

(a) Sind $f : Y \to X$ eine außerhalb von S unverzweigte Riemannsche Überlagerung und Y eine kompakte Riemannsche Überlagerungsfläche von X, so ist $f|_{Y^{\bullet}}$ mit $Y^{\bullet} = Y \backslash f^{-1}(S)$ eine endliche (topologische) Überlagerung von $X^{\bullet}$.

(b) Für eine endliche (topologische) Überlagerung $f^{\bullet} : Y^{\bullet} \to X^{\bullet}$ gibt es bis auf Spurhomöomorphie genau eine Riemannsche Überlagerung $f : Y \to X$ so, daß Y eine kompakte Riemannsche Fläche ist, in der $Y^{\bullet}$ dicht liegt, und f eine holomorphe Fortsetzung von $f^{\bullet}$ ist.

Diese funktorielle Beziehung läßt sich mit Hilfe des Existenzsatzes für Riemannsche Flächen auf die Körper der meromorphen Funktionen der Riemannschen Überlagerungsflächen ausdehnen:

Satz C: Es seien X eine kompakte Riemannsche Fläche und $K = M(X)$. Dann gelten:

(a) Für eine n-blättrige Riemannsche Überlagerung $f : Y \to X$ hat die Erweiterung $M(Y)/M(X)$ den Grad n, und es ist

$$\mathrm{Aut}(M(Y)/M(X)) \underset{a}{\cong} \mathrm{Deck}(f:Y^{\bullet}\to X^{\bullet}).$$

(b) Zu einer endlichen Körpererweiterung L/K vom Grad n gibt es eine bis auf Spurhomöomorphie eindeutig bestimmte n-blättrige kompakte Riemannsche Überlagerung $f : Y \to X$ mit $M(Y) \cong L$.

Beweise zu dem Satz C finden sich etwa bei Forster [1977], § 8.9 und § 8.12, oder bei Douady [1979], VI, § 2.3 und § 2.9. Dabei ist der Antiisomorphismus in (a) gegeben durch

$$^{*} : \mathrm{Deck}(f:Y^{\bullet}\to X^{\bullet}) \to \mathrm{Aut}(M(Y)/M(X)),\ d \mapsto d^{*} = \sigma$$

mit

$$\sigma : f \mapsto f^{\sigma},\ f^{\sigma}(P) := f(d(P))$$

für $P \in Y^{\bullet}$; für $P \in T_f$ erhält man $f^{\sigma}(P)$ dann mittels holomorpher Fortsetzung nach der Aussage 2.

Im weiteren wird vor allem der folgende Spezialfall der Sätze B und C gebraucht:

Folgerung 1:
(a) Ist X eine kompakte Riemannsche Fläche, so ist $M(X)/M(\hat{\mathbb{C}})$ eine endliche Körpererweiterung.
(b) Zu einer endlichen Körpererweiterung $K/\mathbb{C}(t)$ gibt es eine bis auf Spurhomöomorphie eindeutig bestimmte Riemannsche Überlagerung $f : X \to \mathbb{C}$ mit $M(X) \cong K$.

3. Das Geschlecht verzweigter Riemannscher Überlagerungsflächen

Aussage 5: Eine kompakte Riemannsche Fläche ist triangulierbar und orientierbar.

Beweise hierfür kann man bei Douady [1979], VI, § 5.3, oder bei Lang [1982], III, § 1.5, nachlesen. Den kompakten Riemannschen Flächen kann also mit den Methoden des ersten Paragraphen ein Geschlecht zugeordnet werden. Das Hochheben einer geeigneten Triangulierung von X stellt weiter einen Zusammenhang zwischen dem Geschlecht von X und dem einer Riemannschen Überlagerungsfläche Y von X her. Dies wird zum Beispiel bei Douady [1979], VI, § 6.14, ausgeführt.

Satz D: (Hurwitzsche Relativgeschlechtsformel)
Es seien X, Y kompakte Riemannsche Flächen, $f : Y \to X$ eine n-blättrige Riemannsche Überlagerung und $T := T_f$. Dann gelten:

$$\chi(\mathcal{Y}) = n\chi(\mathcal{X}) + \sum_{P\in T}(e_P-1)$$

und

$$g(\mathcal{Y})-1 = n(g(\mathcal{X})-1) + \frac{1}{2}\sum_{P\in T}(e_P-1).$$

Aus den bisherigen Sätzen erhält man eine Lösung des Umkehrproblems der Galoistheorie über $K = M(\mathcal{X})$:

<u>Folgerung 2: Es sei</u> $K \geq \mathbb{C}(t)$ <u>ein Erweiterungskörper von endlichem Grad. Dann ist jede endliche Gruppe als Galoisgruppe über</u> K <u>realisierbar</u>.

<u>Beweis:</u> Jede endliche Gruppe G besitzt ein endliches Erzeugendensystem $\{\sigma_1,\ldots,\sigma_r\}$ mit $r \in \mathbb{N}$. Nach der Folgerung 1 existiert eine kompakte Riemannsche Fläche $\mathcal{X}$ mit $K = M(\mathcal{X})$, deren Geschlecht g sei. Entfernt man eine Menge von $s \geq \max\{1,r+1-2g\}$ Punkten $S = \{P_1,\ldots,P_s\}$ aus $\mathcal{X}$, so ist nach § 1.4 die Fundamentalgruppe von $\mathcal{X}^\bullet = \mathcal{X}\setminus S$

$$\pi_1 := \pi_1(\mathcal{X}^\bullet) = \langle \bar{a}_1,\ldots,\bar{a}_{s+2g} \mid r_{s,g}(\underline{\bar{a}}) = o\rangle$$

eine freie Gruppe vom Rang $s+2g-1 \geq r$. Daher existiert ein Epimorphismus von π_1 auf G, dessen Kern U ein Normalteiler von endlichem Index in π_1 ist. Nach § 1, Satz A(c), gibt es eine endliche normale Überlagerung $f_U^\bullet : \hat{\mathcal{X}}^\bullet/U \to \mathcal{X}^\bullet$ mit

$$\mathrm{Deck}(f_U^\bullet:\hat{\mathcal{X}}^\bullet/U \to \mathcal{X}^\bullet) \underset{a}{\cong} \pi_1(\mathcal{X}^\bullet)/U \cong G.$$

Diese läßt sich nach dem Satz B zu einer außerhalb S unverzweigten Riemannschen Überlagerung $f : \mathcal{Y} \to \mathcal{X}$ fortsetzen. Für den Körper der meromorphen Funktionen $N := M(\mathcal{Y})$ gilt dann nach dem Satz C weiter:

$$\mathrm{Aut}(N/K) \underset{a}{\cong} \mathrm{Deck}(f_U^\bullet:\hat{\mathcal{X}}^\bullet/U\to\mathcal{X}^\bullet) \underset{a}{\cong} G,$$

Wegen $(N:K) = |G|$ ist N/K eine Galoiserweiterung, und es ist schließlich $\mathrm{Gal}(N/K) \cong G$. □

§ 3 Abstrakte Riemannsche Flächen

Will man die Resultate des letzten Paragraphen für die Körper der meromorphen Funktionen Riemannscher Flächen auf algebraische Funktionenkörper K einer Veränderlichen über einem beliebigen Konstantenkörper k übertragen, so muß man sich zuerst einen Ersatz für die Riemannsche Fläche schaffen. Da die Punkte einer kompakten Riemannschen Fläche X den Bewertungsidealen von $M(X)/\mathbb{C}$ entsprechen, ist im allgemeinen Fall die Menge der Bewertungsideale von K/k ein natürlicher, aber ein schwacher Ersatz für die Riemannsche Fläche X, da diese Menge keine Topologie trägt. Dennoch lassen sich die für die Lösung des Umkehrproblems der Galoistheorie über $M(X)$ maßgebenden Begriffe Geschlecht und Überlagerung auch für diese abstrakten Riemannschen Flächen definieren.

1. Definition der abstrakten Riemannschen Fläche

Zuerst wird eine die Körper der meromorphen Funktionen kompakter Riemannscher Flächen umfassende Klasse von Körpern eingeführt:

Definition 1: Ein Erweiterungskörper K eines beliebigen Körpers k heißt ein *algebraischer Funktionenkörper über* k (vom Transzendenzgrad 1), wenn es ein über k transzendentes Element $t \in K$ gibt, so daß $K/k(t)$ eine endliche Körpererweiterung ist. Die algebraisch abgeschlossene Hülle $\tilde{k}$ von k in K heißt der *Konstantenkörper von* K.

Im weiteren wird, wenn nichts anderes gesagt wird, immer angenommen, daß k der Konstantenkörper von K ist.

Beispiel: Es sei $M(X)$ der Körper der meromorphen Funktionen einer kompakten Riemannschen Fläche X. Nach dem Satz C und der Folgerung 1 in § 2 existiert eine nichtkonstante Funktion $f \in M(X)$. Dann sind $f : X \to \hat{\mathbb{C}}$ eine endliche Riemannsche Überlagerung und $M(X)/\mathbb{C}(t)$ eine endliche Körpererweiterung, insbesondere ist $M(X)$ ein algebraischer Funktionenkörper über $\mathbb{C}$.

Den algebraischen Funktionenkörpern wird nun eine abstrakte Riemannsche Fläche zugeordnet. Dabei wird ein Betrag $|\cdot|$ eines algebraischen Funktionenkörpers K über k als Betrag von K/k bezeichnet, wenn er auf k trivial ist. Insbesondere ist ein Betrag von K/k stets diskret und ultrametrisch (siehe etwa Artin [1967], Ch. 1.5).

Definition 2: Es sei $|\cdot|$ ein Betrag des algebraischen Funktionenkörpers K/k (mit dem Konstantenkörper k). Dann heißen

$$\mathfrak{o} := \{x \in K \mid |x| \le 1\}$$

der *Bewertungsring* (*Stellenring*) zu $|\cdot|$ und

$$\mathfrak{p} := \{x \in K \mid |x| < 1\}$$

das *Bewertungsideal* (die *Stelle*) zu $|\cdot|$. Die Menge

$$\mathbb{P}(K/k) := \{\mathfrak{p} \mid \mathfrak{p} \text{ ist ein Bewertungsideal von } K/k\}$$

heißt die *abstrakte Riemannsche Fläche von* K/k.

Es ist klar, daß $\mathfrak{o}$ ein Ring und $\mathfrak{p}$ ein Ideal in $\mathfrak{o}$ sind.

Beipiel: Im Fall $K = k(t)$ ist jeder Betrag von K/k äquivalent zu $|\cdot|_{p(t)}$, wobei p(t) ein (normiertes) Primpolynom in k[t] oder die Funktion $\frac{1}{t}$ bezeichnet, also wird

$$\mathbb{P}(K/k) = \{\mathfrak{p}_{p(t)} \mid p(t) \in k[t] \text{ Primpolynom}\} \cup \{\mathfrak{p}_{\frac{1}{t}}\}.$$

Wenn k algebraisch abgeschlossen ist, sind die linearen Polynome $p(t) = t - \alpha$, $\alpha \in k$, die einzigen normierten Primpolynome, und daher gibt es eine kanonische bijektive Abbildung von $\hat{k} := k \cup \{\infty\}$ auf $\mathbb{P}(K/k)$. Für $k = \mathbb{C}$ stimmt also die abstrakte Riemannsche Fläche des Körpers $M(\hat{\mathbb{C}}) = \mathbb{C}(t)$ als Menge mit $\hat{\mathbb{C}}$ überein: $\mathbb{P}(\mathbb{C}(t)/\mathbb{C}) \cong \hat{\mathbb{C}}$.

2. Das Geschlecht abstrakter Riemannscher Flächen

Das Geschlecht einer Riemannschen Fläche war mittels topologischer Eigenschaften der Fläche definiert worden. Diesen Weg kann man bei abstrakten Riemannschen Flächen nicht beschreiten, da diese a priori keine Topologie besitzen. Für diese wird nun auf ganz andere Weise ein Geschlecht eingeführt, von dem aber im dritten Abschnitt gezeigt wird, daß es bei Riemannschen Flächen mit dem ursprünglichen, topologisch definierten, Geschlecht übereinstimmt. Beweise für die Sätze dieses Abschnitts findet man z.B. bei Lang [1982].

Definition 3: Das freie abelsche Produkt (Coprodukt in der Kategorie der abelschen Gruppen)

$$\mathbb{D}(K/k) := \langle \mathfrak{p} \mid \mathfrak{p} \in \mathbb{P}(K/k) \rangle_{ab}$$

heißt die *Divisorengruppe von* K/k. Alle Divisoren $\mathfrak{a} \in \mathbb{D}(K/k)$ haben also eine Darstellung der Form $\mathfrak{a} = \prod_{\mathfrak{p} \in \mathbb{P}(K/k)} \mathfrak{p}^{a_\mathfrak{p}}$, wobei $a_\mathfrak{p} \in \mathbb{Z}$ nur für endlich viele $\mathfrak{p} \in \mathbb{P}(K/k)$ von Null verschieden ist. Die in $\mathbb{D}(K/k)$ eingebetteten $\mathfrak{p} \in \mathbb{P}(K/k)$ nennt man die *Primdivisoren von* K/k. Ist $\mathfrak{o}$ ein fester Bewertungsring von K/k mit dem Bewertungsideal $\mathfrak{p}$, so gibt es zu jedem $x \in \mathfrak{o}$

ein $a \in \mathbb{N}_0$ mit $x \in \mathfrak{p}^a \setminus \mathfrak{p}^{a+1}$, dieses a wird mit $\mathrm{ord}_{\mathfrak{p}}(x)$ bezeichnet. Für $x \in K \setminus \mathfrak{o}$ ist $\frac{1}{x} \in \mathfrak{o}$, und man definiert $\mathrm{ord}_{\mathfrak{p}}(x) := -\mathrm{ord}_{\mathfrak{p}}(\frac{1}{x})$. Das Produkt

$$(x) := \prod_{\mathfrak{p} \in \mathbb{P}(K/k)} \mathfrak{p}^{\mathrm{ord}_{\mathfrak{p}}(x)} \in \mathbb{D}(K/k)$$

heißt dann der *Divisor von* x. Ein $\mathfrak{a} \in \mathbb{D}(K/k)$ heißt ein *Hauptdivisor*, wenn $\mathfrak{a}$ der Divisor eines Elements $x \in K$ ist. Die Menge

$$H(K/k) := \{\mathfrak{a} \in \mathbb{D}(K/k) \mid \mathfrak{a} \text{ ist ein Hauptdivisor}\}$$

heißt die *Gruppe der Hauptdivisoren*, und die Faktorgruppe

$$\bar{\mathbb{D}}(K/k) := \mathbb{D}(K/k)/H(K/k)$$

heißt die *Divisorenklassengruppe von* K/k.

Definition 4: Es seien $\mathfrak{p} \in \mathbb{P}(K/k)$ ein Primdivisor und $K\mathfrak{p} := \mathfrak{o}/\mathfrak{p} \geq k$ der Restklassenkörper von K nach $\mathfrak{p}$. Dann heißt $d(\mathfrak{p}) := (K\mathfrak{p}:k)$ der *Grad von* $\mathfrak{p}$. Für einen beliebigen Divisor $\mathfrak{a} = \prod_{\mathfrak{p} \in \mathbb{P}(K/k)} \mathfrak{p}^{a_{\mathfrak{p}}} \in \mathbb{D}(K/k)$ wird der *Grad von* $\mathfrak{a}$ definiert durch

$$d(\mathfrak{a}) := \sum_{\mathfrak{p} \in \mathbb{P}(K/k)} a_{\mathfrak{p}} d(\mathfrak{p}).$$

Ein Divisor $\mathfrak{a}$ heißt *ganz*, wenn $a_{\mathfrak{p}} \geq 0$ für alle $\mathfrak{p} \in \mathbb{P}(K/k)$ ist. Weiter heißt

$$L(\mathfrak{a}) := \{x \in K \mid (x) \cdot \mathfrak{a} \geq 0\}$$

der *lineare Raum von* $\mathfrak{a}$. Dieser ist ein k-Vektorraum, dessen Dimension die *Dimension von* $\mathfrak{a}$ genannt wird:

$$\dim(\mathfrak{a}) := \dim_k(L(\mathfrak{a})).$$

Aussage 1: Der Grad d und die Dimension dim sind Klassenfunktionen, d.h.
(a) für jeden Divisor $\mathfrak{a} \in H(K/k)$ ist $d(\mathfrak{a}) = 0$,
(b) für $C \in \bar{\mathbb{D}}(K/k)$ und $\mathfrak{a}, \mathfrak{b} \in C$ gilt $\dim(\mathfrak{a}) = \dim(\mathfrak{b})$.

Deswegen wird später für $C \in \bar{\mathbb{D}}(K/k)$ auch $d(C)$ bzw. $\dim(C)$ geschrieben. Einen Beweis findet man z.B. bei Lang [1982], I, § 2.2. Das Geschlecht von K/k wird später als die Dimension einer ausgezeichneten Divisorenklasse definiert:

Definition 5: Der k-Vektorraum

$$\mathbb{A}(K/k) := \{(x_{\mathfrak{p}})_{\mathfrak{p} \in \mathbb{P}} \mid x_{\mathfrak{p}} \in K,\ \mathrm{ord}_{\mathfrak{p}}(x_{\mathfrak{p}}) \geq 0 \text{ für fast alle } \mathfrak{p} \in \mathbb{P}(K/k)\}$$

heißt der *Adelring von* K. Weiter sei für $\mathfrak{a} \in \mathbb{D}(K/k)$

$$\mathbb{A}_{\mathfrak{a}}(K/k) := \{(x_{\mathfrak{p}})_{\mathfrak{p}\in\mathbb{P}} \mid (x_{\mathfrak{p}}) \in \mathbb{A},\ \mathrm{ord}_{\mathfrak{p}}(x_{\mathfrak{p}}) \geq -a_{\mathfrak{p}} \text{ für alle } \mathfrak{p} \in \mathbb{P}(K/k)\}$$

Eine lineare Abbildung $\omega : \mathbb{A}(K/k) \to k$ nennt man ein *ganzes Differential von* K/k, wenn ω auf $\mathbb{A}_{(1)}(K/k)$ und auf dem in $\mathbb{A}(K/k)$ diagonal eingebetteten K verschwindet. Ist ω ein solches, so heißt

$$\mathfrak{d}_{\omega} := \mathrm{kgV}\{\mathfrak{a} \in \mathbb{D}(K/k) \mid \omega|_{\mathbb{A}_{\mathfrak{a}}(K/k)} = 0\}$$

der *Divisor von* ω.

<u>Aussage 2:</u> <u>Die Divisoren der ganzen Differentiale von</u> K/k <u>liegen in einer einzigen Divisorenklasse</u> W, <u>und jeder Divisor aus</u> W <u>ist der Divisor eines ganzen Differentials</u>.

Dies wird etwa bei Lang [1982], I, §2, S. 13, bewiesen. Mit der Klasse W kann nunmehr das Geschlecht von K/k definiert werden:

<u>Definition 6:</u> Die Divisorenklasse W der Divisoren der ganzen Differentiale von K/k heißt die *kanonische Klasse* (Differentialklasse) *von* K/k. Die Dimension von W als k-Vektorraum heißt das (arithmetische) *Geschlecht von* K/k:

$$g(K) := \dim(W).$$

Das Geschlecht ist, wie z.B. bei Lang [1982], I, § 2, gezeigt wird, eine endliche Zahl. Damit kann für beliebige algebraische Funktionenkörper der Satz von Riemann-Roch formuliert werden, für dessen Beweis z.B. auf Lang [1982], I, § 2.7, bzw. Artin [1967], Ch. 14, verwiesen wird:

<u>Satz A:</u> (Satz von Riemann-Roch)
<u>Für eine Divisorenklasse</u> $C \in \bar{\mathbb{D}}(K/k)$ <u>eines algebraischen Funktionenkörpers</u> K/k <u>vom Geschlecht</u> g <u>gilt</u>

$$\dim(C) = d(C) - (g-1) + \dim(WC^{-1});$$

<u>im Falle</u> $d(C) > d(W)$ <u>vereinfacht sich diese Formel zu</u>

$$\dim(C) = d(C) - (g-1).$$

3. Überlagerungen abstrakter Riemannscher Flächen

Nach § 2, Satz C, entsprechen den kompakten Überlagerungen einer Riemannschen Fläche X die endlichen Körpererweiterungen von $M(X)$. Um nun bei beliebigen Körpererweiterungen L/K eines algebraischen Funktionenkörpers K/k die abstrakte Riemannsche Fläche von L als Überlagerungsfläche der abstrakten Riemannschen Fläche von K interpretieren zu können, muß zunächst das Verhalten der Primdivisoren bei Körpererweiterungen untersucht werden. Hierzu dienen die Körper der meromorphen Funktionen kompakter Riemannscher Flächen als Vorbild, da für diese die abstrakte Riemannsche Fläche mit der gewöhnlichen Riemannschen Fläche als Menge übereinstimmt.

Es seien also X eine kompakte Riemannsche Fläche, Y eine n-blättrige Riemannsche Überlagerungsfläche von X sowie $K = M(X)$ und $L = M(Y)$ die zugehörigen Körper der meromorphen Funktionen. Ein Punkt $Q \in X$ besitzt dann eine r-elementige Urbildmenge $f^{-1}(Q) = \{P_1,\dots,P_r\}$ mit $r \le n$, wobei für $Q \in X \setminus S_f$ noch $r = n$ gilt. Das zu Q gehörige Bewertungsideal $\mathfrak{p} = \{x \in K \mid x(Q) = 0\} \in \mathbb{P}(K/\mathbb{C})$ ist dann genau in den zu P_i gehörigen Bewertungsidealen $\mathfrak{P}_i \in \mathbb{P}(L/\mathbb{C})$ enthalten, wofür man $\mathfrak{P}_i/\mathfrak{p}$ ($\mathfrak{P}_i$ teilt $\mathfrak{p}$) schreibt. Sind e_i die Verzweigungsordnungen der P_i, so gilt nach der Aussage 3 in § 2 weiter $\mathrm{ord}_{\mathfrak{P}_i}(x) = e_i \mathrm{ord}_{\mathfrak{p}}(x)$ für alle $x \in K$, woraus man $\mathfrak{P}_i^{e_i}/\mathfrak{p}$ und $\prod_{i=1}^{r} \mathfrak{P}_i^{e_i} = \mathfrak{p}$ erhält.

Diese Überlegungen werden nun präzisiert und auf beliebige algebraische Körpererweiterungen algebraischer Funktionenkörper verallgemeinert:

Definition 7: Es sei L/K eine algebraische Körpererweiterung des algebraischen Funktionenkörpers K/k mit dem Konstantenkörper $l \ge k$. Weiter seien $\mathfrak{p} \in \mathbb{P}(K/k)$ ein Bewertungsideal von K/k mit dem Bewertungsring $\mathfrak{o}$ und $\mathfrak{P} \in \mathbb{P}(L/l)$ ein $\mathfrak{p}$ teilendes Bewertungsideal von L/l mit dem Bewertungsring $\mathfrak{O}$. Dann heißt

$$f(\mathfrak{P}/\mathfrak{p}) := (L\mathfrak{P}:K\mathfrak{p})$$

der *Relativgrad von* $\mathfrak{P}/\mathfrak{p}$. Offensichtlich ist die Wertegruppe $w_{\mathfrak{p}} := K^{\times}/\mathfrak{o}^{\times}$ eines zu $\mathfrak{p}$ gehörigen Betrags injektiv in die Wertegruppe $w_{\mathfrak{P}} := L^{\times}/\mathfrak{O}^{\times}$ eingebettet, Der Index

$$e(\mathfrak{P}/\mathfrak{p}) := (w_{\mathfrak{P}}:w_{\mathfrak{p}})$$

heißt die *Verzweigungsordnung von* $\mathfrak{P}/\mathfrak{p}$.

Zwischen dem Grad einer Körpererweiterung, dem Relativgrad und der Verzweigungsordnung der $\mathfrak{p}$ teilenden $\mathfrak{P} \in \mathbb{P}(L/l)$ besteht der folgende einfache Zusammenhang (siehe Artin [1967], Ch. 12.3, Th. 4):

Satz B: (Arithmetische Gradgleichung)
Ist L/K eine Körpererweiterung vom Grad n des algebraischen Funktionenkörpers K/k mit char(k) = 0, dann gilt für alle $\mathfrak{p} \in \mathbb{P}(K/k)$ und $\mathfrak{P} \in \mathbb{P}(L/l)$

$$\mathfrak{p} = \prod_{\mathfrak{P}/\mathfrak{p}} \mathfrak{P}^{e(\mathfrak{P}/\mathfrak{p})} \quad \underline{\text{mit}} \quad \sum_{\mathfrak{P}/\mathfrak{p}} e(\mathfrak{P}/\mathfrak{p})\cdot f(\mathfrak{P}/\mathfrak{p}) = n.$$

Ist insbesondere L/K galoissch, so sind $e(\mathfrak{P}/\mathfrak{p})$ und $f(\mathfrak{P}/\mathfrak{p})$ unabhängig von $\mathfrak{P}$; das gestattet die Bezeichnungen $e(\mathfrak{p})$ und $f(\mathfrak{p})$, und die Gradgleichung lautet dann $r\cdot e(\mathfrak{p})\cdot f(\mathfrak{p}) = n$.

Beispiel: Im Falle $k = \mathbb{C}$ ist der Restklassenkörper algebraisch abgeschlossen, folglich ist $f(\mathfrak{P}/\mathfrak{p}) = (L\mathfrak{P}:\mathbb{C}) = 1$. Hier geht die Gradgleichung also über in $\sum_{\mathfrak{P}/\mathfrak{p}} e(\mathfrak{P}/\mathfrak{p}) = n$.

Eine Körpererweiterung algebraischer Funktionenkörper L/K nennt man *regulär*, wenn der Konstantenkörper von L mit dem von K übereinstimmt.

Definition 8: Es seien L/K eine endliche reguläre Erweiterung des algebraischen Funktionenkörpers K/k mit $\mathrm{char}(k) = 0$ und $\mathfrak{S} \subseteq \mathbb{P}(L/k)$. Dann heißt

$$\mathfrak{D}_{\mathfrak{S}}(L/K) = \prod_{\mathfrak{P}\in\mathbb{P}(L/k)\setminus\mathfrak{S}} \mathfrak{P}^{e(\mathfrak{P}/\mathfrak{p})-1}$$

die $\mathfrak{S}$-*Differente von* L/K, im Fall $\mathfrak{S} = \emptyset$ die *Differente von* L/K.

Zur Berechnung einer Differente ist oft die folgende Feststellung hilfreich (siehe Artin [1967], Ch. 5.2, Th. 7):

Aussage 3: Es seien L/K eine endliche reguläre Körpererweiterung, $x \in L$ mit $(x) = \frac{\mathfrak{X}}{\mathfrak{N}}$ und $h(X)$ das charakteristische Polynom von x über K. Ferner seien $\mathfrak{S} = \{\mathfrak{P} \in \mathbb{P}(L/k) \mid \mathfrak{P}/\mathfrak{N}\}$ und $\mathfrak{D}_x$ der Zählerdivisor von $h'(x)$. Dann ist $\mathfrak{D}_{\mathfrak{S}}(L/K)$ ein Teiler von $\mathfrak{D}_x$:

$$\mathfrak{D}_{\mathfrak{S}}(L/K)/\mathfrak{D}_x.$$

Die Hurwitzsche Relativgeschlechtsformel (§ 2, Satz D) überträgt sich unmittelbar auf das arithmetische Geschlecht endlicher regulärer Körpererweiterungen vom Grad n der Charakteristik 0, d.h. es ist

$$g(L)-1 = n(g(K)-1) + \frac{1}{2} \sum_{\mathfrak{P}\in\mathbb{P}(L/k)} (e(\mathfrak{P}/\mathfrak{p})-1)f(\mathfrak{P}/\mathfrak{p})$$

(siehe Lang [1982], I, § 6.1). Weil die Summe rechts den Grad der Differente von L/K darstellt, erhält man damit die folgende Verallgemeinerung der Hurwitzschen Relativgeschlechtsformel:

Satz C: (Relativgeschlechtsformel)
Ist L/K eine endliche reguläre Körpererweiterung eines algebraischen Funktionenkörpers K/k mit $(L:K) = n$ und $\mathrm{char}(k) = 0$, dann gilt

$$g(L)-1 = n(g(K)-1) + \frac{1}{2}\, d(\mathfrak{D}(L/K)).$$

Für den Körper $K = M(X)$ der meromorphen Funktionen einer Riemannschen Fläche X ergibt sich hieraus die Gleichheit des topologischen und arithmetischen Geschlechts: Wegen der Folgerung 1 in § 2 sind $M(X)/\mathbb{C}(t)$ eine endliche Körpererweiterung vom Grad n und X eine n-blättrige Riemannsche Überlagerungsfläche von $\hat{\mathbb{C}}$. Das arithmetische Geschlecht von $\mathbb{C}(t)$ ist ebenso wie das topologische Geschlecht von $\hat{\mathbb{C}}$ gleich Null. Da weiter die Relativgeschlechtsformeln für $M(X)/\mathbb{C}(t)$ und für $X/\hat{\mathbb{C}}$ nach Satz C und § 2, Satz D, übereinstimmen, gilt $g(M(X)) = g(X)$ (siehe auch Lang [1982], III, § 1).

<u>Folgerung 1: Es sei</u> $M(X)$ <u>der Körper der meromorphen Funktionen einer kompakten Riemannschen Fläche</u> X. <u>Dann stimmen das arithmetische Geschlecht von</u> $M(X)$ <u>und das (topologische) Geschlecht von</u> X <u>überein:</u> $g(M(X)) = g(X)$.

4. Konstantenerweiterung

Eine Körpererweiterung L/K algebraischer Funktionenkörper L/l und K/k mit L = lK heißt eine *Konstantenerweiterung*. Offenbar läßt sich jede Körpererweiterung algebraischer Funktionenkörper in eine Konstantenerweiterung und eine anschließende reguläre Körpererweiterung aufspalten. Konstantenerweiterungen sind stets unverzweigt, und die arithmetische Gradgleichung vereinfacht sich zu der

<u>Aussage 4: Ist</u> L/K <u>eine Konstantenerweiterung algebraischer Funktionenkörper</u> L/l <u>und</u> K/k <u>mit</u> char(k) = 0, <u>dann gilt für alle</u> $\mathfrak{p} \in \mathbb{P}(K/k)$ <u>und</u> $\mathfrak{P} \in \mathbb{P}(L/l)$:

$$\mathfrak{p} = \prod_{\mathfrak{P}/\mathfrak{p}} \mathfrak{P} \ \underline{\text{mit}} \ \sum_{\mathfrak{P}/\mathfrak{p}} d(\mathfrak{P}) = d(\mathfrak{p}).$$

Ein Beweis ergibt sich aus Artin [1967], Ch. 15, Th. 1 und Th. 17. Bezeichnet man weiter den in $\mathbb{D}(L/l)$ eingebetteten Divisor $\mathfrak{a} \in \mathbb{D}(K/k)$ mit $\mathfrak{A}$ und sind $\dim(\mathfrak{a}) = \dim_k(L(\mathfrak{a}))$ sowie $\dim(\mathfrak{A}) = \dim_l(L(\mathfrak{A}))$, so erhält man die

<u>Aussage 5: Es sei</u> L/K <u>eine Konstantenerweiterung algebraischer Funktionenkörper</u> L/l <u>und</u> K/k <u>mit</u> char(k) = 0.

(a) <u>Für alle</u> $\mathfrak{a} \in \mathbb{D}(K/k)$ <u>gelten</u> $d(\mathfrak{A}) = d(\mathfrak{a})$ <u>und</u> $\dim(\mathfrak{A}) = \dim(\mathfrak{a})$.

(b) <u>Die Geschlechter von</u> L <u>und</u> K <u>sind gleich</u>: $g(L) = g(K)$.

Diese Aussage setzt sich zusammen aus Artin [1967], Ch. 15, Th. 9 und Th. 21 für (a) sowie Th. 22 für (b).

5. Körper vom Geschlecht 0 und 1

Die algebraischen Funktionenkörper K/k mit Geschlecht $g(K) \leq 1$ sind am besten bekannt und werden daher im weiteren Text am häufigsten vorkommen. Die später verwendeten Tatsachen über diese Körper werden hier zusammengestellt:

Satz D: Algebraische Funktionenkörper K/k mit $g(K) = 0$ werden über k durch eine (evtl. zerfallende) Quadrik erzeugt:

$$K = k(x,y) \text{ mit } q(x,y) = ay^2 + (b+cx)y + (d+ex+fx^2) = 0.$$

K/k ist genau dann ein rationaler Funktionenkörper, wenn $q(x,y)$ einen k-rationalen Punkt besitzt.

Dieser Satz setzt sich zusammen aus Artin [1967], Ch. 16, Th. 6 und Th. 8. Gelegentlich ist das folgende divisorentheoretische Rationalitätskriterium bequemer anzuwenden:

Aussage 6: Ein algebraischer Funktionenkörper K/k mit $g(K) = 0$ ist genau dann ein rationaler Funktionenkörper, wenn es in $\mathbb{D}(K/k)$ einen Divisor von ungeradem Grad gibt.

Ein Beweis hierfür steht z.B. bei Artin [1967], Ch. 16, Th. 7. Weiter ergibt sich für Funktionenkörper vom Geschlecht 0 aus dem Satz von Riemann-Roch (Satz A) sofort die folgende später häufig verwendete Tatsache (siehe z.B. Artin [1967], Ch. 16, Th. 9):

Aussage 7: In einem algebraischen Funktionenkörper K/k mit $g(K) = 0$ ist jeder Divisor vom Grad 0 ein Hauptdivisor.

Algebraische Funktionenkörper K/k vom Geschlecht 1 heißen *elliptische Funktionenkörper*. Ein algebraischer Funktionenkörper K/k heißt *aufgeschlossen*, wenn $\mathbb{P}(K/k)$ einen Primdivisor vom Grad 1 enthält. Ein aufgeschlossener elliptischer Funktionenkörper E/k wird, falls $\mathrm{char}(k) \notin \{2,3\}$ ist, durch eine kubische Kurve in Weierstraß-Normalform

$$c(x,y) = y^2 - 4x^3 + g_2x + g_3$$

erzeugt mit

$$\Delta(c) := g_2^3 - 27g_3^2 \neq 0.$$

$\Delta(c)$ heißt die *Diskriminante* von $c(x,y)$.

$$j(E) := 1728g_2^3 \cdot \Delta(c)^{-1}$$

ist unabhängig von der E/k erzeugenden kubischen Kurve in Weierstraß-Normalform und heißt die *absolute Invariante von* E/k.

<u>Satz E:</u> <u>Es sei</u> char(k) $\notin \{2,3\}$. <u>Dann gelten</u>:

(a) <u>Ein algebraischer Funktionenkörper</u> E/k <u>ist genau dann ein aufgeschlossener elliptischer Funktionenkörper, wenn</u> E/k <u>durch eine kubische Kurve</u> c(x,y) <u>in Weierstraß-Normalform mit</u> $\Delta(c) \neq 0$ <u>erzeugt wird</u>:

$$E = k(x,y) \ \underline{\text{mit}} \ c(x,y) = y^2 - 4x^3 + g_2x + g_3 = 0.$$

(b) <u>Zwei elliptische Funktionenkörper</u> E/k <u>und</u> E'/k <u>sind genau dann nach einer (endlichen) Konstantenerweiterung isomorph, wenn</u> $j(E) = j(E')$ <u>ist</u>.

(c) <u>Für jedes</u> $j \in k$ <u>gibt es einen aufgeschlossenen elliptischen Funktionenkörper</u> E/k <u>mit der absoluten Invariante</u> j, <u>ein solcher wird für</u> $j \notin \{0,1728\}$ <u>erzeugt durch</u>

$$y^2 = 4x^3 - c_jx - c_j \ \underline{\text{mit}} \ c_j = \frac{27j}{j-1728}.$$

Dieser Satz ist der Inhalt von Th. 1, Th. 2 und Th. 3 bei Lang [1973], App. 1, im Spezialfall char(k) $\notin \{2,3\}$.

§ 4 Algebraische Fundamentalgruppen

In den ersten beiden Paragraphen wurden die Überlagerungsflächen Y einer topologischen Fläche bzw. einer kompakten Riemannschen Fläche X als Quotientenmenge einer universellen Überlagerungsfläche von X bzw. $X^{\bullet}$ beschrieben. Durch den funktoriellen Zusammenhang der kompakten Riemannschen Flächen mit deren Körpern der meromorphen Funktionen (§ 2, Satz C) überträgt sich diese Übersicht auf die endlichen algebraischen Erweiterungskörper von $K = M(X)$, wobei der Deckbewegungsgruppe $\mathrm{Deck}(f: Y \to X)$ die Automorphismengruppe $\mathrm{Aut}(M(Y)/M(X))$ entspricht. Hierdurch ergibt sich die Möglichkeit, die mit Hilfe dieser Beschreibung gewonnene Klassifikation der normalen Riemannschen Überlagerungsflächen von X durch die Normalteiler von endlichem Index in der Fundamentalgruppe $\pi_1(X^{\bullet})$ auf abstrakte Riemannsche Flächen zu übertragen, indem man die Fundamentalgruppe durch den projektiven Limes der Galoisgruppen der endlichen normalen Körpererweiterungen von K ersetzt.

1. Algebraische Fundamentalgruppen über $\mathbb{C}$

Im ersten Abschnitt wird die Fundamentalgruppe einer in S punktierten kompakten Riemannschen Fläche X durch den projektiven Limes der Deckbewegungsgruppen der außerhalb S unverzweigten normalen Riemannschen Überlagerungsflächen ersetzt:

Definition 1: Eine algebraische Erweiterung L/K eines algebraischen Funktionenkörpers K/k heißt *außerhalb von* $\mathbf{S} \subseteq \mathbb{P}(K/k)$ *unverzweigt*, wenn für alle $\mathfrak{p} \in \mathbb{P}(K/k) \setminus \mathbf{S}$ und alle $\mathfrak{P} \in \mathbb{P}(L/l)$ mit $\mathfrak{P}/\mathfrak{p}$ die Verzweigungsordnungen $e(\mathfrak{P}/\mathfrak{p}) = 1$ sind. Ist $\mathbf{N}_{\mathbf{S}}(K)$ die Menge aller endlichen außerhalb $\mathbf{S}$ unverzweigten und galoisschen Körpererweiterungen N/K, dann ist

$$M_{\mathbf{S}}(K) := \bigcup_{N \in \mathbf{N}_{\mathbf{S}}(K)} N$$

der maximale algebraische außerhalb von $\mathbf{S}$ unverzweigte Erweiterungskörper von K. Falls k algebraisch abgeschlossen ist, so nennt man

$$\Pi(\mathbb{P}(K/k) \setminus \mathbf{S}) := \mathrm{Gal}(M_{\mathbf{S}}(K)/K)$$

die *algebraische Fundamentalgruppe von* $\mathbb{P}(K/k) \setminus \mathbf{S}$.

Im Fall $k = \mathbb{C}$ entsteht $\Pi(\mathbb{P}(K/k) \setminus \mathbf{S})$ aus der Fundamentalgruppe der zugehörigen punktierten Riemannschen Fläche $X \setminus S$ durch proendliche Komplettierung:

Satz 1: Es seien $K/\mathbb{C}$ ein algebraischer Funktionenkörper vom Geschlecht

g, $\mathbf{S} = \{\mathfrak{p}_1,\ldots,\mathfrak{p}_s\} \subseteq \mathbf{P}(K/\mathbf{C})$ <u>eine endliche Menge von Primdivisoren</u>, X <u>eine kompakte Riemannsche Fläche mit</u> $M(X) \cong K$ <u>und</u> $S = \{P_1,\ldots,P_s\}$ <u>die Menge der Punkte</u> P_j <u>auf</u> X, <u>die den Bewertungsidealen</u> $\mathfrak{p}_j$ <u>entsprechen</u>. <u>Dann gilt</u>

$$\Pi(\mathbf{P}(K/\mathbf{C})\setminus\mathbf{S}) \cong \langle\alpha_1,\ldots,\alpha_{s+2g} \mid \pi_{s,g}(\underline{\alpha}) = \iota\rangle_{top} \cong \hat{\pi}_1(X\setminus S).$$

<u>Beweis:</u> (siehe auch Douady [1979], VI, § 4.3): Es seien $\mathbf{N} := \mathbf{N}_{\mathbf{S}}(K)$ und $M := M_{\mathbf{S}}(K)$. Die Menge der Galoisgruppen $\{\mathrm{Gal}(N/K) \mid N \in \mathbf{N}\}$ zusammen mit den Epimorphismen

$$\varphi^N_{\tilde N} : \mathrm{Gal}(N/K) \to \mathrm{Gal}(\tilde N/K),\ \gamma \mapsto \tilde\gamma := \gamma|_{\tilde N} \quad \text{für } N \geq \tilde N$$

bilden ein projektives System

$$\mathbf{G} := (\mathrm{Gal}(N/K) \mid \varphi^N_{\tilde N})_{N\in\mathbf{N}}$$

mit dem projektiven Limes $\mathrm{Gal}(M/K)$. Zu jedem $N \in \mathbf{N}$ gibt es nach § 2, Satz C, eine außerhalb S unverzweigte normale Riemannsche Überlagerung $f : Y \to X$ mit $M(Y) \cong N$; für diese gilt $\mathrm{Deck}(f{:}Y\to X) \cong_a \mathrm{Gal}(M(Y)/M(X))$. Die Flächen $Y^\bullet = Y\setminus f^{-1}(S)$ sind nach § 1, Satz A, als Quotient eines universellen Überlagerungsraumes von $X^\bullet := X\setminus S$ nach einem Normalteiler U von endlichem Index in $\pi_1(X^\bullet)$ und Y als Kompaktifizierung von $Y^\bullet$ nach § 2, Satz B, eindeutig bestimmt: $Y = Y_U$. Bezeichnet man mit $\mathfrak{U}$ die Menge der Normalteiler $U \trianglelefteq \pi_1(X^\bullet)$ von endlichem Index, so bilden die Gruppen $\mathrm{Deck}(f_U{:}Y_U\to X)$ für $U \in \mathfrak{U}$ zusammen mit den Epimorphismen

$$\psi^U_{\tilde U} : \mathrm{Deck}(f_U{:}Y_U\to X) \to \mathrm{Deck}(f_{\tilde U}{:}Y_{\tilde U}\to X),\ d \mapsto f^U_{\tilde U}\circ d \quad \text{für } \tilde U \geq U$$

und den Überlagerungen $f^U_{\tilde U} : Y_U \to Y_{\tilde U}$ ein zu $\mathbf{G}$ antiisomorphes projektives System

$$\mathbf{D} := (\mathrm{Deck}(f_U{:}Y_U\to X) \mid \psi^U_{\tilde U})_{U\in\mathfrak{U}}.$$

Da U alle Normalteiler von endlichem Index in $\pi_1(X^\bullet)$ durchläuft, ist wegen

$$\mathrm{Deck}(f_U{:}Y_U\to X) \cong_a \pi_1(X^\bullet)/U$$

der projektive Limes von $\mathbf{D}$ antiisomorph zur proendlichen Komplettierung $\hat\pi_1(X^\bullet)$ von $\pi_1(X^\bullet)$ und auch zu $\mathrm{Gal}(M/K)$. Daher gilt:

$$\Pi(\mathbf{P}(K/\mathbf{C})\setminus\mathbf{S}) = \mathrm{Gal}(M/K) \cong \hat\pi_1(X\setminus S).$$

Unter Verwendung des Satzes C(b) in § 1 ergibt sich hieraus die Behauptung, da $\hat{\pi}_1(X^\bullet)$ durch die Bilder $\alpha_1,\ldots,\alpha_{s+2g}$ von $\bar{a}_1,\ldots,\bar{a}_{s+2g}$ unter der kanonischen Einbettung als proendliche Gruppe erzeugt wird. □

Anmerkung: Da $\pi_1(X^\bullet)$ eine endlich erzeugte Gruppe ist, ist der Durchschnitt aller Normalteiler von endlichem Index in $\pi_1(X^\bullet)$ trivial, und es gibt eine kanonische Einbettung von $\pi_1(X^\bullet)$ in $\hat{\pi}_1(X^\bullet)$ (siehe z.B. Serre [1964], I, § 1.1).

2. Trägheitsgruppen der algebraischen Fundamentalgruppen

Es wird gezeigt, daß die ersten s Erzeugenden $\alpha_1,\ldots,\alpha_s$ von Gal(M/K) für $M := M_S(K)$ im Satz 1 als Erzeugende von Trägheitsgruppen gewählt werden können.

Definition 2: Es seien K/k ein algebraischer Funktionenkörper, N/K eine Galoiserweiterung mit der Gruppe G und l der Konstantenkörper von N. Zu Bewertungsidealen $\mathfrak{p} \in \mathbb{P}(K/k)$ und $\mathfrak{P} \in \mathbb{P}(N/l)$ mit $\mathfrak{P}/\mathfrak{p}$ heißen

$$G_Z(\mathfrak{P}/\mathfrak{p}) := \{\gamma \in G \mid \mathfrak{P}^\gamma = \mathfrak{P}\}$$

die *Zerlegungsgruppe von* $\mathfrak{P}/\mathfrak{p}$ und der Fixkörper von $G_Z(\mathfrak{P}/\mathfrak{p})$ der *Zerlegungskörper* $N_Z(\mathfrak{P}/\mathfrak{p})$; mit dem Bewertungsring $\mathcal{O}$ von $\mathfrak{P}$ heißen weiter

$$G_T(\mathfrak{P}/\mathfrak{p}) := \{\gamma \in G \mid x^\gamma - x \in \mathfrak{P} \text{ für alle } x \in \mathcal{O}\}$$

die *Trägheitsgruppe von* $\mathfrak{P}/\mathfrak{p}$ und der Fixkörper von $G_T(\mathfrak{P}/\mathfrak{p})$ der *Trägheitskörper* $N_T(\mathfrak{P}/\mathfrak{p})$.

Die folgenden grundlegenden Eigenschaften der Zerlegungs- und Trägheitsgruppen (proendlicher) Galoiserweiterungen sind z.B. bei Nagata [1977], § 7.3, bewiesen.

Satz A: Es seien K/k ein algebraischer Funktionenkörper, N/K eine Galoiserweiterung mit der Gruppe G und l der Konstantenkörper von N. Dann gelten für Primdivisoren $\mathfrak{p} \in \mathbb{P}(K/k)$, $\mathfrak{P} \in \mathbb{P}(N/l)$ mit $\mathfrak{P}/\mathfrak{p}$:

(a) Die Zerlegungsgruppe $G_Z(\mathfrak{P}/\mathfrak{p})$ ist eine abgeschlossene Untergruppe von G. Der Zerlegungskörper $N_Z(\mathfrak{P}/\mathfrak{p})$ ist der maximale Zwischenkörper von N/K, in dem für $\mathfrak{P}_Z := \mathfrak{P} \cap N_Z$ sowohl $e(\mathfrak{P}_Z/\mathfrak{p}) = 1$ als auch $f(\mathfrak{P}_Z/\mathfrak{p}) = 1$ gelten.

(b) Die Trägheitsgruppe $G_T(\mathfrak{P}/\mathfrak{p})$ ist eine abgeschlossene Untergruppe von G und ein Normalteiler der Zerlegungsgruppe $G_Z(\mathfrak{P}/\mathfrak{p})$. Der Trägheitskörper $N_T(\mathfrak{P}/\mathfrak{p})$ ist der maximale Zwischenkörper von N/K, in dem $\mathfrak{p}$ unverzweigt ist, d.h. in dem für $\mathfrak{P}_T := \mathfrak{P} \cap N_T$ noch $e(\mathfrak{P}_T/\mathfrak{p}) = 1$ gilt.

(c) Ist die Erweiterung K/k des Restklassenkörpers $\mathsf{K} = \mathcal{O}/\mathfrak{P}$ über dem Restklassenkörper $\mathsf{k} = \mathfrak{o}/\mathfrak{p}$ separabel, so ist diese auch galoissch mit der

Gruppe Gal(K/k) $\cong G_Z/G_T$. *Ist* k *ein endlicher Körper, dann ist* $G_Z(\mathfrak{P}/\mathfrak{p})/G_T(\mathfrak{P}/\mathfrak{p})$ *eine (pro-)zyklische Gruppe*.

Da bei einem algebraisch abgeschlossenen Konstantenkörper k stets $f(\mathfrak{P}/\mathfrak{p}) = 1$ ist, ergibt sich aus dem Satz A unmittelbar die

Folgerung 1: Hat der Körper K *im Satz* A *einen algebraisch abgeschlossenen Konstantenkörper* k, *dann stimmen die Zerlegungs- und die Trägheitsgruppe von* $\mathfrak{P}/\mathfrak{p}$ *überein*.

Für die Fundamentalgruppe Π einer abstrakten Riemannschen Fläche über $\mathbb{C}$ erhält man die Trägheitsgruppen aus dem folgenden Satz (siehe Abhyankar [1957], Satz T).

Satz 2: Es seien $K/\mathbb{C}$ *ein algebraischer Funktionenkörper und* $M = M_{\mathbf{S}}(K)$ *der maximale außerhalb* $\mathbf{S} = \{\mathfrak{p}_1,\ldots,\mathfrak{p}_s\} \subseteq \mathbb{P}(K/\mathbb{C})$ *unverzweigte Erweiterungskörper von* K. *Dann gibt es Bewertungsideale* $\mathfrak{P}_1,\ldots,\mathfrak{P}_s$ *von* $M/\mathbb{C}$ *mit* $\mathfrak{P}_j/\mathfrak{p}_j$ *deren Trägheitsgruppen durch die im Satz 1 konstruierten Erzeugenden* $\alpha_1,\ldots,\alpha_s$ *von* $\Pi = \Pi(\mathbb{P}(K/\mathbb{C})\setminus\mathbf{S})$ *als proendliche Gruppen erzeugt werden*:

$$\Pi_T(\mathfrak{P}_j/\mathfrak{p}_j) = \langle\alpha_j\rangle_{top} \cong \hat{\mathbb{Z}}.$$

Beweis: Es seien X die nach § 2, Folgerung 1, bis auf Spurhomöomorphie eindeutig bestimmte Riemannsche Überlagerungsfläche von $\hat{\mathbb{C}}$ mit $K = M(X)$ vom Geschlecht g, $S = \{P_1,\ldots,P_s\}$ die Menge der Punkte auf X, die den Bewertungsidealen $\mathfrak{p}_j \in \mathbf{S}$ entsprechen, und $X^{\bullet} = X\setminus S$. Ferner seien

$$\pi_1 = \pi_1(X^{\bullet},P_o) = \langle\bar{a}_1,\ldots,\bar{a}_{s+2g} \mid r_{s,g}(\underline{a}) = o\rangle$$

die Fundamentalgruppe von $X^{\bullet}$ bezüglich P_o und $\hat{f} : \hat{X}^{\bullet} \to X^{\bullet}$ eine universelle Überlagerung von $X^{\bullet}$ sowie $\hat{P}_o \in \hat{X}^{\bullet}$ mit $\hat{f}(\hat{P}_o) = P_o$. Für einen festgewählten geschlossenen Weg $a_j \in \bar{a}_j$ werde mit $\hat{a}_j$ ein Weg in $\hat{X}^{\bullet}$ mit den folgenden Eigenschaften bezeichnet: Es ist $\hat{f}(\hat{a}_j) = a_j$, der Anfangspunkt $AP(\hat{a}_j)$ und der Endpunkt $EP(\hat{a}_j)$ von $\hat{a}_j$ liegen in $\hat{f}^{-1}(P_o)$, und $\hat{f}$ ist auf $\hat{a}_j\setminus EP(\hat{a}_j)$ injektiv. Die Anfangs- und Endpunkte dieser Wege werden nun für $j = 1,\ldots,s$ durch

$$AP(\hat{a}_1) = \hat{P}_o,\ AP(\hat{a}_j) = EP(\hat{a}_{j-1})$$

rekursiv festgelegt; für $i = 1,\ldots,g$ gelte weiter

$$AP(\hat{a}_{s+2i-1}^{-1}) = EP(\hat{a}_{s+2i-2}),\ AP(\hat{a}_{s+2i}^{-1}) = EP(\hat{a}_{s+2i-1}^{-1}),$$

$$AP(\hat{a}_{s+2i-1}) = EP(\hat{a}_{s+2i}^{-1}),\ AP(\hat{a}_{s+2i}) = EP(\hat{a}_{s+2i-1}).$$

(Bei dieser Bezeichnung ist $\hat{a}_i^{-1}$ nicht notwendig der zu $\hat{a}_i$ inverse Weg $(\hat{a}_i)^{-1}$ in $\hat{X}^{\bullet}$!) Wegen $\kappa_{s,g}(\bar{\underline{a}}) = o$ ist dann $EP(\hat{a}_{s+2g}) = \hat{P}_o$, und das Produkt $\kappa_{s,g}(\hat{a})$ dieser Wege ist ein geschlossener Weg auf $\hat{X}^{\bullet}$.
Für einen Normalteiler $U \trianglelefteq \pi_1$ von endlichem Index ist nach § 1, Satz A, $f_U^{\bullet} : Y_U^{\bullet} := \hat{X}^{\bullet}/U \to X^{\bullet}$ eine endliche normale Überlagerung mit $\mathrm{Deck}(f_U^{\bullet}:Y_U^{\bullet}\to X^{\bullet}) \underset{a}{\cong} \pi_1(X^{\bullet})/U$, die sich nach § 2, Satz B, zu einer außerhalb S unverzweigten normalen Riemannschen Überlagerung $f_U : Y_U \to X$ fortsetzten läßt. Mit $P_{j,U}$ werde für $j = 1,\dots,s$ der eindeutig bestimmte Punkt aus $f_U^{-1}(P_j)$ bezeichnet, der im Innern des geschlossenen Weges $\kappa_{s,g}(\underline{\hat{a}U})$ auf Y_U liegt. $P_{j,U}$ wird von der durch $\hat{a}_jU$ erzeugten und mittels des Riemannschen Hebbarkeitssatzes (§ 2, Aussage 2) auf Y_U fortgesetzten Decktransformation $d_{j,U}$ auf sich abgebildet: $d_{j,U}(P_{j,U}) = P_{j,U}$. Weiter ist nach § 2, Aussage 3, die Ordnung von $d_{j,U}$ gleich der Verzweigungsordnung von f_U in $P_{j,U}$. Der Körper der meromorphen Funktionen $N = M(Y_U)$ von Y_U ist nach § 2, Satz C, über K galoissch mit $\mathrm{Gal}(N/K) \underset{a}{\cong} \mathrm{Deck}(f_U^{\bullet}:Y_U^{\bullet}\to X^{\bullet})$. Die zu $P_{j,U}$ gehörige Stelle

$$\mathfrak{P}_{j,N} := \{x \in N \mid x(P_{j,U}) = 0\} \in \mathbb{P}(N/\mathbb{C})$$

bleibt nach obigem invariant unter

$$\sigma_{j,N} := (d_{j,U})^* \in \mathrm{Gal}(N/K),$$

und die Verzweigungsordnung $e(\mathfrak{P}_{j,N}/\mathfrak{p}_j)$ ist gleich der Ordnung von $\sigma_{j,N}$. Nach der Folgerung 1 stimmt die Zerlegungsgruppe mit der Trägheitsgruppe von $\mathfrak{P}_{j,N}/\mathfrak{p}_j$ überein, also werden diese durch $\sigma_{j,N}$ erzeugt, insbesondere gilt für $G := \mathrm{Gal}(N/K)$

$$G_T(\mathfrak{P}_{j,N}/\mathfrak{p}_j) = \langle\sigma_{j,N}\rangle.$$

Für $N \in \mathfrak{N} := \mathfrak{N}_S(K)$ und $\tilde{N} \in \mathfrak{N}$ mit $N \geq \tilde{N}$ gelten nun nach Konstruktion $\mathfrak{P}_{j,N} \supseteq \mathfrak{P}_{j,\tilde{N}}$ und $\varphi_{\tilde{N}}^{N}(\sigma_{j,\tilde{N}}) = \sigma_{j,N}$ auf Grund der Antiisomorphie der projektiven Systeme $\mathfrak{G} = (\mathrm{Gal}(N/K)\,|\,\varphi_{\tilde{N}}^{N})_{N\in\mathfrak{N}}$ und $\mathfrak{D} = (\mathrm{Deck}(f_U:Y_U\to X)\,|\,\psi_{\tilde{U}}^{U})_{U\in\mathfrak{U}}$. Also sind

$$\mathfrak{P}_j := \bigcup_{N\in\mathfrak{N}} \mathfrak{P}_{j,N} \in \mathbb{P}(M/\mathbb{C}) \text{ für } j = 1,\dots,s$$

über $\mathfrak{p}_j$ liegende Bewertungsideale von $M = M_S(K)$, deren Trägheitsgruppen $\Pi_T(\mathfrak{P}_j/\mathfrak{p}_j)$ jeweils von

$$\alpha_j := (\sigma_{j,N})_{N\in\mathfrak{N}} \in \Pi = \mathrm{Gal}(M/K)$$

erzeugt werden. Bezeichnet man entsprechend die kanonischen Bilder von $\bar{a}_j$ für $j = s+1,\dots,s+2g$ mit α_j, so wird $\mathrm{Gal}(N/K) \cong \pi_1/U$ durch

$\{\sigma_{j,N} := \varphi_N(\alpha_j) \mid j = 1,\dots,s+2g\}$ -hierbei bedeutet φ_N die Projektion von Π auf Gal(N/K)- erzeugt, und die $\sigma_{j,N}$ genügen als homomorphe Bilder von $\bar{a}_j$ der Relation $\kappa_{s,g}(\underline{\sigma}_N) = \iota$. Also wird auch Π als proendliche Gruppe von $\alpha_1,\dots,\alpha_{s+2g}$ erzeugt, und es gilt $\kappa_{s,g}(\underline{\alpha}) = \iota$, wie bereits beim Beweis zum Satz 1 festgestellt wurde. □

3. Algebraische Fundamentalgruppen über algebraisch abgeschlossenen Konstantenkörpern der Charakteristik 0

Die Sätze 1 und 2 für algebraische Funktionenkörper $K/\mathbb{C}$ lassen sich auf beliebige algebraische Funktionenkörper über einem algebraisch abgeschlossenen Konstantenkörper k der Charakteristik 0 übertragen. Hier wird der Beweis mit Hilfe des Weilschen Rationalitätskriteriums für die algebraisch abgeschlossenen Teilkörper k von $\mathbb{C}$ durchgeführt. Beweise für den allgemeinen Fall kann man z.B. bei Popp [1970], § 11, bzw. bei van den Dries, Ribenboim [1979] nachlesen.

Lemma 1: Es seien K/k *ein algebraischer Funktionenkörper,* $\tilde{K}/\tilde{k}$ *eine Konstantenerweiterung von* K/k, $\Gamma \le \mathrm{Aut}(\tilde{k}/k)$ *mit* $\tilde{k}^{\Gamma} = k$ *und* $\tilde{L}/\tilde{K}$ *ein regulärer endlicher Erweiterungskörper von* $\tilde{K}$. *Läßt sich dann* Γ *zu einer Untergruppe* $\tilde{\Gamma}$ *von* $\mathrm{Aut}(\tilde{L}/K)$ *fortsetzen, so ist* $L := \tilde{L}^{\tilde{\Gamma}}$ *ein regulärer Erweiterungskörper von* K *mit* $\tilde{k}L = \tilde{L}$.

Beweis: Es seien $K := k(x,y)$ der Funktionenkörper der Kurve $f(x,y) = 0$ mit $f(X,Y) \in k[X,Y]$ und $\tilde{L} = \tilde{k}(x,y,\tilde{z})$ ein über $\tilde{K} = \tilde{k}(x,y)$ durch $\tilde{g}(x,y,\tilde{z})=0$ mit $\tilde{g}(X,Y,Z) \in \tilde{k}[X,Y,Z]$ erzeugter Körper. Nach Voraussetzung gibt es zu jedem $\gamma \in \Gamma$ genau eine Fortsetzung $\tilde{\gamma} \in \tilde{\Gamma}$. Für diese gilt $(\tilde{g}(x,y,\tilde{z}))^{\tilde{\gamma}} = \tilde{g}^{\gamma}(x,y,\tilde{z}^{\tilde{\gamma}})$, dabei ist $\tilde{g}^{\gamma}(X,Y,Z)$ dasjenige Polynom, das aus $\tilde{g}(X,Y,Z)$ durch koeffizientenweise Anwendung von γ entsteht, und $\tilde{z}^{\tilde{\gamma}} = \varphi_{\gamma}(\tilde{z})$ ist eine rationale Funktion von x,y und $\tilde{z}$. Wegen

$$\varphi_{\gamma\delta}(\tilde{z}) = \tilde{z}^{\widetilde{\gamma\delta}} = (\tilde{z}^{\tilde{\gamma}})^{\tilde{\delta}} = (\varphi_{\gamma}(\tilde{z}))^{\tilde{\delta}} = (\varphi_{\gamma}^{\delta}\varphi_{\delta})(\tilde{z})$$

ist

$$\tilde{\varphi}_{\gamma} : g(x,y,\tilde{z}) \mapsto g^{\gamma}(x,y,\varphi_{\gamma}(\tilde{z}))$$

eine birationale Abbildung mit $\tilde{\varphi}_{\gamma\delta} = \tilde{\varphi}_{\gamma}^{\delta}\tilde{\varphi}_{\delta}$, und es folgt aus dem Weilschen Rationalitätskriterium (Weil [1956]), daß $\tilde{L}/\tilde{K}$ ein Modell $g(x,y,z)=0$ mit $g(X,Y,Z) \in k[X,Y,Z]$ besitzt. Der Körper $L := K(z)$ ist ein regulärer Erweiterungskörper von K mit $\tilde{k}L = \tilde{L}$. Für $\tilde{z} = \psi(z)$ gilt nach dem Weilschen Rationalitätskriterium weiter $\varphi_{\gamma}(\tilde{z}) = \psi^{\gamma}\psi^{-1}(\tilde{z})$. Damit folgt aus

$$\psi^{\gamma}(z^{\tilde{\gamma}}) = \psi(z)^{\tilde{\gamma}} = \tilde{z}^{\tilde{\gamma}} = \varphi_{\gamma}(\tilde{z}) = (\psi^{\gamma}\psi^{-1})(\tilde{z}) = \psi^{\gamma}(z),$$

daß $z^{\tilde{\gamma}} = z$ ist für alle $\tilde{\gamma} \in \tilde{\Gamma}$. Es ist also $L \leq \tilde{L}^{\tilde{\Gamma}}$. Wegen $(L:K) = (\tilde{L}:\tilde{K})$ ist L der Fixkörper von $\tilde{\Gamma}$. □

<u>Satz 3: Es seien</u> K/k <u>ein algebraischer Funktionenkörper vom Geschlecht</u> g <u>mit einem algebraisch abgeschlossenen Konstantenkörper</u> k <u>der Charakteristik</u> 0 <u>und</u> $\mathbf{S} = \{\mathfrak{p}_1, \ldots, \mathfrak{p}_s\} \subseteq \mathbb{P}(K/k)$. <u>Dann hat die algebraische Fundamentalgruppe die Struktur</u>

$$\Pi = \Pi(\mathbb{P}(K/k)\setminus\mathbf{S}) = \langle \alpha_1, \ldots, \alpha_{s+2g} \mid \pi_{s,g}(\alpha_1, \ldots, \alpha_{s+2g}) = 1 \rangle_{top}.$$

<u>Weiter gibt es Bewertungsideale</u> $\mathfrak{P}_1, \ldots, \mathfrak{P}_s$ <u>von</u> $M_{\mathbf{S}}(K/k)$ <u>mit</u> $\mathfrak{P}_j/\mathfrak{p}_j$, <u>so daß die Trägheitsgruppen von</u> $\mathfrak{P}_j/\mathfrak{p}_j$ <u>durch</u> α_j <u>als proendliche Gruppen erzeugt werden</u>:

$$\Pi_T(\mathfrak{P}_j/\mathfrak{p}_j) = \langle \alpha_j \rangle_{top} \cong \hat{\mathbb{Z}} \text{ für } j = 1, \ldots, s.$$

<u>Beweis für</u> $k \leq \mathbb{C}$: Es seien $\hat{K} := \mathbb{C}K$, $\hat{\mathbf{S}} := \{\hat{\mathfrak{p}} \in \mathbb{P}(\hat{K}/\mathbb{C}) \mid \hat{\mathfrak{p}}/\mathfrak{p},\ \mathfrak{p} \in \mathbf{S}\}$ und $M := M_{\mathbf{S}}(K)$ bzw. $\hat{M} := M_{\hat{\mathbf{S}}}(\hat{K})$ die maximalen außerhalb $\mathbf{S}$ bzw. $\hat{\mathbf{S}}$ unverzweigten algebraischen Erweiterungskörper von K bzw. von $\hat{K}$.
In einem ersten Schritt wird gezeigt, daß die Abbildung

$$\nu : \mathbf{N} := \mathbf{N}_{\mathbf{S}}(K) \to \hat{\mathbf{N}} := \mathbf{N}_{\hat{\mathbf{S}}}(\hat{K}),\ N \mapsto \mathbb{C}N = \hat{N}$$

bezüglich der Inklusion ein Verbandsisomorphismus ist. Die Injektivität von ν folgt sofort aus der Tatsache, daß M und $\hat{K}$ über k linear disjunkt sind: Denn sind $N_1 \neq N_2$ zwei Körper aus $\mathbf{N}$ mit $\hat{N}_1 = \hat{N}_2$, so gilt für das Kompositum N_1N_2 in M

$$(N_1N_2:K) > (N_1:K) \geq (\hat{N}_1:\hat{K}) = (\hat{N}_1\hat{N}_2:\hat{K}),$$

was im Widerspruch dazu steht, daß das Minimalpolynom $f(X) \in K[X]$ eines primitiven Elements x von N_1N_2/K über $\hat{K}$ irreduzibel bleibt. Es sei nun $\hat{N} \in \hat{\mathbf{N}}$ mit $Gal(\hat{N}/\hat{K}) = \hat{G}$. Ist $\tilde{\delta}$ eine Fortsetzung eines Automorphismus $\delta \in Aut(\hat{K}/K)$ auf $\hat{N}$, so ist

$$\hat{N}^{\delta} := \{f^{\tilde{\delta}} \mid f \in \hat{N}\} \in \hat{\mathbf{N}}$$

eine von der Fortsetzung $\tilde{\delta}$ von δ unabhängige Galoiserweiterung von $\hat{K}$ mit

$$Gal(\hat{N}^{\delta}/\hat{K}) = \tilde{\delta}^{-1}\hat{G}\tilde{\delta} = \hat{G}^{\tilde{\delta}} \cong \hat{G}.$$

Da die algebraische Fundamentalgruppe $\hat{\Pi} = \Pi(\mathbb{P}(\hat{K}/\mathbb{C})\setminus\hat{\mathbf{S}})$ eine endlich erzeugte proendliche Gruppe ist, ist die Anzahl der Normalteiler von $\hat{\Pi}$ mit einer zu $\hat{G}$ isomorphen Faktorgruppe und damit die Anzahl der Körper aus $\hat{\mathbf{N}}$ mit einer zu G isomorphen Galoisgruppe endlich. Also hat auch die Fixgruppe von $\hat{N}$

$$\Delta := \{\delta \in \mathrm{Aut}(\hat{K}/K) \mid \hat{N}^{\delta} = \hat{N}\}$$

einen endlichen Index in $\mathrm{Aut}(\hat{K}/K)$. Folglich ist $\hat{K}^{\Delta}/K$ eine endliche Konstantenerweiterung. Da der Konstantenkörper k von K algebraisch abgeschlossen ist, ergibt sich hieraus $\hat{K}^{\Delta} = K$. Es sei nun $\mathfrak{p} \in \mathbb{P}(K/k)\setminus\mathbb{S}$. Wegen $d(\mathfrak{p}) = 1$ gibt es nach § 3, Aussage 4, genau ein $\hat{\mathfrak{p}} \in \mathbb{P}(\hat{K}/\mathbb{C})$ mit $\hat{\mathfrak{p}}/\mathfrak{p}$. In $\hat{N}/\hat{K}$ zerfällt $\hat{\mathfrak{p}}$ nach § 3, Satz B, in ein Produkt von $n = |G|$ Primdivisoren $\hat{\mathfrak{P}}_i \in \mathbb{P}(\hat{N}/\mathbb{C})$ mit $d(\hat{\mathfrak{P}}_i) = 1$. Da G transitiv auf $\hat{\mathfrak{P}}_1,\ldots,\hat{\mathfrak{P}}_n$ operiert, besitzt jeder Automorphismus $\delta \in \Delta$ genau eine Fortsetzung $\tilde{\delta}$ auf $\hat{N}$, welche z.B. $\hat{\mathfrak{P}} := \hat{\mathfrak{P}}_1$ invariant läßt. Nach dem Lemma 1 ist der Fixkörper N von

$$\tilde{\Delta} := \{\tilde{\delta} \in \mathrm{Aut}(\hat{N}/K) \mid \tilde{\delta}|_{\hat{K}} \in \Delta,\ \hat{\mathfrak{P}}^{\tilde{\delta}} = \hat{\mathfrak{P}}\} \cong \Delta$$

ein regulärer Erweiterungskörper von K vom Grad n mit $\mathbb{C}N = \hat{N}$, der außerhalb $\mathbb{S}$ unverzweigt ist. Da die galoissche Hülle $\tilde{N}$ von N/K gleichzeitig algebraisch über K und ein Teilkörper von $\hat{N}$ ist, gelten $\tilde{N} = N$ und $N \in \mathbb{N}$, und es ist $G = \mathrm{Gal}(N/K) \cong \hat{G}$. Folglich ist die Abbildung ν auch surjektiv. Da ν darüber hinaus den Durchschnitt und das Kompositum von Körpern $N \in \mathbb{N}$ erhält, ist ν ein Verbandsisomorphismus.
Die Abbildung ν ist weiter mit den Homomorphismen der projektiven Systeme

$$\mathfrak{G} = (\mathrm{Gal}(N/K)\,|\,\varphi^{N}_{N'})_{N\in\mathbb{N}}\ ,\quad \hat{\mathfrak{G}} = (\mathrm{Gal}(\hat{N}/\hat{K})\,|\,\varphi^{\hat{N}}_{\hat{N}'})_{\hat{N}\in\hat{\mathbb{N}}}$$

vertauschbar: $\nu\circ\varphi^{N}_{N'} = \varphi^{\hat{N}}_{\hat{N}'}\circ\nu$, also sind deren projektive Limites isomorph:

$$\Pi = \mathrm{Gal}(M/K) \cong \mathrm{Gal}(\hat{M}/\hat{K}) = \hat{\Pi}.$$

Hieraus folgt der erste Teil der Behauptung.
Sind nun $\mathfrak{p} \in \mathbb{S}$, $\hat{\mathfrak{p}} \in \hat{\mathbb{S}}$ mit $\hat{\mathfrak{p}}/\mathfrak{p}$ und $\hat{\mathfrak{P}} \in \mathbb{P}(\hat{M}/\mathbb{C})$ mit $\hat{\mathfrak{P}}/\hat{\mathfrak{p}}$, so ist $\hat{\Pi}_T(\hat{\mathfrak{P}}/\hat{\mathfrak{p}})|_M$ die Trägheitsgruppe von $\mathfrak{P} := \hat{\mathfrak{P}} \cap M \in \mathbb{P}(M/k)$ über $\mathfrak{p}$ in M/K, und es gilt offenbar

$$\Pi_T(\mathfrak{P}/\mathfrak{p}) \cong \hat{\Pi}_T(\hat{\mathfrak{P}}/\hat{\mathfrak{p}}).$$

Hieraus ergibt sich unmittelbar der zweite Teil der Behauptung. □

Bezeichnet man eine freie proendliche Gruppe vom Rang r mit Φ_r, so erhält man aus dem Satz 3 sofort die

<u>Folgerung 2: Ist in Satz 3 die Menge $\mathbb{S}$ nicht leer, so gilt</u>

$$\Pi(\mathbb{P}(K/k)\setminus\mathbb{S}) \cong \Phi_r \text{ mit } r = s+2g-1,$$

d.h. Π ist eine freie proendliche Gruppe vom Rang r.

Mit diesem Resultat gewinnt man nun eine Lösung des Umkehrproblems der Galoistheorie über allen Funktionenkörpern K/k der Charakteristik 0, deren Konstantenkörper k algebraisch abgeschlossen ist.

Folgerung 3: Es sei K/k _ein algebraischer Funktionenkörper der Charakteristik_ 0 _mit einem algebraisch abgeschlossenen Konstantenkörper_. _Dann ist jede endliche Gruppe als Galoisgruppe über_ K _realisierbar_.

Beweis: Jede endliche Gruppe G besitzt ein endliches Erzeugendensystem, dessen Elementanzahl r sei. Damit gibt es nach der Folgerung 2 für $|\mathbf{S}| \geq \max\{1, r+1-2g\}$ einen Epimorphismus von $\Pi(\mathbb{P}(K/k) \setminus \mathbf{S})$ auf G, dessen Kern Ψ sei. Der Fixkörper N von Ψ ist über K galoissch mit $\mathrm{Gal}(N/K) \cong G$. □

§ 5 Arithmetische Fundamentalgruppen

Im letzten Paragraphen wurden für algebraische Funktionenkörper über einem algebraisch abgeschlossenen Konstantenkörper Fundamentalgruppen definiert und deren Struktur im Falle der Charakteristik 0 bestimmt. Nunmehr werden auch für beliebige algebraische Funktionenkörper K/k Fundamentalgruppen eingeführt. Eine solche "arithmetische" Fundamentalgruppe läßt sich bei aufgeschlossenen algebraischen Funktionenkörpern K/k in ein semidirektes Produkt einer algebraischen Fundamentalgruppe $\overline{\Pi}$ über $\overline{K} := \overline{k}K$, dabei ist $\overline{k}$ eine algebraisch abgeschlossene Hülle von k, mit der Fundamentalgruppe (absoluten Galoisgruppe) $Gal(\overline{k}/k)$ von k zerlegen. Dabei kann die durch Konjugation definierte Operation eines Komplements von $\overline{\Pi}$ in der arithmetischen Fundamentalgruppe zumindest auf der Kommutatorfaktorgruppe $\overline{\Pi}^{ab} = \overline{\Pi}/\overline{\Pi}'$ explizit beschrieben werden.

1. Die Struktur arithmetischer Fundamentalgruppen

Arithmetische Fundamentalgruppen werden wie auch die algebraischen Fundamentalgruppen als spezielle Galoisgruppen definiert. Hierzu stellt man zunächst fest:

Bemerkung 1: Es seien K/k ein algebraischer Funktionenkörper der Charakteristik 0, $\mathbf{S}$ eine endliche Teilmenge der abstrakten Riemannschen Fläche $\mathbf{P}(K/k)$ von K/k, $\overline{k}$ eine algebraisch abgeschlossene Hülle von k, $\overline{K} := \overline{k}K$ und

$$\overline{\mathbf{S}} := \{\overline{\mathfrak{p}} \in \mathbf{P}(\overline{K}/\overline{k}) \mid \overline{\mathfrak{p}}/\mathfrak{p},\ \mathfrak{p} \in \mathbf{S}\}.$$

Dann ist der maximale außerhalb $\overline{\mathbf{S}}$ unverzweigte algebraische Erweiterungskörper $M_{\overline{\mathbf{S}}}(\overline{K})$ von $\overline{K}$ über K galoissch.

Beweis: $\overline{M} := M_{\overline{\mathbf{S}}}(\overline{K})$ ist ein separabel algebraischer Erweiterungskörper von K. Jeder K fest lassende Monomorphismus γ von $\overline{M}$ in eine algebraisch abgeschlossene Hülle von K bildet $\overline{K}$ auf sich ab und permutiert nach Voraussetzung die Bewertungsideale in $\overline{\mathbf{S}}$. Da $\overline{M}$ ein maximaler außerhalb $\overline{\mathbf{S}}$ unverzweigter Erweiterungskörper von $\overline{K}$ ist, wird $\overline{M}$ durch γ auf sich abgebildet. Also ist γ ein Automorphismus von $\overline{M}/K$, und $\overline{M}/K$ ist galoissch.

Definition 1: Mit den Bezeichnungen in der Bemerkung 1 heißt die Galoisgruppe des nur von K und $\mathbf{S}$ abhängenden Körpers $M_{\mathbf{S}}(K) := M_{\overline{\mathbf{S}}}(\overline{K})$ über K die *arithmetische Fundamentalgruppe von* $\mathbf{P}(K/k) \setminus \mathbf{S}$:

$$\Pi(\mathbb{P}(K/k)\setminus \mathbb{S}) := \mathrm{Gal}(M_{\mathbb{S}}(K)/K).$$

Bei algebraisch abgeschlossenem Konstantenkörper stimmen demnach die arithmetische und die algebraische Fundamentalgruppe von $\mathbb{P}(K/k)\setminus\mathbb{S}$ überein.

Im Gegensatz zur algebraischen Fundamentalgruppe kennt man bisher im allgemeinen für eine arithmetische Fundamentalgruppe keine Erzeugenden mit definierenden Relationen, immerhin läßt sie sich aber für aufgeschlossene algebraische Funktionenkörper als ein semidirektes Produkt einer algebraischen Fundamentalgruppe mit der absoluten Galoisgruppe des Konstantenkörpers beschreiben.

<u>Satz 1:</u> <u>Es seien</u> K/k <u>ein aufgeschlossener algebraischer Funktionenkörper der Charakteristik</u> 0, $\mathbb{S}$ <u>eine endliche Teilmenge von</u> $\mathbb{P}(K/k)$, $\bar{k}$ <u>eine algebraisch abgeschlossene Hülle von</u> k, $\bar{K} := \bar{k}K$ <u>und</u> $\bar{\mathbb{S}} := \{\bar{\mathfrak{p}} \in \mathbb{P}(\bar{K}/\bar{k}) \mid \bar{\mathfrak{p}}/\mathfrak{p},\ \mathfrak{p} \in \mathbb{S}\}$. <u>Dann ist die arithmetische Fundamentalgruppe</u> $\Pi(\mathbb{P}(K/k)\setminus\mathbb{S}) = \mathrm{Gal}(M_{\mathbb{S}}(K)/K)$ <u>ein semidirektes Produkt der algebraischen Fundamentalgruppe</u> $\Pi(\mathbb{P}(\bar{K}/\bar{k})\setminus\bar{\mathbb{S}}) = \mathrm{Gal}(M_{\bar{\mathbb{S}}}(\bar{K})/\bar{K})$ <u>mit</u> $\mathrm{Gal}(\bar{K}/K) \cong \mathrm{Gal}(\bar{k}/k)$:

$$\mathrm{Gal}(M_{\mathbb{S}}(K)/K) \cong \mathrm{Gal}(M_{\mathbb{S}}(K)/\bar{K}) \rtimes \mathrm{Gal}(\bar{K}/K).$$

<u>Beweis:</u> Es bezeichne $\bar{M} := M_{\bar{\mathbb{S}}}(\bar{K}) = M_{\mathbb{S}}(K)$, $\Pi = \mathrm{Gal}(\bar{M}/K)$, $\bar{\Pi} := \mathrm{Gal}(\bar{M}/\bar{K}) \trianglelefteq \Pi$ und $\Delta := \mathrm{Gal}(\bar{k}/k) \cong \mathrm{Gal}(\bar{K}/K)$. Da K/k aufgeschlossen ist, existiert ein $\mathfrak{p} \in \mathbb{P}(K/k)$ vom Grad $d(\mathfrak{p}) = 1$. Nach § 3, Aussage 4, gibt es genau ein $\bar{\mathfrak{p}} \in \mathbb{P}(\bar{K}/\bar{k})$ mit $\bar{\mathfrak{p}}/\mathfrak{p}$. Weiter seien $\bar{\mathfrak{P}}$ das Bewertungsideal einer Fortsetzung des durch $\bar{\mathfrak{p}}$ definierten ultrametrischen Betrags von $\bar{K}$ auf $\bar{M}$ und Π_Z bzw. Π_T die Zerlegungs- bzw. Trägheitsgruppe von $\bar{\mathfrak{P}}/\mathfrak{p}$.

Im Fall $\mathfrak{p} \notin \mathbb{S}$ ist $\mathfrak{p}$ in $\bar{M}/K$ unverzweigt, d.h. es sind $e(\bar{\mathfrak{P}}/\mathfrak{p}) = 1$ und folglich $\Pi_T = I$. Weiter ist $\mathfrak{p}$ in der Konstantenerweiterung $\bar{K}/K$ unzerlegt und in der regulären Körpererweiterung $\bar{M}/\bar{K}$ vollzerlegt $(f(\bar{\mathfrak{P}}/\bar{\mathfrak{p}}) = d(\bar{\mathfrak{p}}) = 1)$, da der Restklassenkörper von $\bar{\mathfrak{P}}$ über dem Restklassenkörper $\bar{k}$ von $\bar{\mathfrak{p}}$ algebraisch ist und $\bar{k}$ ein algebraisch abgeschlossener Körper ist. Also gelten nach § 4, Satz A,

$$\Pi_Z \cap \bar{\Pi} = I, \quad \langle \Pi_Z, \bar{\Pi} \rangle = \Pi,$$

und es ist $\Pi_Z \cong \Pi_Z/\Pi_T \cong \Delta$, ein abgeschlossenes Komplement von $\bar{\Pi}$ in Π.

Im Fall $\mathfrak{p} \in \mathbb{S}$ ist $\Pi_Z \cap \bar{\Pi} = \Pi_T$ die Trägheitsgruppe von $\bar{\mathfrak{P}}/\bar{\mathfrak{p}}$ und damit nach § 4, Satz 3, isomorph zur proendlichen Komplettierung $\hat{\mathbb{Z}}$ von $\mathbb{Z}$. Wegen $\Pi_Z/\Pi_T \cong \Delta$ bleibt hier noch zu zeigen, daß Π_T in Π_Z ein abgeschlossenes Komplement besitzt. Dazu seien $\bar{M}_Z$ der Zerlegungskörper und $\bar{M}_T$ der

Trägheitskörper von $\overline{\mathfrak{P}}/\mathfrak{p}$ sowie $\overline{\mathfrak{P}}_Z := \overline{\mathfrak{P}} \cap \overline{M}_Z$, $\overline{\mathfrak{P}}_T := \overline{\mathfrak{P}} \cap \overline{M}_T$ die Einschränkungen von $\overline{\mathfrak{P}}$ auf $\overline{M}_Z$ bzw. auf $\overline{M}_T$. Da $\mathfrak{p}$ in $\overline{M}_T/K$ unverzweigt ist, ist jede Funktion $z \in K$ mit $\mathrm{ord}_{\mathfrak{p}}(z) = 1$, eine solche heißt ein Primelement zu $\mathfrak{p}$, auch ein Primelement zu $\overline{\mathfrak{P}}_Z$ in $\overline{M}_Z$ und $\overline{\mathfrak{P}}_T$ in $\overline{M}_T$. Folglich ist die Komplettierung $\hat{M}_T$ von $\overline{M}_T$ bezüglich $\overline{\mathfrak{P}}_T$ der Potenzreihenkörper $\overline{k}((z))$, woraus sich als Komplettierung von $\overline{M}$ bezüglich $\overline{\mathfrak{P}}$ der Körper $\hat{M} = \bigcup_{e \in \mathbb{N}} \hat{M}_T(\sqrt[e]{z})$ ergibt. Für Primzahlpotenzen $e = p^{\mu}$ definiert man nun erzeugende Elemente von $\hat{M}_T(\sqrt[e]{z})/\hat{M}_T$ rekursiv als Lösungen von $(z_{p^{\mu}})^p = z_{p^{\mu-1}}$ mit $z_1 = z$; für ein beliebiges $e \in \mathbb{N}$ mit der Primfaktorzerlegung $e = \prod_{i=1}^{n} p_i^{\mu_i}$ gibt es $\nu_i \in \mathbb{Z}$ mit $\sum_{i=1}^{n} \frac{e}{p_i^{\mu_i}} \nu_i = 1$, und mit diesen sei $z_e = \prod_{i=1}^{n} (z_{p_i^{\mu_i}})^{\nu_i}$. Für die so definierten z_e gilt für alle Teiler d von e die Verträglichkeitsbedingung $z_d = (z_e)^{\frac{e}{d}}$. Wegen $z \in K$ operiert jedes $\delta \in \Delta(K) := \mathrm{Gal}(\overline{K}/K)$ auf den formalen Potenzreihen $f(z) \in \overline{k}[[z]]$ koeffizientenweise. Folglich gibt es unter den Fortsetzungen von δ auf $\hat{M}_T(z_e)$ genau eine, diese sei $\hat{\delta}_e$, mit $z_e^{\hat{\delta}_e} = z_e$, und δ_e sei die Einschränkung von $\hat{\delta}_e$ auf $\overline{M}_e := \hat{M}_T(z_e) \cap \overline{M}$. Die Menge $\Delta_e := \{\delta_e \in \mathrm{Gal}(\overline{M}_e/K) \mid \delta \in \Delta(K)\}$ bildet eine zu Δ isomorphe Untergruppe von $\mathrm{Gal}(\overline{M}_e/K)$, deren Fixkörper M_e den Körper $\overline{M}_Z$ enthält. Wegen der Verträglichkeitsbedingung gilt $M_d \leq M_e$ für die Teiler d von e, und $M := \bigcup_{e \in \mathbb{N}} M_e$ ist ein Teilkörper von $\overline{M}$. Die Galoisgruppe $\Delta(M) := \mathrm{Gal}(\overline{M}/M)$ ist wegen $\Delta(M) = \bigcap_{e \in \mathbb{N}} \mathrm{Gal}(\overline{M}/M_e)$ eine abgeschlossene Untergruppe von Π_Z mit

$$\Delta(M) \cap \Pi_T = \bigcap_{e \in \mathbb{N}} \mathrm{Gal}(\overline{M}/\overline{M}_e) = I$$

und

$$\langle \Delta(M), \Pi_T \rangle = \mathrm{Gal}(\overline{M}/(M \cap \overline{M}_T)) = \mathrm{Gal}(\overline{M}/\overline{M}_Z) = \Pi_Z,$$

d.h. $\Delta(M)$ ist ein abgeschlossenes Komplement sowohl von Π_T in Π_Z als auch von $\overline{\Pi}$ in Π. □

Gleichzeitig wurde bewiesen:

<u>Zusatz 1: In der arithmetischen Fundamentalgruppe</u> $\Pi(\mathbb{P}(K/k) \setminus \mathbb{S})$ <u>besitzt die algebraische Fundamentalgruppe</u> $\Pi(\mathbb{P}(\overline{K}/\overline{k}) \setminus \overline{\mathbb{S}})$ <u>innerhalb jeder Zerlegungsgruppe über einem</u> $\mathfrak{p} \in \mathbb{P}(K/k)$ <u>vom Grad</u> $d(\mathfrak{p}) = 1$ <u>ein zu</u> $\mathrm{Gal}(\overline{k}/k)$ <u>isomorphes abgeschlossenes Komplement</u>.

Die Zerlegung der arithmetischen Fundamentalgruppe in ein semidirektes Produkt überträgt sich auf die Galoisgruppen galoisscher Zwischenkörper $\overline{N}$ mit dem Konstantenkörper $\overline{k}$:

<u>Folgerung 1: Es seien K/k ein aufgeschlossener algebraischer Funktionenkörper der Charakteristik 0, $\overline{k}$ eine algebraisch abgeschlossene Hülle von k und $\overline{N}/\overline{k}$ ein über K galoisscher algebraischer Funktionenkörper. Dann ist</u> $Gal(\overline{N}/K)$ <u>ein semidirektes Produkt von</u> $Gal(\overline{N}/\overline{K})$, $\overline{K} := \overline{k}K$, <u>mit</u> $Gal(\overline{K}/K)$:

$$Gal(\overline{N}/K) \cong Gal(\overline{N}/\overline{K}) \rtimes Gal(\overline{K}/K).$$

<u>Beweis:</u> Es bezeichne S die endliche Menge der Primdivisoren von K/k, die in $\overline{N}/K$ verzweigt sind, und $\overline{M} := M_S(K)$. Dann ist $\overline{\Psi} := Gal(\overline{M}/\overline{N})$ ein abgeschlossener Normalteiler der arithmetischen Fundamentalgruppe $\Pi = Gal(\overline{M}/K)$. Nach dem Satz 1 existiert ein Komplement $\tilde{\Delta}$ zu $\overline{\Pi} = Gal(\overline{M}/\overline{K})$ in Π. Das von $\overline{\Psi}$ mit $\tilde{\Delta}$ erzeugte semidirekte Produkt ist eine abgeschlossene Untergruppe von Π, deren Fixkörper N sei. $\Delta(N) := Gal(\overline{N}/N)$ ist zu $\tilde{\Delta} \cong Gal(\overline{K}/K)$ isomorph und ein Komplement von $Gal(\overline{N}/\overline{K})$ in $Gal(\overline{N}/K)$. □

2. Ein vorläufiges Rationalitätskriterium

Nach der Folgerung 3 in § 4 gibt es über einem algebraischen Funktionenkörper $\overline{K}/\overline{k}$ mit einem algebraisch abgeschlossenen Konstantenkörper zu jeder endlichen Gruppe G Galoiserweiterungen $\overline{N}/\overline{K}$ mit $Gal(\overline{N}/\overline{K}) \cong G$. Aus der Struktur der arithmetischen Fundamentalgruppe läßt sich nun für diese Galoiserweiterungen unmittelbar ein vorläufiges Rationalitätskriterium ableiten.

<u>Definition 2:</u> Es seien $\overline{K}/\overline{k}$ ein algebraischer Funktionenkörper mit einem algebraisch abgeschlossenen Konstantenkörper und K/k ein algebraischer Teilkörper von $\overline{K}/\overline{k}$, (d.h. $\overline{K}/\overline{k}$ ist über K/k algebraisch) mit $\overline{k}K = \overline{K}$. Eine algebraische Körpererweiterung $\overline{L}/\overline{K}$ heißt *über* K *definiert*, wenn es einen regulären Erweiterungskörper L von K gibt mit $\overline{k}L = \overline{L}$, und K heißt dann ein *Definitionskörper von* $\overline{L}/\overline{K}$.
Eine Galoiserweiterung $\overline{N}/\overline{K}$ heißt *über* K *als Galoiserweiterung definiert*, wenn ein regulärer Erweiterungskörper N von K mit $\overline{k}N = \overline{N}$ existiert und N/K galoissch ist (mit einer dann zu $Gal(\overline{N}/\overline{K})$ isomorphen Galoisgruppe); in diesem Fall heißt K ein *eigentlicher Definitionskörper von* $\overline{N}/\overline{K}$.

<u>Satz 2: Es seien $\overline{K}/\overline{k}$ ein algebraischer Funktionenkörper der Charakteristik 0 mit einem algebraisch abgeschlossenen Konstantenkörper und $\overline{N}/\overline{K}$ eine Galoiserweiterung mit der Galoisgruppe</u> G. <u>Dann gelten für einen aufgeschlossenen algebraischen Teilkörper</u> K <u>von</u> $\overline{K}$ <u>mit</u> $\overline{k}K = \overline{K}$:

(a) $\overline{N}/\overline{K}$ <u>ist genau dann über</u> K <u>definiert, wenn</u> $\overline{N}/K$ <u>galoissch ist</u>.

(b) $\bar{N}/\bar{K}$ ist genau dann über K als Galoiserweiterung definiert, wenn $\bar{N}/K$ galoissch ist und G in $\mathrm{Gal}(\bar{N}/K)$ ein direktes abgeschlossenes Komplement besitzt.

Beweis: Ist $\bar{N}/\bar{K}$ über K definiert, so existiert eine reguläre Körpererweiterung N/K mit $\bar{K}N = \bar{N}$. Jeder K fest lassende Monomorphismus γ von $\bar{N}$ in eine algebraisch abgeschlossene Hülle von K bildet $\bar{K}$ auf sich ab. Da sich die Einschränkung $\delta := \gamma|_{\bar{K}}$ von γ auf $\bar{K}$, diese ist ein Element von $\mathrm{Gal}(\bar{K}/K)$, zu einem Automorphismus von $\bar{N}/N$ fortsetzen läßt und $\bar{N}/\bar{K}$ galoissch ist, sind alle Fortsetzungen von δ auf $\bar{N}$ Automorphismen von $\bar{N}/K$. Also ist $\gamma \in \mathrm{Aut}(\bar{N}/K)$, und $\bar{N}/K$ ist galoissch. Ist umgekehrt $\bar{N}/K$ eine Galoiserweiterung, so besitzt die Gruppe G nach der Folgerung 1 ein abgeschlossenes Komplement $\bar{\Delta}$ in $\mathrm{Gal}(\bar{N}/K)$, dessen Fixkörper N ein regulärer Erweiterungskörper von K ist mit $\bar{K}N = \bar{N}$. Damit ist (a) bewiesen. Die Aussage (b) ergibt sich aus (a), da N/K genau dann galoissch ist, wenn $\bar{\Delta}$ ein Normalteiler in $\mathrm{Gal}(\bar{N}/K)$ ist. □

Folgerung 2: Es sei $K \le \bar{K} \le \bar{M}$ der Körperturm aus dem Satz 1. Dann ist der Fixkörper einer charakteristischen abgeschlossenen Untergruppe der algebraischen Fundamentalgruppe $\bar{\Pi} = \mathrm{Gal}(\bar{M}/\bar{K})$ über K definiert.

Beweis: Eine charakteristische Untergruppe $\bar{\Psi}$ von $\bar{\Pi}$ ist gleichzeitig ein Normalteiler der arithmetischen Fundamentalgruppe $\Pi = \mathrm{Gal}(\bar{M}/K)$. Damit ergibt sich die Folgerung 2 unmittelbar aus dem Satz 2(a). □

Es sei betont, daß der Definitionskörper K von $\bar{N}/\bar{K}$ im allgemeinen kein eigentlicher Definitionskörper von $\bar{N}/\bar{K}$ ist. Dies zeigt sich auch an den beiden folgenden Beispielen:

Beispiel 1: Es seien $K = \mathbb{Q}(t)$, $(t) = \frac{\mathfrak{p}_0}{\mathfrak{p}_\infty}$, $\mathbb{S} = \{\mathfrak{p}_0, \mathfrak{p}_\infty\}$ und $\bar{\mathbb{S}} = \{\bar{\mathfrak{p}}_0, \bar{\mathfrak{p}}_\infty\}$ die Menge der Teiler der Elemente von $\mathbb{S}$ in $\mathbb{P}(\bar{\mathbb{Q}}(t)/\bar{\mathbb{Q}})$. Dann ist

$$\bar{\Pi} = \Pi(\mathbb{P}(\bar{\mathbb{Q}}(t)/\bar{\mathbb{Q}}) \setminus \bar{\mathbb{S}}) = \langle \alpha_1, \alpha_2 \mid \alpha_1\alpha_2 = \iota \rangle_{top} \cong \hat{\mathbb{Z}}$$

eine freie proendliche Gruppe vom Rang 1 mit $\mathrm{Aut}(\bar{\Pi}) \cong \hat{\mathbb{Z}}^{*}$. Also ist jede Untergruppe von $\bar{\Pi}$ charakteristisch, insbesondere ist auch

$$\bar{\Psi} := \mathrm{Kern}(\bar{\Pi} \to \bar{\Pi},\ \alpha \mapsto \alpha^n)$$

eine charakteristische offene Untergruppe von $\bar{\Pi}$ mit $\bar{\Pi}/\bar{\Psi} \cong Z_n$ (zyklische Gruppe der Ordnung n). Der Fixkörper von $\bar{\Psi}$ ist

$$\bar{N} = \bar{\mathbb{Q}}(z),\ z^n = t;$$

$\bar{N}/\bar{\mathbb{Q}}(t)$ ist nach der Folgerung 2 über $\mathbb{Q}(t)$ definiert, und es ist $N = \mathbb{Q}(z)$.

Für $n > 2$ ist $N/\mathbb{Q}(t)$ nicht galoissch; vielmehr ist die Galoisgruppe der galoisschen Hülle von $N/\mathbb{Q}(t)$ isomorph zum Holomorph von Z_n, dieses ist ein semidirektes Produkt von Z_n mit $Z_n^\times := (\mathbb{Z}/n\mathbb{Z})^\times \cong \mathrm{Aut}(Z_n)$.

Beispiel 2: $E/\mathbb{Q}$ sei ein aufgeschlossener elliptischer Funktionenkörper. Dann ist die algebraische Fundamentalgruppe von $\bar{E} := \bar{\mathbb{Q}}E$

$$\bar{\Pi} = \Pi(\mathbb{P}(\bar{E}/\bar{\mathbb{Q}})) = \langle \alpha_1, \alpha_2 \mid [\alpha_1, \alpha_2] = \iota \rangle_{top} \cong \hat{\mathbb{Z}} \times \hat{\mathbb{Z}},$$

also ist $\bar{\Pi}$ eine freie abelsche proendliche Gruppe vom Rang 2 mit $\mathrm{Aut}(\bar{\Pi}) \cong GL_2(\hat{\mathbb{Z}})$. Wieder ist

$$\bar{\Psi} := \mathrm{Kern}(\bar{\Pi} \to \bar{\Pi},\ \alpha \mapsto \alpha^n)$$

eine charakteristische offene Untergruppe von $\bar{\Pi}$ mit $\bar{\Pi}/\bar{\Psi} = Z_n \times Z_n$. Der Fixkörper $\bar{E}_n$ von $\bar{\Psi}$ besitzt nach der Relativgeschlechtsformel (§ 3, Satz C) das Geschlecht $g(\bar{E}_n) = 1$. Nach der Folgerung 2 ist also $\bar{E}_n$ ein über E definierter elliptischer Funktionenkörper und wird daher über $\bar{E}$ durch die Nullstellen eines Polynoms mit rationalen Koeffizienten erzeugt.

Ähnliche Beispiele gewinnt man leicht aus der

Folgerung 3: Es seien $\bar{K}/\bar{k}$ ein algebraischer Funktionenkörper der Charakteristik 0 über einem algebraisch abgeschlossenen Konstantenkörper und K/k ein aufgeschlossener algebraischer Teilkörper von $\bar{K}$ mit $\bar{k}K = \bar{K}$. Dann gibt es zu jeder nicht abelschen einfachen endlichen Gruppe G eine über K definierte Galoiserweiterung $\bar{N}/\bar{K}$, deren Galoisgruppe für ein passendes $n \in \mathbb{N}$ isomorph zum n-fachen direkten Produkt von G ist.

Beweis: Nach § 4, Folgerung 3, gibt es eine Galoiserweiterung $\bar{N}/\bar{K}$ mit einer zu G isomorphen Galoisgruppe. $\mathfrak{S} \subseteq \mathbb{P}(K/k)$ sei so gewählt, daß die Menge $\bar{\mathfrak{S}} = \{\bar{\mathfrak{p}} \in \mathbb{P}(\bar{K}/\bar{k}) \mid \bar{\mathfrak{p}}/\mathfrak{p},\ \mathfrak{p} \in \mathfrak{S}\}$ die in $\bar{N}/\bar{K}$ verzweigten Primdivisoren von $\bar{K}/\bar{k}$ umfaßt und endlich ist. Da die algebraische Fundamentalgruppe $\bar{\Pi} = \Pi(\mathbb{P}(\bar{K}/\bar{k}) \setminus \bar{\mathfrak{S}})$ nach § 4, Satz 3, eine endlich erzeugte proendliche Gruppe ist, besitzt sie nur endlich viele, etwa n, Normalteiler mit einer zu G isomorphen Faktorgruppe. Der Durchschnitt $\bar{\Psi}$ aller dieser Normalteiler ist eine charakteristische Untergruppe von $\bar{\Pi}$ mit

$$\bar{\Pi}/\bar{\Psi} \cong \prod_{i=1}^{n} G.$$

Damit ergibt sich die Behauptung aus der Folgerung 2. □

3. Die Operation auf der Kommutatorfaktorgruppe

Um das vorläufige Rationalitätskriterium anwenden zu können, muß man feststellen können, ob ein Normalteiler der algebraischen Fundamentalgruppe $\overline{\Pi} = \Pi(\mathbb{P}(\overline{K}/\overline{k})\setminus\overline{\mathbf{S}})$ auch ein Normalteiler der arithmetischen Funda- $\Pi = \Pi(\mathbb{P}(K/k)\setminus\mathbf{S})$ ist. Hierzu benötigt man Kenntnisse über die Operation eines zu $\Delta = \mathrm{Gal}(\overline{k}/k)$ isomorphen Komplements $\tilde{\Delta}$ von $\overline{\Pi}$ in Π auf $\overline{\Pi}$. Diese Operation läßt sich zumindest auf den Konjugiertenklassen von $\overline{\Pi}$ und damit auch auf der Kommutatorfaktorgruppe $\overline{\Pi}^{ab} = \overline{\Pi}/\overline{\Pi}'$ explizit beschreiben.

Wie bisher seien K/k ein aufgeschlossener algebraischer Funktionenkörper vom Geschlecht g der Charakteristik 0, $\mathbf{S} \subseteq \mathbb{P}(K/k)$ eine endliche Menge von Bewertungsidealen, $\Pi = \Pi(\mathbb{P}(K/k)\setminus\mathbf{S})$, $\overline{k}$ eine algebraisch abgeschlossene Hülle von k, $\overline{K} = \overline{k}K$,

$$\overline{\mathbf{S}} = \{\overline{\mathfrak{p}} \in \mathbb{P}(\overline{K}/\overline{k}) \mid \overline{\mathfrak{p}}/\mathfrak{p},\ \mathfrak{p} \in \mathbf{S}\}$$

mit $|\overline{\mathbf{S}}| = s$ und

$$\overline{\Pi} = \Pi(\mathbb{P}(\overline{K}/\overline{k})\setminus\overline{\mathbf{S}}) = \langle\alpha_1,\ldots,\alpha_{s+2g} \mid r_{s,g}(\alpha_1,\ldots,\alpha_{s+2g}) = \iota\rangle_{top}.$$

Ist $\tilde{\Delta}$ ein Komplement von $\overline{\Pi}$ in Π, so operiert $\tilde{\delta} \in \tilde{\Delta}$ auf $\overline{\Pi}$ durch Konjugation und liefert hierdurch einen Homomorphismus

$$\tilde{d} : \tilde{\Delta} \to \mathrm{Aut}(\overline{\Pi}),\ \tilde{\delta} \mapsto \tilde{d}(\tilde{\delta}) = (\alpha \mapsto \alpha^{\tilde{\delta}} = \tilde{\delta}^{-1}\alpha\tilde{\delta}).$$

Die Einschränkung von $\tilde{\delta} \in \tilde{\Delta}$ auf $\overline{K}$ werde mit δ bezeichnet. Da sich die durch verschiedene Fortsetzungen von δ auf $\overline{M}$ erzeugten Automorphismen von $\overline{\Pi}$ um einen inneren Automorphismus unterscheiden, gibt es (auch für nicht aufgeschlossene K/k) einen kanonischen Homomorphismus von $\Delta(K) = \mathrm{Gal}(\overline{K}/K)$ in die Automorphismenklassengruppe $\mathrm{Out}(\overline{\Pi})$ von $\overline{\Pi}$:

$$d : \Delta(K) \to \mathrm{Out}(\overline{\Pi}),\ \delta \mapsto d(\delta) = \tilde{d}(\tilde{\delta})\mathrm{Inn}(\overline{\Pi}).$$

Um Aussagen über d zu gewinnen, wird zunächst die Operation von $\Delta(K)$ auf $\overline{\mathbf{S}}$ und auf der Gruppe $\overline{\mathbf{W}} := \mathbf{W}(\overline{k})$ der Einheitswurzeln in $\overline{k}$ beschrieben: $\delta \in \Delta(K)$ permutiert die s Bewertungsideale $\overline{\mathfrak{p}}_1,\ldots,\overline{\mathfrak{p}}_s$ von $\overline{\mathbf{S}}$:

$$\delta|_{\overline{\mathbf{S}}} : \overline{\mathbf{S}} \to \overline{\mathbf{S}},\ \overline{\mathfrak{p}}_j \mapsto \overline{\mathfrak{p}}_j^{\delta} = \{f^{\delta} \mid f \in \overline{\mathfrak{p}}_j\}.$$

Bezeichnet man das Bild $\overline{\mathfrak{p}}_j^{\delta}$ mit $\overline{\mathfrak{p}}_{\delta(j)}$, so wird

$$d_{\overline{\mathbf{S}}} : \Delta(K) \to S_s,\ \delta \mapsto \begin{pmatrix} 1 & \cdots & s \\ \delta(1) & \cdots & \delta(s) \end{pmatrix}$$

eine Permutationsdarstellung von $\Delta(K)$ in die symmetrische Gruppe S_s (mit dem inversen Abbildungsprodukt). Durch die Galoisoperation von $\delta \in \Delta(K)$ werden auch die Einheitswurzeln in $\overline{\mathbf{W}}$ permutiert:

$$\delta|_{\overline{\mathbf{W}}} : \overline{\mathbf{W}} \to \overline{\mathbf{W}}, \ \zeta \mapsto \delta(\zeta) = \zeta^{c(\delta)}.$$

Dabei ist

$$c : \Delta(K) \to \hat{\mathbb{Z}}^{\times}, \ \delta \mapsto c(\delta)$$

der nach $\Delta(K)$ hochgehobene *Kreisteilungscharakter* von $\Delta = \mathrm{Gal}(\overline{k}/k)$.

Mit der Permutationsdarstellung $d_{\overline{\mathbf{S}}}$ von $\Delta(K)$ auf $\overline{\mathbf{S}}$ und dem Kreisteilungscharakter c lassen sich die Bilder der Konjugiertenklassen der Erzeugenden $\alpha_1,\ldots,\alpha_s$ von $\overline{\Pi}$ unter $d(\delta)$ bestimmen:

Satz 3: Es seien K/k ein aufgeschlossener algebraischer Funktionenkörper vom Geschlecht g der Charakteristik 0; $\mathbf{S}$ eine endliche Teilmenge von $\mathbb{P}(K/k)$, $\overline{k}$ eine algebraisch abgeschlossene Hülle von k, $\overline{K} = \overline{k}K$, $\overline{\mathbf{S}}$ die Menge der Teiler der Elemente von $\mathbf{S}$ in $\mathbb{P}(\overline{K}/\overline{k})$, $\overline{M} = M_{\overline{\mathbf{S}}}(\overline{K})$ und

$$\overline{\Pi} = \mathrm{Gal}(\overline{M}/\overline{K}) = \langle \alpha_1,\ldots,\alpha_{s+2g} \mid r_{s,g}(\alpha_1,\ldots,\alpha_{s+2g}) = 1 \rangle_{top}.$$

Dann definieren die Fortsetzungen von $\delta \in \Delta(K) = \mathrm{Gal}(\overline{K}/K)$ auf $\overline{M}$ durch Konjugation in $\mathrm{Gal}(\overline{M}/K)$ einen Homomorphismus

$$d : \Delta(K) \to \mathrm{Out}(\overline{\Pi}), \ \delta \mapsto d(\delta).$$

Dabei werden die Konjugiertenklassen $[\alpha_j]$ der ersten s Erzeugenden α_j von $\overline{\Pi}$ auf die Konjugiertenklassen von $\alpha_{\delta(j)}^{c(\delta)}$ abgebildet:

$$[\alpha_j]^{d(\delta)} = [\alpha_{\delta(j)}^{c(\delta)}] \text{ für } j = 1,\ldots,s.$$

Beweis: Nach § 4, Satz 3, erzeugen $\alpha_1,\ldots,\alpha_s$ Trägheitsgruppen über $\overline{\mathfrak{p}}_j$ liegender Bewertungsideale $\overline{\mathfrak{P}}_j$ von $\overline{M}/\overline{K}$, d.h. es ist $\overline{\Pi}_T(\overline{\mathfrak{P}}_j/\overline{\mathfrak{p}}_j) = \langle\alpha_j\rangle_{top}$. Eine Fortsetzung $\tilde{\delta}$ von $\delta \in \Delta(K)$ auf $\overline{M}$ bildet $\langle\alpha_j\rangle_{top}$ ab auf $\langle\alpha_j^{\tilde{\delta}}\rangle_{top}$. Da $\langle\alpha_j^{\tilde{\delta}}\rangle_{top}$ die Trägheitsgruppe von $\overline{\mathfrak{P}}_j^{\tilde{\delta}}/\overline{\mathfrak{p}}_j^{\delta}$ ist und $\overline{\mathfrak{p}}_j^{\delta} = \overline{\mathfrak{p}}_{\delta(j)}$ gilt, ist $\alpha_j^{\tilde{\delta}}$ in $\overline{\Pi}$ zu einer Potenz von $\alpha_{\delta(j)}$ konjugiert, es gibt also ein $a_j(\tilde{\delta}) \in \hat{\mathbb{Z}}^{\times}$ mit $[\alpha_j^{\tilde{\delta}}] = [\alpha_{\delta(j)}^{a_j(\tilde{\delta})}]$. Die Kommutatorfaktorgruppe $\overline{\Pi}^{ab} = \overline{\Pi}/\overline{\Pi}'$ ist eine freie abelsche proendliche Gruppe vom Rang $r = \max\{2g.2g+s-1\}$ mit den beiden Relationen $\overline{\alpha}_1\cdot\ldots\cdot\overline{\alpha}_s = \overline{1}$ und $\overline{\alpha}_1^{a_1(\tilde{\delta})}\cdot\ldots\cdot\overline{\alpha}_s^{a_s(\tilde{\delta})} = \overline{1}$ für die $\overline{\alpha}_j := \alpha_j\overline{\Pi}'$. Folglich stimmen die $a_j(\tilde{\delta})$ für $j = 1,\ldots,s$ überein und hängen nicht von der speziellen Fortsetzung $\tilde{\delta}$ von δ ab, es ist also

$$a : \Delta(K) \to \hat{\mathbb{Z}}^\times, \quad \delta \mapsto a(\delta) := a_j(\gamma)$$

ein wohldefinierter Homomorphismus.

Zur Bestimmung von a wird angenommen, daß $\mathbf{S} \subseteq \mathbb{P}(K/k)$ einen Primdivisor $\mathfrak{p}$ vom Grad $d(\mathfrak{p}) = 1$ enthält, was sich stets durch Hinzunahme eines solchen erreichen läßt, und es seien $\mathfrak{p} = \mathfrak{p}_1$, $\bar{\mathfrak{p}} = \bar{\mathfrak{p}}_1$, $\bar{\mathfrak{P}} = \bar{\mathfrak{P}}_1$ sowie $\langle\alpha\rangle_{top} = \bar{\Pi}_T(\bar{\mathfrak{P}}/\bar{\mathfrak{p}})$. Weiter seien $\bar{M}'$ der Fixkörper von $\bar{\Pi}'$, $\bar{\mathfrak{P}}' := \bar{\mathfrak{P}} \cap \bar{M}'$ die Einschränkung von $\bar{\mathfrak{p}}$ auf $\bar{M}'$ und $\bar{M}_T'$ der Trägheitskörper von $\bar{\mathfrak{P}}'/\bar{\mathfrak{p}}$. Dann ist $Gal(\bar{M}'/\bar{M}_T') = \langle\bar{\alpha}\rangle_{top}$, und es gilt $\bar{\alpha}^{\gamma} = \bar{\alpha}^{a(\delta)}$. Da $\mathfrak{p}$ in $\bar{M}_T'/K$ unverzweigt ist, ist ein Primelement $z \in K$ zu $\mathfrak{p}$ auch ein Primelement zu dem Bewertungsideal $\bar{\mathfrak{P}}_T' := \bar{\mathfrak{P}}' \cap \bar{M}_T'$ von $\bar{M}_T'$. Folglich ist die Komplettierung $\hat{M}_T'$ von $\bar{M}_T'$ bezüglich $\bar{\mathfrak{P}}_T'$ der Potenzreihenkörper $\bar{k}((z))$ und die Komplettierung von $\bar{M}'$ bezüglich $\bar{\mathfrak{P}}'$ ist $\hat{M}' := \bigcup_{e \in \mathbb{N}} \hat{M}_T'(z_e)$ mit den im Beweis zum Satz 1 konstruierten z_e. Wegen $(z_e)^e = z \in \bar{M}_T'$ gibt es für die Fortsetzung $\hat{\alpha}$ von $\bar{\alpha}$ in $Gal(\hat{M}'/\hat{M}_T')$ eine primitive e-te Einheitswurzel ζ_e mit $z_e^{\hat{\alpha}} = \zeta_e z_e$. Da sogar $z \in K$ ist, besitzt jedes $\delta \in \Delta(K)$ eine Fortsetzung $\hat{\delta}$ auf $\hat{M}_T'(z_e)$ mit $z_e^{\hat{\delta}} = z_e$. Hieraus folgt mit $\hat{\delta}^{-1}\hat{\alpha}\hat{\delta} = \hat{\alpha}^{a(\delta)}$

$$\delta(\zeta_e) = \frac{z_e^{\hat{\alpha}\hat{\delta}}}{z_e^{\hat{\delta}}} = \frac{z_e^{\hat{\alpha}^{a(\delta)}}}{z_e} = \frac{\zeta_e^{a(\delta)} z_e}{z_e} = \zeta_e^{a(\delta)},$$

und der Homomorphismus a stimmt mit dem Kreisteilungscharakter c überein. Also gilt schließlich

$$[\alpha_j]^{d(\delta)} = [\alpha_j^{\tilde{\delta}}] = [\alpha_{\delta(j)}^{a(\delta)}] = [\alpha_{\delta(j)}^{c(\delta)}]. \qquad \square$$

Für die Kommutatorfaktorgruppe $\bar{\Pi}^{ab} = \bar{\Pi}/\bar{\Pi}'$ erhält man aus dem Satz 3 die

<u>Folgerung 4:</u> <u>Der Homomorphismus</u> $d : \Delta(K) \to Out(\bar{\Pi})$ <u>im Satz</u> 3 <u>induziert einen Homomorphismus</u>

$$\bar{d} : \Delta(K) \to Aut(\bar{\Pi}^{ab}), \quad \delta \mapsto \bar{d}(\delta).$$

<u>Dabei gilt für die Bilder der Erzeugenden</u> $\bar{\alpha}_j := \alpha_j \bar{\Pi}'$

$$\bar{\alpha}_j^{\bar{d}(\delta)} = \bar{\alpha}_{\delta(j)}^{c(\delta)} \quad \underline{\text{für}}\ j = 1,\ldots,s.$$

<u>Im Fall</u> $g = 0$ <u>ist</u> $\bar{d}$ <u>hierdurch eindeutig bestimmt</u>.

<u>Beweis:</u> $\bar{d}$ ergibt sich durch Komposition von d mit der kanonischen Abbildung von $Out(\bar{\Pi})$ auf $Aut(\bar{\Pi}^{ab})$. Damit folgt aus dem Satz 3 sofort

$\bar{\alpha}_j^{\bar{d}(\delta)} = \bar{\alpha}_{\delta(j)}^{c(\delta)}$ für $j = 1,\dots,s$. Im Fall $g = 0$ wird $\bar{\Pi}^{ab}$ durch $\bar{\alpha}_1,\dots,\bar{\alpha}_s$ erzeugt, also ist $\bar{d}$ durch obige Abbildungsvorschrift festgelegt. □

4. Eigentliche Definitionskörper abelscher Körpererweiterungen

Als eine weitere Folgerung aus dem Satz 3 bekommt man eine erste Aussage über eigentliche Definitionskörper abelscher Körpererweiterungen.

Satz 4: Es seien k ein Körper, $\bar{k}$ eine algebraisch abgeschlossene Hülle von k und $\bar{N}/\bar{k}(t)$ eine Galoiserweiterung mit einer abelschen Galoisgruppe G. Darüber hinaus seien die in $\bar{N}/\bar{k}(t)$ verzweigten Primdivisoren von $\bar{k}(t)$ über $k(t)$ definiert, d.h. es gelte $d_{\bar{\mathbf{S}}}(\Delta(k(t))) = I$. Dann ist der Körper der rationalen Funktionen $k^c(t)$ über dem vollen Kreisteilungskörper k^c von k ein eigentlicher Definitionskörper von $\bar{N}/\bar{k}(t)$.

Beweis: Wegen $d_{\bar{\mathbf{S}}}(\Delta(k(t))) = I$ ist $\delta(j) = j$ für $j = 1,\dots,s$. Damit gilt nach der Folgerung 4 für die Erzeugenden $\bar{\alpha}_j$ von $\bar{\Pi}^{ab}$ und $\delta \in \Delta(k(t))$ stets $\bar{\alpha}_j^{\bar{d}(\delta)} = \bar{\alpha}_j^{c(\delta)}$. Also ist der Kern von $\bar{d}$ der Fixkörper des Kreisteilungscharakters c, dieser wird über k durch die Gruppe der Einheitswurzeln $\mathbf{W}(\bar{k})$ erzeugt. Daher operiert $\Delta^c := \mathrm{Gal}(\bar{k}(t)/k^c(t))$ vermöge $\bar{d}$ trivial auf der Gruppe $\bar{\Pi}^{ab}$ und deren Faktorgruppe G. Folglich ist $\bar{N}/k^c(t)$ galoissch mit einer zu $G \times \Delta^c$ isomorphen Galoisgruppe. Bezeichnet N den Fixkörper eines direkten Komplements zu G in dieser Gruppe, so ist $N/k^c(t)$ regulär und galoissch mit einer zu G isomorphen Galoisgruppe. Wegen $\bar{k}N = \bar{N}$ ist $k^c(t)$ ein eigentlicher Definitionskörper von $\bar{N}/\bar{k}(t)$. □

Anmerkung: Nach dem Satz von Kronecker-Weber ist im Fall $k = \mathbb{Q}$ der volle Kreisteilungskörper $\mathbb{Q}^c$ gleich dem maximal abelschen Erweiterungskörper $\mathbb{Q}^{ab}$ von $\mathbb{Q}$ (siehe z.B. Washington [1982], Th. 14.1)

Die Aussage des Satzes 4 bleibt im allgemeinen nicht richtig, wenn man den Körper $\bar{k}(t)$ durch einen algebraischen Funktionenkörper $\bar{K}/\bar{k}$ vom Geschlecht $g(\bar{K}) \geq 1$ ersetzt. Dies wird am folgenden Beispiel gezeigt:

Beispiel 3: Wie im Beispiel 2 seien $E/\mathbb{Q}$ ein aufgeschlossener elliptischer Funktionenkörper, $\bar{E} = \bar{\mathbb{Q}}E$, $\bar{M}$ der maximale unverzweigte Erweiterungskörper von $\bar{E}$ und $\bar{\Pi} = \hat{\mathbb{Z}} \times \hat{\mathbb{Z}}$. Dann sind $\bar{\Pi}^{ab} = \bar{\Pi}$ und $\bar{d} = d$. Der Fixkörper von Kern(d) ist der Koordinatenkörper aller n-Teilungspunkte von E. Besitzt zudem $E/\mathbb{Q}$ keine komplexe Multiplikation, so ist der Index von $d(\Delta(E))$ in $\mathrm{Aut}(\bar{\Pi}) \cong GL_2(\hat{\mathbb{Z}})$ nach Serre [1972], Th. 3, endlich. Insbesondere ist dann $\mathbb{Q}^{ab}E$ für $\bar{M}/\bar{E}$ und die abelschen Erweiterungen $\bar{E}_n/\bar{E}$ aus dem Beispiel 2 mit einer zu $Z_n \times Z_n$ isomorphen Galoisgruppe im allgemeinen kein eigentlicher Definitionskörper.

§ 6 Darstellungen der Fundamentalgruppe von $\mathbb{Q}$

Im Paragraphen 5 wurde gezeigt, daß die arithmetische Fundamentalgruppe $\Pi(\mathbb{P}(\mathbb{Q}(t)/\mathbb{Q})\backslash\mathbb{S})$ ein semidirektes Produkt der zu einer freien proendlichen Gruppe isomorphen algebraischen Fundamentalgruppe $\Pi(\mathbb{P}(\overline{\mathbb{Q}}(t)/\overline{\mathbb{Q}})\backslash\overline{\mathbb{S}})\cong\Phi_r$ mit einer zur Fundamentalgruppe $\Lambda := \mathrm{Gal}(\overline{\mathbb{Q}}/\mathbb{Q})$ von $\mathbb{Q}$ isomorphen Gruppe ist. Die hierdurch definierte Operation von Λ auf Φ_r liefert für $r > 1$ Einbettungen von Λ in die Automorphismengruppe $\mathrm{Aut}(\Phi_r)$ und sogar in die Automorphismenklassengruppe $\mathrm{Out}(\Phi_r)$.
Im weiteren Verlauf dieser Arbeit werden die hier bewiesenen Resultate nicht mehr benötigt und können deshalb überschlagen werden.

1. Ein Satz von Belyi

Zunächst werden diejenigen Funktionenkörper K/k der Charakteristik 0 charakterisiert, die über dem Körper der algebraischen Zahlen $\overline{\mathbb{Q}}$ definiert sind. Diese Charakterisierung geht auf Belyi [1979], Th. 4, zurück.

Lemma 1: (Lemma von Belyi)
Es sei $\overline{L}/\overline{\mathbb{Q}}$ ein algebraischer Funktionenkörper. Dann gibt es eine Funktion $t \in \overline{L}$, so daß in $\overline{L}/\overline{\mathbb{Q}}(t)$ höchstens die beiden Zählerdivisoren und der Nennerdivisor von $(t) = \frac{\mathfrak{p}_0}{\mathfrak{p}_\infty}$ und $(t-1) = \frac{\mathfrak{p}_1}{\mathfrak{p}_\infty}$ verzweigt sind.

Beweis: Zunächst sei $x \in \overline{L}$ eine beliebige Funktion. Dann ist $\overline{L}/\overline{\mathbb{Q}}(x)$ an endlich vielen Stellen $\mathfrak{p}_1,\dots,\mathfrak{p}_s \in \mathbb{P}(\overline{\mathbb{Q}}(x)/\overline{\mathbb{Q}})$ verzweigt. Da $\overline{\mathbb{Q}}$ algebraisch abgeschlossen ist, gibt es eine kanonische bijektive Abbildung von $\overline{\mathbb{Q}}\cup\{\infty\}$ auf $\mathbb{P}(\overline{\mathbb{Q}}(x)/\overline{\mathbb{Q}})$, die $\xi \in \overline{\mathbb{Q}}$ den Zählerdivisor von $x - \xi$ und ∞ den Nennerdivisor von x zuordnet (§ 3.1, Beispiel). Das Urbild von $\{\mathfrak{p}_1,\dots,\mathfrak{p}_s\}$ unter dieser bijektiven Abbildung werde mit $S(x) = \{\xi_1,\dots,\xi_s\}$ bezeichnet. Im ersten Schritt wird gezeigt, daß es eine Funktion $y \in \overline{\mathbb{Q}}(x)$ gibt, so daß die in $\overline{L}/\overline{\mathbb{Q}}(y)$ verzweigten Primdivisoren von $\overline{\mathbb{Q}}(y)$ über $\mathbb{Q}(y)$ definiert sind, das heißt daß $S(y)$ eine Teilmenge von $\hat{\mathbb{Q}} = \mathbb{Q} \cup \{\infty\}$ ist. Dazu seien

$$n(x) := \max\{(\mathbb{Q}(\xi):\mathbb{Q}) \mid \xi \in S(x)\}$$

und

$$r(x) := |\{\xi \in S(x) \mid (\mathbb{Q}(\xi):\mathbb{Q}) = n(x)\}|.$$

Im Fall $n(x) = 1$ ist nichts zu beweisen. Für $n(x) > 1$ wählt man ein $\xi \in S(x)$ mit $(\mathbb{Q}(\xi):\mathbb{Q}) = n(x)$. Mit $f_1(X)$ werde das Minimalpolynom von ξ über

$\mathbb{Q}$ bezeichnet, und es sei $x_1 := f_1(x)$. Dann gilt nach § 3, Aussage 3,

$$S(x_1) \subseteq \{f_1(\xi) \mid \xi \in S(x)\} \cup \{f_1(\xi) \mid f_1'(\xi) = 0\} \cup \{\infty\} .$$

Der Grad $(\mathbb{Q}(f_1(\xi)):\mathbb{Q})$ läßt sich für alle $\xi \in \overline{\mathbb{Q}}$ abschätzen durch

$$(\mathbb{Q}(f_1(\xi)):\mathbb{Q}) \le (\mathbb{Q}(\xi):\mathbb{Q}) \text{ für } \xi \in \overline{\mathbb{Q}},$$

und für die Nullstellen von $f_1'(X)$ gilt sogar

$$(\mathbb{Q}(f_1(\xi)):\mathbb{Q}) < (\mathbb{Q}(\xi):\mathbb{Q}) \text{ für } \xi \in \overline{\mathbb{Q}} \text{ mit } f_1'(\xi) = 0.$$

Also ist $n(x_1) \le n(x)$ und bei $n(x_1) = n(x)$ ist $r(x_1) < r(x)$. Eine Induktion in lexikographisch fallender Ordnung nach dem Paar $(n(x),r(x))$ liefert die Existenz einer Funktion $y \in \overline{\mathbb{Q}}(x)$ mit $S(y) \subseteq \hat{\mathbb{Q}}$.
Im zweiten Schritt wird die Elementzahl von $S(y)$ reduziert: Da $\mathrm{Aut}(\overline{\mathbb{Q}}(y)/\overline{\mathbb{Q}}) \cong PGL_2(\overline{\mathbb{Q}})$ dreifach transitiv auf $\mathbb{P}(\overline{\mathbb{Q}}(y)/\overline{\mathbb{Q}})$ bzw. $\overline{\mathbb{Q}} \cup \{\infty\}$ operiert, folgt die Behauptung des Lemmas im Fall $|S(y)| \le 3$ unmittelbar aus dem ersten Schritt. Andernfalls gilt $S(y) \supseteq \{\eta_1,\eta_2,\eta_3,\eta_4\}$. Nach obigen existiert ein $\varphi_1 \in PGL_2(\overline{\mathbb{Q}})$ mit $\varphi_1(\eta_1) = \infty$, $\varphi_1(\eta_2) = 0$, $\varphi_1(\eta_3) = 1$. Dann ist $\varphi_1(\eta) \in \hat{\mathbb{Q}}$ für alle $\eta \in \hat{\mathbb{Q}}$. Weiter kann durch eine Permutation von η_1, η_2 und η_3 – es führen (12) zu der Transformation $\varphi_1(\eta_4) \mapsto \frac{1}{\varphi_1(\eta_4)}$ und (23) zu $\varphi_1(\eta_4) \mapsto 1 - \varphi_1(\eta_4)$ – erreicht werden, daß $0 < \varphi_1(\eta_4) < 1$ gilt. Also existieren natürliche Zahlen a, b mit $\varphi_1(\eta_4) = \frac{a}{a+b}$. Setzt man nun

$$g_1(Y) := \frac{(a+b)^{a+b}}{a^a b^b} Y^a (1-Y)^b,$$

so gelten $g_1(\varphi_1(\eta_j)) \in \{0,1,\infty\}$ für $j = 1,\dots,4$. Wegen

$$g_1'(Y) = \frac{(a+b)^{a+b+1}}{a^a b^b} Y^{a-1}(1-Y)^{b-1}(\frac{a}{a+b} - Y)$$

ist auch $g_1(\eta) \in \{0,1,\infty\}$ für jede Nullstelle η von $g_1'(Y)$. Für $y_1 := g_1(\varphi_1(y))$ ist also $S(y_1) \subseteq \hat{\mathbb{Q}}$, und es gilt $|S(y_1)| < |S(y)|$ nach § 3, Aussage 3. Demgemäß erhält man durch fallende Induktion nach $|S(y)|$ eine Funktion $t \in \overline{\mathbb{Q}}(y)$ mit $S(t) \subseteq \{0,1,\infty\}$. □

Mit dem Lemma von Belyi erhält man nun die angekündigte Charakterisierung der über $\overline{\mathbb{Q}}$ definierten algebraischen Funktionenkörper:

<u>Satz 1:</u> <u>Ein algebraischer Funktionenkörper</u> L/k <u>der Charakteristik</u> 0 <u>ist genau dann über</u> $\overline{\mathbb{Q}}$ <u>definiert, wenn</u> L <u>einen rationalen Teilkörper</u> k(t) <u>besitzt, so daß höchstens</u> 3 <u>Primdivisoren aus</u> $\mathbb{P}(k(t)/k)$ <u>in</u> L/k(t) <u>verzweigt sind.</u>

<u>Beweis:</u> Ist L/k über $\overline{\mathbb{Q}}$ definiert, so folgt die Existenz von k(t) mit

$|S(t)| \le 3$ unmittelbar aus dem Lemma von Belyi. Um die umgekehrte Richtung zu erhalten, kann man annehmen, daß k ein algebraisch abgeschlossener Körper ist und S(t) eine Teilmenge von $\{0,1,\infty\}$ ist. Bezeichnet man die Menge der Zähler- und Nennerdivisoren von t und t-1 in $\mathbb{P}(k(t)/k)$ mit $\mathbf{S}$, so ist L ein Teilkörper des maximalen algebraischen außerhalb $\mathbf{S}$ unverzweigten Erweiterungskörpers $M = M_{\mathbf{S}}(k(t))$ von k(t). Nach dem Beweis zum Satz 3 in § 4 mit k statt $\mathbb{C}$ ist die algebraische Fundamentalgruppe

$$\mathrm{Gal}(M/k(t)) = \Pi(\mathbb{P}(K(t)/k)\setminus\mathbf{S})$$

kanonisch isomorph zu

$$\mathrm{Gal}(\bar{M}/\bar{\mathbb{Q}}(t)) = \Pi(\mathbb{P}(\bar{\mathbb{Q}}(t)/\bar{\mathbb{Q}})\setminus\bar{\mathbf{S}}),$$

wobei $\bar{\mathbf{S}}$ die Menge der Zähler- und Nennerdivisoren von t und t-1 in $\mathbb{P}(\bar{\mathbb{Q}}(t)/\bar{\mathbb{Q}})$ bedeutet und $\bar{M} = M_{\bar{\mathbf{S}}}(\bar{\mathbb{Q}}(t))$ ist. $\bar{L} := L \cap \bar{M}$ ist also ein regulärer Erweiterungskörper von $\bar{\mathbb{Q}}(t)$ mit $k\bar{L} = L$, das heißt L/k ist bereits über $\bar{\mathbb{Q}}(t)$ definiert. □

2. Darstellungen von Λ in $\hat{\mathbb{Z}}^\times$

In diesem Abschnitt seien stets $K = \mathbb{Q}(t)$ und $\bar{K} = \bar{\mathbb{Q}}(t)$. Zu einer zweielementigen Menge $\bar{\mathbf{S}} \subseteq \mathbb{P}(\bar{K}/\bar{\mathbb{Q}})$ ist die algebraische Fundamentalgruppe $\bar{\Pi} = \Pi(\mathbb{P}(\bar{K}/\bar{\mathbb{Q}})\setminus\bar{\mathbf{S}})$ nach § 4, Satz 3, eine freie proendliche Gruppe vom Rang 1:

$$\bar{\Pi} = \langle \alpha_1, \alpha_2 \mid \alpha_1\alpha_2 = \iota\rangle_{top} \cong \hat{\mathbb{Z}}.$$

Wegen $\bar{\Pi} = \bar{\Pi}^{ab}$ erhält man aus § 5, Satz 3, für $\lambda \in \Lambda(K) = \mathrm{Gal}(\bar{K}/K) \cong \Lambda$ unter der Voraussetzung $\bar{\mathbf{S}}^\lambda = \bar{\mathbf{S}}$ für alle $\lambda \in \Lambda(K)$ einen Homomorphismus

$$d : \Lambda(K) \to \mathrm{Aut}(\bar{\Pi}),\ \lambda \mapsto d(\lambda),$$

der durch

$$\alpha_j^{d(\lambda)} = \alpha_{\lambda(j)}^{c(\lambda)} \text{ für } j = 1,2$$

festgelegt ist.

<u>Bemerkung 1:</u> <u>Es seien</u> $K = \mathbb{Q}(t)$, $\bar{K} = \bar{\mathbb{Q}}(t)$, $\mathbf{S} \subseteq \mathbb{P}(K/\mathbb{Q})$ <u>mit</u> $\sum_{\mathfrak{p}\in\mathbf{S}} d(\mathfrak{p}) = 2$, $\bar{\mathbf{S}} = \{\bar{\mathfrak{p}} \in \mathbb{P}(\bar{K}/\bar{\mathbb{Q}}) \mid \bar{\mathfrak{p}}/\mathfrak{p},\ \mathfrak{p} \in \mathbf{S}\}$ <u>und</u> $\bar{\Pi} = \Pi(\mathbb{P}(\bar{K}/\bar{\mathbb{Q}})\setminus\bar{\mathbf{S}})$. <u>Weiter sei</u> k(t) <u>der (gemeinsame) Zerlegungskörper der</u> $\mathfrak{p} \in \mathbf{S}$ <u>in</u> $\bar{K}/K$. <u>Dann gelten für den Homomorphismus</u>

$$d : \Lambda(K) \to \mathrm{Aut}(\bar{\Pi}) \cong \hat{\mathbb{Z}}^\times,\ d \mapsto d(\lambda):$$

(a) <u>Ist</u> $k = \mathbb{Q}$ <u>oder ein reellquadratischer Zahlkörper, sc ist</u>

$$\mathrm{Kern}(d) = \Lambda(K)' \cong \Lambda' = \mathrm{Gal}(\bar{\mathbb{Q}}/\mathbb{Q}^{ab}).$$

Im Fall $k = \mathbb{Q}$ ist d überdies surjektiv.

(b) Ist k ein imaginärquadratischer Zahlkörper, so ist

$$\mathrm{Kern}(d) = \mathrm{Gal}(\bar{K}/\mathbb{Q}_o^{ab}(t)) \cong \mathrm{Gal}(\bar{\mathbb{Q}}/\mathbb{Q}_o^{ab}).$$

Dabei bezeichnet $\mathbb{Q}_o^{ab}$ den maximal reellen Teilkörper von $\mathbb{Q}^{ab}$.

Beweis: Im Fall $\mathbb{S} = \{\mathfrak{p}_1,\mathfrak{p}_2\}$ mit $d(\mathfrak{p}_j) = 1$ gilt $d_{\bar{\mathbb{S}}}(\Lambda(K)) = I$, und es ist $k = \mathbb{Q}$ wegen $\bar{\mathfrak{p}}_{\lambda(j)} = \bar{\mathfrak{p}}_j$ für $j = 1,2$. Damit gilt für alle $\gamma \in \bar{\Pi}$ die Gleichung $\gamma^{d(\lambda)} = \gamma^{c(\lambda)}$ mit dem surjektiven Kreisteilungscharakter $c : \Lambda \to \hat{\mathbb{Z}}^{\times}$, dessen Kern $\Lambda' = \mathrm{Gal}(\bar{\mathbb{Q}}/\mathbb{Q}^{ab})$ ist.
Im Fall $\mathbb{S} = \{\mathfrak{p}\}$ mit $d(\mathfrak{p}) = 2$ ist $d_{\bar{\mathbb{S}}}(\Lambda(K)) = S_2 \cong Z_2$, und der Kern von d setzt sich zusammen aus

$$\{\lambda \in \Lambda(K) \mid \alpha_{\lambda(1)} = \alpha_1,\ c(\lambda) = 1\} = \Lambda(K)'$$

und

$$\{\lambda \in \Lambda(K) \mid \alpha_{\lambda(1)} = \alpha_1^{-1},\ c(\lambda) = -1\} =: \Lambda(K)^*.$$

Wegen $c(\lambda) = -1$ ist $\Lambda(K)^*$ eine Teilmenge von

$$\mathrm{Gal}(\bar{K}/\mathbb{Q}_o^{ab}(t)) =: \Lambda(K)_o.$$

Ist nun k ein reellquadratischer Zahlkörper, so gelten $\bar{\mathfrak{p}}_{\lambda(1)} = \bar{\mathfrak{p}}_1$ und $\alpha_{\lambda(1)} = \alpha_1$ für alle $\lambda \in \Lambda(K)_o$, woraus $\Lambda(K)^* = \emptyset$ und $\mathrm{Kern}(d) = \Lambda(K)'$ folgen. Ist dagegen k ein imaginärquadratischer Zahlkörper, so sind $\bar{\mathfrak{p}}_{\lambda(1)} = \bar{\mathfrak{p}}_2$ und $\alpha_{\lambda(1)} = \alpha_1^{-1}$ für alle $\lambda \in \Lambda(K)_o \setminus \Lambda(K)'$, und es ergibt sich

$$\mathrm{Kern}(d) = \{\lambda \in \Lambda(K) \mid c(\lambda) \in \{1,-1\}\} = \Lambda(K)_o. \qquad \square$$

Mit den Überlegungen in § 5.4 folgt aus der Bemerkung 1 insbesondere, daß genau dann $\mathbb{Q}_o^{ab}(t)$ ein eigentlicher Definitionskörper einer Galoiserweiterung $\bar{N}/\bar{\mathbb{Q}}(t)$ mit $s = 2$ ist, wenn $d_{\bar{\mathbb{S}}}(\Lambda(\mathbb{Q}(t))) = S_2$ ist und das $\mathfrak{p} \in \mathbb{S} \subseteq \mathbb{P}(\mathbb{Q}(t)/\mathbb{Q})$ in $\bar{\mathbb{Q}}(t)/\mathbb{Q}(t)$ einen Zerlegungskörper $k(t)$ mit einem imaginärquadratischen Zahlkörper k besitzt.

3. Darstellungen von Λ in $\mathrm{Out}(\Phi_r)$ für $r > 1$

Während d für $s = 2$ allenfalls einen surjektiven Homomorphismus von $\Lambda(K)$ auf $\mathrm{Out}(\Phi_1) \cong \hat{\mathbb{Z}}^{\times}$ ergibt, liefert d für jedes $s \geq 3$ einen injektiven Homomorphismus von $\Lambda(K) \cong \Lambda$ in die Automorphismenklassengruppe $\mathrm{Out}(\Phi_{s-1})$ einer freien proendlichen Gruppe vom Rang s-1.

Satz 2: Für $K = \mathbb{Q}(t)$ und $r = s-1 \geq 2$ ist der in § 5.3 definierte Homomorphismus

$$d : \Lambda(K) \to \mathrm{Out}(\bar{\Pi}) \cong \mathrm{Out}(\Phi_r),\ \lambda \mapsto d(\lambda)$$

von $\Lambda(K) \cong \Lambda = \mathrm{Gal}(\bar{\mathbb{Q}}/\mathbb{Q})$ in die Automorphismenklassengruppe der freien proendlichen Gruppe Φ_r vom Rang r injektiv.

Beweis: Es sei $\tilde{\Gamma}$ der Zentralisator der algebraischen Fundamentalgruppe $\bar{\Pi} = \Pi(\mathbb{P}(\bar{\mathbb{Q}}(t)/\bar{\mathbb{Q}})\setminus\bar{\mathbf{S}})$ in der arithmetischen Fundamentalgruppe $\Pi(\mathbb{P}(\mathbb{Q}(t)/\mathbb{Q})\setminus\mathbf{S})$ $= \Pi$. Wegen $r > 1$ ist das Zentrum $Z(\bar{\Pi}) = I$, woraus $\bar{\Pi} \cap \tilde{\Gamma} = I$ folgt. Also ist die von $\bar{\Pi}$ und $\tilde{\Gamma}$ in Π erzeugte Gruppe Γ ein direktes Produkt: $\Gamma = \bar{\Pi} \times \tilde{\Gamma}$. Der Fixkörper $\tilde{M}$ von $\tilde{\Gamma}$ ist über dem Fixkörper $\tilde{k}(t)$ von Γ galoissch mit einer zu $\bar{\Pi}$ isomorphen Galoisgruppe $\tilde{\Pi}$. Folglich ergibt die durch $\tilde{L} \mapsto \bar{L} := \bar{\mathbb{Q}}\tilde{L}$ definierte Abbildung der Zwischenkörper $\tilde{L}$ von $\tilde{M}/\tilde{k}(t)$ auf Zwischenkörper $\bar{L}$ von $\bar{M}/\bar{\mathbb{Q}}(t)$ (mit $\bar{M} = M_{\bar{\mathbf{S}}}(\bar{\mathbb{Q}}(t))$) einen Verbandsisomorphismus. Somit ist jeder Zwischenkörper $\bar{L}$ von $\bar{M}/\bar{\mathbb{Q}}(t)$ bereits über $\tilde{k}(t)$ definiert. Nach dem Satz 1 kommen alle Funktionenkörper (vom Transzendenzgrad 1) über $\bar{\mathbb{Q}}$ bis auf Isomorphie als Zwischenkörper von $\bar{M}/\bar{\mathbb{Q}}(t)$ vor, insbesondere nach § 3, Satz E, auch elliptische Funktionenkörper $\bar{E}/\bar{\mathbb{Q}}$ mit einer vorgegebenen algebraischen j-Invarianten $j(\bar{E})$. Da dann $\tilde{k}(t)$ ein Definitionskörper von $\bar{E}/\bar{\mathbb{Q}}(t)$ ist, enthält $\tilde{k}$ alle algebraischen Zahlen. Also ist $\tilde{k} = \bar{\mathbb{Q}}$, woraus $\tilde{\Gamma} = I$ folgt.
Nach § 5, Satz 1, besitzt $\bar{\Pi}$ in Π ein zu $\Lambda(K)$ isomorphes Komplement $\tilde{\Lambda}$. Mit den Bezeichnungen in § 5.3 existiert dann zu $\lambda \in \Lambda(K)$ ein $\tilde{\lambda} \in \tilde{\Lambda}$ mit $d(\lambda) = \tilde{d}(\tilde{\lambda})\mathrm{Inn}(\bar{\Pi})$. Ist nun $d(\lambda)$ die triviale Automorphismenklasse in $\mathrm{Out}(\bar{\Pi})$, so ist

$$\tilde{d}(\tilde{\lambda}) : \bar{\Pi} \to \bar{\Pi},\ \gamma \mapsto \gamma^{\tilde{\lambda}}$$

ein innerer Automorphismus von $\bar{\Pi}$. Also gibt es ein $\delta \in \bar{\Pi}$ mit $\gamma^{\tilde{\lambda}} = \gamma^{\delta}$ für alle $\gamma \in \bar{\Pi}$. Dann ist $\tilde{\lambda}\delta^{-1} \in \tilde{\Gamma} = I$, woraus zunächst $\tilde{\lambda} = \delta$ und dann wegen $\bar{\Pi} \cap \tilde{\Gamma} = I$ weiter $\tilde{\lambda} = \iota$ und $\lambda = \iota$ folgen. □

Der von Belyi [1979], Cor. zu Th. 4, angegebene Monomorphismus von Λ in $\mathrm{Aut}(\Phi_2)$ ist als Spezialfall im Satz 2 enthalten. Unter der zusätzlichen Voraussetzung von $s = 3$ und $d(\mathfrak{p}) = 1$ für $\mathfrak{p} \in \mathbf{S}$ erhält man aus dem Satz 2 die

Folgerung 1: Es gibt einen Monomorphismus

$$d_2 : \Lambda \to \mathrm{Out}(\Phi_2),$$

bei dem das Bild der Kommutatorgruppe Λ' im Kern des kanonischen Homomorphismus

$$\kappa_2 : \mathrm{Out}(\Phi_2) \to \mathrm{Out}(\Phi_2^{ab}) \cong GL_2(\hat{\mathbb{Z}})$$

liegt.

Beweis: Bezeichnet man den kanonischen Isomorphismus von Λ auf $\Lambda(K)$ mit ε, so ist $d_2 := d \circ \varepsilon$ mit dem Monomorphismus d aus dem Satz 2 ein Monomorphismus von Λ in $\mathrm{Out}(\Phi_2)$. Ist darüber hinaus $d(\mathfrak{p}) = 1$ für alle $\mathfrak{p} \in \mathbf{S}$, so gilt $\lambda(j) = j$ für $j = 1,2,3$, und es folgt aus § 5, Folg. 4,

$$(\kappa_2 \circ d_2)(\Lambda') = \bar{d}(\Lambda(K)') = I. \qquad \square$$

KAPITEL II

KLASSENZAHLEN VON ERZEUGENDENSYSTEMEN

Aus den Darlegungen im Kapitel I ergab sich, daß jede endliche Gruppe G als Galoisgruppe über $\overline{\mathbb{Q}}(t)$ realisierbar ist. Um nun das vorläufige Rationalitätskriterium in Kapitel I, § 5.2, auf diese Galoiserweiterungen anwenden zu können, werden zunächst die außerhalb einer vorgegebenen Menge $\overline{\mathbf{S}}$ von Primdivisoren von $\overline{\mathbb{Q}}(t)/\overline{\mathbb{Q}}$ unverzweigten Galoiserweiterungen $\overline{N}/\overline{\mathbb{Q}}(t)$ mit einer zu G isomorphen Galoisgruppe durch Erzeugendensystemklassen von G modulo Aut(G) klassifiziert. Die Komplemente der algebraischen Fundamentalgruppe $\overline{\Pi}$ in der arithmetischen Fundamentalgruppe Π operieren auf den Normalteilern von $\overline{\Pi}$ mit einer zu G isomorphen Faktorgruppe durch Konjugation. Überträgt man diese Operation auf die Erzeugendensystemklassen, so werden die Erzeugendensystemklassen in einer Verzweigungsstruktur von G permutiert. Nach dem vorläufigen Rationalitätskriterium kann dann der Grad eines Definitionskörpers K^a von $\overline{N}/\overline{\mathbb{Q}}(t)$ durch die Anzahl der Erzeugendensystemklassen in einer Verzweigungsstruktur von G abgeschätzt werden. Diese Überlegungen werden in den Paragraphen 2 und 4 so verfeinert, daß man auch eine Abschätzung für eigentliche Definitionskörper K^i von $\overline{N}/\overline{\mathbb{Q}}(t)$ und Aussagen über abelsche Teilkörper von K^i gewinnt. Dies ergibt das 1. Rationalitätskriterium (§ 4, Satz 2). Die eingehenden Klassenzahlen von Erzeugendensystemen modulo Aut(G) bzw. modulo Inn(G) lassen sich leichter berechnen, wenn G eine übersichtliche Matrizendarstellung besitzt (Kriterium von Belyi) oder, wenn die Charaktertafel von G bekannt ist (unter Verwendung normalisierter Strukturkonstanten).

Als Beispiele werden in erster Linie die symmetrischen Gruppen S_m mit den alternierenden Gruppen A_m in § 3, die endlichen linearen Gruppen in § 5 und die Mathieugruppen M_{11}, M_{12} sowie die Fischer-Griess-Gruppe F_1 in § 6 behandelt.

§ 1 Definitionskörper von Galoiserweiterungen

Zunächst werden die Galoiserweiterungen $\overline{N}/\overline{K}$ über einem algebraischen Funktionenkörper $\overline{K}/\overline{k}$ der Charakteristik 0 mit einem algebraisch abgeschlossenen Konstantenkörper $\overline{k}$, die eine zu einer vorgegebenen endlichen Gruppe G isomorphe Galoisgruppe besitzen, durch Erzeugendensystemklassen von G modulo Aut(G) klassifiziert. Anschließend werden die in Kap. I, § 6.2, gewonnenen Erkenntnisse über die Operation der absoluten Galoisgruppe $\Delta = \mathrm{Gal}(\overline{k}/k)$ auf der algebraischen Fundamentalgruppe $\overline{\Pi}$ auf die sich hieraus ergebende Operation von Δ auf den Erzeugendensystemklassen von G übertragen. Dies gestattet dann, den Grad eines Definitionskörpers von $\overline{N}/\overline{K}$ über einem Teilkörper K/k von $\overline{K}/\overline{k}$ mit $\overline{k}K = \overline{K}$ durch eine Klassenzahl von Erzeugendensystemen von G abzuschätzen. Für geeignete Körpererweiterungen über $\overline{\mathbb{Q}}(t)$ mit abelscher Galoisgruppe und für die Körper der Modulfunktionen p-ter Stufe kann damit beispielsweise gezeigt werden, daß $\mathbb{Q}(t)$ bzw. $\mathbb{Q}(j)$ ein Definitionskörper ist.

1. Hurwitzklassifikation

Es seien $\overline{K}/\overline{k}$ ein algebraischer Funktionenkörper der Charakteristik 0 und vom Geschlecht g über einem algebraisch abgeschlossenen Körper $\overline{k}$, $\overline{\mathbb{S}} = \{\overline{\mathfrak{p}}_1,\ldots,\overline{\mathfrak{p}}_s\}$ eine Teilmenge der abstrakten Riemannschen Fläche $\mathbb{P}(\overline{K}/\overline{k})$ und $\overline{M}$ der maximale außerhalb $\overline{\mathbb{S}}$ unverzweigte algebraische Erweiterungskörper von $\overline{K}$. Dann hat die algebraische Fundamentalgruppe $\overline{\Pi} := \mathrm{Gal}(\overline{M}/\overline{K})$ nach Kap. I, § 4, Satz 3, die Struktur

$$\overline{\Pi} = \langle \alpha_1,\ldots,\alpha_{s+2g} \mid \kappa_{s,g}(\alpha_1,\ldots,\alpha_{s+2g}) = \iota \rangle_{top}$$

mit der Relation

$$\kappa_{s,g}(\alpha_1,\ldots,\alpha_{s+2g}) = \alpha_1\cdot\ldots\cdot\alpha_s[\alpha_{s+1},\alpha_{s+2}]\cdot\ldots\cdot[\alpha_{s+2g-1},\alpha_{s+2g}] = \iota .$$

Nach dem Fundamentalsatz der Galoistheorie entsprechen die Galoiserweiterungen $\overline{N}/\overline{K}$ mit einer zu G isomorphen Galoisgruppe den Normalteilern $\overline{\Psi}$ von $\overline{\Pi}$ mit einer zu G isomorphen Faktorgruppe $\overline{\Pi}/\overline{\Psi}$. Jeder solche Normalteiler $\overline{\Psi}$ ist der Kern eines Epimorphismus $\psi : \overline{\Pi} \to G$. Dieser bildet das Erzeugendensystem $\underline{\alpha} = (\alpha_1,\ldots,\alpha_{s+2g})$ von $\overline{\Pi}$ ab auf ein Erzeugendensystem $\underline{\sigma} = (\sigma_1,\ldots,\sigma_{s+2g})$ von G mit der Relation $\kappa_{s,g}(\underline{\sigma}) = \iota$.

<u>Definition 1:</u> Ein Erzeugendensystem $\underline{\sigma} = (\sigma_1,\ldots,\sigma_{s+2g})$ einer Gruppe G mit der Relation

$$\varkappa_{s,g}(\underline{\sigma}) = \sigma_1\cdot\ldots\cdot\sigma_s[\sigma_{s+1},\sigma_{s+2}]\cdot\ldots\cdot[\sigma_{s+2g-1},\sigma_{s+2g}] = \iota$$

heißt ein (s,g)-*Erzeugendensystem von* G bzw. im Fall g = 0 auch ein s-*Erzeugendensystem von* G. Die Menge der (s,g)-Erzeugendensysteme von G wird mit

$$\Sigma_{s,g}(G) := \{\underline{\sigma} \in G^{s+2g} \mid \langle\underline{\sigma}\rangle = G,\ \varkappa_{s,g}(\underline{\sigma}) = \iota\}$$

bzw. mit $\Sigma_s(G)$ im Fall g = 0 bezeichnet.

Durch ein (s,g)-Erzeugendensystem $\underline{\sigma}$ von G als Bild von $\underline{\alpha}$ ist der Kern $\overline{\Psi}$ von ψ eindeutig bestimmt, weshalb man auch $\overline{\Psi}$ = Kern($\underline{\sigma}$) schreiben darf. In dieser Bezeichnungsweise ist für zwei (s,g)-Erzeugendensysteme $\underline{\sigma}$ und $\underline{\tilde{\sigma}}$ von G genau dann Kern($\underline{\sigma}$) = Kern($\underline{\tilde{\sigma}}$), wenn es ein $\varphi\in$Aut(G) gibt mit $\tilde{\sigma}_j = \sigma_j^{\varphi}$ für j = 1,...,s+2g, d.h. zu jedem Normalteiler $\overline{\Psi}$ von $\overline{\Pi}$ mit $\overline{\Pi}/\overline{\Psi} \cong G$ gehört eine Klasse von (s,g)-Erzeugendensystemen von G modulo Aut(G). (Diese hängt allerdings noch von der Wahl der Erzeugenden $\alpha_1,\ldots,\alpha_{s+2g}$ der algebraischen Fundamentalgruppe ab!)

<u>Definition 2:</u> Es sei $\underline{\sigma}$ ein (s,g)-Erzeugendensystem einer Gruppe G. Dann wird die Klasse von $\underline{\sigma}$ modulo Inn(G) mit

$$[\underline{\sigma}] := \{\underline{\sigma}^{\varphi} \in \Sigma_{s,g}(G) \mid \varphi \in \mathrm{Inn}(G)\}$$

und die Menge der (s,g)-Erzeugendensystemklassen von G modulo Inn(G) mit

$$\Sigma^i_{s,g}(G) := \{[\underline{\sigma}] \mid \underline{\sigma} \in \Sigma_{s,g}(G)\}$$

bezeichnet. Entsprechend seien

$$[\underline{\sigma}]^a := \{\underline{\sigma}^{\varphi} \in \Sigma_{s,g}(G) \mid \varphi \in \mathrm{Aut}(G)\}$$

die Klasse von $\underline{\sigma}$ modulo Aut(G) und

$$\Sigma^a_{s,g}(G) := \{[\underline{\sigma}]^a \mid \underline{\sigma} \in \Sigma_{s,g}(G)\}.$$

Bezeichnet man nun noch die Menge der außerhalb $\overline{\mathbf{S}}$ unverzweigten Galoiserweiterungen von $\overline{K}$ mit einer zu G isomorphen Galoisgruppe mit

$$\mathbb{N}^G_{\overline{\mathbf{S}}}(\overline{K}) := \{\overline{N} \le M_{\overline{\mathbf{S}}}(\overline{K}) \mid \mathrm{Gal}(\overline{N}/\overline{K}) \cong G\}$$

so folgt aus dem bisherigen der

<u>Satz 1:</u> (Hurwitzklassifikation)
<u>Es seien $\overline{K}/\overline{k}$ ein algebraischer Funktionenkörper der Charakteristik</u> 0 <u>vom Geschlecht</u> g <u>mit einem algebraisch abgeschlossenen Konstantenkörper</u>

$\bar{k}$ und $\bar{\mathbb{S}}$ eine s-elementige Teilmenge von $\mathbb{P}(\bar{K}/\bar{k})$. Dann gibt es eine bijektive Abbildung von der Menge der (s,g)-Erzeugendensystemklassen $\Sigma^a_{s,g}(G)$ von G auf die Menge der außerhalb $\bar{\mathbb{S}}$ unverzweigten Galoiserweiterungen $N^G_{\bar{\mathbb{S}}}(\bar{K})$ von K mit einer zu G isomorphen Galoisgruppe:

$$N^G_{\bar{\mathbb{S}}} : \Sigma^a_{s,g}(G) \to N^G_{\bar{\mathbb{S}}}(\bar{K}),\ [\underline{\sigma}]^a \mapsto N^G_{\bar{\mathbb{S}}}([\underline{\sigma}]^a) := (M_{\bar{\mathbb{S}}}(\bar{K}))^{\mathrm{Kern}(\underline{\sigma})},$$

d.h. diese Körper werden durch $\Sigma^a_{s,g}(G)$ klassifiziert.

Künftig werden auch die mit der kanonischen Abbildung von $\Sigma_{s,g}(G)$ bzw. $\Sigma^i_{s,g}(G)$ auf $\Sigma^a_{s,g}(G)$ geschachtelten Abbildungen von $\Sigma_{s,g}(G)$ bzw. $\Sigma^i_{s,g}(G)$ auf $N^G_{\bar{\mathbb{S}}}(\bar{K})$ mit $N^G_{\bar{\mathbb{S}}}$ bezeichnet.

Da jede endliche Gruppe G für ein genügend großes $s \in \mathbb{N}$ stets (s,g)-Erzeugendensysteme besitzt, ergibt sich aus dem Satz 1 wieder eine Lösung des Umkehrproblems der Galoistheorie für $\bar{K}$ (vergleiche Kap. I, § 4, Folg. 3).

2. Verzweigungsstrukturen

Um das vorläufige Rationalitätskriterium anwenden zu können, muß man die Operation eines Komplements $\tilde{\Delta}$ der algebraischen Fundamentalgruppe $\bar{\Pi}$ in der arithmetischen Fundamentalgruppe Π auf den Normalteilern $\bar{\Psi}$ von $\bar{\Pi}$ mit $\bar{\Pi}/\bar{\Psi} = G$ auf $\Sigma^a_{s,g}(G)$ übertragen. Dazu seien wieder K/k ein aufgeschlossener algebraischer Funktionenkörper der Charakteristik 0 und vom Geschlecht g, $\mathbb{S} \subseteq \mathbb{P}(K/k)$ mit $\sum_{\mathfrak{p} \in \mathbb{S}} d(\mathfrak{p}) = s$, $\bar{M} := M_{\mathbb{S}}(K)$ und $\Pi = \mathrm{Gal}(\bar{M}/K)$ die arithmetische Fundamentalgruppe von $\mathbb{P}(K/k)\setminus\mathbb{S}$. Weiter seien $\bar{k}$ die algebraisch abgeschlossene Hülle von k in $\bar{M}$, $\bar{K} = \bar{k}K$ und

$$\bar{\Pi} = \mathrm{Gal}(\bar{M}/\bar{K}) = \langle \underline{\alpha} \mid r_{s,g}(\underline{\alpha}) = \iota \rangle_{\mathrm{top}}.$$

Dann besitzt nach Kap. I, § 5, Satz 1, $\bar{\Pi}$ ein Komplement $\tilde{\Delta}$ in Π. Jedes $\tilde{\delta} \in \tilde{\Delta}$ permutiert die Normalteiler $\bar{\Psi}$ von $\bar{\Pi}$ mit $\bar{\Pi}/\bar{\Psi} = G$ durch Konjugation. Diese Operation induziert eine Permutationsdarstellung

$$\tilde{d}_G : \tilde{\Delta} \to S_{\Sigma_{s,g}(G)},\ \tilde{\delta} \mapsto \tilde{d}_G(\tilde{\delta}),$$

in die symmetrische Gruppe der Menge $\Sigma_{s,g}(G)$ mit

$$\tilde{d}_G(\tilde{\delta}) : \Sigma_{s,g}(G) \to \Sigma_{s,g}(G),\ \underline{\sigma} \mapsto \underline{\sigma}^{\tilde{\delta}} := \psi(\underline{\alpha}^{\tilde{\delta}});$$

dabei ist ψ der durch $\psi(\alpha_j) = \sigma_j$ für $j = 1,\ldots,s+2g$ definierte Epimorphismus von $\bar{\Pi}$ auf G. Offenbar gilt bei dieser Definition von $\underline{\sigma}^{\tilde{\delta}}$: Ist $\bar{N}$ der Fixkörper von $\bar{\Psi} = \mathrm{Kern}(\underline{\sigma})$, so ist $\bar{N}^{\tilde{\delta}}$ der Fixkörper von $\bar{\Psi}^{\tilde{\delta}} = \mathrm{Kern}(\underline{\sigma}^{\tilde{\delta}})$

bzw.

$$N^G_{\mathbf{S}}(\underline{\sigma}^{\tilde\delta}) = (N^G_{\mathbf{S}}(\underline{\sigma}))^{\tilde\delta}.$$

Geht man nun von $\Sigma_{s,g}(G)$ über zu $\Sigma^i_{s,g}(G)$ oder gar zu $\Sigma^a_{s,g}(G)$, so wird die vergröberte Operation unabhängig vom gewählten Komplement $\tilde\Delta$ von $\bar\Pi$ in Π:

Satz 2: Es seien K/k ein aufgeschlossener algebraischer Funktionenkörper der Charakteristik 0 vom Geschlecht g, $\mathbf{S} \subseteq \mathbb{P}(K/k)$ mit $\sum_{\mathfrak{p}\in\mathbf{S}} d(\mathfrak{p}) = s$, $\bar M := M_{\mathbf{S}}(K)$, $\bar k$ die algebraisch abgeschlossene Hülle von k in $\bar M$, $\bar K = \bar k K$, $\bar\Pi := \mathrm{Gal}(\bar M/\bar K)$ und $\Delta(K) := \mathrm{Gal}(\bar K/K)$. Dann induziert der Homomorphismus $d : \Delta(K) \to \mathrm{Out}(\bar\Pi)$ aus Kap. I, § 5.3, für jede endliche Gruppe G eine Permutationsdarstellung

$$d_G : \Delta(K) \to S_{\Sigma^i_{s,g}(G)}, \quad \delta \mapsto d_G(\delta),$$

von $\Delta(K)$ in die symmetrische Gruppe von $\Sigma^i_{s,g}(G)$ durch

$$d_G(\delta) : \Sigma^i_{s,g}(G) \to \Sigma^i_{s,g}(G), \quad [\underline{\sigma}] \mapsto [\underline{\sigma}]^\delta := [\underline{\sigma}^{\tilde\delta}].$$

Dabei gilt für die ersten s Komponenten von $\underline{\sigma}$ noch

$$[\sigma_j]^\delta = [\sigma^{c(\delta)}_{\delta(j)}] \text{ für } j = 1,\dots,s.$$

Beweis: Es ist nur zu zeigen, daß für je zwei Fortsetzungen $\tilde\delta$, $\tilde{\tilde\delta}$ von δ auf $\bar M$ gilt $[\underline{\sigma}^{\tilde\delta}] = [\underline{\sigma}^{\tilde{\tilde\delta}}]$, dies folgt wegen $\gamma := \tilde{\tilde\delta}\tilde\delta^{-1} \in \bar\Pi$ mit $\tau := \psi(\gamma) \in G$ aus $\sigma^{\tilde{\tilde\delta}} = \sigma^{\tilde\delta\gamma} = (\sigma^{\tilde\delta})^\tau$. Damit ergeben sich die Behauptungen des Satzes unmittelbar aus dem Satz 3 in Kap. I, § 5. □

Zusatz 1: Die Permutationsdarstellung d_G aus dem Satz 2 wird durch

$$d^a_G(\delta) : \Sigma^a_{s,g}(G) \to \Sigma^a_{s,g}(G), \quad [\underline{\sigma}]^a \mapsto [\underline{\sigma}^{\tilde\delta}]^a,$$

zu einer Permutationsdarstellung

$$d^a_G : \Delta(K) \to S_{\Sigma^a_{s,g}(G)}, \quad \delta \mapsto d^a_G(\delta),$$

vergröbert.

Damit ist die Operation von $\Delta(K)$ auf $N^G_{\mathbf{S}}(\bar K)$ auf die klassifizierende Menge $\Sigma^a_{s,g}(G)$ übertragen. Weiter können mit Hilfe von Satz 2 die Konjugiertenklassen der ersten s Komponenten des Bildes einer (s,g)-Erzeugendensystemklasse von G unter $d_G(\delta)$ bzw. $d^a_G(\delta)$ bestimmt werden. Daher ist es zweckmäßig, die Menge der (s,g)-Erzeugendensystemklassen aufzuspalten:

Definition 3: Es seien G eine Gruppe der Ordnung n und C_j Konjugiertenklassen von G. Dann heißen

$$\mathbf{C} := (C_1,\ldots,C_s) := \{(\sigma_1,\ldots,\sigma_s) \mid \sigma_j \in C_j\}$$

eine *Klassenstruktur* von G und

$$\mathbf{C}^* := \bigcup_{\nu \in Z_n^\times} (C_1^\nu,\ldots,C_s^\nu) = \{(\sigma_1^\nu,\ldots,\sigma_s^\nu) \mid \sigma_j \in C_j,\ \nu \in Z_n^\times\}$$

die von $\mathbf{C}$ aufgespannte *Verzweigungsstruktur* von G. Weiter seien für $\mathbf{C}^\circ \in \{\mathbf{C},\mathbf{C}^*\}$

$$\overline{\Sigma}_g(\mathbf{C}^\circ) := \{\underline{\sigma} \in G^{s+2g} \mid r_{s,g}(\underline{\sigma}) = \iota,\ (\sigma_1,\ldots,\sigma_s) \in \mathbf{C}^\circ\}$$

und

$$\Sigma_g(\mathbf{C}^\circ) := \{\underline{\sigma} \in \overline{\Sigma}_g(\mathbf{C}^\circ) \mid \langle\sigma_1,\ldots,\sigma_{s+2g}\rangle = G\}$$

die *Menge der* (s,g)-*Erzeugendensysteme in* $\mathbf{C}^\circ$.
Durch komponentenweise Operation von Inn(G) auf $\Sigma_g(\mathbf{C}^\circ)$ erhält man den Bahnenraum

$$\Sigma_g^i(\mathbf{C}^\circ) := \Sigma_g(\mathbf{C}^\circ)/\mathrm{Inn}(G),$$

dessen Elementanzahl mit

$$\ell_g^i(\mathbf{C}^\circ) := |\Sigma_g^i(\mathbf{C}^\circ)|$$

bezeichnet werde. Weiter operiert die Gruppe

$$\mathrm{Aut}_{\mathbf{C}^\circ}(G) := \{\varphi \in \mathrm{Aut}(G) \mid (\mathbf{C}^\circ)^\varphi = \mathbf{C}^\circ\}$$

auf $\Sigma_g(\mathbf{C}^\circ)$ und führt zu dem Bahnenraum

$$\Sigma_g^a(\mathbf{C}^\circ) := \Sigma_g(\mathbf{C}^\circ)/\mathrm{Aut}_{\mathbf{C}^\circ}(G)$$

der Länge

$$\ell_g^a(\mathbf{C}^\circ) := |\Sigma_g^a(\mathbf{C}^\circ)|.$$

Dabei wird im Fall g = 0 in der Regel der Index g weggelassen. $\ell_g^i(\mathbf{C}^\circ)$ und $\ell_g^a(\mathbf{C}^\circ)$ sind also *Erzeugendensystemklassenzahlen von G in* $\mathbf{C}^\circ$.

Ist nun wieder $\overline{k} \le \overline{K} \le \overline{M}$ der Körperturm aus dem Satz 2 und ist $\underline{\sigma} \in \Sigma_g(\mathbf{C}^*)$ ein (s,g)-Erzeugendensystem von G in der Verzweigungsstruktur $\mathfrak{C}^*$, dann ist der Körper $\overline{N} := N_{\overline{\mathfrak{S}}}^G(\underline{\sigma})$ über $\overline{K}$ galoissch mit einer zu G isomorphen Galoisgruppe $\overline{G}$, dabei ist ein Isomorphismus gegeben durch

$$\varepsilon_\psi : G \to \overline{G},\ \sigma_j = \psi(\alpha_j) \mapsto \alpha_j\Psi = \overline{\sigma}_j.$$

Nach Kap. I, § 4, Satz 3, erzeugen die α_j für $j = 1,\dots,s$ Trägheitsgruppen über $\overline{\mathfrak{p}}_j$ liegender Bewertungsideale $\overline{\mathfrak{P}}_j$ von $\overline{M}/\overline{K}$. Damit erzeugen die $\overline{\sigma}_j \in \overline{G}$ die Trägheitsgruppen der Einschränkungen von $\overline{\mathfrak{P}}_j$ auf $\overline{N}$ über $\overline{\mathfrak{p}}_j$. Also sind durch die Verzweigungsstruktur $\mathfrak{C}^*$ von G die Konjugiertenklassen von Trägheitsgruppen von $\overline{N}/\overline{K}$ bestimmt. Deshalb ist es sinnvoll, $\mathfrak{C}^*$ auch die Verzweigungsstruktur von $\overline{N}/\overline{K}$ zu nennen. Damit folgt aus der Hurwitzklassifikation sofort die

<u>Bemerkung 1:</u> <u>Es seien $\overline{K}/\overline{k}$ ein algebraischer Funktionenkörper der Charakteristik</u> 0 <u>vom Geschlecht</u> g <u>mit einem algebraisch abgeschlossenen Konstantenkörper</u> $\overline{k}$ <u>und</u> $\overline{\mathfrak{S}}$ <u>eine</u> s-<u>elementige Teilmenge von</u> $\mathbb{P}(\overline{K}/\overline{k})$ <u>sowie</u> $\mathfrak{C}^*$ <u>eine Verzweigungsstruktur einer endlichen Gruppe</u> G. <u>Dann gibt es genau</u> $\ell_g^a(\mathfrak{C}^*)$ <u>außerhalb</u> $\overline{\mathfrak{S}}$ <u>unverzweigte Galoiserweiterungen</u> $\overline{N}/\overline{K}$ <u>mit der Verzweigungsstruktur</u> $\mathfrak{C}^*$.

Anmerkung: Im Fall $\mathrm{Aut}_{\mathfrak{C}^*}(G) \neq \mathrm{Aut}(G)$ ist durch $\overline{N}/\overline{K}$ die Verzweigungsstruktur $\mathfrak{C}^*$ nicht eindeutig bestimmt, sondern nur die $\mathfrak{C}^*$ umfassende Menge

$$\hat{\mathfrak{C}}^* := \bigcup_{\varphi\in \mathrm{Aut}(G)} \ \bigcup_{\nu\in \mathbb{Z}_n^\times} (C_1^\nu,\dots,C_s^\nu)^\varphi.$$

Die Anzahl der Bahnen von Aut(G) auf $\Sigma_g(\hat{\mathfrak{C}}^*)$ ist aber gleich der Anzahl $\ell_g^a(\mathfrak{C}^*)$ der Bahnen von $\mathrm{Aut}_{\mathfrak{C}^*}(G)$ auf $\Sigma_g(\mathfrak{C}^*)$.

<u>3. Eine Gradabschätzung für Definitionskörper</u>

Mit Hilfe der Erzeugendensystemklassenzahl $\ell_g^a(\mathfrak{C}^*)$ läßt sich nun der Grad eines Definitionskörpers der Galoiserweiterungen mit der Verzweigungsstruktur $\mathfrak{C}^*$ über einem geeigneten algebraischen Teilkörper K von $\overline{K}$ abschätzen. Dem sind aber noch zwei Definitionen vorauszuschicken:

<u>Definition 4:</u> Sind G eine endliche Gruppe, $\mathfrak{C} = (C_1,\dots,C_s)$ eine Klassenstruktur von G und $\mathfrak{C}^\circ \in \{\mathfrak{C},\mathfrak{C}^*\}$, dann heißen

$$\mathrm{Sym}(\mathfrak{C}^\circ) := \{\omega \in S_s \mid \omega\mathfrak{C} \subseteq \mathfrak{C}^\circ\}$$

mit $\omega\mathfrak{C} := (C_{\omega(1)},\dots,C_{\omega(s)})$ die *Symmetriegruppe von* $\mathfrak{C}^\circ$ und

$$\mathrm{Sym}^a(\mathfrak{C}^\circ) := \{\omega \in S_s \mid \omega\mathfrak{C} \subseteq (\mathfrak{C}^\circ)^\varphi,\ \varphi \in \mathrm{Aut}(G)\}$$

die *äußere Symmetriegruppe von* $\mathfrak{C}^\circ$.

Definition 5: Es seien $\bar{K}/\bar{k}$ ein algebraischer Funktionenkörper mit einem algebraisch abgeschlossenen Konstantenkörper $\bar{k}$, $\bar{\mathfrak{S}}$ eine s-elementige Teilmenge von $\mathbb{P}(\bar{K}/\bar{k})$ und $V \leq S_s$. Dann heißt ein Teilkörper K von $\bar{K}$ mit $\bar{k}K = \bar{K}$ ein *Definitionskörper von* $V\bar{\mathfrak{S}}$, wenn $\Delta(K) := \mathrm{Gal}(\bar{K}/K)$ die Menge $\bar{\mathfrak{S}}$ permutiert und für die Permutationsdarstellung $d_{\bar{\mathfrak{S}}}$ aus Kap. I, § 5.3, gilt

$$d_{\bar{\mathfrak{S}}}(\Delta(K)) \leq V.$$

Im Fall $V = S_s$ wird K einfach ein *Definitionskörper von* $\bar{\mathfrak{S}}$ genannt.

Mit diesen Bezeichnungen gilt nun die

Bemerkung 2: Es seien $\bar{K}/\bar{k}$ ein algebraischer Funktionenkörper der Charakteristik 0 mit einem algebraisch abgeschlossenen Konstantenkörper und $\bar{\mathfrak{S}}$ eine endliche Teilmenge von $\mathbb{P}(\bar{K}/\bar{k})$. Dann ist jeder Definitionskörper K einer in $\bar{\mathfrak{S}}$ verzweigten Galoiserweiterung $\bar{N}/\bar{K}$ mit der Verzweigungsstruktur $\mathfrak{C}^*$ ein Definitionskörper von $V\bar{\mathfrak{S}}$ mit $V \leq \mathrm{Sym}^a(\mathfrak{C}^*)$.

Beweis: Ohne Beschränkung der Allgemeinheit kann angenommen werden, daß $\bar{K}/K$ eine algebraische Körpererweiterung ist. Nach dem vorläufigen Rationalitätskriterium (Kap. I, § 5, Satz 2) ist $\bar{N}$ über jedem Definitionskörper K von $\bar{N}/\bar{K}$ galoissch. Demnach permutiert $\Delta(K) = \mathrm{Gal}(\bar{K}/K)$ die Menge $\bar{\mathfrak{S}}$ der in $\bar{N}/\bar{K}$ verzweigten Primdivisoren von $\bar{K}$. Sind nun $\mathrm{Gal}(\bar{N}/\bar{K}) \cong G$ und $\bar{N} = N^G_{\bar{\mathfrak{S}}}(\underline{\sigma})$, so gilt für alle Fortsetzungen $\tilde{\delta}$ von $\delta \in \Delta(K)$ auf $M_{\bar{\mathfrak{S}}}(\bar{K})$

$$N^G_{\bar{\mathfrak{S}}}(\underline{\sigma}^{\tilde{\delta}}) = \bar{N}^{\tilde{\delta}} = \bar{N} = N^G_{\bar{\mathfrak{S}}}(\underline{\sigma}).$$

Aus dem Satz 2 und der Hurwitzklassifikation folgt jetzt, daß es ein $\varphi \in \mathrm{Aut}(G)$ gibt mit

$$[\sigma_j]^\delta = [\sigma_{\delta(j)}^{c(\delta)}] = [\sigma_j]^\varphi \text{ für } j = 1,\ldots,s.$$

Also ist $d_{\bar{\mathfrak{S}}}(\delta)$ ein Element von $\mathrm{Sym}^a(\mathfrak{C}^*)$. □

Damit erhält man nun für die Galoiserweiterungen $\bar{N}/\bar{K}$ mit der Verzweigungsstruktur $\mathfrak{C}^*$ die angekündigte Gradabschätzung eines Definitionskörpers von $\bar{N}/\bar{K}$ über einem aufgeschlossenen Definitionskörper von $V\bar{\mathfrak{S}}$ mit $V \leq \mathrm{Sym}^a(\mathfrak{C}^*)$.

<u>Satz 3:</u> <u>Es seien</u> $\overline{K}/\overline{k}$ <u>ein algebraischer Funktionenkörper der Charakteristik</u> 0 <u>vom Geschlecht</u> g <u>mit einem algebraisch abgeschlossenen Konstantenkörper</u> $\overline{k}$, $\overline{N}/\overline{K}$ <u>eine außerhalb</u> $\overline{\mathbf{S}} \subseteq \mathbb{P}(\overline{K}/\overline{k})$ <u>unverzweigte Galoiserweiterung mit der Galoisgruppe</u> G <u>und der Verzweigungsstruktur</u> $\mathfrak{C}^*$, <u>etwa</u> $\overline{N} = N^G_{\overline{\mathbf{S}}}(\underline{\sigma})$ <u>für ein</u> $\underline{\sigma} \in \Sigma_g(\mathfrak{C}^*)$, <u>sowie</u> K <u>ein aufgeschlossener Definitionskörper von</u> $V\overline{\mathbf{S}}$ <u>mit</u> $V \leq \mathrm{Sym}^a(\mathfrak{C}^*)$. <u>Dann ist der Fixkörper</u> $K^a_{\underline{\sigma}}$ <u>von</u>

$$\Delta^a_{\underline{\sigma}} := \{\delta \in \mathrm{Gal}(\overline{K}/K) \mid ([\underline{\sigma}]^a)^\delta = [\underline{\sigma}]^a\}$$

<u>ein Definitionskörper von</u> $\overline{N}/\overline{K}$, <u>und es gilt</u>

$$(K^a_{\underline{\sigma}}:K) \leq \ell^a_g(\mathfrak{C}^*).$$

<u>Beweis:</u> Als Konstantenerweiterung von K ist auch $K^a_{\underline{\sigma}}$ ein aufgeschlossener Funktionenkörper. Für alle Fortsetzungen $\tilde{\delta}$ von $\delta \in \mathrm{Gal}(\overline{K}/K^a_{\underline{\sigma}}) = \Delta^a_{\underline{\sigma}}$ auf $\overline{M} := M_{\overline{\mathbf{S}}}(\overline{K})$ gelten wegen $[\underline{\sigma}^{\tilde{\delta}}]^a = [\underline{\sigma}]^a$

$$\overline{N}^{\tilde{\delta}} = N^G_{\overline{\mathbf{S}}}(\underline{\sigma}^{\tilde{\delta}}) = N^G_{\overline{\mathbf{S}}}(\underline{\sigma}) = \overline{N}.$$

Also ist $\overline{N}/K^a_{\underline{\sigma}}$ eine Galoiserweiterung, und nach dem vorläufigen Rationalitätskriterium in Kap. I, § 5.2, ist $\overline{N}/\overline{K}$ über $K^a_{\underline{\sigma}}$ definiert.

K ist ein Definitionskörper von $V\overline{\mathbf{S}}$, somit gibt es für jedes $\delta \in \Delta(K)$ ein $\varphi \in \mathrm{Aut}(G)$, so daß $\delta\mathfrak{C} \subseteq (\mathfrak{C}^*)^\varphi$ ist mit $\delta\mathfrak{C} := (C_{\delta(1)},\ldots,C_{\delta(s)})$. Damit ist

$$([\underline{\sigma}]^a)^\delta \in \Sigma^a_g(\hat{\mathfrak{C}}^*) = \bigcup_{\varphi \in \mathrm{Aut}(G)} \Sigma^a_g(\mathfrak{C}^*)^\varphi,$$

und $\overline{N}^\delta = N^G_{\overline{\mathbf{S}}}(([\underline{\sigma}]^a)^\delta)$ gehört nach der Bemerkung 1 zu den $\ell^a_g(\mathfrak{C}^*)$ außerhalb von $\overline{\mathbf{S}}$ unverzweigten galoisschen Erweiterungskörpern von $\overline{K}$ mit der Verzweigungsstruktur $\mathfrak{C}^*$. Also ist der Index der Fixgruppe $\Delta^a_{\underline{\sigma}}$ von $[\underline{\sigma}]^a$ in $\Delta(K)$ beschränkt durch die Klassenzahl $\ell^a_g(\mathfrak{C}^*)$, woraus $(K^a_{\underline{\sigma}}:K) \leq \ell^a_g(\mathfrak{C}^*)$ folgt. □

Geht man nun von der Gruppe G aus anstatt von der Galoiserweiterung $\overline{N}/\overline{K}$, so gelangt man zu der folgenden Umformulierung des obigen Satzes:

<u>Folgerung 1:</u> <u>Es seien</u> G <u>eine endliche Gruppe</u>, $\mathfrak{C}^* = (C_1,\ldots,C_s)^*$ <u>eine Verzweigungsstruktur von</u> G <u>mit</u> $\ell^a_g(\mathfrak{C}^*) > 0$, $\overline{K}/\overline{k}$ <u>ein algebraischer Funktionenkörper der Charakteristik</u> 0 <u>vom Geschlecht</u> g <u>mit einem algebraisch abgeschlossenen Konstantenkörper</u> $\overline{k}$, $\overline{\mathbf{S}}$ <u>eine</u> s-<u>elementige Teilmenge von</u> $\mathbb{P}(\overline{K}/\overline{k})$ <u>und</u> K/k <u>ein aufgeschlossener Definitionskörper von</u> $V\overline{\mathbf{S}}$ <u>für</u>

$V \leq \mathrm{Sym}^a(\mathbf{C}^*)$. <u>Dann gibt es eine Konstantenerweiterung</u> K^a/K <u>vom Grad</u>

$$(K^a:K) \leq \ell_g^a(\mathbf{C}^*)$$

<u>und eine reguläre Körpererweiterung</u> N^a/K^a <u>mit</u>

$$\mathrm{Gal}(\bar{k}N^a/\bar{K}) \cong G.$$

<u>Beweis:</u> Nach der Hurwitzklassifikation bzw. nach der Bemerkung 1 existiert eine außerhalb $\bar{\mathbf{S}}$ unverzweigte Galoiserweiterung $\bar{N} := N^G_{\bar{\mathbf{S}}}(\underline{\sigma})$ von $\bar{K}$ mit $\underline{\sigma} \in \Sigma_g(\mathbf{C}^*)$. Nach dem Satz 1 ist der Körper $K^a := K^a_{\underline{\sigma}}$ ein aufgeschlossener Definitionskörper von $\bar{N}/\bar{K}$, das heißt es gibt eine reguläre Körpererweiterung N^a/K^a mit $\bar{k}N^a = \bar{N}$. □

Setzt man in der Folgerung 1 noch voraus, daß $\bar{K} = \bar{\mathbb{Q}}(t)$ ist und damit das Geschlecht $g = 0$ hat, und wählt man $\bar{\mathbf{S}} \subseteq \mathbb{P}(\bar{\mathbb{Q}}(t)/\bar{\mathbb{Q}})$ so, daß $\mathbb{Q}(t)$ ein Definitionskörper von $I\bar{\mathbf{S}}$ ist, so ergibt sich weiter:

<u>Folgerung 2:</u> <u>Besitzt eine endliche Gruppe</u> G <u>eine Verzweigungsstruktur</u> $\mathbf{C}^*$ <u>mit</u> $\ell^a(\mathbf{C}^*) = 1$, <u>so gibt es eine reguläre Körpererweiterung</u> $N/\mathbb{Q}(t)$ <u>mit</u>

$$\mathrm{Gal}(\bar{\mathbb{Q}}N/\bar{\mathbb{Q}}(t)) \cong G.$$

Diese Folgerung soll nun noch an zwei Beispielen illustriert werden:

<u>Beispiel 1:</u> Es seien G eine abelsche endliche Gruppe vom Exponenten n und $\underline{\sigma} = (\sigma_1,\ldots,\sigma_s)$ ein s-Erzeugendensystem von G. Dann besitzt die Klassenstruktur $\mathbf{C} = ([\sigma_1],\ldots,[\sigma_s])$ von G offenbar die Erzeugendensystemklassenzahl $\ell^i(\mathbf{C}) = 1$, und für die von $\mathbf{C}$ aufgespannte Verzweigungsstruktur $\mathbf{C}^* = \bigcup_{\nu \in \mathbb{Z}_n^\times} \mathbf{C}^\nu$ gilt $\ell^i(\mathbf{C}^*) = \varphi(n)$ mit der Eulerschen φ-Funktion. Da es zu jedem $\nu \in \mathbb{Z}_n^\times$ ein $\varphi_\nu \in \mathrm{Aut}(G)$ gibt mit $\varphi_\nu(\sigma_j) = \sigma_j^\nu$, ist $\ell^a(\mathbf{C}^*) = 1$. Nach der Folgerung 2 existiert also eine reguläre Körpererweiterung $N/\mathbb{Q}(t)$ mit $\mathrm{Gal}(\bar{\mathbb{Q}}N/\bar{\mathbb{Q}}(t)) \cong G$.

4. Eine Charakterisierung der Modulfunktionen p-ter Stufe

Das zweite Beispiel betrifft die projektiven speziellen linearen Gruppen $\mathrm{PSL}_2(\mathbb{F}_p)$:

<u>Bemerkung 3:</u> <u>Es seien</u> $G = \mathrm{PSL}_2(\mathbb{F}_p)$ <u>mit einer Primzahl</u> $p > 3$, 2A <u>bzw.</u> 3A <u>die Klassen der Elemente zweiter bzw. dritter Ordnung und</u> pA <u>eine der beiden Konjugiertenklassen von Elementen p-ter Ordnung in</u> G. <u>Dann</u>

<u>gelten für die Klassenstruktur</u> $\mathbb{C}$ = (2A,3A,pA) <u>von</u> G <u>und für die von</u> $\mathbb{C}$ <u>aufgespannte Verzweigungsstruktur</u> $\mathbb{C}^*$:

$$\ell^i(\mathbb{C}) = 1 \text{ und } \ell^a(\mathbb{C}^*) = 1.$$

<u>Beweis:</u> G wird dargestellt als Faktorgruppe von $SL_2(\mathbb{F}_p)$ nach derem Zentrum Z, das heißt die Elemente von G werden geschrieben als

$$\begin{bmatrix} a & b \\ c & d \end{bmatrix} := \begin{pmatrix} a & b \\ c & d \end{pmatrix} Z \text{ mit } Z = \left\langle \begin{pmatrix} -1 & 0 \\ 0 & -1 \end{pmatrix} \right\rangle .$$

Nun wird $\ell^i(\mathbb{C})$ durch Abzählung geeigneter Repräsentanten der 3-Erzeugendensystemklassen in $\Sigma^i(\mathbb{C})$ bestimmt. Ohne Beschränkung der Allgemeinheit enthalte die Klasse pA das Element

$$\sigma_p = \begin{bmatrix} 1 & 1 \\ 0 & 1 \end{bmatrix}.$$

Da alle Elemente der Ordnung 4 in $SL_2(\mathbb{F}_p)$ die Spur 0 besitzen, hat ein Element zweiter Ordnung von G die Gestalt

$$\sigma_2 = \begin{bmatrix} a & b \\ c & -a \end{bmatrix} \text{ mit } a^2 + bc = -1.$$

Bildet nun $(\sigma_2,\sigma_3,\sigma_p)$ mit einem $\sigma_3 \in 3A$ ein 3-Erzeugendensystem von G, dann wird G von σ_p und σ_2 erzeugt, woraus $c \neq 0$ folgt. Weiter kann bei festgehaltenem σ_p die erste Komponente σ_2 eines Repräsentanten von $[\sigma_2,\sigma_3,\sigma_p]$ noch durch Konjugation mit einem Element aus dem Zentralisator $C_G(\sigma_p) = \langle\sigma_p\rangle$ abgeändert werden. Für $n \equiv \frac{a}{c}$ mod p ergibt sich

$$\sigma_p^{-n}\sigma_2\sigma_p^n = \begin{bmatrix} 1 & -n \\ 0 & 1 \end{bmatrix}\begin{bmatrix} a & b \\ c & -a \end{bmatrix}\begin{bmatrix} 1 & n \\ 0 & 1 \end{bmatrix} = \begin{bmatrix} 0 & -c^{-1} \\ c & 0 \end{bmatrix}.$$

Da aus $\sigma_2\sigma_3\sigma_p = \iota$

$$\sigma_3^{-1} = \sigma_p\sigma_2 = \begin{bmatrix} 1 & 1 \\ 0 & 1 \end{bmatrix}\begin{bmatrix} 0 & -c^{-1} \\ c & 0 \end{bmatrix} = \begin{bmatrix} c & -c^{-1} \\ c & 0 \end{bmatrix}$$

und daraus wegen $\sigma_3^3 = \iota$

$$\mathrm{Spur}\begin{pmatrix} c & -c^{-1} \\ c & 0 \end{pmatrix} \in \{-1,1\}$$

folgen, ergibt sich schließlich

$$\sigma_2 = \begin{bmatrix} 0 & -1 \\ 1 & 0 \end{bmatrix},\ \sigma_3 = \begin{bmatrix} 0 & 1 \\ -1 & 1 \end{bmatrix},\ \sigma_p = \begin{bmatrix} 1 & 1 \\ 0 & 1 \end{bmatrix}.$$

Wegen

$$SL_2(\mathbb{Z}) = \left\langle \begin{pmatrix} 1 & 1 \\ 0 & 1 \end{pmatrix}, \begin{pmatrix} 0 & -1 \\ 1 & 1 \end{pmatrix} \right\rangle$$

sind $(\sigma_2, \sigma_3, \sigma_p)$ ein 3-Erzeugendensystem von G und $[\sigma_2, \sigma_3, \sigma_p]$ die einzige 3-Erzeugendensystemklasse in $\Sigma^i(\mathbf{C})$, das heißt es gilt $\ell^i(\mathbf{C}) = 1$. Die von $\mathbf{C}$ aufgespannte Verzweigungsstruktur ist $\mathbf{C}^* = (2A, 3A, pA) \cup (2A, 3A, pB)$, wobei pB die zweite Konjugiertenklasse von Elementen p-ter Ordnung in G ist; diese entsteht aus pA durch Potenzierung mit einem quadratischen Nichtrest w modulo p: $pB = (pA)^w$. Da pA und pB durch ein $\varphi \in \mathrm{Aut}(G) \cong PGL_2(\mathbb{F}_p)$ vertauscht werden, folgen weiter

$$\ell^i(\mathbf{C}^*) = 2 \text{ und } \ell^a(\mathbf{C}^*) = 1. \qquad \square$$

Nach der Bemerkung 3 und der Folgerung 2 existieren für Primzahlen $p > 3$ reguläre Körpererweiterungen $N/\mathbb{Q}(t)$ mit $\mathrm{Gal}(\bar{\mathbb{Q}}N/\bar{\mathbb{Q}}(t)) \cong PSL_2(\mathbb{F}_p)$. Substituiert man t durch die absolute Invariante j, so ergibt sich daraus weiter die

<u>Folgerung 3:</u> <u>Der Körper $\hat{N}$ der Modulfunktionen p-ter Stufe ist als Erweiterungskörper von $\mathbb{C}(j)$ charakterisiert durch den Isomorphietyp $G = PSL_2(\mathbb{F}_p)$ von $\mathrm{Gal}(\hat{N}/\mathbb{C}(j))$, die Menge der in $\hat{N}/\mathbb{C}(j)$ verzweigten Primdivisoren $\hat{\mathbb{S}} = \{\hat{\mathfrak{p}}_{j-1728}, \hat{\mathfrak{p}}_j, \hat{\mathfrak{p}}_{\frac{1}{j}}\}$ und die Verzweigungsstruktur $\mathbf{C}^* = (2A, 3A, pA)^*$. Weiter ist $\mathbb{Q}(j)$ ein Definitionskörper von $\hat{N}/\mathbb{C}(j)$.</u>

Ein erster Beweis für diese Charakterisierung der Körper der Modulfunktionen p-ter Stufe durch algebraische Eigenschaften ist von Hecke [1935] geführt worden.

§ 2 Eigentliche Definitionskörper von Galoiserweiterungen

Mit Hilfe der Hurwitzklassifikation der algebraischen Funktionenkörper $\overline{K}/\overline{k}$ mit einem algebraisch abgeschlossenen Konstantenkörper $\overline{k}$ wurde im letzten Paragraphen der Grad eines Definitionskörpers K^a einer Galoiserweiterung $\overline{N}/\overline{K}$ über einem Definitionskörper K von V𝔖 abgeschätzt. Für die dann existierende reguläre Körpererweiterung N^a/K^a mit $\overline{k}N^a = \overline{N}$ wird nun die galoissche Hülle $\widetilde{N}^a$ konstruiert und unter passenden Voraussetzungen der kleinste eigentliche Definitionskörper K^i von $\overline{N}/\overline{K}$ innerhalb von $\widetilde{N}^a/K^a$ bestimmt. Der Grad von K^i über K läßt sich dann wieder durch eine Klassenzahl von Erzeugendensystemen abschätzen.

1. Die galoissche Hülle von N/K

Wenn K ein algebraischer Teilkörper von $\overline{K}$ und ein Definitionskörper von $\overline{N}/\overline{K}$ ist, so ergibt sich aus dem Beweis zu dem Satz 2 im Kap. I, § 5, daß (auch für nicht aufgeschlossene Körper K) die Körpererweiterung $\overline{N}/K$ galoissch ist und die Galoisgruppe von $\overline{N}/K$ ein semidirektes Produkt von $Gal(\overline{N}/\overline{K})$ mit $Gal(\overline{N}/N)$ ist:

$$Gal(\overline{N}/K) = Gal(\overline{N}/\overline{K}) \rtimes Gal(\overline{N}/N).$$

__Bemerkung 1:__ __Es seien__ K/k __ein algebraischer Funktionenkörper__, $\overline{k}$ __eine algebraisch abgeschlossene Hülle von__ k __und__ $\overline{K} := \overline{k}K$. __Ferner seien__ N/K __eine reguläre Körpererweiterung__, $\overline{N} := \overline{k}N$ __und__ $\overline{N}/K$ __eine Galoiserweiterung mit der Galoisgruppe__ Γ. __Dann ist die galoissche Hülle__ $\widetilde{N}$ __von__ N/K __der Fixkörper von__

$$\widetilde{\Delta} = Gal(\overline{N}/N) \cap C_\Gamma(Gal(\overline{N}/\overline{K})).$$

__Beweis:__ Jedes $\gamma \in \Gamma$ läßt sich eindeutig darstellen als ein Produkt $\gamma = \sigma\delta$ eines $\sigma \in \overline{G} := Gal(\overline{N}/\overline{K})$ und eines $\delta \in \Delta(N) := Gal(\overline{N}/N)$. Damit gilt für alle $\tilde{\delta} \in \widetilde{\Delta}$ und $\gamma \in \Gamma$

$$\tilde{\delta}^{\gamma} = \tilde{\delta}^{\sigma\delta} = \tilde{\delta}^{\delta} \in \widetilde{\Delta}.$$

Folglich ist $\widetilde{\Delta}$ ein in $\Delta(N)$ enthaltener Normalteiler von Γ, woraus $\widetilde{N} \le \overline{N}^{\widetilde{\Delta}}$ und $Gal(\overline{N}/\widetilde{N}) \ge \widetilde{\Delta}$ folgen. Umgekehrt ist wegen

$$Gal(\overline{N}/\widetilde{N}) \le \bigcap_{\sigma\in\overline{G}} Gal(\overline{N}/N)^{\sigma}$$

für alle $\delta \in Gal(\overline{N}/\widetilde{N})$ und $\sigma \in \overline{G}$

$$\sigma^{-1}\delta\sigma = \delta[\delta,\sigma] \in \mathrm{Gal}(\overline{N}/\widetilde{N}).$$

Also ist $[\delta,\sigma]$ ein Element von $\mathrm{Gal}(\overline{N}/\widetilde{N})$. Da dieses nur für $[\delta,\sigma] = \iota$ möglich ist, ergeben sich $\delta \in C_\Gamma(\overline{G})$ und $\mathrm{Gal}(\overline{N}/\widetilde{N}) \leq \widetilde{\Delta}$. Aus den beiden Ungleichungen erhält man schließlich

$$\mathrm{Gal}(\overline{N}/\widetilde{N}) = \widetilde{\Delta}. \qquad \square$$

Bei dieser Bestimmung der Galoisgruppe von $\widetilde{N}/K$ spielen die folgenden Untergruppen von Aut(G) eine Rolle:

Definition 1: Es seien G eine endliche Gruppe, $\mathfrak{C} = (C_1,\ldots,C_s)$ eine Klassenstruktur von G, $\mathfrak{C}^*$ die von $\mathfrak{C}$ aufgespannte Verzweigungsstruktur sowie $V \leq S_s$. Dann werden die Gruppe der $\mathfrak{C}^\circ \in \{\mathfrak{C},\mathfrak{C}^*\}$ wie V permutierenden Automorphismen von G mit

$$\mathrm{Aut}_{V\mathfrak{C}^\circ}(G) := \{\varphi \in \mathrm{Aut}(G) \mid (\mathfrak{C}^\circ)^\varphi = (\omega\mathfrak{C})^\circ,\ \omega \in V\}$$

und die zugehörige Automorphismenklassengruppe mit

$$\mathrm{Out}_{V\mathfrak{C}^\circ}(G) := \mathrm{Aut}_{V\mathfrak{C}^\circ}(G)/\mathrm{Inn}(G)$$

bezeichnet.

Damit erhält man den folgenden Struktursatz:

Satz 1: Es seien K/k ein algebraischer Funktionenkörper der Charakteristik 0, $\bar{k}$ eine algebraisch abgeschlossene Hülle von k, $\overline{K} := \bar{k}K$ und N/K eine reguläre Körpererweiterung, für die $\bar{k}N/\overline{K}$ galoissch ist mit einer zu G isomorphen Galoisgruppe und mit der Verzweigungsstruktur $\mathfrak{C}^*$. Dann ist die Galoisgruppe der galoisschen Hülle $\widetilde{N}$ von N/K isomorph zu einem semidirekten Produkt von G mit einer Untergruppe von $\mathrm{Aut}_{V\mathfrak{C}^*}(G)$ für $V = \mathrm{Sym}^a(\mathfrak{C}^*)$:

$$\mathrm{Gal}(\widetilde{N}/K) \cong G \rtimes D \text{ mit } D \leq \mathrm{Aut}_{V\mathfrak{C}^*}(G).$$

Beweis: Bezeichnet man die algebraisch abgeschlossene Hülle von k in $\widetilde{N}$ mit $\tilde{k}$ und den Körper $\tilde{k}K$ mit $\widetilde{K}$, so ist $\widetilde{N}/\widetilde{K}$ eine reguläre und galoissche Körpererweiterung mit $\bar{k}\widetilde{N} = \overline{N}$ und $\bar{k}\widetilde{K} = \overline{K}$, woraus zunächst

$$\widetilde{G} := \mathrm{Gal}(\widetilde{N}/\widetilde{K}) \cong \mathrm{Gal}(\overline{N}/\overline{K}) =: \overline{G} \cong G$$

folgt. Da $\widetilde{K}/K$ galoissch ist, gilt $\widetilde{G} \trianglelefteq \widetilde{\Gamma} := \mathrm{Gal}(\widetilde{N}/K)$. Weiter ist $\widetilde{N}/N$ eine Konstantenerweiterung, daher erhält man für $D := \mathrm{Gal}(\widetilde{N}/N)$

$$\langle D,\widetilde{G}\rangle = \widetilde{\Gamma} \text{ und } D \cap \widetilde{G} = I,$$

das heißt D ist ein Komplement von $\widetilde{G}$ in $\widetilde{\Gamma}$.
$\Delta(N) := \mathrm{Gal}(\overline{N}/N)$ operiert auf $\overline{G}$ durch Konjugation und liefert daher einen Homomorphismus

$$\varphi : \Delta(N) \to \mathrm{Aut}(G),\ \delta \mapsto \varphi_\delta = (\sigma \mapsto \delta^{-1}\sigma\delta).$$

Ist nun $\overline{N} = N^G_{\overline{\mathbf{S}}}(\underline{\sigma})$ mit $\underline{\sigma} \in \Sigma_g(\mathfrak{C}^*)$, so gilt für alle $\delta \in \Delta(N)$ nach § 1, Satz 2, $(\mathfrak{C}^*)^{\delta_{\overline{\mathbf{S}}}} = (\delta\mathfrak{C})^*$. Weil K nach der Bemerkung 2 in § 1 ein Definitionskörper von $V\overline{\mathbf{S}}$ ist mit $V \le \mathrm{Sym}^a(\mathfrak{C}^*)$, existiert ein $\omega \in V$ mit $(\delta\mathfrak{C})^* = (\omega\mathfrak{C})^*$, also ist $\varphi_\delta \in \mathrm{Aut}_{V\mathfrak{C}^*}(G)$. Nach der Bemerkung 1 ist nun noch $\mathrm{Kern}(\varphi) = \widetilde{\Delta}$, woraus schließlich folgt:

$$D \cong \Delta(N)/\widetilde{\Delta} \cong \varphi(\Delta(N)) \le \mathrm{Aut}_{V\mathfrak{C}^*}(G). \qquad \square$$

Aus diesem Beweis ergibt sich weiter:

Zusatz 1: Ist im Satz 1 der Körper K ein Definitionskörper von $V\overline{\mathbf{S}}$ (mit $V \le \mathrm{Sym}^a(\mathfrak{C}^*)$), so ist auch $D \le \mathrm{Aut}_{V\mathfrak{C}^*}(G)$ für dieses V.

Der Satz 1 liefert eine erste Abschätzung für den Grad eines eigentlichen Definitionskörpers K^i von $\overline{N}/\overline{K}$:

Folgerung 1: Es seien $\overline{K}/\overline{k}$ ein algebraischer Funktionenkörper der Charakteristik 0 mit einem algebraisch abgeschlossenen Konstantenkörper $\overline{k}$, $\overline{N}/\overline{K}$ eine außerhalb einer s-elementigen Menge $\overline{\mathbf{S}} \subseteq \mathbb{P}(\overline{K}/\overline{k})$ unverzweigte Galoiserweiterung mit der Verzweigungsstruktur $\mathfrak{C}^*$ und K ein Definitions körper von $\overline{N}/\overline{K}$ und $V\overline{\mathbf{S}}$ für eine Untergruppe $V \le S_s$. Dann gibt es einen über K galoisschen eigentlichen Definitionskörper K^i von $\overline{N}/\overline{K}$ mit

$$\mathrm{Gal}(K^i/K) \cong D \le \mathrm{Aut}_{V\mathfrak{C}^*}(G).$$

Beweis: Mit den Bezeichnungen im Beweis zum Satz 1 gilt wegen $\mathrm{Gal}(\overline{N}/\widetilde{N}) \le C_\Gamma(\overline{G})$

$$\mathrm{Gal}(\overline{N}/\widetilde{K}) = \mathrm{Gal}(\overline{N}/\overline{K}) \times \mathrm{Gal}(\overline{N}/\widetilde{N}).$$

Nach dem vorläufigen Rationalitätskriterium in Kap. I, § 5.2, ist $\widetilde{K}$ ein eigentlicher Definitionskörper von $\overline{N}/\overline{K}$. Auf Grund von

$$\mathrm{Gal}(\widetilde{K}/K) \cong \mathrm{Gal}(\widetilde{N}/N) = D$$

folgen somit die Behauptungen für $K^i = \widetilde{K}$ aus dem Satz 1 zusammen mit dem Zusatz 1. $\square$

Für die Körpererweiterungen mit einer abelschen Galoisgruppe aus dem Beispiel 1 in § 1 bekommt man aus der Folgerung 1 bereits eine sehr gute Abschätzung für den Grad eines eigentlichen Definitionskörpers.

Beispiel 1: Es sei G eine abelsche endliche Gruppe vom Exponenten n, $\underline{\sigma}$ ein s-Erzeugendensystem von G, $\bar{\mathbb{S}} \subseteq \mathbb{P}(\bar{\mathbb{Q}}(t)/\bar{\mathbb{Q}})$ eine s-elementige Menge $\mathrm{Gal}(\bar{\mathbb{Q}}(t)/\mathbb{Q}(t))$-invarianter Primdivisoren und $\bar{N} := N^G_{\bar{\mathbb{S}}}(\underline{\sigma})$. Dann ist, wie im Beispiel 1 des § 1 festgestellt wurde, $\mathbb{Q}(t)$ ein Definitionskörper von $\bar{N}/\bar{\mathbb{Q}}(t)$. Wegen

$$\mathrm{Aut}_{\mathbb{C}^*}(G) = \{\varphi_\nu \in \mathrm{Aut}(G) \mid \varphi_\nu = (\sigma \mapsto \sigma^\nu),\ \nu \in \mathbb{Z}_n^\times\}$$

gibt es einen eigentlichen Definitionskörper K^i von $\bar{N}/\bar{\mathbb{Q}}(t)$ mit $\mathrm{Gal}(K^i/\mathbb{Q}(t)) \leq \mathbb{Z}_n^\times$, insbesondere ist dann

$$(K^i:\mathbb{Q}(t)) \leq \varphi(n).$$

2. Ein Kriterium für eigentliche Definitionskörper

Ist im Beweis zum Satz 1 das Zentrum von G trivial, so gilt $C_\Gamma(\bar{G}) \cap \bar{G} = I$, und das Erzeugnis dieser beiden Untergruppen von Γ ist ein direktes Produkt:

$$\Gamma^i := \langle \bar{G}, C_\Gamma(\bar{G}) \rangle = \bar{G} \times C_\Gamma(\bar{G}).$$

Da der Fixkörper $K^i := \bar{N}^{\Gamma^i}$ von Γ^i als Konstantenerweiterung von K ein aufgeschlossener algebraischer Funktionenkörper ist, folgt aus dem Teil (b) des vorläufigen Rationalitätskriteriums, daß K^i der kleinste K umfassende eigentliche Definitionskörper von $\bar{N}/\bar{K}$ ist. Diese Argumentation soll in diesem und dem nächsten Abschnitt auf allgemeinere Klassen von Gruppen ausgedehnt werden:

Definition 2: Es seien $\bar{K}/\bar{k}$ ein algebraischer Funktionenkörper mit einem algebraisch abgeschlossenen Konstantenkörper $\bar{k}$ und $\bar{N}/\bar{K}$ eine Galoiserweiterung mit der Galoisgruppe $\bar{G}$. Ein Teilkörper K/k von $\bar{K}$ mit $\bar{k}K = \bar{K}$ heißt *zentral aufgeschlossen gegenüber* $\bar{N}/\bar{K}$, wenn es einen Primdivisor $\mathfrak{p} \in \mathbb{P}(K/k)$ gibt mit $d(\mathfrak{p}) = 1$, so daß das Zentrum $Z(\bar{G})$ von $\bar{G}$ im Normalisator $N_{\bar{G}}(\bar{T})$ der Trägheitsgruppe $\bar{T} := \bar{G}_T(\bar{\mathfrak{P}}/\bar{\mathfrak{p}})$ eines Teilers $\bar{\mathfrak{P}} \in \mathbb{P}(\bar{N}/\bar{k})$ von $\mathfrak{p}$ über $\bar{\mathfrak{p}} := \bar{\mathfrak{P}} \cap \bar{K}$ ein Komplement besitzt.
Ein Definitionskörper von $\bar{N}/\bar{K}$, der gegenüber $\bar{N}/\bar{K}$ zentral aufgeschlossen ist, wird ein *zentral aufgeschlossener Definitionskörper von* $\bar{N}/\bar{K}$ genannt.

Bemerkung 2: Ist $\overline{N}/\overline{K}$ eine Galoiserweiterung mit der Galoisgruppe $\overline{G}$ wie in der Definition 2 und besitzt $Z(\overline{G})$ in $\overline{G}$ ein Komplement, so ist jeder aufgeschlossene Definitionskörper von $\overline{N}/\overline{K}$ ein zentral aufgeschlossener Definitionskörper von $\overline{N}/\overline{K}$.

Beweis: Wenn $Z(\overline{G})$ ein Komplement in $\overline{G}$ besitzt, so ist $\overline{G}$ das direkte Produkt von $Z(\overline{G})$ mit einer Untergruppe $\overline{H}$ von $\overline{G}$:

$$\overline{G} = Z(\overline{G}) \times \overline{H}.$$

Dann ist auch jede $Z(\overline{G})$enthaltende Untergruppe $\overline{U}$ von $\overline{G}$ das direkte Produkt von $Z(\overline{G})$ mit dem Bild der Projektion $\pi_2(\overline{U})$ von $\overline{U}$ auf $\overline{H}$. Insbesondere besitzt $Z(\overline{G})$ ein direktes Komplement in $N_{\overline{G}}(\overline{G}_T(\overline{\mathfrak{P}}/\overline{\mathfrak{p}}))$. □

Nach der Bemerkung 2 sind also alle aufgeschlossenen Definitionskörper von Galoiserweiterungen $\overline{N}/\overline{K}$ mit nicht abelschen einfachen Gruppen oder mit abelschen Gruppen stets zentral aufgeschlossene Definitionskörper von $\overline{N}/\overline{K}$.

Mit dem Begriff eines zentral aufgeschlossenen Definitionskörpers erhält man nun ein einfaches Kriterium für eigentliche Definitionskörper von $\overline{N}/\overline{K}$:

Satz 2: (Kriterium für eigentliche Definitionskörper)
Es seien $\overline{K}/\overline{k}$ ein algebraischer Funktionenkörper der Charakteristik 0 mit einem algebraisch abgeschlossenen Konstantenkörper $\overline{k}$, $\overline{N}/\overline{K}$ eine Galoiserweiterung mit der Galoisgruppe $\overline{G}$ und K/k ein zentral aufgeschlossener Definitionskörper von $\overline{N}/\overline{K}$. Dann gilt: K/k ist genau dann ein eigentlicher Definitionskörper von $\overline{N}/\overline{K}$, wenn es eine reguläre Körpererweiterung N/K gibt mit $\overline{k}N = \overline{N}$, so daß jedes $\delta \in \mathrm{Aut}(\overline{N}/N)$ durch Konjugation in $\mathrm{Aut}(\overline{N}/K)$ als innerer Automorphismus auf $\overline{G}$ operiert.

Beweis: Nach dem vorläufigen Rationalitätskriterium im Kap. I, § 5.2, ist nur zu zeigen, daß K/k unter den genannten Voraussetzungen ein eigentlicher Definitionskörper von $\overline{N}/\overline{K}$ ist. Dabei kann wieder vorausgesetzt werden, daß $\overline{K}/K$ algebraisch ist und damit $\mathrm{Aut}(\overline{N}/N)$ und $\mathrm{Aut}(\overline{N}/K)$ Galoisgruppen sind.
Nach der Voraussetzung gibt es ein $\mathfrak{p} \in \mathbb{P}(K/k)$ mit $d(\mathfrak{p}) = 1$ und Teiler $\overline{\mathfrak{p}} \in \mathbb{P}(\overline{K}/k)$, $\overline{\mathfrak{P}} \in \mathbb{P}(\overline{N}/\overline{k})$ von $\mathfrak{p}$, so daß $Z(\overline{G})$ im Normalisator in $\overline{G}$ der Trägheitsgruppe $\overline{T} := \overline{G}_T(\overline{\mathfrak{P}}/\overline{\mathfrak{p}})$ ein Komplement besitzt. Sind nun $\overline{\mathfrak{S}} \subseteq \mathbb{P}(\overline{K}/\overline{k})$ die Menge der in $\overline{N}/\overline{K}$ verzweigten Primdivisoren, $\overline{M} := M_{\overline{\mathfrak{S}}}(\overline{K})$ und $\overline{\mathfrak{P}} \in \mathbb{P}(\overline{M}/\overline{k})$ ein $\overline{\mathfrak{P}}$ umfassendes Bewertungsideal, so besitzt nach dem Zusatz 1 im Kap. I, § 5, $\overline{\Pi} := \mathrm{Gal}(\overline{M}/\overline{K})$ in $\Pi := \mathrm{Gal}(\overline{M}/K)$ ein abgeschlossenes Komplement Δ°

innerhalb der Zerlegungsgruppe $\Pi_Z(\tilde{\mathfrak{P}}/\mathfrak{p})$. Da $\bar{N}/K$ galoissch ist, die Galoisgruppe werde wieder mit Γ bezeichnet, ist $\bar{\Psi} := \mathrm{Gal}(\bar{M}/\bar{N})$ ein abgeschlossener Normalteiler von Π, und das Erzeugnis Ψ von $\bar{\Psi}$ und Δ° ist ein semidirektes Produkt: $\Psi = \bar{\Psi} \rtimes \Delta^\circ$. Der Fixkörper $N^\circ := \bar{M}^\Psi$ von Ψ ist dann ein regulärer Erweiterungskörper von K, für den überdies $\bar{k}N^\circ = \bar{N}$ gilt. Wegen

$$\Gamma_Z(\bar{\mathfrak{P}}/\mathfrak{p}) = \langle \Pi_Z(\tilde{\mathfrak{P}}/\mathfrak{p}), \bar{\Psi}\rangle/\bar{\Psi},$$

dies folgt sofort aus der Definition der Zerlegungsgruppe, umfaßt N° den Zerlegungskörper $\bar{N}_Z(\bar{\mathfrak{P}}/\mathfrak{p})$. Damit ist $\Delta(N^\circ) := \mathrm{Gal}(\bar{N}/N^\circ)$ nach dem Satz A(b) im Kap. I, § 4, eine Untergruppe des Normalisators von $\Gamma_T(\bar{\mathfrak{P}}/\mathfrak{p}) = \bar{T}$ in Γ. Da jedes $\delta \in \Delta(N^\circ)$ auf $\bar{G}$ als innerer Automorphismus operiert, dies gilt sogar für jedes $\gamma \in \Gamma$, kann von jetzt an ohne Beschränkung der Allgemeinheit zusätzlich die Gültigkeit von

$$\Delta(N) \le \Theta := N_\Gamma(\bar{T})$$

vorausgesetzt werden.

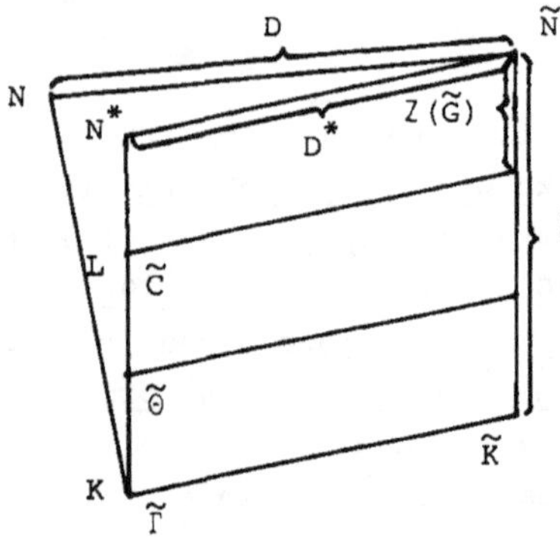

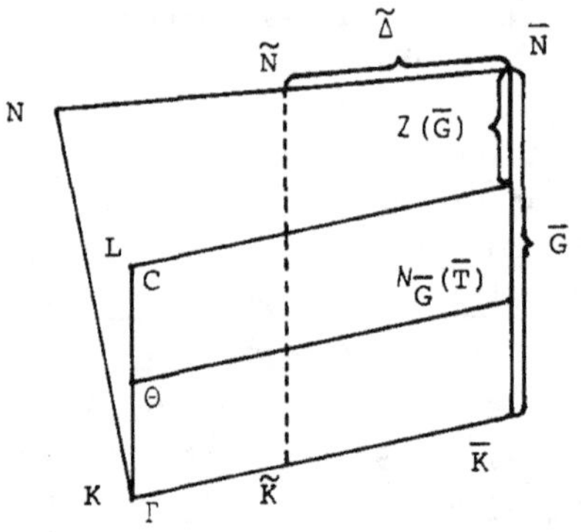

Nun seien wieder $\tilde{N}$ die galoissche Hülle von N/K, $\tilde{k}$ die algebraisch abgeschlossene Hülle von k in $\tilde{N}$ und $\tilde{K} := \tilde{k}K$. Dann ist

$$\tilde{\Gamma} := \mathrm{Gal}(\tilde{N}/K) = \tilde{G} \rtimes D$$

mit $\tilde{G} := \mathrm{Gal}(\tilde{N}/\tilde{K}) \cong \bar{G}$ und $D := \mathrm{Gal}(\tilde{N}/N)$. Nach der Bemerkung 1 ist

$$\tilde{\Delta} := \mathrm{Gal}(\bar{N}/\tilde{N}) = \Delta(N) \cap C_\Gamma(\bar{G}),$$

folglich operiert nur das Einselement von $D = \Delta(N)/\tilde{\Delta}$ durch Konjugation in $\tilde{\Gamma}$ trivial auf $\tilde{G} = \langle\bar{G},\tilde{\Delta}\rangle/\tilde{\Delta}$, und $\tilde{\Gamma}$ ist eine Untergruppe des Holomorphs von $\tilde{G}$. Der Fixkörper L des Zentralisators $C := C_\Gamma(\bar{G})$ ist nach obigem ein Teilkörper von $\tilde{N}$ und wegen $\langle \bar{G}, C\rangle = \Gamma$ auch ein regulärer Erweiterungskörper von K. Für $\tilde{C} := \mathrm{Gal}(\tilde{N}/L)$ gilt

$$\tilde{C} = C/\tilde{\Delta} = C_\Gamma(\bar{G})/\tilde{\Delta} = C_{\tilde{\Gamma}}(\tilde{G}),$$

insbesondere ist $\tilde{C}$ isomorph zu einer Untergruppe des Zentralisators von $\tilde{G}$ im Holomorph von $\tilde{G}$, die zudem $Z(\tilde{G})$ enthält. Nach einem Satz von Jordan (siehe etwa Zassenhaus [1958], Chap. II, § 4, Th. 5) ist damit $\tilde{C}$ isomorph zu einer $Z(\tilde{G})$ umfassenden Untergruppe $\tilde{U}$ von $\tilde{G}$, deren Elemente durch Konjugation auf $\tilde{G}$ wie Elemente von D operieren. Wegen $\langle\tilde{C}, D\rangle \le \tilde{\Theta} := \Theta/\tilde{\Delta}$ gilt weiter

$$\tilde{C} \cong \tilde{U} \le \tilde{\Theta} \cap \tilde{G} \cong \Theta \cap \bar{G} = N_{\bar{G}}(\bar{T}).$$

Nach der Voraussetzung besitzt $Z(\bar{G})$ ein Komplement in $N_{\bar{G}}(\bar{T})$ und damit auch in jeder $Z(\bar{G})$ enthaltenden Untergruppe von $N_{\bar{G}}(\bar{T})$. Folglich besitzt auch $Z(\tilde{G})$ ein direktes Komplement D^* in $\tilde{C}$, und $\tilde{\Gamma}$ ist das direkte Produkt von $\tilde{G}$ mit D^*:

$$\tilde{\Gamma} = \tilde{G} \times D^*.$$

Der Fixkörper N^* von D^* ist dann ein regulärer und galoisscher Erweiterungskörper von K mit $\tilde{k}N^* = \tilde{N}$ und $\bar{k}N^* = \bar{N}$, woraus folgt, daß K ein eigentlicher Definitionskörper von $\bar{N}/\bar{K}$ ist. □

3. Anwendung des Kriteriums auf die galoissche Hülle von N/K

Mit dem Kriterium für eigentliche Definitionskörper läßt sich die in der Folgerung 1 angegebene Gradabschätzung $|\mathrm{Aut}_{V\mathfrak{C}^*}(G)|$ eines eigentlichen Definitionskörpers von $\bar{N}/\bar{K}$ über einem Definitionskörper von $\bar{N}/\bar{K}$ durch $|\mathrm{Out}_{V\mathfrak{C}^*}(G)|$ ersetzen.

Satz 3: Es seien $\bar{K}/\bar{k}$ ein algebraischer Funktionenkörper der Charakteristik 0 mit einem algebraisch abgeschlossenen Konstantenkörper $\bar{k}$, $\bar{N}/\bar{K}$ eine außerhalb einer s-elementigen Menge $\bar{\mathfrak{S}} \subseteq \mathbb{P}(\bar{K}/\bar{k})$ unverzweigte Galoiserweiterung mit einer zu G isomorphen Galoisgruppe und mit der Verzweigungsstruktur $\mathfrak{C}^*$ und K/k ein zentral aufgeschlossener Definitionskörper von $\bar{N}/\bar{K}$, der noch ein Definitionskörper von $V\bar{\mathfrak{S}}$ für $V \le \mathrm{Sym}^a(\mathfrak{C}^*)$ ist. Dann gibt es einen über K galoisschen eigentlichen Definitionskörper K^i von $\bar{N}/\bar{K}$ mit

$$\mathrm{Gal}(K^i/K) \cong \bar{D} \le \mathrm{Out}_{V\mathfrak{C}^*}(G).$$

Beweis: Nach der Voraussetzung gibt es eine reguläre Körpererweiterung N/K mit $\bar{k}N = \bar{N}$. Bezeichnet man die Gruppe der Elemente von $\Gamma := \mathrm{Gal}(\bar{N}/K)$, die auf $\bar{G} := \mathrm{Gal}(\bar{N}/\bar{K})$ durch Konjugation als innere Automorphismen operieren mit Γ^i, so ist Γ^i ein Normalteiler von Γ, und der Fixkörper K^i von Γ^i ist eine galoissche Konstantenerweiterung von K, insbesondere ist auch K^i ein zentral aufgeschlossener Definitionskörper von $\bar{N}/\bar{K}$ und ein Definitionskörper von $V\mathfrak{S}$. Der Fixkörper N^i von $\tilde{\Delta}^i := \Gamma^i \cap \Delta(N)$ mit $\Delta(N) := \mathrm{Gal}(\bar{N}/N)$ ist wegen $\Gamma^i = \bar{G} \rtimes \tilde{\Delta}^i$ ein regulärer Erweiterungskörper von K^i mit $\bar{k}N^i = \bar{N}$. Also ist K^i nach dem Satz 2 ein eigentlicher Definitionskörper von $\bar{N}/\bar{K}$, und es gilt nach dem Satz 1 mit dem Zusatz 1:

$$\mathrm{Gal}(K^i/K) \cong \mathrm{Gal}(N^i/N) = \Delta(N)/\tilde{\Delta}^i \cong$$
$$\langle D, \mathrm{Inn}(G)\rangle/\mathrm{Inn}(G) \le \mathrm{Aut}_{V\mathfrak{C}^*}(G)/\mathrm{Inn}(G) = \mathrm{Out}_{V\mathfrak{C}^*}(G). \quad \Box$$

Für Gruppen G mit einem trivialen Zentrum ist der im Beweis des Satzes 3 konstruierte Körper N^i über K galoissch, genauer gilt der

Zusatz 2: Gilt neben den Voraussetzungen zum Satz 3 noch $Z(G) = I$, so gibt es eine Galoiserweiterung N^i/K mit $\bar{k}N^i = \bar{N}$ und

$$\mathrm{Gal}(N^i/K) \le \mathrm{Aut}_{V\mathfrak{C}^*}(G).$$

Beweis: Die galoissche Hülle von N/K werde wieder mit $\tilde{N}$ bezeichnet, weiter seien $\tilde{k}$ die algebraisch abgeschlossene Hülle von k in $\tilde{N}$, $\tilde{K} := \tilde{k}K$ und $\tilde{G} := \mathrm{Gal}(\tilde{N}/\tilde{K}) \cong G$. Dann ist $\tilde{\Gamma} := \mathrm{Gal}(\tilde{N}/K)$ isomorph zu einer Untergruppe des Holomorphs von G. Wegen $Z(G) = I$ ist der Fixkörper N^i von $C_{\tilde{\Gamma}}(\tilde{G})$ ein galoisscher Erweiterungskörper von K mit $\tilde{k}N^i = \tilde{N}$, dessen Galoisgruppe $\mathrm{Gal}(N^i/K)$ nach dem Satz 3 isomorph zu einer Untergruppe von $\mathrm{Aut}_{V\mathfrak{C}^*}(G)$ ist. $\Box$

Zusammen mit der Folgerung 2 des letzten Paragraphen erhält man hieraus die

Folgerung 2: Besitzt eine endliche Gruppe G mit $Z(G) = I$ eine Verzweigungsstruktur $\mathfrak{C}^*$ mit $\ell^a(\mathfrak{C}^*) = 1$, so gibt es eine Galoiserweiterung $N^i/\mathbb{Q}(t)$ mit

$$\mathrm{Gal}(N^i/\mathbb{Q}(t)) \le \mathrm{Aut}_{\mathfrak{C}^*}(G) \text{ und } \mathrm{Gal}(\bar{\mathbb{Q}}N^i/\bar{\mathbb{Q}}(t)) \cong G.$$

Beweis: Nach der Folgerung 2 in § 1 existiert eine reguläre Körpererweiterung $N/\mathbb{Q}(t)$, so daß $\bar{N} := \bar{\mathbb{Q}}N$ über $\bar{\mathbb{Q}}(t)$ galoissch ist mit einer zu G isomorphen Galoisgruppe und $\bar{N}/\bar{\mathbb{Q}}(t)$ die Verzweigungsstruktur $\mathfrak{C}^*$ besitzt. Bezeichnet $\bar{\mathbb{S}} \subseteq \mathbb{P}(\bar{\mathbb{Q}}(t)/\bar{\mathbb{Q}})$ die Menge der in $\bar{N}/\bar{\mathbb{Q}}(t)$ verzweigten Primdivisoren, so kann zusätzlich vorausgesetzt werden, daß $\mathbb{Q}(t)$ ein Definitionskörper von $I\bar{\mathbb{S}}$ ist. Wegen $Z(G) = I$ ist $\mathbb{Q}(t)$ nach der Bemerkung 2 ein zentral aufgeschlossener Definitionskörper von $\bar{N}/\bar{\mathbb{Q}}(t)$. Damit folgt die Behauptung aus dem Zusatz 2 mit $K = \mathbb{Q}(t)$ und $V = I$. □

Mit Hilfe dieser Folgerung wird jetzt das zweite Beispiel in § 1 wieder aufgegriffen:

Beispiel 2: Nach der Bemerkung 3 in § 1 gilt $\ell^a(\mathbb{C}^*) = 1$ für die Verzweigungsstruktur $\mathbb{C}^* = (2A,3A,pA)^*$ der Gruppe $G = PSL_2(\mathbb{F}_p)$. In § 1, Folgerung 3, wurde gezeigt, daß es eine eindeutig bestimmte in $\hat{\mathbb{S}} = \{\hat{\mathfrak{p}}_{j-1728}, \hat{\mathfrak{p}}_j, \hat{\mathfrak{p}}_{\frac{1}{j}}\}$ verzweigte Galoiserweiterung $\hat{N}/\mathbb{C}(j)$ gibt mit einer zu G isomorphen Galoisgruppe und mit der Verzweigungsstruktur $\mathbb{C}^*$, nämlich den Körper der Modulfunktionen p-ter Stufe. Nach der Folgerung 2 existiert eine Galoiserweiterung $N^i/\mathbb{Q}(j)$ mit $\mathbb{C}N^i = \hat{N}$ und

$$\mathrm{Gal}(N^i/\mathbb{Q}(j)) \leq \mathrm{Aut}(G) \cong PGL_2(\mathbb{F}_p).$$

Also besitzt der Körper der Modulfunktionen p-ter Stufe $\hat{N}/\mathbb{C}(j)$ einen eigentlichen Definitionskörper K^i mit

$$(K^i:\mathbb{Q}(j)) \leq 2.$$

4. Eine Gradabschätzung für eigentliche Definitionskörper

Ist K ein eigentlicher Definitionskörper einer außerhalb $\bar{\mathbb{S}} \subseteq \mathbb{P}(\bar{K}/\bar{k})$ unverzweigten Galoiserweiterung $\bar{N}/\bar{K}$ mit einer zu G isomorphen Galoisgruppe $\bar{G}$, so operiert jedes $\gamma \in \mathrm{Gal}(\bar{N}/K)$ durch Konjugation als innerer Automorphismus von $\bar{G}$. Daher ist es naheliegend, den Grad eines eigentlichen Definitionskörpers von $\bar{N}/\bar{K}$ über einem Definitionskörper von $\bar{\mathbb{S}}$ durch eine Klassenzahl modulo Inn(G) von Erzeugendensystemen von G abzuschätzen. Dem wird aber noch ein Vergleich der Erzeugendensystemklassenzahlen modulo Aut(G) und modulo Inn(G) vorangestellt.

Bemerkung 3: *Sind G eine endliche Gruppe, $\mathbb{C}$ eine Klassenstruktur von G, $\mathbb{C}^*$ die von $\mathbb{C}$ aufgespannte Verzweigungsstruktur und g eine nichtnegative ganze Zahl, dann gilt für $\mathbb{C}^\circ \in \{\mathbb{C},\mathbb{C}^*\}$:*

$$\ell^i_g(\mathbb{C}^\circ) = a(\mathbb{C}^\circ)\ell^a_g(\mathbb{C}^\circ) \text{ mit } a(\mathbb{C}^\circ) := |\mathrm{Out}_{\mathbb{C}^\circ}(G)|.$$

Beweis: Jedes $\varphi \in \mathrm{Aut}_{\mathbb{C}^\circ}(G)$, das eine Erzeugendensystemklasse $[\underline{\sigma}] \in \Sigma^i_g(\mathbb{C}^\circ)$ auf sich abbildet, bildet das Erzeugendensystem $\underline{\sigma}$ auf ein zu $\underline{\sigma}$ in G konjugiertes Erzeugendensystem $\underline{\sigma}^{\varphi}$ ab und ist daher ein innerer Automorphismus von G. Folglich besteht

$$\{[\sigma]^{\varphi} \mid \varphi \in \mathrm{Aut}_{\mathfrak{C}^{\circ}}(G)\}$$

aus genau $a(\mathfrak{C}^{\circ})$ Erzeugendensystemklassen in $\Sigma_g^i(\mathfrak{C}^{\circ})$. □

Damit läßt sich $\ell_g^i(\mathfrak{C}^*)$ sofort aus $\ell_g^a(\mathfrak{C}^*)$ berechnen und umgekehrt. Der angekündigte Satz lautet nun:

Satz 4: *Es seien $\overline{K}/\overline{k}$ ein algebraischer Funktionenkörper der Charakteristik 0 vom Geschlecht g mit einem algebraisch abgeschlossenen Konstantenkörper $\overline{k}$, $\overline{N}/\overline{K}$ eine außerhalb $\mathfrak{S} \subseteq \mathbb{P}(\overline{K}/\overline{k})$ unverzweigte Galoiserweiterung mit einer zu G isomorphen Galoisgruppe und mit der Verzweigungsstruktur $\mathfrak{C}^*$, etwa $\overline{N} = N_{\mathfrak{S}}^G(\underline{\sigma})$ für ein $\underline{\sigma} \in \Sigma_g(\mathfrak{C}^*)$, sowie K ein Definitionskörper von $V\overline{\mathfrak{S}}$ mit $V \le \mathrm{Sym}(\mathfrak{C}^*)$, der gegenüber $\overline{N}/\overline{K}$ zentral aufgeschlossen ist. Dann ist der Fixkörper $K_{\underline{\sigma}}^i$ von*

$$\Delta_{\underline{\sigma}}^i := \{\delta \in \mathrm{Gal}(\overline{K}/K) \mid [\underline{\sigma}]^{\delta} = [\underline{\sigma}]\}$$

ein eigentlicher Definitionskörper von $\overline{N}/\overline{K}$, und es gilt

$$(K_{\underline{\sigma}}^i : K) \le \ell_g^i(\mathfrak{C}^*).$$

Beweis: Da K ein Definitionskörper von $V\overline{\mathfrak{S}}$ ist und $V \le \mathrm{Sym}(\mathfrak{C}^*)$ gilt, permutiert nach § 1, Satz 2, jedes $\delta \in \Delta(K) := \mathrm{Gal}(\overline{K}/K)$ die Erzeugendensystemklassen in $\Sigma_g^i(\mathfrak{C}^*)$. Folglich ist

$$(K_{\underline{\sigma}}^i : K) = (\Delta(K) : \Delta_{\underline{\sigma}}^i) \le |\Sigma_g^i(\mathfrak{C}^*)| = \ell_g^i(\mathfrak{C}^*).$$

Als Konstantenerweiterung von K ist $K_{\underline{\sigma}}^i$ wie K ein gegenüber $\overline{N}/\overline{K}$ zentral aufgeschlossener Definitionskörper von $V\overline{\mathfrak{S}}$. Wegen $\Delta_{\underline{\sigma}}^i \le \Delta_{\underline{\sigma}}^a$ folgt aus § 1, Satz 3, daß $K_{\underline{\sigma}}^i$ ein Definitionskörper von $\overline{N}/\overline{K}$ ist, insgesamt ist also $K_{\underline{\sigma}}^i$ ein zentral aufgeschlossener Definitionskörper von $\overline{N}/\overline{K}$. Insbesondere ist auch $\overline{N}/K_{\underline{\sigma}}^i$ eine Galoiserweiterung, deren Galoisgruppe Γ^i sei. Wegen $[\underline{\sigma}]^{\delta} = [\underline{\sigma}]$ bildet jede Fortsetzung $\tilde{\delta}$ von $\delta \in \Delta_{\underline{\sigma}}^i$ auf $\overline{M} := M_{\overline{\mathfrak{S}}}(\overline{K})$ über die Permutationsdarstellung $\tilde{d}_G$ in § 1.2 das Erzeugendensystem $\underline{\sigma}$ auf ein zu $\underline{\sigma}$ konjugiertes Erzeugendensystem $\underline{\sigma}^{\tilde{\delta}}$ ab. Damit operiert $\tilde{\delta}$ als ein innerer Automorphismus $\varphi_{\tilde{\delta}}$ auf G. Verwendet man nun den Isomorphismus ε_{ψ} von G auf $\overline{G} := \mathrm{Gal}(\overline{N}/\overline{K})$ aus § 1.2, so gilt für $\overline{\underline{\sigma}} := \underline{\sigma}^{\varepsilon_{\psi}}$

$$\underline{\sigma}^{\varepsilon_\psi^{-1}\varphi_{\tilde{\delta}}\varepsilon_\psi} = \underline{\sigma}^{\overline{\varphi}_{\delta}},$$

wobei $\overline{\varphi}_{\delta}$ nach der Definition von ε_ψ derjenige Automorphismus von $\overline{G}$ ist, der durch Konjugation mit $\overline{\delta} := \delta|_{\overline{N}}$ auf $\overline{G}$ entsteht. Weil nun auch $\underline{\sigma}^{\varphi_\delta} = \underline{\sigma}^{\overline{\delta}}$ in $\overline{G}$ zu $\underline{\sigma}$ konjugiert ist, operiert $\overline{\delta}$ und dann auch jedes $\gamma \in \Gamma^i$ durch Konjugation als innerer Automorphismus auf $\overline{G}$. Damit folgt aus dem Satz 2, daß $K^i_{\underline{\sigma}}$ ein eigentlicher Definitionskörper von $\overline{N}/\overline{K}$ ist. □

Geht man nun wieder von der Gruppe G aus statt von der Galoiserweiterung $\overline{N}/\overline{K}$, so bekommt man die folgende Version des Satzes 4:

<u>Folgerung 3:</u> <u>Es seien</u> G <u>eine endliche Gruppe, deren Zentrum ein Komplement in</u> G <u>besitzt,</u> $\mathfrak{C}^* = (C_1,\ldots,C_s)^*$ <u>eine Verzweigungsstruktur von</u> G <u>mit</u> $\ell^i_g(\mathfrak{C}^*) > 0$, $\overline{K}/\overline{k}$ <u>ein algebraischer Funktionenkörper der Charakteristik</u> 0 <u>vom Geschlecht</u> g <u>mit einem algebraisch abgeschlossenen Konstantenkörper</u> $\overline{k}$, $\overline{\mathfrak{S}}$ <u>eine</u> s-<u>elementige Teilmenge von</u> $\mathbb{P}(\overline{K}/\overline{k})$ <u>und</u> K/k <u>ein aufgeschlossener Definitionskörper von</u> $V\overline{\mathfrak{S}}$ <u>für</u> $V \le \mathrm{Sym}(\mathfrak{C}^*)$. <u>Dann gibt es eine Konstantenerweiterung</u> K^i/K <u>vom Grad</u>

$$(K^i:K) \le \ell^i_g(\mathfrak{C}^*)$$

<u>und eine reguläre Galoiserweiterung</u> N^i/K^i <u>mit</u>

$$\mathrm{Gal}(N^i/K^i) \cong G.$$

<u>Beweis:</u> Nach der Hurwitzklassifikation existiert eine außerhalb $\overline{\mathfrak{S}}$ unverzweigte Galoiserweiterung $\overline{N} := N^G_{\overline{\mathfrak{S}}}(\underline{\sigma})$ von $\overline{K}$ mit $\underline{\sigma} \in \Sigma_g(\mathfrak{C}^*)$. Aus dem Beweis zum Satz 4 ergibt sich, daß $K^i_{\underline{\sigma}}$ ein aufgeschlossener Definitionskörper von $\overline{N}/\overline{K}$ und $V\overline{\mathfrak{S}}$ ist. Weil $Z(G)$ ein Komplement in G besitzt, ist $K^i_{\underline{\sigma}}$ auch zentral aufgeschlossen gegenüber $\overline{N}/\overline{K}$. Damit folgt aus dem Satz 4, daß $K^i_{\underline{\sigma}}$ ein eigentlicher Definitionskörper von $\overline{N}/\overline{K}$ ist, und die Folgerung 3 ist für $K^i := K^i_{\underline{\sigma}}$ bewiesen. □

Für die Anwendung besonders reizvoll wird diese Folgerung, wenn man noch g = 0 und $\ell^i(\mathfrak{C}^*) = 1$ voraussetzt:

<u>Folgerung 4:</u> <u>Besitzt eine endliche Gruppe</u> G, <u>deren Zentrum ein Komplement in</u> G <u>hat, eine Verzweigungsstruktur</u> $\mathfrak{C}^* = (C_1,\ldots,C_s)^*$ <u>mit</u> $\ell^i(\mathfrak{C}^*)=1$, <u>so gibt es für jede Teilmenge</u> $\mathfrak{S} = \{\mathfrak{p}_1,\ldots,\mathfrak{p}_s\}$ <u>von</u> $\mathbb{P}(\mathbb{Q}(t)/\mathbb{Q})$ <u>mit</u> $d(\mathfrak{p}_j)=1$ <u>eine außerhalb</u> $\mathfrak{S}$ <u>unverzweigte reguläre Galoiserweiterung</u> $N/\mathbb{Q}(t)$ <u>mit</u>

$$\mathrm{Gal}(N/\mathbb{Q}(t)) \cong G.$$

und mit der Verzweigungsstruktur $\mathbb{C}^*$ *(von* $\bar{\mathbb{Q}}N/\bar{\mathbb{Q}}(t)$*). Diese ist durch G,* $\mathbf{S}$ *und* $\mathbb{C}^*$ *eindeutig bestimmt, wenn* $Z(G) = I$ *ist.*

Beweis: Diese Folgerung ergibt sich aus der vorangehenden mit $K = \mathbb{Q}(t)$. Dabei ist im Fall $Z(G) = I$ nach der Hurwitzklassifikation und dem Zusatz 2 der Körper $N = N^i$ als Fixkörper des Zentralisators C von $\bar{G} = Gal(\bar{N}/\bar{\mathbb{Q}}(t))$ in $\Gamma = Gal(\bar{N}/\mathbb{Q}(t))$ durch G, $\mathbf{S}$ und $\mathbb{C}^*$ eindeutig bestimmt.

□

Aus der Folgerung 3 erhält man auch sofort die in den Beispielen 1 und 2 angegebenen Abschätzungen für den Grad eigentlicher Definitionskörper über $\mathbb{Q}(t)$ bzw. $\mathbb{Q}(j)$. Im Beispiel 1 ist nämlich $\ell^i(\mathbb{C}^*) = \varphi(n)$ nach § 1, Beispiel 1; im Beispiel 2 ist $\ell^i(\mathbb{C}^*) = 2$ nach § 1.4.

§ 3 Trinomische Polynome

Als erstes Anwendungsbeispiel für die Sätze des letzten Paragraphen werden die symmetrischen Gruppen S_m vorgeführt. Da diese eine Verzweigungsstruktur mit der Erzeugendensystemklassenzahl 1 besitzen, kommen die Gruppen S_m als Galoisgruppen regulärer Körpererweiterungen $N/\mathbb{Q}(t)$ vor. Die Fixkörper der alternierenden Gruppen A_m sind rationale Funktionenkörper $N^{A_m} = \mathbb{Q}(y)$, so daß auch die Gruppen A_m als Galoisgruppen regulärer Körpererweiterungen über $\mathbb{Q}(y)$ realisierbar sind. Dasselbe gilt auch für die Fixkörper einiger weiterer transitiver Untergruppen der S_5 und S_6. Erzeugende Polynome für $N/\mathbb{Q}(t)$ werden berechnet; diese stellen sich als in einem gewissen Sinn universelle trinomische Polynome heraus. Durch Spezialisierung erhält man dann auch trinomische Polynome mit den Gruppen A_m, den Frobeniusgruppen vom Grad 5 sowie einigen Untergruppen der S_6.

1. Polynome mit der Galoisgruppe S_m

Bekanntlich sind in den Gruppen S_m, deren Verknüpfung umgekehrt zum Abbildungsprodukt definiert sei, alle Elemente vom selben Permutationstyp konjugiert. Die Konjugiertenklasse der Transpositionen wird mit 2A, die Konjugiertenklassen der (m-1)-Zyklen bzw. m-Zyklen werden mit (m-1)A bzw. mA bezeichnet.

__Bemerkung 1:__ __Für die Verzweigungsstruktur__ $\mathbf{C}^* = (2A,(m-1)A,mA)^*$ __der Gruppe__ S_m __mit__ $m \ge 3$ __gilt__ $\ell^i(\mathbf{C}^*) = 1$.

__Beweis:__ Da alle (m-1)-Zyklen bzw. m-Zyklen in der Gruppe S_m konjugiert sind, stimmt die von $\mathbf{C} = (2A,(m-1)A,mA)$ aufgespannte Verzweigungsstruktur $\mathbf{C}^*$ mit $\mathbf{C}$ überein. Nun werden geeignete Repräsentanten $\underline{\sigma}=(\sigma_2,\sigma_{m-1},\sigma_m)$ der Erzeugendensystemklassen in $\Sigma^i(\mathbf{C})$ bestimmt. Zunächst kann $\sigma_m=(1\ldots m)$ gewählt werden. Die Tranposition $\sigma_2 = (ij)$ kann wegen

$$\sigma_m^{i-1}\sigma_2\sigma_m^{1-i} = (1\ \ j+1-i),\quad \sigma_m^{j-1}\sigma_2\sigma_m^{1-j} = (1\ \ i+1-j)$$

in $[\underline{\sigma}]$ durch Konjugation mit einem Element aus $C_{S_m}(\sigma_m)$ zu $\sigma_2 = (1k)$ mit $2 \le k \le \frac{m}{2} + 1$ abgeändert werden. Nun ist

$$\sigma_m\sigma_2 = (1\ldots m)(1k) = (1\ldots k-1)(k\ldots m)$$

genau dann ein Element der Ordnung m-1, wenn k = 2 ist; also sind $\sigma_2 = (12)$ und $\sigma_{m-1} = (2...m)^{-1}$. Wegen $S_m = \langle\sigma_2,\sigma_m\rangle$ ist $(\sigma_2,\sigma_{m-1},\sigma_m)$ ein 3-Erzeugendensystem der S_m, und $[\sigma_2,\sigma_{m-1},\sigma_m]$ ist die einzige Erzeugendensystemklasse in $\Sigma^i(\mathbf{C}) = \Sigma^i(\mathbf{C}^*)$. □

Die Bemerkung 1 liefert ein erstes Anwendungsbeispiel für die Folgerung 4 des letzten Paragraphen.

Folgerung 1: Zu vorgegebenem $\mathbf{S} = \{\mathfrak{p}_1,\mathfrak{p}_2,\mathfrak{p}_3\} \subseteq \mathbb{P}(\mathbb{Q}(t)/\mathbb{Q})$ mit $d(\mathfrak{p}_j) = 1$ gibt es für $m \geq 3$ genau eine außerhalb $\mathbf{S}$ unverzweigte reguläre Galoiserweiterung $N/\mathbb{Q}(t)$ mit der Galoisgruppe S_m und der Verzweigungsstruktur $(2A,(m-1)A,mA)^*$ (von $\bar{\mathbb{Q}}N/\bar{\mathbb{Q}}(t)$).

Beweis: Existenz und Eindeutigkeit von $N/\mathbb{Q}(t)$ ergeben sich aus der Folgerung 4 in § 2, da für $m \geq 3$ das Zentrum von S_m trivial ist. □

Nun soll ein Polynom $f(t,X) \in \mathbb{Q}(t)[X]$ konstruiert werden, dessen Nullstellen den Körper N über $\mathbb{Q}(t)$ erzeugen. Hierzu genügt es, das Minimalpolynom eines primitiven Elements x des Fixkörpers $L := N^{S_{m-1}}$ von $S_{m-1} \leq S_m$ über $\mathbb{Q}(t)$ zu berechnen. Zunächst wird die Menge $\mathbf{S} = \{\mathfrak{p}_1,\mathfrak{p}_\infty,\mathfrak{p}_0\}$ als (geordnete) Menge der Zähler- und Nennerdivisoren von t und t-1 fixiert:

$$(t) = \frac{\mathfrak{p}_0}{\mathfrak{p}_\infty}, \quad (t-1) = \frac{\mathfrak{p}_1}{\mathfrak{p}_\infty}.$$

Der Körper $\bar{N} := \bar{\mathbb{Q}}N$ ist dann ein außerhalb $\bar{\mathbf{S}} = \{\bar{\mathfrak{p}}_1,\bar{\mathfrak{p}}_\infty,\bar{\mathfrak{p}}_0\}$ unverzweigter Erweiterungskörper von $\bar{\mathbb{Q}}(t)$, wobei die $\bar{\mathfrak{p}}_i \in \mathbb{P}(\bar{\mathbb{Q}}(t)/\bar{\mathbb{Q}})$ durch $\bar{\mathfrak{p}}_i/\mathfrak{p}_i$ definiert sind, und besitzt die Verzweigungsstruktur $\mathbf{C}^*$. Daher können für $j = 2,m-1,m$ die Bilder $\bar{\sigma}_j := \varepsilon_\psi(\sigma_j)$ in $\bar{G} := \mathrm{Gal}(\bar{N}/\bar{\mathbb{Q}}(t))$ unter dem Isomorphismus ε_ψ aus § 1.2 als Erzeugende von Trägheitsgruppen $\bar{\mathfrak{p}}_i$ teilender Primdivisoren von $\bar{N}/\bar{\mathbb{Q}}$ gewählt werden. Nun ist die natürliche Permutationsdarstellung der Gruppe S_m äquivalent zur Permutationsdarstellung von S_m auf den Nebenklassen der Untergruppe S_{m-1} und damit auch zur Galoisgruppe Gal(f) des sowohl $\bar{N}/\bar{\mathbb{Q}}(t)$ wie auch $N/\mathbb{Q}(t)$ als Zerfällungskörper erzeugenden Polynoms $f(t,X)$ (siehe Anhang A., Bemerkung 1). Mit Hilfe des folgenden Spezialfalles des Satzes 1 im Anhang A. dieses Kapitels läßt sich die Zerlegung der Primdivisoren $\mathfrak{p}_1,\mathfrak{p}_\infty,\mathfrak{p}_0$ in dem von einer Nullstelle von $f(t,X)$ über $\mathbb{Q}(t)$ erzeugten Körper L bestimmen. Ein solcher Körper wird künftig als ein *Stammkörper von* $f(t,X)$ bezeichnet.

Satz A: Es seien K/k ein algebraischer Funktionenkörper, L/l eine separable endlich algebraische Körpererweiterung von K/k, f(X) das Minimalpolynom eines primitiven Elements x von L/K und N/n der Zerfällungskörper von f(X) über K mit der zu Gal(f) isomorphen Galoisgruppe G. Weiter seien $\mathfrak{p} \in \mathbb{P}(K/k)$, $\tilde{\mathfrak{P}} \in \mathbb{P}(N/n)$ ein Teiler von $\mathfrak{p}$ und die Restklassenkörpererweiterung von $\tilde{\mathfrak{P}}$ über $\mathfrak{p}$ separabel. Zerfällt dann die Menge der Nullstellen $\{x_1,\ldots,x_m\}$ von f(X) unter der Operation der Zerlegungsgruppe $G_Z(\tilde{\mathfrak{P}}/\mathfrak{p})$, aufgefaßt als Untergruppe von Gal(f), in r Bahnen $B_1,\ldots$ $\ldots,B_r$ und B_j unter der Operation von $G_T(\tilde{\mathfrak{P}}/\mathfrak{p})$ in f_j Bahnen der Länge e_j, so zerfällt $\mathfrak{p}$ in L/K folgendermaßen in ein Potenzprodukt von Primdivisoren $\mathfrak{P}_j \in \mathbb{P}(L/l)$:

$$\mathfrak{p} = \prod_{j=1}^{r} \mathfrak{P}_j^{e_j} \quad \text{mit } f(\mathfrak{P}_j/\mathfrak{p}) = f_j.$$

Da die Trägheitsgruppen Normalteiler der Zerlegungsgruppen sind (siehe Kapitel I, § 4, Satz A(b)) und die Bahnen der Normalisatoren von $\langle\sigma_2\rangle$ bzw. $\langle\sigma_{m-1}\rangle$ bzw. $\langle\sigma_m\rangle$ die Längen 2,(m-2) bzw. (m-1),1 bzw. m besitzen, folgt aus dem Satz A: Es gibt Primdivisoren $\mathfrak{P}_0,\mathfrak{P}_1,\mathfrak{P}_\infty,\mathfrak{Q}$ von L/$\mathbb{Q}$ vom Grad 1 und einen ganzen Divisor $\mathfrak{R} \in \mathbb{D}(L/\mathbb{Q})$ vom Grad m-2 mit

$$\mathfrak{p}_1 = \mathfrak{P}_1^2\mathfrak{R},\ \mathfrak{p}_\infty = \mathfrak{P}_\infty^{m-1}\mathfrak{Q},\ \mathfrak{p}_0 = \mathfrak{P}_0^m.$$

Damit hat die Differente

$$\mathfrak{D}(L/\mathbb{Q}(t)) = \mathfrak{P}_1\mathfrak{P}_\infty^{m-2}\mathfrak{P}_0^{m-1}$$

von L/$\mathbb{Q}$(t) den Grad 2m-2, woraus mit der Relativgeschlechtsformel (Kapitel I, § 3, Satz C) folgt

$$g(L) = 1 + m(g(\mathbb{Q}(t))-1) + \tfrac{1}{2}d(\mathfrak{D}(L/\mathbb{Q}(t))) = 0.$$

L/$\mathbb{Q}$ besitzt Primdivisoren vom Grad 1, folglich ist L/$\mathbb{Q}$ nach der Aussage 6 im Kapitel I, § 3, ein rationaler Funktionenkörper, und nach der Aussage 7 im selben Paragraphen gibt es eine Funktion x ∈ L mit dem Divisor $\mathfrak{P}_0\mathfrak{P}_\infty^{-1}$, die dann auch L über $\mathbb{Q}$ erzeugt. Diese Funktion ist durch ihren Divisor bis auf Multiplikation mit einem Element aus $\mathbb{Q}^\times$ festgelegt und daher durch die zusätzliche Forderung $(x-1) = \mathfrak{P}_1\mathfrak{P}_\infty^{-1}$ eindeutig bestimmt, es gelten also

$$(x) = \frac{\mathfrak{P}_0}{\mathfrak{P}_\infty},\quad (x-1) = \frac{\mathfrak{P}_1}{\mathfrak{P}_\infty}.$$

Wegen

$$L(\mathfrak{P}_\infty^n) = \{f(x) \mid f(X) \in \mathbb{Q}[X],\ \partial(f) \le n\},$$

hierbei bedeutet $\partial(f)$ den Polynomgrad von f(X), sind $\mathfrak{Q}\mathfrak{P}_\infty^{-1}$ bzw. $\mathfrak{R}\mathfrak{P}_\infty^{2-m}$

Divisoren von Polynomfunktionen in x vom Grad 1 bzw. m-2, es gibt also ein $\omega \in \mathbb{Q}$ und $\rho_i \in \mathbb{Q}$ mit

$$(x-\omega) = \frac{\mathfrak{Q}}{\mathfrak{p}_\infty}, \quad (r(x)) = \left(\sum_{i=0}^{m-2} \rho_i x^i\right) = \frac{\mathfrak{R}}{\mathfrak{p}_\infty^{m-2}}$$

und $\rho_{m-2} = 1$. Insgesamt gewinnt man so die beiden Divisorgleichungen

$$(t) = \frac{\mathfrak{p}_0}{\mathfrak{p}_\infty} = \frac{\mathfrak{p}_0^m}{\mathfrak{p}_\infty^{m-1}\mathfrak{Q}} = \left(\frac{x^m}{x-\omega}\right),$$

$$(t-1) = \frac{\mathfrak{p}_1}{\mathfrak{p}_\infty} = \frac{\mathfrak{p}_1^2\mathfrak{R}}{\mathfrak{p}_\infty^{m-1}\mathfrak{Q}} = \left(\frac{(x-1)^2 r(x)}{x-\omega}\right).$$

Es gibt also Elemente $\eta_0, \eta_1 \in \mathbb{Q}^\times$ mit

$$t(x-\omega) = \eta_0 x^m, \quad (t-1)(x-\omega) = \eta_1 (x-1)^2 r(x),$$

woraus durch Elimination von t

$$(x-\omega) = \eta_0 x^m - \eta_1 (x-1)^2 r(x)$$

entsteht. Da x über $\mathbb{Q}$ transzendent ist, gelten $\eta_0 = \eta_1 =: \eta$, und man erhält in $\mathbb{Q}[X]$ die Polynomidentität

$$(1) \qquad X^m - \frac{1}{\eta}(X-\omega) = (X-1)^2 r(X).$$

Das Polynom $h(X) := X^m - \frac{1}{\eta}(X-\omega)$ besitzt eine doppelte Nullstelle bei 1, daraus folgen

$$h(1) = 1 - \frac{1}{\eta} + \frac{\omega}{\eta} = 0 \text{ und } h'(1) = m - \frac{1}{\eta} = 0$$

beziehungsweise

$$\eta = \frac{1}{m} \text{ und } \omega = \frac{m-1}{m}.$$

Damit ist

$$f(t,X) = X^m - \frac{1}{\eta}t(X-\omega) = X^m - t(mX-m+1)$$

das Minimalpolynom von x über $\mathbb{Q}(t)$, und der folgende Satz ist bewiesen:

<u>Satz 1:</u> <u>Für</u> $m \geq 3$ <u>gibt es genau eine außerhalb</u> $\mathfrak{S} = \{\mathfrak{p}_1, \mathfrak{p}_\infty, \mathfrak{p}_0\}$ <u>unverzweigte reguläre Galoiserweiterung</u> $N/\mathbb{Q}(t)$ <u>mit der Galoisgruppe</u> S_m <u>und der Verzweigungsstruktur</u> $\mathfrak{C}^* = (2A, (m-1)A, mA)^*$ <u>(von</u> $\overline{\mathbb{Q}}N/\overline{\mathbb{Q}}(t)$). $N/\mathbb{Q}(t)$ <u>wird erzeugt durch die Nullstellen des Polynoms</u>

$$f(t,X) = X^m - t(mX-m+1).$$

Anmerkung: Jedes trinomische Polynom $g(X) = X^m - aX + b$ mit $ab \neq 0$ kann man durch Spezialisierung von $f(t,X)$ erhalten, es ist nämlich

$$g(X) = \xi^{-m} f(\tau, \xi X) \text{ mit } \xi = \frac{a}{m}\,\frac{m-1}{b},\quad \tau = \left(\frac{a}{m}\right)^m \left(\frac{m-1}{b}\right)^{m-1}.$$

2. Polynome mit der Galoisgruppe A_m

Anhand der im Satz 1 konstruierten regulären Körpererweiterungen $N/\mathbb{Q}(t)$ mit der Galoisgruppe S_m werden jetzt Polynome mit der alternierenden Gruppe A_m als Galoisgruppe berechnet. Der Fixkörper $K := N^{A_m}$ hat den Grad 2 über $\mathbb{Q}(t)$. Da die Trägheitsgruppen von N/K die Durchschnitte der Trägheitsgruppen von $N/\mathbb{Q}(t)$ mit $\mathrm{Gal}(N/K)$ sind, sind genau diejenigen Primdivisoren von $\mathbb{Q}(t)/\mathbb{Q}$ in $K/\mathbb{Q}(t)$ verzweigt, deren Primteiler in $\mathbb{P}(N/\mathbb{Q})$ Trägheitsgruppen besitzen, die nicht schon Untergruppen der Gruppe A_m sind. Wegen $\sigma_m \in A_m$ für $m \equiv 1 \bmod 2$ und $\sigma_m \notin A_m$ für $m \equiv 0 \bmod 2$, sind diese beiden Fälle getrennt zu behandeln.

Im Fall $m \equiv 1 \bmod 2$ liegen σ_2 und σ_{m-1} in $S_m \setminus A_m$ und σ_m in A_m. Es sind also in $K/\mathbb{Q}(t)$ nur $\mathfrak{p}_1$ und $\mathfrak{p}_\infty$ verzweigt, folglich gibt es $\tilde{\mathfrak{p}}_0, \tilde{\mathfrak{p}}_\infty \in \mathbb{P}(K/\mathbb{Q})$ mit

$$\mathfrak{p}_1 = \tilde{\mathfrak{p}}_0^2,\quad \mathfrak{p}_\infty = \tilde{\mathfrak{p}}_\infty^2.$$

Damit ist der Grad der Differente

$$\mathfrak{D}(K/\mathbb{Q}(t)) = \tilde{\mathfrak{p}}_0 \tilde{\mathfrak{p}}_\infty$$

gleich 2, und das Geschlecht von K ist Null nach der Hurwitzschen Relativgeschlechtsformel (Kapitel I, § 3, Satz C). Somit gibt es nach der Aussage 7 im Kapitel I, § 3, ein $y \in K$ mit

$$(y) = \frac{\tilde{\mathfrak{p}}_0}{\tilde{\mathfrak{p}}_\infty},$$

und dieses ist hierdurch bis auf rationale Vielfache bestimmt. Aus der Divisorgleichung

$$(t-1) = \frac{\mathfrak{p}_1}{\mathfrak{p}_\infty} = \frac{\tilde{\mathfrak{p}}_0^2}{\tilde{\mathfrak{p}}_\infty^2} = (y)^2$$

folgt die Existenz eines $\eta \in \mathbb{Q}^\times$ mit

$$t-1 = \eta y^2.$$

Da y bis auf rationale Vielfache festgelegt ist, bleibt noch die Quadrat klasse von η in $\mathbb{Q}^\times$ zu berechnen. Hierzu dient die

Bemerkung 2: Die Diskriminante des Polynoms $f(t,X)$ aus dem Satz 1 ist

$$D(f(t,X)) = \varepsilon_m (m-1)^{m-1} m^m t^{m-1}(1-t)$$

mit dem Vorzeichen

$$\varepsilon_m = (-1)^{\frac{m(m-1)}{2}}$$

Beweis: Für $f(X) = X^m - aX + b$ berechnet sich die Resultante von $f(X)$ und $f'(X)$ zu

$$R(f(X),f'(X)) = m^m b^{m-1} - (m-1)^{m-1} a^m.$$

Hieraus ergibt sich durch Einsetzen von $a = tm$ und $b = t(m-1)$ obige Diskriminante auf Grund von

$$D(f(X)) = \varepsilon_m R(f(X),f'(X)). \qquad \square$$

Da die Nullstellen von $f(1+\eta y^2,X)$ den Körper N über $K = \mathbb{Q}(y)$ erzeugen, gilt wegen $\mathrm{Gal}(N/\mathbb{Q}(y)) = A_m$ für die Quadratklasse der Diskriminante in $K^\times$

$$1 \mathrel{\overline{\overline{{}_2}}} D(f(1+\eta y^2,X)) \mathrel{\overline{\overline{{}_2}}} \varepsilon_m m(1-t) \mathrel{\overline{\overline{{}_2}}} -\varepsilon_m m\eta$$

– dabei bedeutet $\overline{\overline{{}_2}}$ quadratgleich –, woraus

$$\eta \mathrel{\overline{\overline{{}_2}}} -\varepsilon_m m$$

folgt. Fixiert man nun y durch $\eta = -\varepsilon_m m$, so wird

$$t = 1 - \varepsilon_m m y^2,$$

und die Nullstellen des Polynoms

$$f_2(y,X) := f(1-\varepsilon_m m y^2,X)$$

erzeugen den Körper N über $K = \mathbb{Q}(y)$.

Im Fall $m \equiv 0 \bmod 2$ sind in $K/\mathbb{Q}(t)$ die Primdivisoren $\mathfrak{p}_0$ und $\mathfrak{p}_1$ verzweigt:

$$\mathfrak{p}_0 = \tilde{\mathfrak{p}}_\infty^2, \quad \mathfrak{p}_1 = \tilde{\mathfrak{p}}_0^2.$$

Hieraus folgt wie oben, daß $K/\mathbb{Q}$ ein rationaler Funktionenkörper ist, der über $\mathbb{Q}$ etwa durch eine Funktion y mit

$$(y) = \frac{\tilde{\mathfrak{p}}_0}{\tilde{\mathfrak{p}}_\infty}$$

erzeugt wird. Damit ergibt sich

$$\left(\frac{t-1}{t}\right) = \frac{\mathfrak{p}_1}{\mathfrak{p}_0} = \frac{\tilde{\mathfrak{p}}_0^2}{\tilde{\mathfrak{p}}_\infty^2} = (y)^2,$$

es existiert also ein $\eta \in \mathbb{Q}^\times$ mit

$$\frac{t-1}{t} = \eta y^2 \quad \text{bzw.} \quad t = \frac{1}{1-\eta y^2}\,.$$

Betrachtet man wieder die Quadratklasse der Diskriminante von $f(t,X)$ in $K^\times$, so bekommt man

$$1 \underset{2}{\equiv} D\left(f\left(\frac{1}{1-\eta y^2},X\right)\right) \underset{2}{\equiv} \varepsilon_m(m-1)t(1-t) \underset{2}{\equiv} -\varepsilon_m(m-1)\eta,$$

woraus

$$\eta \underset{2}{\equiv} -\varepsilon_m(m-1)$$

folgt. Bei der Wahl von $\eta = -\varepsilon_m(m-1)$ wird

$$t = \frac{1}{1+\varepsilon_m(m-1)y^2}\,,$$

und die Nullstellen von

$$f_2(y,X) := f\left(\frac{1}{1+\varepsilon_m(m-1)y^2},X\right)$$

erzeugen N über $\mathbb{Q}(y)$. Insgesamt wurde gezeigt:

<u>Satz 2: Der Fixkörper der Gruppe</u> A_m <u>in der Körpererweiterung</u> $N/\mathbb{Q}(t)$ <u>im Satz</u> 1 <u>ist ein rationaler Funktionenkörper</u>: $N^{A_m} = \mathbb{Q}(y)$.

(a) <u>Im Fall</u> $m \equiv 1 \bmod 2$ <u>sind</u> $\mathbb{Q}(y)$ <u>der Zerfällungskörper von</u>

$$g_2(t,Y) = Y^2 - \frac{1}{\varepsilon_m m}(1-t)$$

<u>über</u> $\mathbb{Q}(t)$ <u>und</u> N <u>der Zerfällungskörper von</u>

$$f_2(y,X) = X^m - (1-\varepsilon_m m y^2)(mX-m+1)$$

<u>über</u> $\mathbb{Q}(y)$.

(b) <u>Im Fall</u> $m \equiv 0 \bmod 2$ <u>sind</u> $\mathbb{Q}(y)$ <u>der Zerfällungskörper von</u>

$$g_2(t,Y) := Y^2 - \frac{1}{\varepsilon_m(m-1)}\,\frac{1-t}{t}$$

<u>über</u> $\mathbb{Q}(t)$ <u>und</u> N <u>der Zerfällungskörper von</u>

$$f_2(y,X) = X^m - \frac{1}{1+\varepsilon_m(m-1)y^2}(mX-m+1)$$

<u>über</u> $\mathbb{Q}(y)$.

Insbesondere ist die Galoisgruppe des Polynoms $f_2(y,X) \in \mathbb{Q}(y)[X]$ isomorph zur alternierenden Gruppe A_m.

Anmerkung: Die Verzweigungsstruktur von $\bar{N}/\bar{\mathbb{Q}}(y)$ ist $\mathfrak{C}_2^* = (\frac{m-1}{2}A, mA, mB)^*$ für $m \equiv 1 \bmod 2$ und $\mathfrak{C}_2^* = ((m-1)A, (m-1)B, \frac{m}{2}A)^*$ für $m \equiv 0 \bmod 2$. Dabei sind mA und mB bzw. $(m-1)A$ und $(m-1)B$ jeweils die beiden Konjugiertenklassen der m-Zyklen bzw. (m-1)-Zyklen und $\frac{m}{2}A$ bzw. $\frac{m-1}{2}A$ die Konjugiertenklasse der Doppel-$\frac{m}{2}$-Zyklen bzw. Doppel-$\frac{m-1}{2}$-Zyklen in der Gruppe A_m. (Ein Beweis wird im Beispiel 3 des nächsten Paragraphen nachgetragen.)

Die hier durchgeführte Konstruktion von regulären Körpererweiterungen über $\mathbb{Q}(t)$ bzw. $\mathbb{Q}(y)$ mit den Galoisgruppen S_m und A_m folgt Matzat [1984], § 6. Eine analoge Behandlung der Verzweigungsstrukturen (2A,k?,mA), wobei k? die Klasse der Elemente der Ordnung k := kgV(l,m-l) vom Permutationstyp (l)(m-l) bezeichnet, ist bei Vila [1985a], Th. 3.2 mit Th. 3.3, zu finden.

3. Polynome mit Frobeniusgruppen vom Grad 5 als Galoisgruppen

Für die transitiven Permutationsgruppen G bis zum Grad 4 hat Seidelmann [1918] auf Anregung von E. Noether [1918] alle Polynome mit einer zu G isomorphen Galoisgruppe parametrisiert. Darunter befinden sich jeweils auch unendliche Scharen trinomischer Polynome. Daher wird hier mit der Spezialisierung des Polynoms f(t,X) aus dem Satz 1 erst bei m = 5 begonnen. Die transitiven Untergruppen der S_5 sind neben der alternierenden Gruppe A_5 Frobeniusgruppen F_{20} der Ordnung 20 und $F_{10} \cong D_5$ der Ordnung 10 sowie zyklische Gruppen Z_5 der Ordnung 5.

Als erstes wird ein trinomisches Polynom mit der Galoisgruppe F_{20} konstruiert und hierzu zunächst das Minimalpolynom eines primitiven Elements von $K_6 := N^{F_{20}}$ über $\mathbb{Q}(t)$ berechnet. Um den Satz A anwenden zu können, benötigt man die Zyklendarstellungen von σ_2, σ_4 und σ_5 auf den 6 Nebenklassen der F_{20} in der S_5. Da es einen Automorphismus $\varphi \in \mathrm{Aut}(S_6)$ gibt, der die Konjugiertenklassen der intransitiven und transitiven Untergruppen vom Typ S_5 in der S_6 vertauscht und dabei Transpositionen auf Dreifach-Transpositionen abbildet, haben σ_2, σ_4 und σ_5 in der transitiven Permutationsdarstellung der S_5 vom Grad 6 den Permutationstyp $(2)^3$, $(1)^2(4)$ bzw. $(1)(5)$. Aus dem Satz A folgt nun, daß es in $\mathbb{P}(K_6/\mathbb{Q})$ Primdivisoren $\mathfrak{P}_0, \mathfrak{P}_1$ und $\mathfrak{P}_\infty$ vom Grad 1 und in $\mathbb{D}(K_6/\mathbb{Q})$ ganze Divisoren $\mathfrak{Q}$ vom Grad 2 und $\mathfrak{R}$ vom Grad 3 gibt mit

$$\mathfrak{p}_1 = \mathfrak{R}^2, \ \mathfrak{p}_\infty = \mathfrak{P}_0^4\mathfrak{Q}, \ \mathfrak{p}_0 = \mathfrak{P}_\infty^5\mathfrak{P}_1.$$

Die Differente von $K_6/\mathbb{Q}(t)$ ist

$$\mathfrak{D}(K_6/\mathbb{Q}(t)) = \mathfrak{R}\mathfrak{P}_0^3\mathfrak{P}_\infty^4$$

und hat den Grad 10. Also ist nach der Relativgeschlechtsformel (Kapitel I, § 3, Satz C)

$$g(K_6) = 1 + 6(g(\mathbb{Q}(t))-1) + \tfrac{1}{2}d(\mathfrak{D}(K_6/\mathbb{Q}(t))) = 0,$$

und es gibt wie im ersten Abschnitt eine durch

$$(z) = \frac{\mathfrak{P}_0}{\mathfrak{P}_\infty}, \quad (z-1) = \frac{\mathfrak{P}_1}{\mathfrak{P}_\infty}$$

eindeutig bestimmte Funktion $z \in K_6$. Funktionen mit den Divisoren $\mathfrak{Q}\mathfrak{P}_\infty^{-2}$ bzw. $\mathfrak{R}\mathfrak{P}_\infty^{-3}$ sind Polynomfunktionen in z vom Grad 2 bzw. 3, folglich gibt es Polynome

$$q(Z) := Z^2 - \omega_1 Z + \omega_0, \quad r(Z) := Z^3 - \rho_2 Z^2 + \rho_1 Z - \rho_0$$

in $\mathbb{Q}[Z]$ mit

$$(q(z)) = \frac{\mathfrak{Q}}{\mathfrak{P}_\infty^2}, \quad (r(z)) = \frac{\mathfrak{R}}{\mathfrak{P}_\infty^3} .$$

Damit hat man die beiden Divisorgleichungen

$$(t) = \frac{\mathfrak{p}_0}{\mathfrak{p}_\infty} = \frac{\mathfrak{P}_\infty^5\mathfrak{P}_1}{\mathfrak{P}_0^4\mathfrak{Q}} = \left(\frac{z-1}{z^4 q(z)}\right),$$

$$(t-1) = \frac{\mathfrak{p}_1}{\mathfrak{p}_\infty} = \frac{\mathfrak{R}^2}{\mathfrak{P}_0^4\mathfrak{Q}} = \left(\frac{r^2(z)}{z^4 q(z)}\right),$$

und es gibt $\eta_0, \eta_1 \in \mathbb{Q}^\times$ mit

$$z^4 q(z)t = \eta_0(z-1), \quad z^4 q(z)(t-1) = \eta_1 r^2(z).$$

Durch Elimination von t erhält man hieraus

$$z^4 q(z) = \eta_0(z-1) - \eta_1 r^2(z).$$

Da z über $\mathbb{Q}$ transzendent ist, ist $\eta_1 = -1$, und mit $\eta := \eta_0$ bekommt man die Polynomidentität

$$(2) \qquad Z^4 q(Z) - \eta(Z-1) = r^2(Z)$$

in $\mathbb{Q}[Z]$. Differenziert man diese nach Z, so folgt

$$4Z^3 q(Z) + Z^4 q'(Z) - \eta = 2r(Z)r'(Z).$$

Subtrahiert man nun von dem (Z-1)-fachen dieser Gleichung die Gleichung (2), so erhält man

$$Z^3((4q(Z)+Zq'(Z))(Z-1)-Zq(Z)) = r(Z)(2r'(Z)(Z-1)-r(Z)).$$

Da $\mathfrak{P}_0$ kein Teiler von $\mathfrak{R}$ ist, sind Z und r(Z) in $\mathbb{Q}[Z]$ teilerfremd. Also läßt sich obige Gleichung aufspalten in

(3) $$5Z^3 = 2r'(Z)(Z-1) - r(Z),$$

(4) $$5r(Z) = (4q(Z)+Zq'(Z))(Z-1) - Zq(Z),$$

wobei man den Faktor 5 beim Vergleich der höchsten Koeffizienten erkennt. Durch Koeffizientenvergleich folgen aus (3)

$$0 = -3\rho_2 - 6,\ 0 = \rho_1 + 4\rho_2,\ 0 = -2\rho_1 + \rho_0$$

und aus (4)

$$5\rho_1 = 3\omega_0 + 5\omega_1,\ -5\rho_0 = -4\omega_0.$$

Dieses lineare Gleichungssystem ist eindeutig lösbar und besitzt die Lösung

$$\rho_2 = -2,\ \rho_1 = 8,\ \rho_0 = 16,\ \omega_1 = -4,\ \omega_0 = 20.$$

Aus (2) folgt weiter

$$\eta = \rho_0^2 = 256.$$

Damit ist

$$t = 256\frac{z-1}{z^4 q(z)} = 256\frac{z-1}{z^4(z^2+4z+20)},$$

und man erhält den ersten Teil des folgenden Resultats:

<u>Satz 3:</u> <u>Der Fixkörper einer Frobeniusgruppe</u> F_{20} <u>in der Körpererweiterung</u> $N/\mathbb{Q}(t)$ <u>im Satz 1 mit</u> m = 5 <u>ist ein rationaler Funktionenkörper:</u> $N^{F_{20}} = \mathbb{Q}(z)$. <u>Dieser wird über</u> $\mathbb{Q}(t)$ <u>durch eine Nullstelle von</u>

$$g_6(t,Z) := Z^4(Z^2+4Z+20)t - 256(Z-1)$$

<u>erzeugt</u>. N <u>ist der Zerfällungskörper von</u>

$$f_6(z,X) := X^5 - 256\frac{z-1}{z^4(z^2+4z+20)}(5X-4)$$

<u>über</u> $\mathbb{Q}(z)$. <u>Insbesondere ist die Galoisgruppe des Polynoms</u> $f_6(z,X)\in\mathbb{Q}(z)[X$

<u>isomorph zur Frobeniusgruppe</u> F_{20}.

<u>Beweis:</u> Der zweite Teil des Satzes 3 ergibt sich durch Einsetzen von t in Abhängigkeit von z in das Polynom f(t,X) aus dem Satz 1:

$$f_6(z,X) = f(256\frac{z-1}{z^4 q(z)},X). \qquad \square$$

Anmerkung: Die Verzweigungsstruktur von $\overline{N}/\overline{\mathbb{Q}}(z)$ ist $\mathfrak{C}_6^* = (4A,4B,5A)^*$; dabei bedeuten 4A und 4B die beiden Konjugiertenklassen der Elemente vierter Ordnung und 5A die Konjugiertenklasse der Elemente fünfter Ordnung in der Gruppe F_{20} (siehe Beispiel 4 in § 4).

Als nächstes wird ein trinomisches Polynom mit der Galoisgruppe $F_{10} \cong D_5$ berechnet. Der Körper $K_{12} := N^{D_5}$ ist ein Erweiterungskörper vom Grad 2 von K_6. Da $\mathfrak{R}$ und $\mathfrak{P}_0$ in N/K_6 unverzweigt sind und auch $\mathfrak{P}_1$ wegen $e_0 = 5$ in K_{12}/K_6 unverzweigt ist, ist in K_{12}/K_6 höchstens $\mathfrak{Q} \in \mathbb{P}(K_6/\mathbb{Q})$ verzweigt. ($\mathfrak{Q}$ ist ein Primdivisor, da q(z) ein Primpolynom in $\mathbb{Q}[z]$ ist). Da ein rationaler Funktionenkörper keine unverzweigten Erweiterungskörper besitzt, dies folgt sofort aus der Relativgeschlechtsformel (Kap. I, § 3, Satz C), gibt es einen Primdivisor $\mathfrak{M} \in \mathbb{P}(K_{12}/\mathbb{Q})$ mit $\mathfrak{Q} = \mathfrak{M}^2$ und $d(\mathfrak{M}) = 2$, also sind

$$d(\mathfrak{D}(K_{12}/K_6)) = d(\mathfrak{M}) = 2$$

und $g(K_{12}) = 0$. Um nun einen Primdivisor vom Grad 1 von $K_{12}/\mathbb{Q}$ zu finden, betrachtet man die Zerlegung von $\tilde{\mathfrak{p}}_\infty$ in $K_{12}/\mathbb{Q}(y)$. Für $U := A_5$ und einen Primteiler $\tilde{\mathfrak{P}}_\infty \in \mathbb{P}(N/\mathbb{Q})$ von $\tilde{\mathfrak{p}}_\infty$ ist die Trägheitsgruppe $T := U_T(\tilde{\mathfrak{P}}_\infty/\tilde{\mathfrak{p}}_\infty)$ zyklisch von der Ordnung 2 und wird in der transitiven Permutationsdarstellung sechsten Grades der Gruppe A_5 durch eine Doppeltransposition erzeugt. Die Zerlegungsgruppe $U_Z(\tilde{\mathfrak{P}}_\infty/\tilde{\mathfrak{p}}_\infty)$ ist im Normalisator $N_U(T)$ enthalten und daher isomorph zu einer von 2 Doppeltranspositionen erzeugten elementarabelschen Gruppe E_4 der Ordnung 4, die 3 Transitivitätsgebiete der Länge 2 aufweist. Da $\mathfrak{M}$ ein Teiler von $\tilde{\mathfrak{p}}_\infty$ ist, ergibt sich aus dem Satz A: Es gibt Primdivisoren $\mathfrak{V}, \mathfrak{W} \in \mathbb{P}(K_{12}/\mathbb{Q})$ vom Grad 1 mit

$$\tilde{\mathfrak{p}}_\infty = \mathfrak{M}\mathfrak{V}^2\mathfrak{W}^2;$$

hieraus folgt wegen

$$\mathfrak{Q}\mathfrak{P}_0^4 = \mathfrak{p}_\infty = \tilde{\mathfrak{p}}_\infty^2 = \mathfrak{M}^2\mathfrak{V}^4\mathfrak{W}^4,$$

daß der Primdivisor $\mathfrak{P}_0 \in \mathbb{P}(K_6/\mathbb{Q})$ in K_{12}/K_6 zerlegt ist: $\mathfrak{P}_0 = \mathfrak{V}\mathfrak{W}$. Weiter sei $\mathfrak{N}$ der in $\mathbb{D}(K_{12}/\mathbb{Q})$ eingebettete Divisor $\mathfrak{P}_\infty$ vom Grad $d(\mathfrak{N}) = 2$. Wegen

$g(K_{12}) = 0$ existieren eine Funktion $v \in K_{12}$ mit

$$(v) = \frac{\mathfrak{v}}{\mathfrak{w}}$$

und Polynome

$$n(V) = V^2 + \nu_1 V + \nu_0, \quad m(V) = V^2 + \mu_1 V + \mu_0$$

in $\mathbb{Q}[V]$ mit

$$(n(v)) = \frac{\mathfrak{N}}{\mathfrak{w}^2}, \quad (m(v)) = \frac{\mathfrak{M}}{\mathfrak{w}^2}\ .$$

Damit gelten die Divisorgleichungen

$$(z) = \frac{\mathfrak{P}_0}{\mathfrak{P}_\infty} = \frac{\mathfrak{v}\mathfrak{w}}{\mathfrak{N}} = \left(\frac{v}{n(v)}\right),$$

$$(q(z)) = \frac{\mathfrak{Q}}{\mathfrak{P}_\infty^2} = \frac{\mathfrak{M}^2}{\mathfrak{N}^2} = \left(\frac{m^2(v)}{n^2(v)}\right).$$

Bisher war v durch seinen Divisor nur bis auf rationale Vielfache bestimmt, es kann also v noch durch

$$z = 10\frac{v}{n(v)}$$

normiert werden. Da es ein $\eta \in \mathbb{Q}^{\times}$ gibt mit

$$q(z) = \eta\frac{m^2(v)}{n^2(v)}\ ,$$

ergibt sich durch Einsetzen von $z = 10\frac{v}{n(v)}$ in $q(z)$

$$100\frac{v^2}{n^2(v)} + 40\frac{v}{n(v)} + 20 = \eta\frac{m^2(v)}{n^2(v)}\ ,$$

woraus $\eta = 20$ und die Polynomgleichung

(5) $$m^2(V) = n^2(V) + 2Vn(V) + 5V^2$$

in $\mathbb{Q}[V]$ folgen. Durch Koeffizientenvergleich ergibt sich daraus das (nichtlineare) algebraische Gleichungssystem

$$2\mu_1 = 2\nu_1 + 2, \quad \mu_1^2 + 2\mu_0 = \nu_1^2 + 2\nu_1 + 2\nu_0 + 5,$$

$$2\mu_1\mu_0 = 2\nu_1\nu_0 + 2\nu_0, \quad \mu_0^2 = \nu_0^2.$$

Dieses besitzt als einzige Lösung

$$\mu_1 = 0, \quad \mu_0 = 1, \quad \nu_1 = -1, \quad \nu_0 = -1,$$

woraus folgen:

$$z = 10\frac{v}{v^2-v-1}, \quad q(z) = \frac{(v^2+1)^2}{(v^2-v-1)^2}.$$

Damit ist der erste Teil des folgenden Satzes bewiesen:

Satz 4: Der Fixkörper einer Diedergruppe D_5 in der Körpererweiterung $N/\mathbb{Q}(t)$ im Satz 1 mit $m = 5$ ist ein rationaler Funktionenkörper: $N^{D_5} = \mathbb{Q}(v)$. Dieser ist der Zerfällungskörper von

$$\tilde{g}_2(z,V) := (V^2-V-1)z - 10V$$

über $\mathbb{Q}(z) = N^{F_{20}}$. Weiter ist N der Zerfällungskörper des Polynoms

$$f_{12}(v,X) := X^5 + \frac{4}{3125}\,\frac{(v^2-v-1)^5(v^2-11v-1)}{v^4(v^2+1)^2}(5X-4)$$

über $\mathbb{Q}(v)$. Insbesondere ist die Galoisgruppe von $f_{12}(v,X) \in \mathbb{Q}(v)[X]$ isomorph zur Diedergruppe D_5.

Beweis: Das Polynom $f_{12}(v,X)$ erhält man durch Einsetzen von z in Abhängigkeit von v in $f_6(z,X)$:

$$f_{12}(v,X) = f_6(10\frac{v}{v^2-v-1},X). \qquad \square$$

Durch die Substitution

$$\tilde{X} := \frac{5v}{v^2-v-1}X$$

in $f_{12}(v,X)$ erhält man aus dem Satz 4 die

Folgerung 2: Die Galoisgruppe des Polynoms

$$\tilde{f}_{12}(v,\tilde{X}) := \tilde{X}^5 + 4\frac{v^2-11v-1}{(v^2+1)^2}((v^2-v-1)\tilde{X}-4v)$$

aus $\mathbb{Q}(v)[\tilde{X}]$ ist isomorph zur Diedergruppe D_5.

Anmerkung: Die Verzweigungsstruktur von $\overline{N}/\overline{\mathbb{Q}}(v)$ ist $\mathfrak{C}^*_{12} = (2A,2A,5A,5B)^*$, wobei 2A die Konjugiertenklasse der Involutionen und 5A,5B die beiden Konjugiertenklassen der Elemente fünfter Ordnung in der Gruppe D_5 sind, (siehe Beispiel 4 in § 4).

Das allgemeine trinomische Polynom mit einer zu F_{20} isomorphen Galoisgruppe steht bereits bei Weber [1898], § 189, und auch bei Tschebotaröw, Schwerdtfeger [1950], IV, § 5. Spezialisierungen dieses Polynoms zu Polynomen mit der Galoisgruppe D_5 wurden von Roland, Yui, Zagier [1982] und Jensen, Yui [1982] gefunden. Die dort angegebenen Polynome mit der Galoisgruppe D_5 lassen sich auch mit der Anmerkung in 1. aus dem Polynom $\tilde{f}_{12}(v,\tilde{X})$ gewinnen. Eine weitere Spezialisierung von $f(t,X)$ zu einem Polynom mit der Galoisgruppe Z_5 ist nicht möglich, dies folgt aus der

<u>Bemerkung 3: Der Fixkörper</u> N^{Z_5} <u>einer zyklischen Gruppe</u> Z_5 <u>in der Körpererweiterung</u> $N/\mathbb{Q}(t)$ <u>mit</u> $m = 5$ <u>aus dem Satz 1 besitzt das Geschlecht</u> $g(N^{Z_5}) = 0$, <u>ist aber kein rationaler Funktionenkörper über</u> $\mathbb{Q}$.

<u>Beweis:</u> In $K_{24} := N^{Z_5}$ über K_{12} ist nur der Primdivisor $\mathfrak{m} \in \mathbb{P}(K_{12}/\mathbb{Q})$ mit $d(\mathfrak{m}) = 2$ verzweigt, woraus mit der Relativgeschlechtsformel (Kap. I, § 3, Satz C)

$$g(K_{24}) = 1 + 2(g(K_{12})-1) + \frac{1}{2}d(\mathfrak{m}) = 0$$

folgt. Wäre $K_{24}/\mathbb{Q}$ ein rationaler Funktionenkörper, so gäbe es nach dem Hilbertschen Irreduzibilitätssatz (siehe Kapitel IV, § 1, Satz 1 bzw. Lang [1983], Chapter 9, Theorem 4.2) auch trinomische Polynome $f(X) \in \mathbb{Q}[X]$ mit der Galoisgruppe Z_5. Da ein Polynom $f(X) \in \mathbb{Q}[X]$ mit $\mathrm{Gal}(f(X)) \cong Z_5$ nur reelle Nullstellen besitzt und trinomische Polynome höchstens 3 reelle Nullstellen haben können, führt obige Annahme zu einem Widerspruch. □

4. Weitere Resultate über trinomische Polynome

Mit denselben Methoden wie im 3. Abschnitt kann man zeigen, daß auch die Fixkörper aller maximalen transitiven Untergruppen der S_6, das sind neben den Gruppen A_6 und S_5 Gruppen G_{72} der Ordnung 72 und G_{48} der Ordnung 48, sowie die Fixkörper der Durchschnitte von der S_5 und der G_{48} mit der A_6, dies sind die Gruppen A_5 und $G_{24} := G_{48} \cap A_6$, in der Körpererweiterung $N/\mathbb{Q}(t)$ aus dem Satz 1 (für $m = 6$) einen rationalen Fixkörper besitzen. Durch geeignete Spezialisierung des Polynoms $f(t,X) = X^6 - t(6X-5)$ erhält man also Polynome über rationalen Funktionenkörpern mit den genannten Gruppen als Galoisgruppen. Diese sind von Malle [198?a], § 4, berechnet worden: Die Galoisgruppe des Polynoms

$$f_6(u,X) := X^6 + 2^6 5^5 \frac{(u+8)^2(u+5)}{u^5(u-120)}(6X-5) \in \mathbb{Q}(u)[X]$$

ist isomorph zur Gruppe S_5, die von

$$f_{12}(\tilde{u},X) := f_6(\tilde{u}^2-5,X) \in \mathbb{Q}(\tilde{u})[X]$$

zur A_5. Das Polynom

$$f_{10}(v,X) := X^6 - 3^3 5^5 \frac{(v-16)v^3}{v^2-14v+4}(6X-5) \in \mathbb{Q}(v)[X]$$

besitzt eine zu G_{72} isomorphe Galoisgruppe. Die Galoisgruppen von

$$f_{15}(w,X) := X_6 - \frac{3^3 5^5}{4} \frac{(2w+15)^2(w-6)^2(w^2-2w-15)^3}{w^5(w^2-45)}(6X-5) \in \mathbb{Q}(w)[X],$$

$$f_{30}(\tilde{w},X) := f_{15}(3\frac{5\tilde{w}^2-1}{3\tilde{w}^2+1},X) \in \mathbb{Q}(\tilde{w})[X]$$

sind isomorph zu der Gruppe G_{48} bzw. G_{24}.

Für die genannten Untergruppen der S_6 gibt es damit jeweils eine unendliche Schar trinomischer Polynome sechsten Grades über $\mathbb{Q}$, die diese Gruppen als Galoisgruppen besitzen (siehe Anhang A.2.). Weitere drei transitive Untergruppen der S_6 können wenigstens als Galoisgruppen einzelner trinomischer Polynome über $\mathbb{Q}$ realisiert werden, zum Beispiel sind mit $G_{36} := G_{72} \cap A_6$ (siehe Malle [198?a], § 4):

$$\mathrm{Gal}(f_{12}(2,X)) \cong G_{36},\ \mathrm{Gal}(f_{15}(10,X)) \cong S_4,\ \mathrm{Gal}(f_{12}(-\tfrac{2}{7},X)) \cong Z_6.$$

Für m = 7 ist bekannt, daß die Polynome

$$f_T(X) = X^7 - 7X + 3 \text{ und } f_M(X) := X^7 - 154X + 99$$

eine zu $PSL_2(\mathbb{F}_7) \cong GL_3(\mathbb{F}_2)$ isomorphe Galoisgruppe über $\mathbb{Q}$ besitzen (siehe Trinks [1969] und Erbach, Fischer, McKay [1979]). Da der Fixkörper $K_{30} := N^{PSL_2(\mathbb{F}_7)}$ dieser Gruppe in der Körpererweiterung $N/\mathbb{Q}(t)$ aus dem Satz 1 das Geschlecht $g(K_{30}) = 3$ besitzt, gibt es nach der von Faltings bewiesenen Mordellschen Vermutung (bis auf die in der Anmerkung in 1. aufgeführten Transformationen) nur endlich viele trinomische Polynome mit einer zu $PSL_2(\mathbb{F}_7)$ isomorphen Galoisgruppe (siehe auch Kapitel IV, § 1, Satz 2(b)).

Wie schon in der Bemerkung 3 festgestellt wurde, läßt sich nicht jede endliche Gruppe als Galoisgruppe eines trinomischen Polynoms über $\mathbb{Q}$ realisieren. Eine Einschränkung der vorkommenden Gruppentypen kann man dem Artikel von Feit [1980], Cor. 4.4, entnehmen: Bis auf die beiden Primzahlen p = 7, p = 11 und Primzahlen der Form $p = 1 + 2^e$ sind die Galoisgruppen irreduzibler trinomischer Polynome vom Grad p über $\mathbb{Q}$ entweder auflösbar oder isomorph zu den Gruppen S_p oder A_p.

§ 4 Einheitswurzeln

Nach der konstruktiven Behandlung der trinomischen Polynome wird nun die Theorie weitergeführt: Der Grad eines eigentlichen Definitionskörpers einer außerhalb $\bar{\mathfrak{S}}$ unverzweigten Galoiserweiterung $\bar{N}/\bar{K}$ über einem Definitionskörper K von $V\bar{\mathfrak{S}}$ wird nach unten abgegrenzt. Dies geschieht, indem man gewisse abelsche Erweiterungskörper von K als Teilkörper eines jeden eigentlichen Definitionskörpers von $\bar{N}/\bar{K}$ nachweist. Durch die Kombination dieses Resultats mit dem Satz 4 in § 2 erhält man das 1. Rationalitätskriterium. Im dritten Abschnitt wird noch gezeigt, daß der Grad eines eigentlichen Definitionskörpers von $\bar{N}/\bar{K}$ über einem Definitionskörper von $V\bar{\mathfrak{S}}$, der hinreichend viele Einheitswurzeln enthält, unter schwächeren Voraussetzungen als im 1. Rationalitätskriterium durch eine Klassenzahl von Erzeugendensystemen in einer Klassenstruktur abgeschätzt werden kann.

1. Der Einheitswurzelindex

Es seien $\bar{K}/\bar{k}$ ein algebraischer Funktionenkörper vom Geschlecht g mit einem algebraisch abgeschlossenen Konstantenkörper der Charakteristik 0, $\bar{N} = N^G_{\bar{\mathfrak{S}}}(\underline{\sigma})$ eine außerhalb $\bar{\mathfrak{S}}$ unverzweigte Galoiserweiterung von $\bar{K}$ mit einer zu G isomorphen Galoisgruppe, $\mathfrak{C} = ([\sigma_1],\dots,[\sigma_s])$ die zugehörige Klassenstruktur von G und $\mathfrak{C}^*$ die von $\mathfrak{C}$ aufgespannte Verzweigungsstruktur. Ferner sei K ein aufgeschlossener Definitionskörper von $V\bar{\mathfrak{S}}$ mit $V \leq \mathrm{Sym}(\mathfrak{C}^*)$. Nach § 1.2 operiert $\delta \in \Delta(K) := \mathrm{Gal}(\bar{K}/K)$ über die Permutationsdarstellung d_G auf $\Sigma^i_{s,g}(G)$. Diese Operation läßt sich zu einer Permutationsdarstellung in die symmetrische Gruppe der Menge $\mathfrak{C}_s(G)$ der s-gliedrigen Klassenstrukturen von G vergröbern:

$$\bar{d}_G : \Delta(K) \to S_{\mathfrak{C}_s(G)},\ \delta \mapsto \bar{d}_G(\delta)$$

mit

$$\bar{d}_G(\delta) : \mathfrak{C} = (C_1,\dots,C_s) \mapsto \mathfrak{C}^{\delta} = (C^{c(\delta)}_{\delta(1)},\dots,C^{c(\delta)}_{\delta(s)})$$

nach dem Satz 2 in § 1. Wegen $V \leq \mathrm{Sym}(\mathfrak{C}^*)$ ist $\mathfrak{C}^{\delta}$ eine Klassenstruktur in $\mathfrak{C}^*$. Die Längen der Transitivitätsgebiete von $\bar{d}_G(\Delta(K))$ lassen sich mit Hilfe der folgenden Begriffe unabhängig vom Körper K abschätzen:

<u>Definition 1:</u> Es seien G eine Gruppe der Ordnung n und $\mathfrak{C} = (C_1,\dots,C_s)$

eine Klassenstruktur von G. Die Anzahl der Klassenstrukturen in der von $\mathbf{C}$ aufgespannten Verzweigungsstruktur $\mathbf{C}^*$ heißt der *Einheitswurzelindex von* $\mathbf{C}$:

$$e(\mathbf{C}) := (\mathbf{C}^*:\mathbf{C}).$$

Weiter heißt für $V \leq S_s$ die Anzahl der Bahnen $V\mathbf{C}^{\nu} = \{\omega\mathbf{C}^{\nu} \mid \omega \in V\}$ von V mit $\nu \in Z_n^{\times}$ auf den Klassenstrukturen in $V\mathbf{C}^*$ der *V-symmetrisierte Einheitswurzelindex von* $\mathbf{C}$:

$$e(V\mathbf{C}) := (V\mathbf{C}^*:V\mathbf{C}).$$

Zunächst stellt man fest, daß der Einheitswurzelindex von $\mathbf{C}$ ein Teiler von $\ell_g^i(\mathbf{C}^*)$ ist:

<u>Bemerkung 1:</u> <u>Sind G eine endliche Gruppe, $\mathbf{C}$ eine Klassenstruktur von G, $\mathbf{C}^*$ die von $\mathbf{C}$ aufgespannte Verzweigungsstruktur und g eine nichtnegative ganze Zahl, so gilt:</u>

$$\ell_g^i(\mathbf{C}^*) = e(\mathbf{C})\ell_g^i(\mathbf{C}).$$

<u>Beweis:</u> Zu $\mathbf{C} = (C_1,\ldots,C_s)$ gibt es einen aufgeschlossenen algebraischen Funktionenkörper K/k der Charakteristik 0 vom Geschlecht g mit mindestens s Primdivisoren $\mathfrak{p}_1,\ldots,\mathfrak{p}_s$ vom Grad 1 und $k \cap \mathbb{Q}^{ab} = \mathbb{Q}$, im Fall g=0 etwa $K = \mathbb{Q}(t)$. Weiter seien $\bar{k}$ eine algebraisch abgeschlossene Hülle von k und $\bar{K} := \bar{k}K$. Wählt man $\mathfrak{S} = \{\mathfrak{p}_1,\ldots,\mathfrak{p}_s\}$, so gilt $\delta(j) = j$ für $j = 1,\ldots,s$ und alle $\delta \in \Delta(K) := \mathrm{Gal}(\bar{K}/K)$. Also ist die Permutationsdarstellung $\bar{d}_G$ von $\Delta(K)$ nach § 1, Satz 2, wegen $k \cap \mathbb{Q}^{ab} = \mathbb{Q}$ transitiv auf den Klassenstrukturen in der von $\mathbf{C}$ aufgespannten Verzweigungsstruktur $\mathbf{C}^*$. Folglich existiert zu jedem $\nu \in Z_n^{\times}$ mit $n := |G|$ ein $\delta \in \Delta(K)$ mit $\mathbf{C}^{\nu} = \mathbf{C}^{c(\delta)}$. Dann bildet $\bar{d}_G(\delta)$ die (s,g)-Erzeugendensystemklassen aus $\Sigma_g^i(\mathbf{C})$ ab auf (s,g)-Erzeugendensystemklassen in $\Sigma_g^i(\mathbf{C}^{\nu})$. Da diese Abbildung offenbar bijektiv ist, gilt für alle $\nu \in Z_n^{\times}$

$$\ell_g^i(\mathbf{C}) = |\Sigma_g^i(\mathbf{C})| = |\Sigma_g^i(\mathbf{C}^{\nu})| = \ell_g^i(\mathbf{C}^{\nu}),$$

woraus die Behauptung folgt. □

Anmerkung: Wie man im Fall g > 0 einen algebraischen Funktionenkörper K/k der Charakteristik 0 und vom Geschlecht g mit mindestens s Primdivisoren vom Grad 1 und mit $k \cap \mathbb{Q}^{ab} = \mathbb{Q}$ konstruiert, kann zum Beispiel im Kapitel IV, § 1, Bemerkung 1, nachgelesen werden.

Die nächste Bemerkung erklärt den Namen Einheitswurzelindex. Dabei wird die Menge der Bahnen von V auf $\mathbf{C}_s(G)$ mit $V\mathbf{C}_s(G)$ bezeichnet.

Bemerkung 2: Es seien G eine endliche Gruppe, $s \in \mathbb{N}$ und $V \leq S_s$. Dann ist

$$\bar{\bar{d}}_G : \Lambda \to S_{V\mathfrak{C}_s(G)},\ \lambda \mapsto (V\mathfrak{C} \mapsto V\mathfrak{C}^{c(\lambda)})$$

eine Permutationsdarstellung von $\Lambda = \mathrm{Gal}(\bar{\mathbb{Q}}/\mathbb{Q})$ in die symmetrische Gruppe von $V\mathfrak{C}_s(G)$. Die Fixgruppe $\Lambda_{V\mathfrak{C}}$ von $V\mathfrak{C}$ ist eine Untergruppe von Λ vom Index $e(V\mathfrak{C})$. Der Fixkörper $\mathbb{Q}_{V\mathfrak{C}}$ von $\Lambda_{V\mathfrak{C}}$ ist ein abelscher Körper mit

$$(\mathbb{Q}_{V\mathfrak{C}}:\mathbb{Q}) = e(V\mathfrak{C}).$$

Beweis: Nach § 1, Satz 2, operiert Λ über $\bar{\bar{d}}_G$ transitiv auf der Menge $\{V\mathfrak{C}^{\nu} \mid \nu \in \mathbb{Z}_n^{\times}\}$, wobei $n = |G|$ ist. Also ist der Index $(\Lambda:\Lambda_{V\mathfrak{C}})$ gleich der Bahnlänge $e(V\mathfrak{C})$. Wegen $\mathrm{Kern}(c) = \Lambda' \leq \Lambda_{V\mathfrak{C}}$ ist $\mathbb{Q}_{V\mathfrak{C}}$ ein abelscher Erweiterungskörper von $\mathbb{Q}$ vom Grad $e(V\mathfrak{C})$. □

Aus dieser Bemerkung erhält man eine Aussage über den abelschen Anteil eines eigentlichen Definitionskörpers von $\bar{N}/\bar{K}$.

Satz 1: Es seien $\bar{K}/\bar{k}$ ein algebraischer Funktionenkörper der Charakteristik 0 mit einem algebraisch abgeschlossenen Konstantenkörper, $\bar{N}=N^G_{\mathfrak{S}}(\underline{\sigma})$ eine außerhalb $\bar{\mathfrak{S}}$ unverzweigte Galoiserweiterung von $\bar{K}$ mit einer zu G isomorphen Galoisgruppe und $\mathfrak{C} = ([\sigma_1],\dots,[\sigma_s])$ die zugehörige Klassenstruktur von G. Weiter seien K/k ein aufgeschlossener Definitionskörper von $V\bar{\mathfrak{S}}$ mit $V \leq \mathrm{Sym}(\mathfrak{C}^*)$ und $\Delta(K) := \mathrm{Gal}(\bar{K}/K)$. Dann enthält jeder K umfassende eigentliche Definitionskörper von $\bar{N}/\bar{K}$ den Fixkörper $K_{\mathfrak{C}}$ der Fixgruppe $\Delta(K)_{\mathfrak{C}}$ von $\mathfrak{C}$ unter der Operation $\bar{d}_G$. $K_{\mathfrak{C}}/K$ ist eine $\mathbb{Q}_{V\mathfrak{C}}K$ umfassende abelsche Körpererweiterung von K mit

$$\frac{e(V\mathfrak{C})}{((\mathbb{Q}_{V\mathfrak{C}}\cap k):\mathbb{Q})} \leq (K_{\mathfrak{C}}:K) \leq e(\mathfrak{C}).$$

Beweis: Jeder K umfassende eigentliche Definitionskörper von $\bar{N}/\bar{K}$ enthält den in § 2, Satz 4, definierten Fixkörper $K^i_{\underline{\sigma}}$ von $\Delta^i_{\underline{\sigma}}$ und damit wegen $\Delta(K)_{\mathfrak{C}} \geq \Delta^i_{\underline{\sigma}}$ auch den Körper $K_{\mathfrak{C}}$. Wegen

$$\Delta(K)_{\mathfrak{C}} = \{\delta \in \Delta(K) \mid \mathfrak{C}^{c(\delta)} = \delta^{-1}\mathfrak{C}\} \leq \{\delta \in \Delta(K) \mid \mathfrak{C}^{c(\delta)} \subseteq V\mathfrak{C}\} = \Delta(K)_{V\mathfrak{C}}$$

ist der Fixkörper $K_{V\mathfrak{C}} = \mathbb{Q}_{V\mathfrak{C}}K$ von $\Delta(K)_{V\mathfrak{C}}$ ein Teilkörper von $K_{\mathfrak{C}}$, und es gilt

$$(K_{\mathfrak{C}}:K) \geq (\mathbb{Q}_{V\mathfrak{C}}K:K) = (\mathbb{Q}_{V\mathfrak{C}}k:k) = \frac{e(V\mathfrak{C})}{((\mathbb{Q}_{V\mathfrak{C}}\cap k):\mathbb{Q})}\ .$$

Nach der Voraussetzung $V \leq \mathrm{Sym}(\mathfrak{C}^*)$ gibt es für jedes $\delta \in \Delta(K)$ ein

$\nu(\delta) \in \mathbb{Z}_n^{\times}$, $n = |G|$, mit $\mathfrak{C}^{\delta} = \delta\mathfrak{C}^{c(\delta)} = \mathfrak{C}^{\nu(\delta)}$ und daher eine eindeutig bestimmte Kongruenzklasse $\lambda\Lambda_{\mathfrak{C}}$ von $\Lambda/\Lambda_{\mathfrak{C}}$ mit $\mathfrak{C}^{\delta} = \mathfrak{C}^{c(\lambda)}$. Diese Zuordnung definiert einen Homomorphismus

$$\kappa : \Delta(K) \to \Lambda/\Lambda_{\mathfrak{C}}\ ,\ \delta \mapsto \lambda\Lambda_{\mathfrak{C}}\ ,$$

mit dem Kern $\Delta(K)_{\mathfrak{C}}$. Demzufolge ist $\Delta(K)_{\mathfrak{C}}$ ein Normalteiler von $\Delta(K)$ mit $(\Delta(K):\Delta(K)_{\mathfrak{C}}) \leq e(\mathfrak{C})$, und die Faktorgruppe $\Delta(K)/\Delta(K)_{\mathfrak{C}}$ ist wegen $\Lambda/\Lambda_{\mathfrak{C}} \cong \mathrm{Gal}(\mathbb{Q}_{\mathfrak{C}}/\mathbb{Q})$ isomorph zur Untergruppe einer Faktorgruppe von $\mathbb{Z}_n^{\times}$ und somit eine abelsche Gruppe. Also ist $K_{\mathfrak{C}}/K$ eine abelsche Körpererweiterung mit

$$(K_{\mathfrak{C}}:K) \leq e(\mathfrak{C}).$$ □

Besonders häufig angewandt wird dieser Satz in dem folgenden Spezialfall:

<u>Folgerung 1:</u> <u>Sind neben den Voraussetzungen zum Satz</u> 1 <u>noch</u> $k = \mathbb{Q}$ <u>und</u> $V = I$, <u>so gelten</u>

$$K_{\mathfrak{C}} = \mathbb{Q}_{\mathfrak{C}}K \ \underline{\text{und}}\ (K_{\mathfrak{C}}:K) = e(\mathfrak{C}).$$

Diese Folgerung kann auch aus der Proposition 9 bei Shih [1974] gezogen werden. Mit dem Satz 1 können jetzt die Beispiele aus dem § 2 ergänzt und die Verzweigungsstrukturen in den Anmerkungen des § 3 berechnet werden:

<u>Beispiel 1:</u> Ist $\bar{N}/\bar{\mathbb{Q}}(t)$ die Galoiserweiterung aus dem Beispiel 1 in § 2.1 mit einer abelschen Gruppe vom Exponenten n als Galoisgruppe, dann besitzt $\bar{N}/\bar{\mathbb{Q}}(t)$ einen eigentlichen Definitionskörper K^i mit $(K^i:\mathbb{Q}(t)) \leq \varphi(n)$. Nach dem Satz 1 enthält K^i den Körper $\mathbb{Q}_{\mathfrak{C}}$, dieser ist der n-te Kreisteilungskörper $\mathbb{Q}^{(n)}$. Wegen $(\mathbb{Q}^{(n)}:\mathbb{Q}) = \varphi(n)$ ist $\mathbb{Q}^{(n)}(t)$ der minimale, $\mathbb{Q}(t)$ umfassende eigentliche Definitionskörper von $\bar{N}/\bar{\mathbb{Q}}(t)$.

<u>Beispiel 2:</u> Wie im Beispiel 2 in § 2.3 sei $\hat{N}/\mathbb{C}(j)$ der Körper der Modulfunktionen p-ter Stufe, dieser ist eine über $\hat{\mathbb{S}} = \{\hat{\mathfrak{p}}_{1728},\hat{\mathfrak{p}}_0,\hat{\mathfrak{p}}_{\infty}\} \subseteq \mathbb{P}(\mathbb{C}(j)/\mathbb{C})$ verzweigte $PSL_2(\mathbb{F}_p)$-Erweiterung mit der Verzweigungsstruktur $\mathfrak{C}^* = (2A,3A,pA)^*$. Es wurde bereits gezeigt, daß $\hat{N}/\mathbb{C}(j)$ einen eigentlichen Definitionskörper K^i mit $(K^i:\mathbb{Q}(j)) \leq 2$ besitzt. Offenbar ist $\mathbb{Q}_{\mathfrak{C}}$ der quadratische Teilkörper des p-ten Kreisteilungskörpers: $\mathbb{Q}_{\mathfrak{C}} = \mathbb{Q}(\sqrt{p^*})$ mit $p^* = (-1)^{\frac{p-1}{2}}p$. Also ist $\mathbb{Q}(\sqrt{p^*},j)$ der minimale, $\mathbb{Q}(j)$ umfassende ei-

gentliche Definitionskörper von $\hat{N}/\mathbb{C}(j)$. Weiter gilt noch für die Galoiserweiterung $N^i/\mathbb{Q}(j)$ in dem Beispiel 2 in § 2.3

$$\mathrm{Gal}(N^i/\mathbb{Q}(j)) \cong \mathrm{PGL}_2(\mathbb{F}_p),$$

und es gibt eine (nicht reguläre) $\mathrm{PGL}_2(\mathbb{F}_p)$-Erweiterung über $\mathbb{Q}(j)$. Dieses Resultat ist auf andere Weise schon bei Weber [1908], § 78, hergeleitet worden.

Beispiel 3: Nun sei $\overline{N}/\overline{\mathbb{Q}}(y)$ die A_m-Erweiterung aus § 3.2. Dann sind im Fall $m \equiv 1 \bmod 2$ in $\overline{N}/\overline{\mathbb{Q}}(y)$ der Primteiler $\tilde{\mathfrak{p}}_\infty$ von $\mathfrak{p}_\infty$ und die beiden Primteiler $\tilde{\mathfrak{p}}_a, \tilde{\mathfrak{p}}_b$ von $\mathfrak{p}_0$ in $\mathbb{P}(\overline{\mathbb{Q}}(y)/\overline{\mathbb{Q}})$ mit den Verzweigungsordnungen $e_\infty = \frac{m-1}{2}$ bzw. $e_a = e_b = m$ verzweigt, und die zugehörigen Trägheitsgruppen werden von Doppel-$\frac{m-1}{2}$-Zyklen bzw. m-Zyklen erzeugt. Da es nur eine Konjugiertenklasse $\frac{m-1}{2}A$ von Doppel-$\frac{m-1}{2}$-Zyklen und zwei Konjugiertenklassen mA, mB von m-Zyklen in der Gruppe A_m gibt, ist nach § 1.2 die Verzweigungsstruktur von $\overline{N}/\overline{\mathbb{Q}}(y)$ entweder $\mathfrak{C}_2^* = (\frac{m-1}{2}A, mA, mB)^*$ oder $\tilde{\mathfrak{C}}_2^* = (\frac{m-1}{2}A, mA, mA)^*$. Wegen $\mathbb{Q}_{V\mathfrak{C}_2} = \mathbb{Q}$ und $\mathbb{Q}_{V\tilde{\mathfrak{C}}_2} = \mathbb{Q}(\sqrt{\varepsilon_m m})$ für $V = \langle(23)\rangle$ kann der zweiter Fall nach dem Satz 1 nicht eintreten, also ist $\mathfrak{C}_2^*$ die Verzweigungsstruktur von $\overline{N}/\overline{\mathbb{Q}}(y)$. Analog erhält man im Fall $m \equiv 0 \bmod 2$, daß $\mathfrak{C}_2^* = ((m-1)A, (m-1)B, \frac{m}{2}A)^*$ die Verzweigungsstruktur von $\overline{N}/\overline{\mathbb{Q}}(y)$ ist.

Beispiel 4: In der Körpererweiterung $\overline{N}/\overline{\mathbb{Q}}(z)$ in § 3.3 sind die beiden Primteiler $\overline{\mathfrak{q}}_1, \overline{\mathfrak{q}}_2 \in \mathbb{P}(\overline{\mathbb{Q}}(z)/\overline{\mathbb{Q}})$ verzweigt mit der Verzweigungsordnung 4 und der Teiler $\overline{\mathfrak{p}}_1 \in \mathbb{P}(\overline{\mathbb{Q}}(z)/\overline{\mathbb{Q}})$ von $\mathfrak{p}_1$ mit der Verzweigungsordnung 5. Also kommen für die Verzweigungsstruktur von $\overline{N}/\overline{\mathbb{Q}}(z)$ nur $\mathfrak{C}_6^* = (4A, 4B, 5A)^*$ und $\tilde{\mathfrak{C}}_6^* = (4A, 4A, 5A)^*$ in Betracht. Dabei scheidet die zweite Möglichkeit nach dem Satz 1 aus wegen $\mathbb{Q}_{V\tilde{\mathfrak{C}}_6} = \mathbb{Q}(\sqrt{-1})$ für $V = \langle(12)\rangle$.

In der Körpererweiterung $\overline{N}/\overline{\mathbb{Q}}(v)$ in § 3.3 sind die beiden Teiler $\overline{\mathfrak{m}}_1, \overline{\mathfrak{m}}_2 \in \mathbb{P}(\overline{\mathbb{Q}}(v)/\overline{\mathbb{Q}})$ von $\mathfrak{m}$ mit der Verzweigungsordnung 2 und die beiden Teiler $\overline{\mathfrak{p}}_{11}, \overline{\mathfrak{p}}_{12} \in \mathbb{P}(\overline{\mathbb{Q}}(v)/\overline{\mathbb{Q}})$ von $\mathfrak{p}_1$ mit der Verzweigungsordnung 5 verzweigt. Wie oben schließt man, daß $\tilde{\mathfrak{C}}_{12}^* = (2A, 2A, 5A, 5A)^*$ nicht die Verzweigungsstruktur einer Galoiserweiterung mit dem eigentlichen Definitionskörper $\mathbb{Q}(v)$ sein kann. Also ist $\mathfrak{C}_{12}^* = (2A, 2A, 5A, 5B)^*$ die Verzweigungsstruktur von $\overline{N}/\overline{\mathbb{Q}}(v)$.

2. Das I. Rationalitätskriterium

Der Aufspaltung der Klassenzahl $\ell_g^i(\mathfrak{C}^*)$ in $e(\mathfrak{C})\ell_g^i(\mathfrak{C})$ entspricht eine Zerlegung der Körpererweiterung $K_{\underline{\sigma}}^i/K$ aus dem Satz 4 in § 2.

Bemerkung 3: Ist $K \le \overline{K} \le \overline{N} = N_{\mathfrak{S}}^G(\underline{\sigma})$ mit $\underline{\sigma} \in \Sigma_g(\mathfrak{C})$ der Körperturm aus dem Satz 4 in § 2, dann enthält der eigentliche Definitionskörper $K^i_{\underline{\sigma}}$ von $\overline{N}/\overline{K}$ den über K abelschen Körper $K_{\mathfrak{C}}$, und es gelten

$$(K^i_{\underline{\sigma}}:K_{\mathfrak{C}}) \leq \ell^i_g(\mathfrak{C}), \quad (K_{\mathfrak{C}}:K) \leq e(\mathfrak{C}).$$

Beweis: Da $d_G(\delta)$ für jedes $\delta \in \mathrm{Gal}(\overline{K}/K_{\mathfrak{C}}) = \Delta(K)_{\mathfrak{C}}$ die Erzeugendensystemklassen in $\Sigma^i_g(\mathfrak{C})$ permutiert, gelten $(\Delta(K)_{\mathfrak{C}}:\Delta^i_{\underline{\sigma}}) = (K^i_{\underline{\sigma}}:K_{\mathfrak{C}}) \leq \ell^i_g(\mathfrak{C})$. Die übrigen Behauptungen ergeben sich unmittelbar aus dem Satz 1. □

Durch Zusammensetzen dieser Bemerkung mit der Folgerung 3 in § 2 erhält man das 1. Rationalitätskriterium

Satz 2: (1. Rationalitätskriterium)
Es seien G eine endliche Gruppe, deren Zentrum ein Komplement in G besitzt, $\mathfrak{C} = (C_1,\ldots,C_s)$ eine Klassenstruktur von G mit $\ell^i_g(\mathfrak{C}) > 0$, $\overline{K}/\overline{k}$ ein algebraischer Funktionenkörper der Charakteristik 0 und vom Geschlecht g mit einem algebraisch abgeschlossenen Konstantenkörper, $\overline{\mathfrak{S}}$ eine s-elementige Teilmenge von $\mathbb{P}(\overline{K}/\overline{k})$ und K ein aufgeschlossener Definitionskörper von $V\overline{\mathfrak{S}}$ für $V \leq \mathrm{Sym}(\mathfrak{C}^*)$. Dann gibt es eine Konstantenerweiterung K^i/K mit einem über K abelschen Teilkörper K^e und

$$(K^i:K^e) \leq \ell^i_g(\mathfrak{C}), \quad (K^e:K) \leq e(\mathfrak{C}),$$

über dem eine reguläre Galoiserweiterung N^i/K^i existiert mit

$$\mathrm{Gal}(N^i/K^i) \cong G$$

und mit der von $\mathfrak{C}$ aufgespannten Verzweigungsstruktur $\mathfrak{C}^*$.

Beweis: Der Körper $K^i = K^i_{\underline{\sigma}}$ aus dem Beweis zu der Folgerung 3 in § 2 enthält den Körper $K^e := K_{\mathfrak{C}}$. Damit ergibt sich das 1. Rationalitätskriterium sofort aus dem Beweis zur Bemerkung 3. □

Zusatz 1: Die Aussage des 1. Rationalitätskriteriums bleibt auch in dem Fall richtig, daß Z(G) kein Komplement in G besitzt, wenn K zentral aufgeschlossen gegenüber $\overline{N}/\overline{K}$ mit $\overline{N} = N^G_{\overline{\mathfrak{S}}}(\underline{\sigma})$ ist.

Beweis: Diese Ergänzung zum 1. Rationalitätskriterium ergibt sich unter Verwendung der Bemerkung 3 sofort aus dem Satz 4 in § 2, da dort nur vorausgesetzt war, daß K zentral aufgeschlossen gegenüber $\overline{N}/\overline{K}$ ist. □

Spezialisiert man im Satz 2 den Körper K zu $\mathbb{Q}(t)$ und V zur Einsgruppe I, so bekommt man die folgende vereinfachte Version des 1. Rationalitätskriteriums:

<u>Folgerung 2:</u> (1. Rationalitätskriterium für $g = 0$)
<u>Sind G eine endliche Gruppe, deren Zentrum ein Komplement in G besitzt, und $\mathbb{C}$ eine Klassenstruktur von G mit $\ell^i(\mathbb{C}) > 0$, dann gibt es einen Körper k^i mit einem über $\mathbb{Q}$ abelschen Teilkörper k^e und</u>

$$(k^i:k^e) \leq \ell^i(\mathbb{C}), \quad (k^e:\mathbb{Q}) = e(\mathbb{C}),$$

<u>über dem eine reguläre Galoiserweiterung $N^i/k^i(t)$ existiert mit</u>

$$\mathrm{Gal}(N^i/k^i(t)) \cong G$$

<u>und mit der von $\mathbb{C}$ aufgespannten Verzweigungsstruktur $\mathbb{C}^*$.</u>

<u>Beweis:</u> Alle Aussagen ergeben sich aus dem Satz 2 und der Folgerung 1 wegen

$$(k^e:\mathbb{Q}) = (K_{\mathbb{C}}:\mathbb{Q}(t)) = e(\mathbb{C}). \qquad \square$$

Die nächste Folgerung aus dem 1. Rationalitätskriterium hat sich als besonders einprägsam erwiesen (vergleiche § 2, Folgerung 4):

<u>Folgerung 3:</u> <u>Besitzt eine endliche Gruppe G, deren Zentrum ein Komplement in G hat, eine Klassenstruktur $\mathbb{C}$ mit $\ell^i(\mathbb{C}) = 1$, so gibt es eine abelsche Körpererweiterung $k^e/\mathbb{Q}$ mit</u>

$$(k^e:\mathbb{Q}) = e(\mathbb{C})$$

<u>und eine reguläre Galoiserweiterung $N^e/k^e(t)$ mit</u>

$$\mathrm{Gal}(N^e/k^e(t)) \cong G$$

<u>und mit der von $\mathbb{C}$ aufgespannten Verzweigungsstruktur $\mathbb{C}^*$.</u>

Beweise zu Spezialfällen des 1. Rationalitätskriteriums wurden von mehreren Autoren geführt: Bereits Shih [1974], Th. 3, gab im Prinzip einen Beweis für vollständige Gruppen G mit $\ell^i(\mathbb{C}^*) = 1$, bei Belyi [1979], Th. 1, steht ein Beweis für $s = 3$ und $\ell^i(\mathbb{C}) = 1$, der Verfasser bewies in seiner Habilitationsschrift 1980 den Satz 4 in § 2 (siehe Matzat [1984], Satz 5.2) und Thompson [1984a] führte einen Beweis für nicht abelsche einfache Gruppen unter den Voraussetzungen $s \leq 6$, $\ell^i(\mathbb{C}) = 1$ und $\Sigma(\mathbb{C}) = \overline{\Sigma}(\mathbb{C})$. Die hier präsentierte Fassung des 1. Rationalitätskriteriums entspricht dem Satz 5.4 bei Matzat [1985a].

3. Ein Kriterium für eigentliche Definitionskörper über Kreisteilungskörpern

Die Gradabschätzung eines eigentlichen Definitionskörpers K^i von $\bar{N}/\bar{K}$ über einem geeigneten abelschen Erweiterungskörper K^e eines Definitionskörpers von $V\mathfrak{S}$ durch $\ell_g^i(\mathbb{C})$ läßt sich noch unter einer schwächeren Voraussetzung beweisen.

Definition 2: Es seien $\bar{K}/\bar{k}$ ein algebraischer Funktionenkörper mit einem algebraisch abgeschlossenen Konstantenkörper $\bar{k}$ und $\bar{N}/\bar{K}$ eine Galoiserweiterung mit der Galoisgruppe $\bar{G}$. Dann heißt ein Teilkörper K/k von $\bar{K}$ mit $\bar{k}K = \bar{K}$ *schwach zentral aufgeschlossen gegenüber* $\bar{N}/\bar{K}$, wenn es einen Primdivisor $\mathfrak{p} \in \mathbb{P}(K/k)$ mit $d(\mathfrak{p}) = 1$ gibt, so daß $Z(\bar{G})$ im Zentralisator $C_{\bar{G}}(\bar{T})$ der Trägheitsgruppe $\bar{T} := \bar{G}_T(\bar{\mathfrak{P}}/\bar{\mathfrak{p}})$ eines Teilers $\bar{\mathfrak{P}} \in \mathbb{P}(\bar{N}/\bar{k})$ von $\mathfrak{p}$ über $\bar{\mathfrak{p}} := \bar{\mathfrak{P}} \cap \bar{K}$ ein Komplement besitzt.
Ein Definitionskörper von $\bar{N}/\bar{K}$, der gegenüber $\bar{N}/\bar{K}$ schwach zentral aufgeschlossen ist, heißt ein *schwach zentral aufgeschlossener Definitionskörper von* $\bar{N}/\bar{K}$.

Mit Hilfe dieser Definition erhält man die folgende Abschätzung für den Grad eines eigentlichen Definitionskörpers über einer abelschen Konstantenerweiterung:

Satz 3: Es seien $\bar{K}/\bar{k}$ ein algebraischer Funktionenkörper der Charakteristik 0 und vom Geschlecht g mit einem algebraisch abgeschlossenen Konstantenkörper, $\bar{N} := N^G_{\mathfrak{S}}(\underline{\sigma})$ eine außerhalb $\bar{\mathfrak{S}} \subseteq \mathbb{P}(\bar{K}/\bar{k})$ unverzweigte Galoiserweiterung über $\bar{K}$ mit einer zu G isomorphen Galoisgruppe $\bar{G}$ und $\underline{\sigma} \in \Sigma_g(\mathbb{C})$. Weiter seien K ein Definitionskörper von $V\mathfrak{S}$ für $V \le \mathrm{Sym}(\mathbb{C}^*)$, der gegenüber $\bar{N}/\bar{K}$ schwach zentral aufgeschlossen ist und e die Ordnung der in der Definition 2 vorkommenden Trägheitsgruppe $\bar{T}$. Dann ist die Konstantenerweiterung von $K^i_{\underline{\sigma}}$ mit dem e-ten Kreisteilungskörper $\mathbb{Q}^{(e)}$ ein eigentlicher Definitionskörper von $\bar{N}/\bar{K}$ mit dem über K abelschen Teilkörper $K^e := \mathbb{Q}^{(e)}K_{\mathbb{C}}$, und es gelten

$$(\mathbb{Q}^{(e)}K^i_{\underline{\sigma}} : K^e) \le \ell^i_g(\mathbb{C}), \quad (K^e : K) \le \varphi(e)e(\mathbb{C}).$$

Beweis: Wie bisher seien $\bar{M} = M_{\mathfrak{S}}(\bar{K})$ der maximal algebraische außerhalb von $\bar{\mathfrak{S}}$ unverzweigte Erweiterungskörper von $\bar{K}$, $\bar{\Pi} = \mathrm{Gal}(\bar{M}/\bar{K})$ und $\Pi = \mathrm{Gal}(\bar{M}/K)$. Nach dem Zusatz 1 im Kapitel I, § 5.1, besitzt $\bar{\Pi}$ in Π ein Komplement $\tilde{\Delta}$ innerhalb von $N_{\Pi}(\bar{T})$. Weiter kann angenommen werden, daß das Urbild T von $\bar{T}$ in G unter dem Isomorphismus

$$\varepsilon_\psi : G \to \bar{G},\ \sigma_j = \psi(\alpha_j) \mapsto \bar{\sigma}_j = \alpha_j\Psi$$

aus § 1.2, hierbei ist $\Psi = \mathrm{Gal}(\bar{M}/\bar{N})$, von einer der Komponenten von $\underline{\sigma}$ erzeugt wird, etwa von σ_1. Die Fixgruppe von σ_1 unter der Operation von $\tilde{d}_G$ aus § 1.2 werde mit

$$\tilde{\Delta}_1 := \{\tilde{\delta} \in \tilde{\Delta} \mid \sigma_1^{\tilde{\delta}} = \psi(\alpha_1^{\tilde{\delta}}) = \sigma_1\}$$

bezeichnet. Weiter seien $\Delta(K) := \mathrm{Gal}(\bar{K}/K)$,

$$\Delta_1 := \{\delta \in \Delta(K) \mid \delta = \tilde{\delta}|_{\bar{K}},\ \tilde{\delta} \in \tilde{\Delta}_1\},$$

$$\Delta_{1,\mathfrak{C}} := \Delta_1 \cap \Delta(K)_{\mathfrak{C}},\ \Delta^i_{1,\underline{\sigma}} := \Delta_1 \cap \Delta^i_{\underline{\sigma}}\ .$$

Da $\sigma_1^{\tilde{\delta}} = \sigma_1^{c(\delta)}$ für alle $\tilde{\delta} \in \tilde{\Delta}$ gilt, sind wegen $o(\sigma_1) = e$ die Fixkörper von $\Delta_{1,\mathfrak{C}}$ bzw. $\Delta^i_{1,\underline{\sigma}}$ enthalten in $K^e := \mathbb{Q}^{(e)}K_{\mathfrak{C}}$ bzw. $K^i := \mathbb{Q}^{(e)}K^i_{\underline{\sigma}}$. Ferner gelten nach dem Satz 2

$$(K^i : K^e) \le (K^i_{\underline{\sigma}} : K_{\mathfrak{C}}) \le \ell^i_g(\underline{\sigma})$$

und

$$(K^e : K) = (K^e : K_{\mathfrak{C}})(K_{\mathfrak{C}} : K) \le \varphi(e)\,e(\mathfrak{C}).$$

Wegen $[\underline{\sigma}]^\delta = [\underline{\sigma}]$ für alle $\delta \in \Delta^i_{\underline{\sigma}}$ ist K^i ein Definitionskörper von $\bar{N}/\bar{K}$, also ist Ψ ein Normalteiler von $\Pi^i := \mathrm{Gal}(\bar{M}/K^i)$, und $\bar{N}/K^i$ ist galoissch mit

$$\Gamma := \mathrm{Gal}(\bar{N}/K^i) = \Pi^i/\Psi.$$

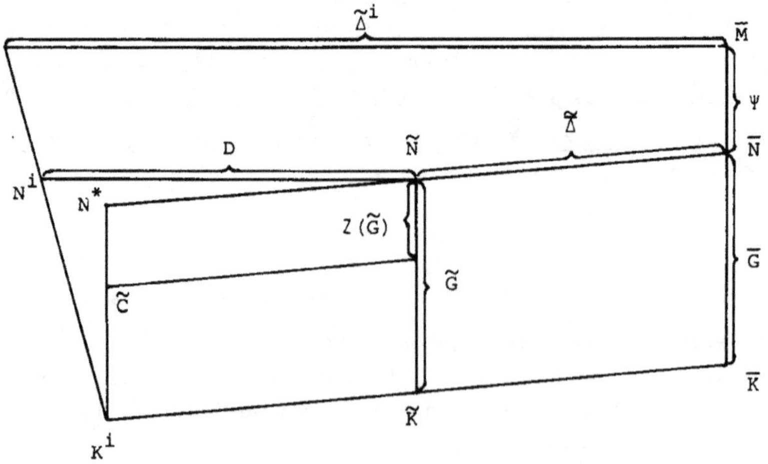

Es bleibt zu zeigen, daß K^i ein eigentlicher Definitionskörper von $\bar{N}/\bar{K}$ ist. Der Fixkörper des semidirekten Produkts von Ψ mit $\tilde{\Delta}^i := \tilde{\Delta} \cap \Pi^i$, dieser werde mit N^i bezeichnet, ist ein regulärer Erweiterungskörper von K^i mit $\bar{k}N^i = \bar{N}$. Weiter seien $\tilde{N}$ die galoissche Hülle von N^i/K^i, $\tilde{\tilde{\Delta}} := \mathrm{Gal}(\bar{N}/\tilde{N})$ und $\tilde{K}$ der Fixkörper von $\bar{G} \times \tilde{\tilde{\Delta}}$. Dann ist $\tilde{N}/\tilde{K}$ eine reguläre Galoiserweiterung mit einer zu G isomorphen Galoisgruppe $\tilde{G} = (\bar{G}\times\tilde{\tilde{\Delta}})/\tilde{\tilde{\Delta}}$, und

$$\tilde{\tilde{\Gamma}} := \mathrm{Gal}(\tilde{N}/K^i) = \Gamma/\tilde{\tilde{\Delta}}$$

ist isomorph zu einer G enthaltenden Untergruppe des Holomorphs von G. Da jedes $\bar{\delta} \in \mathrm{Gal}(\bar{N}/N^i)$ durch Konjugation in Γ als ein innerer Automorphismus auf $\bar{G}$ operiert und konstruktionsgemäß $\bar{\sigma}_1 := \varepsilon_\psi(\sigma_1)$ invariant läßt, operiert $\bar{\delta}$ auf $\bar{G}$ durch Konjugation wie ein Element aus $C_{\bar{G}}(\bar{T})$. Folglich operiert auch jedes Element von $D := \mathrm{Gal}(\bar{N}/N^i)/\tilde{\tilde{\Delta}}$ durch Konjugation in $\tilde{\tilde{\Gamma}}$ wie ein Element aus $C_{\tilde{G}}(\tilde{T})$ auf $\tilde{G}$, wobei $\tilde{T} = (\bar{T} \times \tilde{\tilde{\Delta}})/\tilde{\tilde{\Delta}}$ ist. Daher ist der Zentralisator $\tilde{C} := C_{\tilde{\tilde{\Gamma}}}(\tilde{G})$ isomorph zu einer $Z(\bar{G})$ enthaltenden Untergruppe von $C_{\bar{G}}(\bar{T})$. Nach der Voraussetzung enthält $C_{\bar{G}}(\bar{T})$ ein Komplement zu $Z(\bar{G})$, also besitzt auch $Z(\tilde{G})$ ein Komplement in $\tilde{C}$, dieses sei D^*. Wegen

$$\tilde{\tilde{\Gamma}} = \tilde{G} \times D^*$$

ist der Fixkörper N^* von D^* ein regulärer galoisscher Erweiterungskörper von K^i mit $\tilde{k}N^* = \tilde{N}$ und $\bar{k}N^* = \bar{N}$. Damit ist bewiesen, daß K^i ein eigentlicher Definitionskörper von $\bar{N}/\bar{K}$ ist. $\square$

§ 5 Das Kriterium von Belyi

Die Berechnung von Erzeugendensystemklassenzahlen endlicher Gruppen ist ein nichttriviales kombinatorisches Problem, das sich für Gruppen kleiner Ordnung, das heißt zur Zeit etwa bei einfachen Gruppen G für $|G| < 10^6$, noch mit einem Computer lösen läßt. Bei größeren Gruppen ist man auf zusätzliche Hilfsmittel angewiesen wie etwa eine übersichtliche Matrizendarstellung. Für Matrizengruppen hat nämlich Belyi eine häufig verhältnismäßig leicht verifizierbare hinreichende Bedingung dafür entdeckt, daß eine Erzeugendensystemklassenzahl $\ell^i(\mathbf{C}) = 1$ ist. Damit war es ihm möglich, unter anderem alle klassischen einfachen Gruppen als Galoisgruppen über Kreisteilungskörpern zu realisieren. Als Beispiele werden hier die endlichen linearen Gruppen betrachtet.

1. Die Bedingung von Belyi

Es seien k ein beliebiger Körper und $GL_n(k)$ die Gruppe der invertierbaren $n \times n$-Matrizen über k.

Satz 1: (Kriterium von Belyi)
Besitzt eine endliche Gruppe G eine irreduzible Matrizendarstellung

$$D : G \to GL_n(k),\ \sigma \mapsto D(\sigma),$$

und wird D(G) von zwei Matrizen $D(\sigma_1)$, $D(\sigma_2)$ erzeugt, von denen etwa $D(\sigma_1)$ einen (n-1)-dimensionalen Eigenraum zum Eigenwert 1 besitzt, dann hat die Klassenstruktur $\mathbf{C} = ([\sigma_1],[\sigma_2],[\sigma_1\sigma_2]^{-1})$ die Klassenzahl $\ell^a(\mathbf{C})=1$. Wird zusätzlich der Normalisator von D(G) in $GL_n(k)$ durch D(G) und $Z(GL_n(k))$ erzeugt, so gilt auch $\ell^i(\mathbf{C}) = 1$.

Beweis: Es ist zu zeigen, daß es zu jedem 3-Erzeugendensystem $(\tilde\sigma_1,\tilde\sigma_2,\tilde\sigma_3) \in \Sigma(\mathbf{C})$, bei dem noch $\tilde\sigma_2 = \sigma_2$ vorausgesetzt werden kann, ein $\varphi \in Aut(G)$ gibt mit $\underline{\tilde\sigma} = \underline{\sigma}^\varphi$. Nun seien $D_j := D(\sigma_j)$, $\tilde D_j := D(\tilde\sigma_j)$ sowie $D_0 := D_1 - I$ (mit der Einheitsmatrix I) und $\tilde D_0 := \tilde D_1 - I$. Nach der Voraussetzung hat die Matrix D_0 den Rang 1. Weil $\tilde D_1$ in $\mathbf{G} := GL_n(k)$ zu D_1 konjugiert ist, ist auch $\tilde D_0$ in $\mathbf{G}$ zu D_0 konjugiert, woraus $\mathrm{Rang}(\tilde D_0) = 1$ folgt. Wenn nun ein $C \in C_{\mathbf{G}}(D_2)$ existiert mit

$$\tilde D_0 = C^{-1} D_0 C,$$

so gelten $\tilde D_1 = D_1^C$, $\tilde D_2 = D_2 = D_2^C$ und damit $\ell^a(\mathbf{C}) = 1$. Auf Grund von

$C \in N_{\mathbb{G}}(D(G))$ kann unter der zusätzlichen Voraussetzung

$$N_{\mathbb{G}}(D(G)) = \langle D(G), Z(\mathbb{G})\rangle$$

noch $C \in D(G)$ gewählt werden, und es ist sogar $\ell^i(\mathbb{C}) = 1$. Es genügt also, die Existenz einer Matrix $C \in C_{\mathbb{G}}(D_2)$ mit $\tilde{D}_0 = D_0^C$ nachzuweisen. Da $(I+D_0)D_2 = D_1D_2$ in $\mathbb{G}$ zu $(I+\tilde{D}_0)D_2 = \tilde{D}_1D_2$ konjugiert ist, gilt

$$\mathrm{Det}(XI + D_2 + D_0D_2) = \mathrm{Det}(XI + D_2 + \tilde{D}_0D_2).$$

Wegen

$$(XI + D_2)^{-1} = \sum_{\nu=0}^{\infty} (-1)^{\nu} D_2^{-(\nu+1)} X^{\nu}$$

ist $XI + D_2$ ein Element der Gruppe $\mathbb{G}^* := GL_n(\mathbf{k}((X)))$ über dem Körper der formalen Potenzreihen $k((X))$. Mit

$$R(X) := D_0D_2(XI + D_2)^{-1}, \quad \tilde{R}(X) := \tilde{D}_0D_2(XI + D_2)^{-1}$$

gilt daher in $k((X))$

$$\mathrm{Det}(I + R(X)) = \mathrm{Det}(I + \tilde{R}(X)).$$

Wegen $\mathrm{Rang}(D_0) = 1$ ist $\mathrm{Rang}(R(X)) \le 1$, es ist also $R(X)$ in $\mathbb{G}^*$ konjugiert entweder zu der Diagonalmatrix $\mathrm{Diag}(r(X),0,\ldots,0)$ mit $r(X) := \mathrm{Spur}(R(X))$ oder zu $E_{2,1} = (\delta_{k,2}\delta_{\mu,1})_{k,\mu}$, wobei $\delta_{k,\lambda}$ das Kroneckersymbol bedeutet. Im ersten Fall ist $I + R(X)$ in $\mathbb{G}^*$ konjugiert zu $\mathrm{Diag}(1+r(X), 1,\ldots,1)$ und es gilt

$$\mathrm{Det}(I + R(X)) = 1 + r(X) = 1 + \mathrm{Spur}(R(X)),$$

was sich auch im zweiten Fall unmittelbar aus $R(X)^n = 0$ ablesen läßt. Da die entsprechende Gleichung auch für $\tilde{R}(X)$ statt $R(X)$ richtig ist, folgt aus der Gleichheit der Determinanten

$$\mathrm{Spur}(R(X)) = \mathrm{Spur}(\tilde{R}(X)).$$

Durch Vergleich der Koeffizienten der Potenzreihen

$$\mathrm{Spur}(R(X)) = \mathrm{Spur}(D_0 \sum_{\nu=0}^{\infty} (-1)^{\nu} D_2^{-\nu} X^{\nu})$$

mit den entsprechenden von $\tilde{R}(X)$ erhält man

$$\mathrm{Spur}(D_0D_2^{-\nu}) = \mathrm{Spur}(\tilde{D}_0D_2^{-\nu})$$

zunächst für alle $\nu \in \mathbb{N}$ und wegen $o(D_2) < \infty$ auch für alle $\nu \in \mathbb{Z}$.

Faßt man jetzt D_j auf als die Abbildungsmatrix einer linearen Abbildung des n-dimensionalen Vektorraums k^n bezüglich der Standardbasis und bezeichnet man diese Abbildung wieder mit σ_j, so läßt sich σ_0 wegen $\mathrm{Rang}(D_0) = 1$ zerlegen in die kanonische Abbildung

$$\kappa : k^n \to k^n/\mathrm{Kern}(\sigma_0) \cong k$$

gefolgt von einer Einbettung

$$\varepsilon : k \to k^n.$$

Der Unterraum

$$V := k[\sigma_2]\varepsilon(1)$$

von k^n ist offenbar nicht leer und σ_2-invariant. Nach der Konstruktion von ε ist V auch σ_0-invariant und folglich σ_1-invariant. Daher ist V ein G-invarianter Teilraum von k^n und somit gleich k^n, da D eine irreduzible Darstellung von G ist. Zerlegt man nun $\tilde{\sigma}_0$ analog zu σ_0 in $\tilde{\sigma}_0 = \tilde{\varepsilon}\tilde{\kappa}$, so erhält man wie eben $k[\sigma_2]\tilde{\varepsilon}(1) = k^n$. Demnach existiert ein $k[\sigma_2]$- Modulhomomorphismus $\gamma \in \mathrm{Aut}(k^n)$ mit $\gamma\tilde{\varepsilon}(1) = \varepsilon(1)$, woraus dann $\gamma\tilde{\varepsilon} = \varepsilon$ folgt. Gemäß der Konstruktion ist die Darstellungsmatrix C von γ bezüglich der Standardbasis von k^n ein Element von $C_{\mathbb{G}}(D_2)$. Um D_0^C zu berechnen, stellt man zunächst fest, daß $D_2(I + D_0) = D_2D_1$ in $\mathbb{G}$ zu $D_2(I + \tilde{D}_0) = D_2\tilde{D}_1$ konjugiert ist, woraus wie oben die Gültigkeit von

$$\mathrm{Spur}(D_2^\nu D_0) = \mathrm{Spur}(D_2^\nu \tilde{D}_0) \quad \text{für } \nu \in \mathbb{Z}$$

folgt. Wegen $C \in C_{\mathbb{G}}(D_2)$ gilt dann

$$\mathrm{Spur}(\sigma_2^\nu \sigma_0) = \mathrm{Spur}(\sigma_2^\nu \gamma\tilde{\sigma}_0\gamma^{-1}),$$

woraus unter Verwendung von $\gamma\tilde{\varepsilon} = \varepsilon$ folgt

$$0 = \mathrm{Spur}(\sigma_2^\nu(\varepsilon\kappa - \gamma\tilde{\varepsilon}\tilde{\kappa}\gamma^{-1})) = \mathrm{Spur}(\sigma_2^\nu\varepsilon(\kappa - \tilde{\kappa}\gamma^{-1})).$$

Auf Grund von $k[\sigma_2]\varepsilon(1) = k^n$ impliziert dies

$$(\kappa - \tilde{\kappa}\gamma^{-1})(\underline{v}) = 0,$$

für alle $\underline{v} \in k^n$, und es ist $\kappa = \tilde{\kappa}\gamma^{-1}$. Insgesamt ergibt sich also

$$\sigma_0 = \varepsilon\kappa = \gamma\tilde{\varepsilon}\tilde{\kappa}\gamma^{-1} = \gamma\tilde{\sigma}_0\gamma^{-1},$$

woraus durch Übergang zu den Darstellungsmatrizen die gewünschte Gleichung $\tilde{D}_0 = D_0^C$ entsteht. □

2. Anwendung auf die Gruppe $GL_n(\mathbb{F}_q)$

Die Bedingung von Belyi wird nun für die Gruppen $GL_n(\mathbb{F}_q)$ nachgewiesen. Dazu sei zunächst an die folgenden Rechenregeln für die Additionsmatrizen

$$A_{\lambda,\nu}(x) := I + xE_{\lambda,\nu}$$

mit $E_{\lambda,\nu} := (\delta_{\kappa,\lambda}\delta_{\mu,\nu})_{\kappa,\mu}$ und $\lambda \neq \nu$ – hier bedeutet $\delta_{\kappa,\nu}$ das Kroneckersymbol – erinnert:

(1) $$[A_{\lambda,\mu}(x), A_{\mu,\nu}(y)] = A_{\lambda,\nu}(xy),$$

(2) $$[A_{\mu,\lambda}(x), A_{\nu,\mu}(y)] = A_{\nu,\lambda}(-xy).$$

Weiter werde die Untergruppe der Additionsmatrizen $A_{\lambda,\nu}(x)$ von $GL_n(\mathbb{F}_q)$ mit festen λ, ν mit

$$\mathfrak{X}_{\lambda,\nu} := \{A_{\lambda,\nu}(x) \mid x \in \mathbb{F}_q\}$$

bezeichnet.

Bemerkung 1: _Bedeutet_ w _ein erzeugendes Element von_ $\mathbb{F}_q^\times$, _dann gelten:_

(a) _Die Gruppe_ $GL_2(\mathbb{F}_2)$ _wird erzeugt durch_

$$\sigma_1 = \begin{pmatrix} 1 & 1 \\ 0 & 1 \end{pmatrix} \ \underline{\text{und}}\ \sigma_2 = \begin{pmatrix} 0 & 1 \\ 1 & 0 \end{pmatrix}.$$

(b) _Die Gruppe_ $GL_2(\mathbb{F}_q)$ _wird für_ $q \neq 2$ _erzeugt durch_

$$\sigma_1 = \begin{pmatrix} w & 0 \\ 0 & 1 \end{pmatrix} \ \underline{\text{und}}\ \sigma_2 = \begin{pmatrix} -1 & 1 \\ -1 & 0 \end{pmatrix}.$$

(c) _Die Gruppe_ $GL_n(\mathbb{F}_q)$ _wird für_ $n > 2$ _erzeugt durch_

$$\sigma_1 = \begin{pmatrix} 1 & 1 & & 0 \\ & 1 & \ddots & \\ & & \ddots & \\ 0 & & & 1 \end{pmatrix} \ \underline{\text{und}}\ \sigma_2 = \begin{pmatrix} 0 & 1 & & 0 \\ \vdots & 0 & \ddots & \\ \vdots & & \ddots & \ddots \\ 0 & & & 1 \\ \varepsilon w & 0 & \cdots & 0 \end{pmatrix}$$

mit $\varepsilon = (-1)^{n-1}$.

Beweis: Es sei $\mathfrak{U}$ die von σ_1 und σ_2 erzeugte Untergruppe von $\mathfrak{G} := GL_n(\mathbb{F}_q)$. Im Fall $n = 2$, $q = 2$ gilt dann wegen $\mathfrak{U} \cong S_3$

$$GL_2(\mathbb{F}_2) = SL_2(\mathbb{F}_2) = \mathfrak{U}.$$

Im Fall $n = 2$, $q \neq 2$ ist der Kommutator

$$[\sigma_1, \sigma_2\sigma_1\sigma_2^{-1}] = A_{1,2}(v) \text{ mit } v = \frac{(w-1)^2}{w}$$

ein Element von $\mathfrak{U}$ mit $v \neq 0$. Wegen

$$\sigma_1^{-\nu} A_{1,2}(v) \sigma_1^{\nu} = A_{1,2}(w^{-\nu} v)$$

enthält $\mathfrak{U}$ die ganze Gruppe $\mathfrak{X}_{1,2}$. Mit

$$\omega = \begin{pmatrix} 1 & -1 \\ 0 & 1 \end{pmatrix} \begin{pmatrix} -1 & 1 \\ -1 & 0 \end{pmatrix} = \begin{pmatrix} 0 & 1 \\ -1 & 0 \end{pmatrix}$$

gehören dann auch $A_{1,2}(x)^{\omega} = A_{2,1}(-x)$ und damit die Gruppe $\mathfrak{X}_{2,1}$ zu $\mathfrak{U}$. Da $\mathfrak{X}_{1,2}$ und $\mathfrak{X}_{2,1}$ bekanntlich die Gruppe $SL_2(\mathbb{F}_q)$ erzeugen (siehe z.B. Suzuki [1982], Ch. 1, Th. 9.2), gilt $\mathfrak{U} \geq SL_2(\mathbb{F}_q)$, und wegen $\det(\sigma_1) = w$ ist sogar $\mathfrak{U} = \mathfrak{G}$.

Im Fall $n > 2$ gelten

$$\sigma_2^{-\nu} \sigma_1 \sigma_2^{\nu} = A_{\nu+1,\nu+2}(1) \in \mathfrak{U} \text{ für } \nu = 0,\ldots,n-2$$

und

$$\sigma_2^{-(n-1)} \sigma_1 \sigma_2^{n-1} = A_{n,1}(\varepsilon w) \in \mathfrak{U}.$$

Dann gehört wegen $A_{n,1}(w)^{-1} = A_{n,1}(-w)$ jedenfalls $A_{n,1}(w)$ zu $\mathfrak{U}$. Aus (1) ergibt sich dann

$$[A_{1,\nu}(1), A_{\nu,\nu+1}(1)] = A_{1,\nu+1}(1) \in \mathfrak{U} \text{ für } \nu = 2,\ldots,n-1.$$

Nun ist wiederum nach (1)

$$[A_{1,n}(1), [A_{n,1}(w), A_{1,2}(x)]] = [A_{1,n}(1), A_{n,2}(wx)] = A_{1,2}(wx)$$

für alle $x \in \mathbb{F}_q$, $\mathfrak{U}$ enthält also die volle Gruppe $\mathfrak{X}_{1,2}$. Durch Konjugation mit σ_2^{ν} folgt hieraus auch $\mathfrak{X}_{1+\nu,2+\nu} \leq \mathfrak{U}$ für $\nu = 0,\ldots,n-2$. Durch Anwendung von (1) erhält man weiter $\mathfrak{X}_{\lambda,\nu} \leq \mathfrak{U}$ für $\nu > \lambda$ und daraus durch Anwendung von (2) auch $\mathfrak{X}_{\lambda,\nu} \leq \mathfrak{U}$ für $\nu < \lambda$. Damit umfaßt $\mathfrak{U}$ nach Suzuki [1982], Ch. 1, Th. 9.2, die Gruppe $SL_n(\mathbb{F}_q)$ und wegen $\det(\sigma_2) = w$ auch die Gruppe $GL_n(\mathbb{F}_q)$. □

Da das Element σ_1 in der Bemerkung 1 jeweils einen $(n-1)$-dimensionalen Eigenraum zum Eigenwert 1 besitzt, ist das Kriterium von Belyi auf die Gruppen $GL_n(\mathbb{F}_q)$ anwendbar: Es ist $\ell^i(\mathfrak{C}) = 1$ für die Klassenstruktur $\mathfrak{C} = ([\sigma_1],[\sigma_2],[\sigma_1\sigma_2]^{-1})$ mit den in der Bemerkung 1 definierten σ_1 und σ_2.

3. Realisierung linearer Gruppen als Galoisgruppen über Kreisteilungskörpern

Nach der Hurwitzklassifikation gibt es genau eine außerhalb $\bar{\mathfrak{S}} = \{\bar{\mathfrak{p}}_1,\bar{\mathfrak{p}}_2,\bar{\mathfrak{p}}_3\} \subseteq \mathbb{P}(\bar{\mathbb{Q}}(t)/\bar{\mathbb{Q}})$ unverzweigte Galoiserweiterung $\bar{N} = N^G_{\bar{\mathfrak{S}}}(\underline{\sigma})$ über $\bar{\mathbb{Q}}(t)$ mit $\underline{\sigma} \in \Sigma(\mathfrak{C})$. Für das 1. Rationalitätskriterium ist noch nachzuprüfen, ob $\mathbb{Q}(t)$ ein gegenüber $\bar{N}/\bar{\mathbb{Q}}(t)$ zentral aufgeschlossener Definitionskörper von $\bar{\mathbb{S}}$ ist. Dies folgt für $Gal(\bar{\mathbb{Q}}(t)/\mathbb{Q}(t))$-invariante $\bar{\mathfrak{p}}_j \in \bar{\mathbb{S}}$ aus der

<u>Bemerkung 2:</u> <u>Ist</u> σ_1 <u>das in der Bemerkung</u> 1 <u>definierte Element der Gruppe</u> $G = GL_n(\mathbb{F}_q)$, <u>so besitzt</u> $Z(G)$ <u>ein Komplement in</u> $N_G(\langle\sigma_1\rangle)$.

<u>Beweis:</u> Der Eigenraum $E(1)$ zum Eigenwert 1 von σ_1 ist $(n-1)$-dimensional und invariant unter $U := N_G(\langle\sigma_1\rangle)$. Folglich induziert jedes $\sigma \in U$ einen Automorphismus auf dem Faktorraum $\mathbb{F}_q^n/E(1)$. Für den zugehörigen kanonischen Homomorphismus

$$\kappa : U \to GL(\mathbb{F}_q^n/E(1)) \cong GL_1(\mathbb{F}_q)$$

gilt $\kappa(Z(G)) \cong \mathbb{F}_q^\times$, also ist κ surjektiv. Wegen $GL_1(\mathbb{F}_q) \cong \mathbb{F}_q^\times I = Z(G)$ ist der Kern von κ ein Komplement von $Z(G)$ in U. □

Durch Zusammenfassen obiger Resultate erhält man den

<u>Satz 2:</u> <u>Es seien</u> $G = GL_n(\mathbb{F}_q)$ <u>und</u> $\mathbb{C} = ([\sigma_1],[\sigma_2],[\sigma_1\sigma_2]^{-1})$ <u>die durch die Bemerkung</u> 1 <u>definierte Klassenstruktur von</u> G. <u>Dann existiert eine abelsche Körpererweiterung</u> $k^e/\mathbb{Q}$ <u>vom Grad</u> $e(\mathbb{C})$ <u>und eine reguläre Galoiserweiterung</u> $N^e/k^e(t)$ <u>mit</u>

$$Gal(N^e/k^e(t)) \cong GL_n(\mathbb{F}_q)$$

<u>und mit der von</u> $\mathbb{C}$ <u>aufgespannten Verzweigungsstruktur</u> $\mathbb{C}^*$.

<u>Beweis:</u> Nach der Bemerkung 1 und dem Kriterium von Belyi ist $\ell^i(\mathbb{C}) = 1$. Wählt man nun $\bar{\mathbb{S}} \subseteq \mathbb{P}(\bar{\mathbb{Q}}(t)/\bar{\mathbb{Q}})$ etwa als die Menge der Zähler- und Nennerdivisoren von (t) und $(t-1)$, so ist $\mathbb{Q}(t)$ ein Definitionskörper von $I\bar{\mathbb{S}}$, der nach der Bemerkung 2 gegenüber der Galoiserweiterung $\bar{N}/\bar{\mathbb{Q}}(t)$ mit $\bar{N} = N^G_{\bar{\mathbb{S}}}(\underline{\sigma})$ und $\underline{\sigma} \in \Sigma(\mathbb{C})$ zentral aufgeschlossen ist. Damit folgt aus dem 1. Rationalitätskriterium (§ 4, Satz 2 mit Folgerung 2), daß es einen eigentlichen Definitionskörper $k^e(t)$ von $\bar{N}/\bar{\mathbb{Q}}(t)$ gibt, der über $\mathbb{Q}(t)$ abelsch ist vom Grad $(k^e(t):\mathbb{Q}(t)) = e(\mathbb{C})$. □

<u>Folgerung 1:</u> <u>Die Gruppen</u> $PGL_n(\mathbb{F}_q)$ <u>sind über den im Satz</u> 2 <u>definierten Körpern</u> $k^e(t)$ <u>als Galoisgruppen regulärer Körpererweiterungen realisierbar</u>.

<u>Beweis:</u> Bezeichnet man den Fixkörper von $Z(G)$ in der Galoiserweiterung $\bar{N}/\bar{\mathbb{Q}}(t)$ aus dem Satz 2 mit $\bar{L}$, so ist $\bar{L}/\bar{\mathbb{Q}}(t)$ galoissch mit

$$Gal(\bar{L}/\bar{\mathbb{Q}}(t)) = G/Z(G) = PGL_n(\mathbb{F}_q).$$

Offenbar ist $k^e(t)$ auch ein eigentlicher Definitionskörper von $\bar{L}/\bar{\mathbb{Q}}(t)$.

□

<u>Folgerung 2:</u> <u>Die Gruppen $SL_n(\mathbb{F}_q)$ sind als Galoisgruppen regulärer Körpererweiterungen über den Körpern $k^e(t)$ aus dem Satz 2 realisierbar.</u>

<u>Beweis:</u> Es sei $\tilde{K}^e$ der Fixkörper der Untergruppe $U := SL_n(\mathbb{F}_q)$ von $G = GL_n(\mathbb{F}_q)$ in der Galoiserweiterung $N^e/k^e(t)$ aus dem Satz 2. Dann ist $Gal(N^e/\tilde{K}^e) \cong SL_n(\mathbb{F}_q)$, und es bleibt zu zeigen, daß $\tilde{K}^e/k^e$ ein rationaler Funktionenkörper ist. $\tilde{K}^e/k^e(t)$ ist regulär und galoissch mit

$$Gal(\tilde{K}^e/k^e(t)) \cong Z(G) \cong \mathbb{F}_q^\times \cong Z_{q-1}.$$

Weiter sind in $\tilde{K}^e/k^e(t)$ höchstens die Zähler- und Nennerdivisoren von (t) und (t-1) verzweigt, diese seien die Elemente von $\mathfrak{S} = \{\mathfrak{p}_1, \mathfrak{p}_2, \mathfrak{p}_3\}$. Nach der Bemerkung 1 gehört im Fall n = 2 das Element σ_2 und im Fall n > 2 das Element σ_1 zu U. Also ist in $\tilde{K}^e/k^e(t)$ $\mathfrak{p}_2$ im Fall n = 2 und $\mathfrak{p}_1$ im Fall n > 2 unverzweigt. Damit folgt aus der Relativgeschlechtsformel (Kapitel I, § 3, Satz C)

$$g(\tilde{K}^e) = 1 - (q-1) + \tfrac{1}{2}d(\mathfrak{D}(\tilde{K}^e/k^e(t)))$$

wegen $g(\tilde{K}^e) \geq 0$, daß in $\tilde{K}^e/k^e(t)$ die beiden übrigen Primdivisoren aus $\mathfrak{S}$ jeweils von der Ordnung q-1 verzweigt sind. Weiter sind dann der Grad von $\mathfrak{D}(\tilde{K}^e/k^e(t))$ gleich 2(q-2) und $g(\tilde{K}^e) = 0$. Der Teiler von $\mathfrak{p}_3$ in $\mathbb{P}(\tilde{K}^e/k^e)$ hat den Grad 1, also ist $\tilde{K}^e/k^e$ ein rationaler Funktionenkörper nach der Aussage 7 im Kapitel I, § 3.5. □

Da mit einer Gruppe G auch deren Faktorgruppen über $k^e(t)$ realisierbar sind, erhält man aus der Folgerung 2 weiter die

<u>Folgerung 3:</u> <u>Die Gruppen $PSL_n(\mathbb{F}_q)$ sind als Galoisgruppen regulärer Körpererweiterungen über den Körpern $k^e(t)$ aus dem Satz 2 realisierbar.</u>

Damit sind nun nicht nur die Gruppen $PSL_2(\mathbb{F}_p)$ (vergl. § 1.4), sondern alle projektiven speziellen linearen Gruppen als Galoisgruppen regulärer Körpererweiterungen über $\mathbb{Q}^{ab}(t)$ realisiert.

4. Weitere Resultate über klassische einfache Gruppen

Mit denselben Methoden konnte Belyi [1979], [1983] zeigen, daß sogar alle klassischen einfachen endlichen Gruppen als Galoisgruppen über $\mathbb{Q}^{ab}(t)$ realisierbar sind (siehe auch Walter [1984]).

<u>Satz A:</u> <u>Alle klassischen einfachen endlichen Gruppen sind als Galois-</u>

gruppen regulärer Körpererweiterungen über $\mathbb{Q}^{ab}(t)$ realisierbar, das sind in Lie-Notation die einfachen der Gruppen

$$A_n(q),\ {}^2A_n(q),\ B_n(q),\ C_n(q),\ D_n(q),\ {}^2D_n(q)$$

beziehungsweise in klassischer Bezeichnungsweise die einfachen der Gruppen

$$PSL_{n+1}(\mathbb{F}_q),\ PSU_{n+1}(\mathbb{F}_{q^2}),\ P\Omega_{2n+1}(\mathbb{F}_q),\ PSp_{2n}(\mathbb{F}_q),\ P\Omega^+_{2n}(\mathbb{F}_q),\ P\Omega^-_{2n}(\mathbb{F}_q).$$

§ 6 Strukturkonstanten

Das Kriterium von Belyi ist nur für Gruppen geeignet, die wie die klassischen einfachen Gruppen handliche Matrizendarstellungen besitzen. Solche sind zum Beispiel bei den sporadischen einfachen Gruppen im allgemeinen nicht bekannt. Dafür kennt man aber deren Charaktertafeln. Hier wird gezeigt, wie man mit Hilfe der normalisierten Strukturkonstanten aus den Charakterwerten einer Gruppe und gegebenenfalls deren Untergruppen die Erzeugendensystemklassenzahlen $\ell^i(\mathbf{C})$ berechnen kann. Damit können dann die sporadischen einfachen Gruppen als Galoisgruppen über Kreisteilungskörpern nachgewiesen werden. Dies wird am Beispiel der kleinsten und größten sporadischen Gruppen, nämlich den Mathieugruppen M_{11} und M_{12} und der Fischer-Griess-Gruppe F_1, vorgeführt. Dabei werden die Gruppen M_{12} und F_1 als Galoisgruppen regulärer Körpererweiterungen über $\mathbb{Q}(t)$ realisiert.

1. Normalisierte Strukturkonstanten

Zuerst werden die normalisierten Strukturkonstanten eingeführt und deren Beziehung zu den Erzeugendensystemklassenzahlen untersucht.

Definition 1: Ist $\mathbf{C} = (C_1,\dots,C_s)$ eine Klassenstruktur einer endlichen Gruppe G, dann heißt

$$n(\mathbf{C}) := \frac{1}{(G:Z(G))} |\overline{\Sigma}(\mathbf{C})|$$

die *normalisierte Strukturkonstante von* $\mathbf{C}$.

Anmerkung: Die normalisierte Strukturkonstante $n(\mathbf{C})$ hängt im Fall $s = 3$ folgendermaßen mit der gewöhnlichen Strukturkonstanten

$$m(\mathbf{C}) = \{(\sigma_1,\sigma_2) \in C_1 \times C_2 \mid \sigma_1\sigma_2 = \sigma_3^{-1}\},\ \sigma_3 \in C_3,$$

zusammen:

$$n(\mathbf{C}) = \frac{|C_3|}{(G:Z(G))}\, m(\mathbf{C}) = \frac{1}{(C_G(\sigma_3):Z(G))}\, m(\mathbf{C}).$$

Unmittelbar aus der Definition erhält man die

Bemerkung 1: Für die normalisierte Strukturkonstante der Klassenstruktur $\mathbf{C} = (C_1,\ldots,C_s)$ einer endlichen Gruppe G gilt

$$n(\mathbf{C}) = \sum_{[\underline{\sigma}]\in\overline{\Sigma}^i(\mathbf{C})} \frac{|Z(G)|}{|C_G(<\sigma_1,\ldots,\sigma_s>)|} .$$

Beweis: G operiert auf

$$\overline{\Sigma}(\mathbf{C}) = \{\underline{\sigma} \in \mathbf{C} \mid \sigma_1\cdot\ldots\cdot\sigma_s = \iota\}$$

durch Konjugation. Aus der Bahnbilanzgleichung folgen

$$|\overline{\Sigma}(\mathbf{C})| = \sum_{[\underline{\sigma}]\in\overline{\Sigma}^i(\mathbf{C})} (G:C_G(<\sigma_1,\ldots,\sigma_s>))$$

und daraus

$$n(\mathbf{C}) = \frac{|Z(G)|}{|G|}\,|\overline{\Sigma}(\mathbf{C})| = \sum_{[\underline{\sigma}]\in\overline{\Sigma}^i(\mathbf{C})} \frac{|Z(G)|}{|C_G(<\sigma_1,\ldots,\sigma_s>)|} .$$ □

Hiermit läßt sich bereits $\ell^i(\mathbf{C})$ durch $n(\mathbf{C})$ nach oben abschätzen:

Folgerung 1: Für die Klassenstruktur $\mathbf{C}$ einer endlichen Gruppe G ist $\ell^i(\mathbf{C}) \le n(\mathbf{C})$. Dabei gilt genau dann $\ell^i(\mathbf{C}) = n(\mathbf{C})$, wenn $\overline{\Sigma}(\mathbf{C}) = \Sigma(\mathbf{C})$ ist.

Beweis: Da für $\underline{\sigma} \in \Sigma(\mathbf{C})$

$$C_G(<\sigma_1,\ldots,\sigma_s>) = Z(G)$$

ist, ergibt sich der Beweis sofort aus der Bemerkung 1. □

Mit Hilfe der nächsten Bemerkung kann $\ell^i(\mathbf{C})$ im Fall $\overline{\Sigma}(\mathbf{C}) \neq \Sigma(\mathbf{C})$ aus $n(\mathbf{C})$ und Strukturkonstanten von Untergruppen von G berechnet werden:

Bemerkung 2: (Induktionsformel)
Für die Klassenstruktur $\mathbf{C}$ einer endlichen Gruppe G gilt

$$n(\mathbf{C}) = \sum_{[U]} \frac{(U:Z(U))}{(N_G(U):Z(G))}\,|\Sigma^i(\mathbf{C}\cap U)|,$$

dabei wird über die Konjugiertenklassen [U] der Untergruppen U von G summiert, und ist $|\Sigma^i(\mathbf{C}\cap U)|$ die Summe der Erzeugendensystemklassenzahlen der in $\mathbf{C} \cap U$ enthaltenen Klassenstrukturen $\mathbf{C}_U$ von U:

$$|\Sigma^i(\mathbf{C}\cap U)| = \sum_{\mathbf{C}_U\subseteq\mathbf{C}\cap U} \ell^i(\mathbf{C}_U).$$

Beweis: Faßt man in der Bemerkung 1 die Summanden zusammen, für die $<\underline{\sigma}>$ in G zu U konjugiert ist, so wird

$$n(\mathfrak{C}) = \sum_{[U]} \sum_{\substack{[\underline{\sigma}]\in\overline{\Sigma}^i(\mathfrak{C}) \\ [<\underline{\sigma}>]=[U]}} \frac{|Z(G)|}{|C_G(U)|} .$$

Da genau $(N_G(U):U)/(C_G(U):Z(U))$ Erzeugendensystemklassen $[\underline{\sigma}] \in \Sigma^i(\mathfrak{C}\cap U)$ von U in eine Klasse $[\underline{\sigma}] \in \overline{\Sigma}^i(\mathfrak{C})$ fallen, folgt hieraus weiter

$$n(\mathfrak{C}) = \sum_{[U]} \sum_{[\underline{\sigma}]\in\Sigma^i(\mathfrak{C}\cap U)} \frac{|Z(G)|\cdot(C_G(U):Z(U))}{|C_G(U)|\cdot(N_G(U):U)}$$

$$= \sum_{[U]} \frac{|Z(G)|\cdot|U|}{|Z(U)|\cdot|N_G(U)|} \, |\Sigma^i(\mathfrak{C}\cap U)| . \qquad \square$$

Die normalisierte Strukturkonstante $n(\mathfrak{C})$ läßt sich direkt aus den Werten der irreduziblen Charaktere von G ermitteln. Damit erhält man die Möglichkeit, $\ell^i(\mathfrak{C})$ aus den Charaktertafeln der Gruppe G und deren Untergruppen zu berechnen.

<u>Satz 1:</u> <u>Für die normalisierte Strukturkonstante der Klassenstruktur</u> $\mathfrak{C} = (C_1,\dots,C_s)$ <u>einer endlichen Gruppe</u> G <u>gilt für</u> $s \geq 2$

$$n(\mathfrak{C}) = |Z(G)| \sum_{i=1}^{h} \frac{|G|^{s-2}}{\chi_i(\iota)^{s-2}} \prod_{j=1}^{s} \frac{\chi_i(\sigma_j)}{|C_G(\sigma_j)|} , \quad \sigma_j \in C_j ,$$

<u>hierbei wird über die</u> h <u>irreduziblen Charaktere</u> χ_i <u>von</u> G <u>summiert.</u>

<u>Beweis:</u> Im Fall $s = 2$ ist $\mathfrak{C} = (C_1,C_2)$ mit $C_2 = C_1^{-1}$, woraus wegen $|\overline{\Sigma}(\mathfrak{C})| = |C_1|$ mit den Charakterrelationen der 2. Art folgt

$$n(\mathfrak{C}) = \frac{|Z(G)|}{|G|} |\overline{\Sigma}(\mathfrak{C})| = \frac{|Z(G)|}{|C_G(\sigma_1)|} = |Z(G)| \sum_{i=1}^{h} \frac{\chi_i(\sigma_1)\chi_i(\sigma_1^{-1})}{|C_G(\sigma_1)|^2} ,$$

und die Behauptung ist für $s = 2$ bewiesen. Setzt man im Fall $s = 3$ die bekannte Formel (siehe Gorenstein [1968], Chapter 4, Theorem 2.12)

$$m(\mathfrak{C}) = \frac{|C_1|\;|C_2|}{|G|} \sum_{i=1}^{h} \frac{\chi_i(\sigma_1)\chi_i(\sigma_2)\chi_i(\sigma_3)}{\chi_i(\iota)}$$

in $n(\mathfrak{C})$ ein, so erhält man auch hier sofort die behauptete Gleichung

$$n(\mathfrak{C}) = \frac{|C_3|}{|G|} |Z(G)| \, m(\mathfrak{C}) = |Z(G)| \sum_{i=1}^{h} \frac{|G|}{\chi_i(\iota)} \prod_{j=1}^{3} \frac{\chi_i(\sigma_j)}{|C_G(\sigma_j)|} .$$

Für $s > 3$ wird nun der Beweis durch vollständige Induktion geführt: Jedes $\underline{\sigma} \in \overline{\Sigma}(\mathfrak{C})$ läßt sich zerlegen in

$$(\sigma_1,\dots,\sigma_{s-2},\tau) \in \overline{\Sigma}(\mathfrak{C}'(C)), \quad \mathfrak{C}'(C) := (C_1,\dots,C_{s-2},C)$$

mit $\tau := \sigma_{s-1}\sigma_s$, $C := [\tau]$ und

$$(\tau^{-1},\sigma_{s-1},\sigma_s) \in \overline{\Sigma}(\mathbf{C}''(C)), \qquad \mathbf{C}''(C) := (C^{-1},C_{s-1},C_s).$$

Durch Summation über die h Konjugiertenklassen $C_\tau := [\tau]$ von G erhält man

$$n(\mathbf{C}) = \frac{|G|}{|Z(G)|} \sum_{[\tau]} \frac{1}{|C_\tau|} n(\mathbf{C}'(C_\tau))n(\mathbf{C}''(C_\tau))$$

$$= \frac{1}{|Z(G)|} \sum_{[\tau]} |C_G(\tau)| n(\mathbf{C}'(C_\tau))n(\mathbf{C}''(C_\tau)).$$

Setzt man hierin $n(\mathbf{C}'(C_\tau))$ und $n(\mathbf{C}''(C_\tau))$ nach der Induktionsannahme ein, so ergibt sich

$$n(\mathbf{C}) = |Z(G)|\ |G|^{s-2} \prod_{j=1}^{s} |C_G(\sigma_j)|^{-1} \sum_{[\tau]} \frac{\mu(\tau)}{|C_G(\tau)|}$$

mit

$$\mu(\tau) := \Big(\sum_{i=1}^{h} \frac{\chi_i(\sigma_1)\cdot\ldots\cdot\chi_i(\sigma_{s-2})}{\chi_i(\iota)^{s-3}} \chi_i(\tau)\Big)\Big(\sum_{j=1}^{h} \frac{\chi_j(\sigma_{s-1})\chi_j(\sigma_s)}{\chi_j(\iota)} \chi_j(\tau^{-1})\Big).$$

Verwendet man die Charakterrelationen der 1.Art in der Form

$$\sum_{[\tau]} \frac{1}{|C_G(\tau)|} \chi_i(\tau)\chi_j(\tau^{-1}) = \delta_{i,j}\ ,$$

so folgt schließlich

$$n(\mathbf{C}) = |Z(G)|\ |G|^{s-2} \prod_{j=1}^{s} |C_G(\sigma_j)|^{-1} \sum_{i=1}^{h} \frac{\chi_i(\sigma_1)\cdot\ldots\cdot\chi_i(\sigma_s)}{\chi_i(\iota)^{s-2}}\ . \qquad \square$$

2. Die Mathieugruppe M_{11}

Zuerst soll am Beispiel der kleinsten sporadischen einfachen Gruppe $G = M_{11}$ gezeigt werden, wie man die normalisierten Strukturkonstanten einer Gruppe G zum Nachweis von Galoiserweiterungen mit dieser Gruppe verwenden kann. Dabei wird die Bezeichnung der Charaktere, der Konjugiertenklassen und der maximalen Untergruppen der M_{11} aus dem Gruppenatlas übernommen (Conway et al. [1985]). Zur Bequemlichkeit des Lesers sind die entsprechenden Tabellen für die Gruppe M_{11} in den Tabellenanhang T.3. aufgenommen worden.

Bemerkung 3: *Für die Klassenstruktur* $\mathbf{C} = (2A,4A,11A)$ *der Mathieugruppe* M_{11} *gelten* $\ell^i(\mathbf{C}) = 1$ *und* $\ell^i(\mathbf{C}^*) = 2$.

Beweis: Aus der Charaktertafel der Gruppe $G = M_{11}$ erhält man

$$n(\mathbb{C}) = \frac{|G|}{|C_G(\sigma_1)|\,|C_G(\sigma_2)|\,|C_G(\sigma_3)|} \sum_{i=1}^{10} \frac{\chi_i(\sigma_1)\chi_i(\sigma_2)\chi_i(\sigma_3)}{\chi_i(\iota)}$$

$$= \frac{7920}{48\cdot 8\cdot 11}\left(1 - \frac{4}{10} - \frac{3}{45}\right) = 1.$$

Nun sei U die von einem $\underline{\sigma} \in \overline{\Sigma}(\mathbb{C})$ erzeugte Untergruppe der M_{11}. Da 11 ein Teiler von $|U|$ ist, gilt $U = M_{11}$ oder U ist in einer maximalen Untergruppe der M_{11} vom Typ $PSL_2(\mathbb{F}_{11})$ enthalten. Letzteres scheidet aber aus, da eine $PSL_2(\mathbb{F}_{11})$ keine Elemente der Ordnung 4 besitzt. Also ist $U = M_{11}$. Wegen $\overline{\Sigma}(\mathbb{C}) = \Sigma(\mathbb{C})$ bekommt man nun $\ell^i(\mathbb{C}) = n(\mathbb{C})$ aus der Folgerung 1. Weiter ist die von $\mathbb{C}$ aufgespannte Verzweigungsstruktur

$$\mathbb{C}^* = \mathbb{C} \cup \mathbb{C}^7 \quad \text{mit } \mathbb{C}^7 = (2A,4A,11B).$$

Folglich sind $e(\mathbb{C}) = 2$ und $\ell^i(\mathbb{C}^*) = 2$. □

Folgerung 2: Es gibt eine reguläre Galoiserweiterung $N/\mathbb{Q}(\sqrt{-11},t)$ mit einer zu M_{11} isomorphen Galoisgruppe und mit der Verzweigungsstruktur $(2A,4A,11A)^*$.

Beweis: Offenbar ist $\mathbb{Q}_{\mathbb{C}}$ ein quadratischer Teilkörper des elften Kreisteilungskörpers $\mathbb{Q}^{(11)}$. Also sind $\mathbb{Q}_{\mathbb{C}} = \mathbb{Q}(\sqrt{-11})$ und ausgehend von $K = \mathbb{Q}(t)$ auch $K_{\mathbb{C}} = \mathbb{Q}(\sqrt{-11},t)$. Damit folgt die Behauptung aus der Bemerkung 1 und dem 1. Rationalitätskriterium für $g = 0$ (§ 4, Folgerung 2). □

Anmerkung: Das Geschlecht des Körpers $N/\mathbb{Q}$ aus der Folgerung 2 ist $g(N) = 631$. Dies ist das kleinstmögliche Geschlecht für Galoiserweiterungen mit der Gruppe M_{11} über $\mathbb{C}(t)$.

Das Geschlecht von N ist bereits bei Matzat [1979] angegeben. Weiter wird dort für $\mathbb{S} = \{\mathfrak{p}_{-1},\mathfrak{p}_0,\mathfrak{p}_\infty\}$ ein erzeugendes Polynom für $N/\mathbb{Q}(\sqrt{-11},t)$ berechnet.

3. Die Mathieugruppe M_{12} und ihre Automorphismengruppe

Wie im Fall der Gruppe M_{11} werden auch für die Gruppen M_{12} und $Aut(M_{12})$ die Bezeichnungen aus dem Gruppenatlas übernommen. Die Charaktertafeln und maximalen Untergruppen sowie deren Permutationscharaktere sind außerdem im Tabellenanhang T.4. zusammengestellt.

Bemerkung 4: Die Klassenstruktur $\mathbb{C} = (3A,3A,6A)$ der Gruppe M_{12} stimmt mit der von $\mathbb{C}$ aufgespannten Verzweigungsstruktur überein, und es gelten $\ell^i(\mathbb{C}) = 2$ sowie $\ell^a(\mathbb{C}) = 1$.

Beweis: Aus der Charaktertafel der Gruppe $G = M_{12}$ liest man sofort $\mathbb{C} = \mathbb{C}^*$ ab sowie

$$n(\mathbb{C}) = \frac{|G|}{|C_G(\sigma_1)|^2 |C_G(\sigma_3)|} \sum_{i=1}^{15} \frac{\chi_i(\sigma_1)^2 \chi_i(\sigma_3)}{\chi_i(\iota)}$$

$$= \frac{95040}{54^2 \cdot 12} \left(1 - \frac{4}{11} - \frac{4}{11} + \frac{4}{16} + \frac{4}{16} + \frac{1}{55} + \frac{1}{55} + \frac{1}{55} - \frac{16}{176}\right) = 2.$$

Nun seien wieder $\underline{\sigma} \in \overline{\Sigma}(\mathbb{C})$ und $U = \langle\underline{\sigma}\rangle$. Keine der maximalen Untergruppen der M_{12} mit Ausnahme der zu $A_4 \times S_3$ isomorphen Normalisatoren der Elemente der Klasse 3B enthält Elemente der beiden Klassen 3A und 6A. Dies sieht man zum Beispiel daran, daß die Werte der Permutationscharaktere zu diesen maximalen Untergruppen entweder auf der Klasse 3A oder auf der Klasse 6A gleich 0 sind.
Unter der Annahme $U \leq N_G(\rho)$ mit $\rho \in 3B$ folgte aus $\sigma_1 \in 3A$ und $\sigma_3^2 \in 3B$ zunächst, daß 18 ein Teiler von $|U|$ ist. Wäre nun $U = N_G(\rho) \cong A_4 \times S_3$, so bildeten die Kongruenzklassen $\overline{\sigma}_j := \sigma_j A_4$ ein 3-Erzeugendensystem von $U/A_4 \cong S_3$. Nun gibt es aber kein $\underline{\tau} \in \Sigma_3(S_3)$, für das $o(\tau_1)$ und $o(\tau_2)$ Teiler von 3 und $o(\tau_3)$ ein Teiler von 6 sind. Also wäre $U \neq N_G(\rho)$, woraus $U = C_G(\rho)$ folgte. Wegen $\sigma_3^2 \in \{\rho, \rho^2\}$ dürfte $\sigma_3^4 = \rho$ angenommen werden. Dann gehörten wegen $\sigma_3 = \rho\sigma_3^3$ sowohl $(\sigma_1, \rho\sigma_2, \sigma_3^3)$ als auch $(\rho\sigma_1, \sigma_2, \sigma_3^3)$ zu $\overline{\Sigma}(U)$ mit $o(\rho\sigma_1) = 3$, $o(\rho\sigma_2) = 3$ und $o(\sigma_3^3) = 2$. Beide Tripel wären somit 3-Erzeugendensysteme der einzigen zu A_4 isomorphen Untergruppe von U. Wegen $\sigma_1 \in A_4$ und $\sigma_2 \in A_4$ folgte daraus $U \leq A_4$ im Widerspruch zu $|U| = 18$.
Mit dem bisher gezeigten ist $\overline{\Sigma}(\mathbb{C}) = \Sigma(\mathbb{C})$, woraus mit der Folgerung 1 zunächst $\ell^i(\mathbb{C}) = 2$ und daraus wegen $a(\mathbb{C}) = 2$ aus der Bemerkung 3 in § 2 auch noch $\ell^a(\mathbb{C}) = 1$ folgen. □

Unter Verwendung der Folgerung 2 in § 1 und dem Zusatz 1 in § 2 erhält man aus der Bemerkung 4 zunächst die

Folgerung 3: Es gibt eine reguläre Körpererweiterung $N/\mathbb{Q}(t)$ mit $Gal(\overline{\mathbb{Q}}N/\overline{\mathbb{Q}}(t)) \cong M_{12}$ und mit der Verzweigungsstruktur $\mathbb{C}^* = (3A, 3A, 6A)^*$. Die Galoisgruppe der galoisschen Hülle $\tilde{N}$ von $N/\mathbb{Q}(t)$ über $\mathbb{Q}(t)$ ist isomorph zu einer Untergruppe von $Aut(M_{12})$.

Wegen $\ell^a(\mathbb{C}) = 1$ liegt es nahe, analog zum Vorgehen in § 3 bei den Gruppen A_n die Gruppe M_{12} in $Aut(M_{12})$ einzubetten, um zu einem besseren Resultat zu gelangen.

Bemerkung 5: Die Klassenstruktur $\tilde{\mathfrak{C}} = (2C, 3A, 12A)$ der Gruppe $\mathrm{Aut}(M_{12})$ stimmt mit der von $\tilde{\mathfrak{C}}$ aufgespannten Verzweigungsstruktur $\tilde{\mathfrak{C}}^*$ überein, und es gilt $\ell^i(\tilde{\mathfrak{C}}) = 1$.

Beweis: Aus der Charaktertafel der Gruppe $\tilde{G} := \mathrm{Aut}(M_{12})$ erhält man zunächst $\tilde{\mathfrak{C}}^* = \tilde{\mathfrak{C}}$ und $n(\tilde{\mathfrak{C}}) = 1$. Für $\underline{\tilde{\sigma}} \in \overline{\Sigma}(\tilde{\mathfrak{C}})$ seien nun $\tilde{U} := \langle\underline{\tilde{\sigma}}\rangle$ sowie $U := \tilde{U} \cap G$ mit $G := \mathrm{Inn}(M_{12}) \cong M_{12}$. Nach der Hurwitzklassifikation gibt es eine etwa in $\{\tilde{\bar{\mathfrak{p}}}_1, \tilde{\bar{\mathfrak{p}}}_2, \tilde{\bar{\mathfrak{p}}}_3\} \subseteq \mathbb{P}(\overline{\mathbb{Q}}(\tilde{t})/\overline{\mathbb{Q}})$ verzweigte Galoiserweiterung $\overline{N}/\overline{\mathbb{Q}}(\tilde{t})$ mit der Galoisgruppe $\tilde{U}$ und der Verzweigungsstruktur $\tilde{\mathfrak{C}}^*$. Wegen $\tilde{\sigma}_2 \in U$ sind in $\overline{N}^U/\overline{\mathbb{Q}}(\tilde{t})$ der Primdivisor $\tilde{\bar{\mathfrak{p}}}_2$ zerlegt: $\tilde{\bar{\mathfrak{p}}}_2 = \bar{\mathfrak{p}}_1\bar{\mathfrak{p}}_2$ und die Primdivisoren $\tilde{\bar{\mathfrak{p}}}_1$ sowie $\tilde{\bar{\mathfrak{p}}}_3$ verzweigt: $\tilde{\bar{\mathfrak{p}}}_3 = \bar{\mathfrak{p}}_3^2$. Da für die Trägheitsgruppen von $\overline{\mathfrak{P}} \in \mathbb{P}(\overline{N}/\overline{\mathbb{Q}})$, $\bar{\mathfrak{p}} \in \mathbb{P}(\overline{N}^U/\overline{\mathbb{Q}})$, $\tilde{\bar{\mathfrak{p}}} \in \mathbb{P}(\overline{\mathbb{Q}}(\tilde{t})/\overline{\mathbb{Q}})$ mit $\overline{\mathfrak{P}} \supseteq \bar{\mathfrak{p}} \supseteq \tilde{\bar{\mathfrak{p}}}$

$$U_T(\overline{\mathfrak{P}}/\bar{\mathfrak{p}}) = U \cap \tilde{U}_T(\overline{\mathfrak{P}}/\tilde{\bar{\mathfrak{p}}})$$

gilt und $\tilde{\sigma}_1^2 = \iota$, $\tilde{\sigma}_2 \in 3A$, $\tilde{\sigma}_3^2 \in 6A$ sind, besitzt U ein 3-Erzeugendensystem in der Klassenstruktur $\mathfrak{C} = (3A, 3A, 6A)$ von G. Nach der Bemerkung 4 ist dann $U = G$, woraus $\tilde{U} = \tilde{G}$ wegen $\tilde{\sigma}_1 \notin G$ folgt. Also ist $\overline{\Sigma}(\tilde{\mathfrak{C}}) = \Sigma(\tilde{\mathfrak{C}})$, woraus sich $\ell^i(\tilde{\mathfrak{C}}) = n(\tilde{\mathfrak{C}}) = 1$ nach der Folgerung 1 ergibt. □

Mit den letzten beiden Bemerkungen ist im wesentlichen das folgende Resultat bewiesen (siehe auch Matzat [1985a], Satz 8.4):

Satz 2:

(a) Es gibt eine reguläre Galoiserweiterung $N/\mathbb{Q}(\tilde{t})$ mit einer zu $\mathrm{Aut}(M_{12})$ isomorphen Galoisgruppe und mit der Verzweigungsstruktur $(2C, 3A, 12A)^*$.

(b) Es gibt eine reguläre Galoiserweiterung $N/\mathbb{Q}(t)$ mit einer zu M_{12} isomorphen Galoisgruppe und mit der Verzweigungsstruktur $(3A, 3A, 6A)^*$.

Beweis: Der Teil (a) des Satzes folgt sofort aus der Bemerkung 5 zusammen mit dem 1.Rationalitätskriterium für $g = 0$ (§ 4, Folgerung 2) oder auch schon aus der Folgerung 4 in § 2.

Der Fixkörper K der M_{12} in $N/\mathbb{Q}(\tilde{t})$ hat das Geschlecht 0, da im Beweis zur Bemerkung 5 gezeigt wurde, daß genau 2 Primdivisoren von $\overline{\mathbb{Q}}(\tilde{t})$ in $\overline{K}/\overline{\mathbb{Q}}(\tilde{t})$, $\overline{K} := \overline{\mathbb{Q}}K$, verzweigt sind. Weiter besitzt $K/\mathbb{Q}$ einen Primdivisor vom Grad 1, weil $\bar{\mathfrak{p}}_3$ $\mathrm{Gal}(\overline{K}/K)$-invariant ist. Also ist K nach der Aussage 6 in Kapitel I, § 3.5, ein rationaler Funktionenkörper: $K = \mathbb{Q}(t)$. Die Verzweigungsstruktur von $\overline{N}/\overline{\mathbb{Q}}(t)$ ist bereits im Beweis zur Bemerkung 5 berechnet worden. □

4. Der freundliche Riese F_1

Wie in den vorigen Abschnitten wird für die Charaktertafel von F_1 sowie für weitere Resultate über den freundlichen Riesen auf den Gruppenatlas verwiesen. Da die maximalen Untergruppen von F_1 bisher noch nicht alle bekannt sind, wird beim Beweis im Prinzip die Kenntnis aller einfachen Gruppen, deren Ordnungen $|F_1|$ teilen, vorausgesetzt. Diese erhält man in trivialer Weise aus der (hochgradig nichttrivialen) Klassifikation der einfachen endlichen Gruppen (siehe z.B. Gorenstein [1982], Abschnitt 2.11). Die nächste Bemerkung stellt ein auch für andere Gruppen nützliches Hilfsmittel bereit:

Bemerkung 6: *Es sei* $(\sigma_1,\sigma_2,\sigma_3)$ *ein* 3-*Erzeugendensystem einer endlichen Gruppe* G *mit paarweise teilerfremden Elementordnungen* $o(\sigma_j)$. *Dann gelten*

$$G = G' \text{ und } G = \langle[\sigma_1]\rangle.$$

Beweis: Es seien $\bar{\sigma}_j := \sigma_j G' \in G^{ab}$. Dann gilt für $c_1 := o(\sigma_2)o(\sigma_3)$

$$\bar{\sigma}_1^{c_1}\bar{\sigma}_2^{c_1}\bar{\sigma}_3^{c_1} = \bar{\sigma}_1^{c_1} = \bar{\iota},$$

woraus wegen $ggT\{c_1,o(\sigma_1)\} = 1$ folgt $\bar{\sigma}_1 = \bar{\iota}$. Durch zyklische Vertauschung erhält man daraus $G^{ab} = I$.
Ist $U := \langle[\sigma_1]\rangle$, so gilt in G/U die Gleichung $\tilde{\sigma}_2\tilde{\sigma}_3 = \tilde{\iota}$ für $\tilde{\sigma}_j := \sigma_j U$. Hieraus ergeben sich dann $\tilde{\sigma}_2^{o(\sigma_3)} = \tilde{\iota}$ und daraus wegen $ggT\{o(\sigma_2),o(\sigma_3)\}=1$ weiter $\tilde{\sigma}_2 = \tilde{\iota}$. Also ist $U = G$. □

Unter Verwendung des Gruppenatlas läßt sich jetzt ohne große Mühe nachrechnen, daß der freundliche Riese über einem quadratischen Zahlkörper als Galoisgruppe realisierbar ist:

Bemerkung 7: *Für die Klassenstruktur* $\mathbb{C} = (2A,3B,71A)$ *des freundlichen Riesen* F_1 *und der von* $\mathbb{C}$ *aufgespannten Verzweigungsstruktur* $\mathbb{C}^*$ *gelten* $\ell^i(\mathbb{C}) = 1$ *und* $\ell^i(\mathbb{C}^*) = 2$.

Beweis: Aus der Charaktertafel von F_1 erhält man vorab $n(\mathbb{C}) = 1$. Nun seien $\underline{\sigma} \in \bar{\Sigma}(\mathbb{C})$, $U := \langle\underline{\sigma}\rangle$, N ein maximaler Normalteiler von U und $\bar{U}:=U/N$. Dann ist $\bar{U}$ nach der Bemerkung 6 eine nichtabelsche einfache Gruppe, die von $\bar{\sigma}_j := \sigma_j N$ erzeugt wird mit $o(\bar{\sigma}_j) = o(\sigma_j)$ für $j = 1,2,3$. Die einzigen nichtabelschen einfachen Gruppen, deren Ordnungen durch 71 teilbar sind und $|F_1|$ teilen, sind die beiden Gruppen

$$PSL_2(\mathbb{F}_{71}),\ F_1.$$

In der Gruppe F_1 ist für beide Klassen 7? von Elementen der Ordnung 7 die normalisierte Strukturkonstante $n(2A,2A,7?) = 0$, also läßt sich die Klasse 2A in keine Untergruppe von F_1 vom Typ einer Diedergruppe D_7 einbetten. Dann besitzt aber auch $\overline{U}$ eine Klasse von Involutionen, die nicht in Untergruppen vom Typ D_7 enthalten sind. Da nun alle Involutionen der Gruppe $PSL_2(\mathbb{F}_{71})$ in Untergruppen vom Typ D_7 liegen, sind $\overline{U} = F_1$, $U = F_1$ und $\overline{\Sigma}(\mathbf{C}) = \Sigma(\mathbf{C})$. Mit der Folgerung 1 ergeben sich hieraus $\ell^i(\mathbf{C}) = 1$ und $\ell^i(\mathbf{C}^*) = 2$, weil $\mathbf{C}^*$ die Vereinigungsmenge von $\mathbf{C}$ und und $\mathbf{C}' := (2A,3B,71B)$ ist. □

<u>Folgerung 4: Es gibt eine reguläre Galoiserweiterung $N/\mathbb{Q}(\sqrt{-71},t)$ mit einer zu F_1 isomorphen Galoisgruppe und mit der Verzweigungsstruktur</u> $(2A,3B,71A)^*$.

<u>Beweis:</u> Wegen $\mathbf{C}^* = \mathbf{C} \cup \mathbf{C}'$ ist $\mathbb{Q}_{\mathbf{C}}$ ein quadratischer Teilkörper des Kreisteilungskörpers $\mathbb{Q}^{(71)}$, also ist $\mathbb{Q}_{\mathbf{C}} = \mathbb{Q}(\sqrt{-71})$. Damit folgt die Behauptung aus der Bemerkung 7 und dem 1.Rationalitätskriterium für $g = 0$. □

Um eine Verzweigungsstruktur von F_1 mit der Klassenzahl 1 zu finden, muß man den freundlichen Riesen etwas eingehender betrachten.

<u>Bemerkung 8: Die Klassenstruktur $\mathbf{C} = (2A,3B,29A)$ des freundlichen Riesen stimmt mit der von $\mathbf{C}$ aufgespannten Verzweigungsstruktur $\mathbf{C}^*$ überein, und es gilt</u> $\ell^i(\mathbf{C}) = 1$.

<u>Beweis:</u> Aus der Charaktertafel von F_1 liest man sofort ab, daß $\mathbf{C}^* = \mathbf{C}$ ist. Weiter läßt sich aus ihr $n(\mathbf{C}) = 1$ errechnen. Wie im Beweis zur letzten Bemerkung seien wieder $\underline{\sigma} \in \overline{\Sigma}(\mathbf{C})$, $U := \langle\underline{\sigma}\rangle$, N ein maximaler Normalteiler von U und $\overline{U} := U/N$. Dann wird die nichtabelsche einfache Gruppe $\overline{U}$ erzeugt von den Kongruenzklassen $\overline{\sigma}_j := \sigma_j N$ mit $o(\overline{\sigma}_j) = o(\sigma_j)$, insbesondere sind 29 ein Teiler von $|\overline{U}|$ und $|\overline{U}|$ ein Teiler von F_1. Die nichtabelschen einfachen Gruppen mit diesen beiden Eigenschaften sind

$$A_n\ (29 \le n \le 32),\ PSL_2(\mathbb{F}_{29}),\ PSL_2(\mathbb{F}_{59}),\ Ru,\ Fi'_{24},\ F_1$$

(siehe Conway et al. [1985], S. 231).

Die Gruppen A_n, $29 \le n \le 32$, enthalten im Gegensatz zur Gruppe F_1 Elemente der Ordnung $6 \cdot 19$, repräsentiert durch Permutationen vom Typ (2)(6)(19). $\overline{U}$ ist also keine alternierende Gruppe.

Sämtliche Involutionen der Gruppen $PSL_2(\mathbb{F}_{29})$ und Ru liegen jeweils in Untergruppen vom Typ einer Diedergruppe D_7. Wie im Beweis zur vorangehenden Bemerkung werden diese beiden Gruppen hierdurch ausgeschlossen. Die Involutionen von $PSL_2(\mathbb{F}_{59})$ gehören Diedergruppen D_{29} an, was nicht mit $n(2A,2A,29A) = 0$ verträglich ist.

Besäße F_1 eine Untergruppe vom Typ Fi'_{24}, dann wäre die Einschränkung des irreduziblen Charakters χ_2 von F_1 vom Grad 196883 ein Charakter von Fi'_{24}, also eine ganzzahlige Linearkombination der drei irreduziblen Charaktere kleinsten Grades φ_1, φ_2 und φ_3 von Fi'_{24} (siehe Gruppenatlas):

$$\chi_2|_{Fi'_{24}} = a_1\varphi_1 + a_2\varphi_2 + a_3\varphi_3.$$

Durch Einsetzen der Klassen 17A, 23A, 29A sowie 1A erhielte man das lineare Gleichungssystem

$$6 = a_1 + a_2,\ 3 = a_1,\ 2 = a_1 - a_3$$

$$196833 = a_1 + 8671a_2 + 57474a_3.$$

Aus den ersten 3 Gleichungen ergäben sich $a_1 = a_2 = 3$ und $a_3 = 1$, was mit der letzten Gleichung nicht verträglich ist.
Unter der Annahme $\overline{U} = Fi'_{24}$ bleibt noch der Fall $N \neq I$ zu betrachten. Mit M werde ein maximales Element der Menge derjenigen Normalteiler von U bezeichnet, die gleichzeitig echte Untergruppen von N sind. $\tilde{N} := N/M$ wäre dann eine charakteristisch einfache Gruppe, etwa $\tilde{N} = \prod_{i=1}^{r} E_i$ mit einfachen Gruppen $E_i \cong E$, und $\tilde{U} := U/M$ wäre eine Gruppenerweiterung von $\tilde{N}$ mit Fi'_{24}, von der feststünde, daß sie kein direktes Produkt ist. Im Fall einer nichtabelschen einfachen Gruppe E permutierte Fi'_{24} durch Konjugation in $\tilde{U}$ die r Normalteiler E_i von $\tilde{N}$. Weil der kleinste Permutationsgrad von Fi'_{24} größer als $\varphi_2(\iota) = 8671$ ist, wäre diese Permutationsdarstellung auf Grund der Gruppenordnung trivial. Da der Schursche Multiplikator von Fi'_{24} abelsch ist, würde dann Fi'_{24} auf dem Faktor E_1 durch Konjugation nichttrivial operieren. Hieraus folgte $E_1 = Fi'_{24}$ im Widerspruch dazu, daß 29 ein Teiler von $|Fi'_{24}|$ und 29^2 kein Teiler von $|F_1|$ ist. Also könnte E nur noch eine zyklische Gruppe sein: $E \cong Z_p$. Dann operierte Fi'_{24} durch Konjugation auf der Menge $\mathfrak{E}$ der p^r-1 Elemente der Ordnung p in $\tilde{N}$. Wäre der Kern dieser Permutationsdarstellung trivial, so folgte zunächst $p^r-1 > \varphi_2(\iota)$, was für die von 2 und 5 verschiedenen Primzahlen p wegen

$$\mathrm{ord}_p(F_1) - \mathrm{ord}_p(Fi'_{24}) \leq \log_p(\varphi_2(\iota) + 1)$$

zu einem Widerspruch führte. Da weiter $\overline{\sigma}_3$ fixpunktfrei auf $\mathfrak{E}$ operierte, wäre r mindestens so groß wie die Ordnung $o_{29}(p)$ der Restklasse von p in $\mathbb{F}_{29}^{\times}$, was der Gültigkeit von

$$\mathrm{ord}_p(F_1) - \mathrm{ord}_p(Fi'_{24}) < o_{29}(p)$$

für p = 2 und p = 5 widerspricht. Demnach könnte Fi'_{24} nur trivial auf

$\mathbb{E}$ operieren, und $\tilde{N}$ wäre im Schurmultiplikator von Fi_{24}' enthalten. Da dieser zu Z_3 isomorph ist, müßte dann U die Darstellungsgruppe $\hat{Fi}_{24}'$ von Fi_{24}' sein. Wendete man die obigen Überlegungen nochmals auf die $\hat{Fi}_{24}'$ statt auf die Fi_{24}' an, so führte das zu keiner weiteren Erweiterung, und man erhielte schließlich $U = \hat{Fi}_{24}'$ unter der Annahme $\bar{U} = Fi_{24}'$. Bezeichnet ρ ein nichttriviales Zentrumselement von $\langle\underline{\sigma}\rangle = \hat{Fi}_{24}'$, so wäre auch $(\sigma_1, \rho\sigma_2, \rho^{-1}\sigma_3) \in \bar{\Sigma}_3(F_1)$ mit $o(\rho\sigma_2) = 3$ und $o(\rho^{-1}\sigma_3) = 87$. Für die normalisierte Strukturkonstante der Klassenstruktur $\tilde{\mathbb{C}} := (2A, [\rho\sigma_2], 87A)$ in F_1 würde dann $n(\tilde{\mathbb{C}}) > 0$ gelten, woraus $[\rho\sigma_2] = 3C$ folgte. Wegen $\rho \in 3A$ steht dies aber im Widerspruch dazu, daß F_1 keine elementarabelsche Untergruppe der Ordnung 9 besitzt, die Elemente der drei Klassen 3A, 3B und 3C enthält (siehe z.B. Wilson [198?], Prop. 2.1). Somit ist auch $\bar{U} \neq Fi_{24}'$. Damit bleibt für $\bar{U}$ nur noch F_1 selbst übrig, es gilt also $\bar{\Sigma}(\mathbb{C}) = \Sigma(\mathbb{C})$. Aus der Folgerung 1 erhält man nunmehr $\ell^i(\mathbb{C}) = n(\mathbb{C}) = 1$. □

Die Bemerkung 8 gekoppelt mit dem 1.Rationalitätskriterium für g = 0 ergibt jetzt das famose Resultat von Thompson [1984a], Cor. (i):

<u>Satz 3: Es gibt eine reguläre Körpererweiterung</u> $N/\mathbb{Q}(t)$ <u>mit einer zu</u> F_1 <u>isomorphen Galoisgruppe und mit der Verzweigungsstruktur</u> (2A,3B,29A)*.

5. Weitere Resultate über sporadische einfache Gruppen

Mit ähnlichen Überlegungen konnte bisher gezeigt werden:

<u>Satz A: Alle sporadischen einfachen Gruppen mit höchstens der Ausnahme</u> J_4 <u>sind als Galoisgruppen regulärer Körpererweiterungen über</u> $\mathbb{Q}^{ab}(t)$ <u>realisierbar</u>.

Dieser Satz ist die Zusammenfassung von Ergebnissen mehrerer Autoren. Für die einzelnen sporadischen Gruppen G ist das entsprechende Teilresultat in den folgenden Artikeln erstmalig veröffentlicht worden; dabei bedeutet G/k, daß G in dem jeweiligen Aufsatz als Galoisgruppe einer regulären Körpererweiterung über k(t) realisiert wurde: $M_{11}/\mathbb{Q}(\sqrt{-11})$ (Matzat [1979]), $M_{12}/\mathbb{Q}(\sqrt{-5})$, $J_2/\mathbb{Q}(\sqrt{5})$ (Matzat [1983]), $F_1/\mathbb{Q}$ (Thompson [1984a]), $M_{12}/\mathbb{Q}$, $M_{22}/\mathbb{Q}$ (Matzat [1985a]), $M_{23}/\mathbb{Q}(\sqrt{-23})$, $M_{24}/\mathbb{Q}(\sqrt{-23})$, $J_1/\mathbb{Q}$, $J_2/\mathbb{Q}$ (Hoyden-Siedersleben [1985]), $HS/\mathbb{Q}$, $Suz/\mathbb{Q}$, $Co_3/\mathbb{Q}$, $Co_2/\mathbb{Q}$, $Fi_{22}/\mathbb{Q}$, $Th/\mathbb{Q}$, $Fi_{23}/\mathbb{Q}$, $Co_1/\mathbb{Q}$, $Fi_{24}'/\mathbb{Q}$, $F_2/\mathbb{Q}$ (Hunt [1986]), $J_3/\mathbb{Q}(\cos(2\pi i/9))$, $McL/\mathbb{Q}(\sqrt{-11})$, $He/\mathbb{Q}(\sqrt{17})$, $Ru/\mathbb{Q}(\sqrt{29})$, $ON/\mathbb{Q}$, $HN/\mathbb{Q}$, $Ly/\mathbb{Q}_3^{(67)}$ (Hoyden-Siedersleben, Matzat [1986]). (Dabei ist $\mathbb{Q}_3^{(67)}$ der Teilkörper vom Grad 3 über $\mathbb{Q}$ in $\mathbb{Q}^{(67)}$.) Auf weitergehende Resultate wird im Kapitel III eingegangen.

A. Zerlegung der Primdivisoren in Galoiserweiterungen

In diesem Anhang werden eine leichte Verallgemeinerung des Satzes A in § 3.1 und der Satz von Dedekind über die Galoisgruppe eines Restklassenpolynoms bewiesen. Mit letzterem kann man für die Polynome in § 3.3 und § 3.4 unendliche Scharen von Spezialisierungen konstruieren, die die Galoisgruppe erhalten.

1. Beschreibung durch Zerlegungs- und Trägheitsgruppen

Es seien $f(X) \in K[X]$ ein separables Polynom vom Grad $\partial(f) = n$ über einem Körper K, N der Zerfällungskörper von f(X) in einer festen algebraisch abgeschlossenen Hülle von K und $\Theta := \{\theta_1,\ldots,\theta_n\}$ die Menge der Nullstellen von f(X) in N. Die Elemente σ der Galoisgruppe Gal(N/K) permutieren Θ und definieren so eine treue Permutationsdarstellung

$$\pi_f : \mathrm{Gal}(N/K) \to S_\Theta,\ \sigma \mapsto \begin{pmatrix} \theta_1 \ldots \theta_n \\ \theta_1^\sigma \ldots \theta_n^\sigma \end{pmatrix},$$

in die symmetrische Gruppe von Θ, deren Bild die Galoisgruppe von f(X) heißt:

$$\mathrm{Gal}(f) := \{\pi_f(\sigma) \mid \sigma \in \mathrm{Gal}(N/K)\}.$$

Diese Permutationsdarstellung π_f läßt sich auch rein gruppentheoretisch charakterisieren:

<u>Bemerkung 1:</u> <u>Es seien</u> $f(X) \in K[X]$ <u>ein irreduzibles separables Polynom vom Grad</u> n <u>über einem Körper</u> K, L <u>der von einer Nullstelle von</u> f(X) <u>über</u> K <u>erzeugte Körper und</u> N <u>der Zerfällungskörper von</u> f(X). <u>Dann ist die Permutationsdarstellung</u> π_f <u>von</u> G := Gal(N/K) <u>auf</u> Θ <u>äquivalent zur Nebenklassendarstellung</u> π_U <u>von</u> G <u>nach der Untergruppe</u> U := Gal(N/L).

<u>Beweis:</u> U ist eine Untergruppe vom Index n in G. Da die Abbildung von der Menge der Nebenklassen $\mathfrak{U} := \{U\sigma \mid \sigma \in G\}$ auf $\Theta = \{\theta \in N \mid f(\theta) = 0\}$

$$\beta : \mathfrak{U} \to \Theta,\ U\sigma \mapsto \theta^\sigma,$$

bijektiv ist, folgt sofort aus der Definition von β, daß die Permutationsdarstellungen π_f und π_U äquivalent sind. □

Nach dieser Vorbemerkung über die Galoisgruppe eines Polynoms wird jetzt der Satz A in § 3.1 in der folgenden Form bewiesen:

Satz 1: Es seien K ein diskret bewerteter ultrametrischer Körper mit dem Primideal (Bewertungsideal) $\mathfrak{p}$, L eine separable endlich algebraische Körpererweiterung von K, f(X) das Minimalpolynom eines primitiven Elements θ von L/K und N der Zerfällungskörper von f(X) über K mit der zu Gal(f) isomorphen Galoisgruppe G. Weiter sei $\tilde{\mathfrak{P}}$ ein $\mathfrak{p}$ umfassendes Bewertungsideal von N, für das die Restklassenkörpererweiterung $N\tilde{\mathfrak{P}}/K\mathfrak{p}$ separabel ist. Zerfällt dann die Menge der Nullstellen $\Theta = \{\theta_1,\ldots,\theta_n\}$ von f(X) unter der Operation der Zerlegungsgruppe $\pi_f(G_Z(\tilde{\mathfrak{P}}/\mathfrak{p}))$ in r Bahnen $\Theta_1,\ldots,\Theta_r$ und Θ_j unter der Operation der Trägheitsgruppe $\pi_f(G_T(\tilde{\mathfrak{P}}/\mathfrak{p}))$ in f_j Bahnen der Länge e_j, so zerfällt $\mathfrak{p}$ in L/K folgendermaßen in ein Potenzprodukt von Primdivisoren von L:

$$\mathfrak{p} = \prod_{j=1}^{r} \mathfrak{P}_j^{e_j} \quad \text{mit } f(\mathfrak{P}_j/\mathfrak{p}) = f_j.$$

Beweis: Bezeichnet man die vollständige Hülle von K bezüglich des $\mathfrak{p}$-Betrags mit $\hat{K}$, die vollständige Hülle von N bezüglich des $\tilde{\mathfrak{P}}$-Betrags mit $\hat{N}$ und das in $\hat{K}[X]$ eingebettete Polynom f(X) mit $\hat{f}(X)$, dann ist $\hat{N}/\hat{K}$ galoissch mit

$$\hat{G} := \mathrm{Gal}(\hat{N}/\hat{K}) \cong G_Z(\tilde{\mathfrak{P}}/\mathfrak{p})$$

(siehe z.B. Serre [1968], Ch. II, § 3, Cor. 4), und unter Beibehaltung der Nullstellennumerierung gilt weiter

$$\hat{G} \cong \mathrm{Gal}(\hat{f}) \leq \mathrm{Gal}(f).$$

Ist

$$\hat{f}(X) = \prod_{j=1}^{r} \hat{f}_j(X)$$

die Primzerlegung von $\hat{f}(X)$ in $\hat{K}[X]$, so operiert $\mathrm{Gal}(\hat{f})$ jeweils transitiv auf der Menge der Nullstellen Θ_j von $\hat{f}_j(X)$ in $\hat{N}$ beziehungsweise N. Also zerfällt Θ unter der Operation von $\pi_f(G_Z(\tilde{\mathfrak{P}}/\mathfrak{p}))$ in die r Bahnen Θ_j der Längen $n_j := \partial(\hat{f}_j)$.
Die verschiedenen $\mathfrak{p}$ umfassenden Bewertungsideale $\mathfrak{P}_j$ von L entsprechen bijektiv den Primpolynomen $\hat{f}_j(X)$, und es gilt

$$n_j = e(\mathfrak{P}_j/\mathfrak{p})f(\mathfrak{P}_j/\mathfrak{p}) \quad \text{für } j = 1,\ldots,r$$

(siehe z.B. Serre [1968], Ch. II, Th. 1 mit Cor. 2). Nun seien $\hat{L}_j \leq \hat{N}$ der durch eine Nullstelle θ von $\hat{f}_j(X)$ über $\hat{K}$ erzeugte vollständige ultrametrische Körper, $\hat{U}_j := \mathrm{Gal}(\hat{N}/\hat{L}_j)$ und $\hat{G}/\hat{U}_j$ ein Repräsentantensystem von $\hat{G}$ modulo $\hat{U}_j$. Dann ist

$$\hat{f}_j(X) = \prod_{\theta\in\Theta_j} (X - \theta) = \prod_{\hat{\sigma}\in\hat{G}/\hat{U}_j} (X - \theta^{\hat{\sigma}}) \text{ mit } \theta \in \Theta_j.$$

Bezeichnet $\hat{\mathfrak{p}}$ das Bewertungsideal von $\hat{K}$ und $\hat{\mathfrak{P}}_j$ dasjenige von $\hat{L}_j$, so gelten etwa nach Serre [1968], Ch. II, § 3, Th. 1 und Serre [1968], Ch. I, § 7, Prop. 22,

$$e(\mathfrak{P}_j/\mathfrak{p}) = e(\hat{\mathfrak{P}}_j/\hat{\mathfrak{p}}) = (\hat{G}_T : (\hat{U} \cap \hat{G}_T)),$$

wobei $\hat{G}_T$ die zu $G_T(\tilde{\mathfrak{P}}/\mathfrak{p})$ isomorphe Trägheitsgruppe von $\hat{N}/\hat{K}$ ist. Folglich zerlegen $\hat{G}_T$ und damit auch $G_T(\tilde{\mathfrak{P}}/\mathfrak{p})$ die Nullstellenmenge Θ_j von $\hat{f}_j(X)$ in Bahnen der Länge $e(\mathfrak{P}_j/\mathfrak{p})$, womit alles gezeigt ist. □

2. Ein Satz von Dedekind

Betrachtet man statt der Einbettung von $f(X)$ in $\hat{K}[X]$ das kanonische Bild $\tilde{f}(X)$ von $f(X)$ im Polynomring über dem Restklassenkörper $\bar{K} := K\mathfrak{p}$, so erhält man den

Satz 2: (Satz von Dedekind)
Es seien K ein diskret bewerteter ultrametrischer Körper mit dem Bewertungsring $\mathfrak{o}$, dem Bewertungsideal $\mathfrak{p}$ und dem Restklassenkörper $\bar{K} = \mathfrak{o}/\mathfrak{p}$. Weiter seien $f(X) \in \mathfrak{o}[X]$ ein Polynom mit dem höchsten Koeffizienten 1 und mit einer nicht in $\mathfrak{p}$ enthaltenen Diskriminante $D(f)$, N der Zerfällungskörper von $f(X)$ mit $G := \mathrm{Gal}(N/K)$, $\tilde{\mathfrak{P}}$ ein $\mathfrak{p}$ umfassendes Bewertungsideal von N und $\tilde{K} := N\tilde{\mathfrak{P}}$ eine separable Körpererweiterung von $\bar{K}$. Dann ist die Permutationsdarstellung $\pi_{\tilde{f}}$ von $\tilde{G} := \mathrm{Gal}(\tilde{K}/\bar{K})$ auf die Galoisgruppe des Restklassenpolynoms $\tilde{f}(X) \in \bar{K}[X]$ äquivalent zu der auf $G_Z(\tilde{\mathfrak{P}}/\mathfrak{p})$ eingeschränkten Permutationsdarstellung π_f von G:

$$\pi_{\tilde{f}}(\tilde{G}) \sim \pi_f(G_Z(\tilde{\mathfrak{P}}/\mathfrak{p})).$$

Beweis: Nach den Voraussetzungen ist $\tilde{K}/\bar{K}$ galoissch, und es gibt einen kanonischen Epimorphismus

$$\tilde{\varepsilon} : G_Z(\tilde{\mathfrak{P}}/\mathfrak{p}) \to \tilde{G},\ \sigma \mapsto \tilde{\sigma}$$

(siehe z.B. Serre [1968], Ch. I, § 7, Prop. 21 mit Cor.). Da der höchste Koeffizient von $f(X)$ gleich 1 ist und $D(f)$ kein Element von $\mathfrak{p}$ ist, gilt $D(\tilde{f}) = \widetilde{D(f)} \neq \tilde{0}$. Also ist $\tilde{f}(X) \in \bar{K}[X]$ ein separables Polynom vom Grad $\partial(\tilde{f}) = \partial(f)$. Jedes $\sigma \in G_Z(\tilde{\mathfrak{P}}/\mathfrak{p})$ permutiert daher die Menge der Nullstellen Θ von $f(X)$ in N auf dieselbe Weise wie $\tilde{\sigma}$ die Menge der Nullstellen

$\tilde{\Theta}$ von $\tilde{f}(X)$ in $\tilde{K}$, das heißt $\pi_{\tilde{f}}\tilde{\varepsilon}$ ist eine treue Permutationsdarstellung von $G_Z(\tilde{\mathfrak{P}}/\mathfrak{p})$, die überdies zu $\pi_f|_{G_Z(\tilde{\mathfrak{P}}/\mathfrak{p})}$ äquivalent ist. □

Wenn der Restklassenkörper K ein endlicher Körper ist, kann man mit dem Satz 2 direkt auf die Permutationstypen der Elemente von Gal(f) schließen.

<u>Folgerung 1:</u> <u>Gilt neben den Voraussetzungen zum Satz</u> 2 <u>noch, daß</u> K <u>ein endlicher Körper ist, und zerfällt</u> $\tilde{f}(X)$ <u>in</u> $K[X]$ <u>in</u> r <u>Primpolynome</u> $\tilde{f}_j(X)$ <u>der Grade</u> $\partial(\tilde{f}_j) = f_j$, <u>so enthält</u> Gal(f) <u>Permutationen, die aus</u> r <u>Zyklen der Längen</u> $f_1,\ldots,f_r$ <u>zusammengesetzt sind.</u>

<u>Beweis:</u> Im Falle eines endlichen Körpers K ist Gal($\tilde{f}$) eine zyklische Gruppe. Ein erzeugendes Element $\tilde{\sigma}$ von Gal($\tilde{f}$) permutiert dann die Nullstellen jedes der Polynome $\tilde{f}_j(X) \in K[X]$ transitiv. Damit folgt aus dem Satz 2, daß $\pi_f(G_Z(\tilde{\mathfrak{P}}/\mathfrak{p}))$ durch ein Element σ vom Permutationstyp $(f_1)\ldots(f_r)$ erzeugt wird. □

Für einen anderen Beweis zu dem Satz 2 und der Folgerung 1 sei auf Tschebotaröw, Schwerdtfeger [1950], Kap. V, § 2, Sätze 15 und 16 verwiesen. Die Folgerung 1 läßt sich zur Abgrenzung der Galoisgruppe Gal(f) gegen Untergruppen von Gal(f) benutzen, wie an den folgenden Beispielen aus § 3 gezeigt wird:

<u>Beispiel 1:</u> Das Polynom $f_6(z,X)$ aus § 3, Satz 3, mit der Galoisgruppe F_{20} besitzt für z = 2 modulo der Primzahlen p = 3 und p = 7 die folgenden Primzerlegungen in $\mathbb{F}_p[X]$:

$$f_6(2,X) \equiv X^5 + 2X + 2 \bmod 3$$

$$f_6(2,X) \equiv (X + 1)(X^4 + 6X^3 + X^2 + 6X + 2) \bmod 7.$$

Also ist Gal($f_6(2,X)$) eine Untergruppe von F_{20}, die Permutationen vom Typ (5) und vom Typ (1)(4) enthält, das heißt, es ist Gal($f_6(2,X)$) $\cong F_{20}$. Da diese Überlegung für alle $\zeta \in \mathbb{Z}$ mit $\zeta \equiv 2 \bmod 21$ richtig bleibt, gilt

$$\mathrm{Gal}(f_6(\zeta,X)) \cong F_{20} \text{ für } \zeta \equiv 2 \bmod 21.$$

<u>Beispiel 2:</u> Das Polynom $\tilde{f}_{12}(v,X)$ aus § 3, Folgerung 2, mit der Galoisgruppe D_5 ist für v = 1 modulo p = 3 und p = 5 wie folgt in Primfaktoren zerlegt:

$$\tilde{f}_{12}(1,X) \equiv X^5 + 2X + 2 \bmod 3$$

$$\tilde{f}_{12}(1,X) \equiv (X + 2)(X^2 + 4X + 1)(X^2 + 4X + 2) \bmod 5.$$

Infolgedessen enthält $\mathrm{Gal}(\tilde{f}_{12}(1,X))$ Permutationen der Typen (5) sowie (1)(2)(2), und es ist

$$\mathrm{Gal}(\tilde{f}_{12}(1,\phi)) \cong D_5 \quad \text{für } \phi \equiv 1 \bmod 15.$$

Ganz entsprechend erhält man für die Polynome aus § 3.4 unendliche Scharen ganzzahliger Spezialisierungen, die die Galoisgruppe erhalten, zum Beispiel gelten (siehe Malle [198?a], Zusatz 5):

$$\mathrm{Gal}(f_6(\omega,X)) \cong S_5 \quad \text{für } \omega \equiv 1 \bmod 209,$$

$$\mathrm{Gal}(f_{12}(\tilde{\omega},X)) \cong A_5 \quad \text{für } \tilde{\omega} \equiv 1 \bmod 35,$$

$$\mathrm{Gal}(f_{10}(\phi,X)) \cong G_{72} \quad \text{für } \phi \equiv 1 \bmod 187,$$

$$\mathrm{Gal}(f_{15}(\psi,X)) \cong G_{48} \quad \text{für } \psi \equiv 1 \bmod 247,$$

$$\mathrm{Gal}(f_{30}(\tilde{\psi},X)) \cong G_{24} \quad \text{für } \tilde{\psi} \equiv 1 \bmod 143.$$

KAPITEL III

TOPOLOGISCHE AUTOMORPHISMEN

Im Kapitel II wurden Definitionskörper und eigentliche Definitionskörper einer außerhalb $\bar{\mathbf{S}}$ unverzweigten Galoiserweiterung $\bar{N}/\bar{K}$ mit einer zu G isomorphen Galoisgruppe (über einem algebraischen Funktionenkörper $\bar{K}/\bar{k}$ der Charakteristik 0 mit einem algebraisch abgeschlossenen Konstantenkörper $\bar{k}$) nur unter den Erweiterungskörpern eines vorgegebenen aufgeschlossenen Definitionskörpers K/k von $\bar{\mathbf{S}}$ gesucht. Unter dieser Einschränkung ist der kleinstmögliche Definitionskörper bzw. eigentliche Definitionskörper von $\bar{N}/\bar{K}$ nach Kapitel II, § 1, Satz 3, bzw. § 2, Satz 4, der Fixkörper der Gruppe aller $\delta \in \mathrm{Gal}(\bar{K}/K)$, welche die durch $\bar{N} = N^G_{\bar{\mathbf{S}}}(\underline{\sigma})$ definierte Erzeugendensystemklasse $[\underline{\sigma}]^a \in \Sigma^a_{s,g}(G)$ bzw. $[\underline{\sigma}] \in \Sigma^i_{s,g}(G)$ invariant lassen.

Zu Definitionskörpern bzw. eigentlichen Definitionskörpern von $\bar{N}/\bar{K}$ mit einem kleineren Konstantenkörper kann man gelangen, wenn man von der größeren Gruppe $\mathrm{Aut}(\bar{K}/k)$ statt von $\mathrm{Gal}(\bar{K}/K)$ ausgeht und demgemäß zusätzlich die Gruppe $\mathrm{Aut}(\bar{K}/\bar{k})$ der topologischen Automorphismen von $\bar{K}$ in Betracht zieht. Von dieser wiederum ist nur die Untergruppe $H_{\bar{\mathbf{S}}}$ derjenigen $\eta \in \mathrm{Aut}(\bar{K}/\bar{k})$ von Interesse, die $\bar{\mathbf{S}}$ permutieren; $H_{\bar{\mathbf{S}}}$ wird hier die Gruppe der $\bar{\mathbf{S}}$-zulässigen topologischen Automorphismen von $\bar{K}$ genannt. Die Bahnen von $\eta \in H_{\bar{\mathbf{S}}}$ auf $\Sigma^i_{s,g}(G)$ und damit auch auf $\Sigma^a_{s,g}$ kann man im Gegensatz zu denjenigen der algebraischen Automorphismen $\delta \in \mathrm{Gal}(\bar{K}/K)$ explizit berechnen, was Permutationsdarstellungen von $H_{\bar{\mathbf{S}}}$ auf diesen Mengen ergibt. Ist $[\underline{\sigma}]$ eine Klasse von (s,g)-Erzeugendensystemen in der Verzweigungsstruktur $\mathbf{C}^*$ von G, so wird der Grad des Konstantenkörpers eines minimalen eigentlichen Definitionskörpers von $\bar{N}/\bar{K}$ über dem Konstantenkörper des Fixkörpers aller $\bar{\mathbf{S}}$ permutierenden Automorphismen von $\bar{K}/k$ durch die Anzahl der Bahnen von $H_{\bar{\mathbf{S}}}$ auf $\Sigma^i_g(\mathbf{C}^*)$ abgeschätzt. Diese Gradabschätzung läßt sich noch verbessern, wenn man die Erzeugendensystemklassen mit verschiedenen Isomorphietypen von Fixgruppen unter der Operation von $H_{\bar{\mathbf{S}}}$ trennt. Das Hauptresultat ist im 2. Rationalitätskriterium (§ 3, Satz 3 mit Folgerung 3) zusammengefaßt.

Neben den Beispielen des letzten Kapitels, diese werden in § 3 aufgegriffen, werden in § 4 noch die Gruppen $PSL_2(\mathbb{F}_q)$ untersucht. Dabei wird unter anderem festgestellt, daß die Gruppen $PSL_2(\mathbb{F}_p)$ für Primzahlen

$p \neq \pm 1 \bmod 24$ als Galoisgruppen regulärer Körpererweiterungen über $\mathbb{Q}(t)$ realisierbar sind. Weiter werden in den beiden letzten Paragraphen dieses Kapitels Polynome mit den Galoisgruppen $PSL_2(\mathbb{F}_7)$, $SL_2(\mathbb{F}_8)$, M_{11} und M_{12} über $\mathbb{Q}(t)$ und $\mathbb{Q}$ berechnet.

Die ersten drei Paragraphen geben im wesentlichen den Inhalt des Aufsatzes Matzat [1986] wieder. Die Beispiele der Paragraphen 4 bis 6 stammen aus Matzat [1984], [1985a], Malle, Matzat [1985] und Matzat, Zeh [1986], [1987].

§ 1 Topologische Automorphismen auf den Fundamentalgruppen

Von den topologischen Automorphismen eines algebraischen Funktionenkörpers $\bar{K}/\bar{k}$ mit einem algebraisch abgeschlossenen Konstantenkörper $\bar{k}$ lassen sich nur diejenigen zu Automorphismen der algebraischen Fundamentalgruppe $\bar{\Pi} = \Pi(\mathbb{P}(\bar{K}/\bar{k})\setminus\bar{\mathbf{S}})$ fortsetzen, die die Menge $\bar{\mathbf{S}}$ permutieren. Es wird gezeigt, daß die hierdurch definierte Gruppe der $\bar{\mathbf{S}}$-zulässigen topologischen Automorphismen von $\bar{K}$ im allgemeinen endlich ist. Weiter sind die Bilder der Erzeugenden α_j von $\bar{\Pi}$ unter den Fortsetzungen der $\bar{\mathbf{S}}$-zulässigen topologischen Automorphismen in $\mathrm{Aut}(\bar{\Pi})$ modulo $\mathrm{Inn}(\bar{\Pi})$ explizit bestimmbar. Die sich ergebenden Formeln werden bei den Körpern $\bar{K}$ vom Geschlecht $g(\bar{K}) = 0$ für $|\bar{\mathbf{S}}| \le 4$ vollständig hergeleitet.

1. Zulässige topologische Automorphismen

Die Gruppe der Automorphismen eines algebraischen Funktionenkörpers K/k, die den Konstantenkörper elementweise fest lassen, wird hier die *Gruppe der topologischen Automorphismen von* K/k genannt. Diese ist im allgemeinen eine unendliche Gruppe, zum Beispiel gilt für rationale Funktionenkörper

$$\mathrm{Aut}(k(t)/k) \cong \mathrm{PGL}_2(k).$$

Definition 1: Es seien $\bar{K}/\bar{k}$ ein algebraischer Funktionenkörper mit einem algebraisch abgeschlossenen Konstantenkörper, $\bar{\mathbf{S}}$ eine s-elementige Teilmenge der abstrakten Riemannschen Fläche $\mathbb{P}(\bar{K}/\bar{k})$ und $V \le S_s$. Dann heißen

$$\Xi_{V\bar{\mathbf{S}}} := \{\xi \in \mathrm{Aut}(\bar{K}) \mid \bar{\mathfrak{p}}_j^{\xi} = \bar{\mathfrak{p}}_{\omega(j)},\ \bar{\mathfrak{p}}_j \in \bar{\mathbf{S}},\ \omega \in V\}$$

die Gruppe $V\bar{\mathbf{S}}$-*zulässiger Automorphismen von* $\bar{K}$ und

$$H_{V\bar{\mathbf{S}}} := \Xi_{V\bar{\mathbf{S}}} \cap \mathrm{Aut}(\bar{K}/\bar{k})$$

die Gruppe der $V\bar{\mathbf{S}}$-*zulässigen topologischen Automorphismen von* $\bar{K}$.

Bis auf triviale Ausnahmefälle ist $H_{V\bar{\mathbf{S}}}$ eine endliche Gruppe, genauer gilt die

Bemerkung 1: Sind $\bar{K}/\bar{k}$ ein algebraischer Funktionenkörper vom Geschlecht g mit einem algebraisch abgeschlossenen Konstantenkörper, $\bar{\mathbf{S}}$ eine s-elementige Teilmenge von $\mathbb{P}(\bar{K}/\bar{k})$, $V \le S_s$ und gilt $s + 2g \ge 3$, so ist $H_{V\bar{\mathbf{S}}}$

<u>eine endliche Gruppe</u>.

<u>Beweis:</u> Im Fall $g = 0$ ist $\bar{K}/\bar{k}$ ein rationaler Funktionenkörper. Dann wird $\eta \in \mathrm{Aut}(\bar{K}/\bar{k}) \cong \mathrm{PGL}_2(\bar{k})$ durch das Bild dreier Elemente aus $\mathbb{P}(\bar{K}/\bar{k})$ festgelegt (siehe z.B. Artin [1967], Ch. 16, Th. 10). Folglich gibt es für $s \geq 3$ zu jedem $\omega \in V$ höchstens ein $\eta \in H_{V\bar{\mathfrak{S}}}$ mit $\bar{\mathfrak{p}}_j^{\eta} = \bar{\mathfrak{p}}_{\omega(j)}$, es ist also $|H_{V\bar{\mathfrak{S}}}| \leq |V| \leq s!$.
Im Fall $g = 1$ ist die Ordnung der Gruppe derjenigen Automorphismen von $\bar{K}/\bar{k}$, die ein vorgegebenes $\bar{\mathfrak{p}} \in \mathbb{P}(\bar{K}/\bar{k})$ invariant lassen, ein Teiler von 24 (siehe z.B. Lang [1973], App. 1, Th. 4). Folglich gilt $|H_{V\bar{\mathfrak{S}}}| \leq 24s$ für $s \geq 1$.
Im Fall $g \geq 2$ ist $H_{V\bar{\mathfrak{S}}}$ endlich, da dann bereits $\mathrm{Aut}(\bar{K}/\bar{k})$ eine endliche Gruppe ist. Dies steht für $\mathrm{char}(\bar{K}) = 0$ schon im Lehrbuch von Hensel, Landsberg [1902], 28.Vorlesung, und für $\mathrm{char}(\bar{K}) > 0$ bei Schmid [1936].
□

Wenn $g = 0$ ist, erhält man über die Endlichkeit von $H_{V\bar{\mathfrak{S}}}$ hinaus die

<u>Bemerkung 2:</u> <u>Sind</u> $\bar{K}/\bar{k}$ <u>ein rationaler Funktionenkörper mit einem algebraisch abgeschlossenen Konstantenkörper</u>, $\bar{\mathfrak{S}} = \{\bar{\mathfrak{p}}_1,\dots,\bar{\mathfrak{p}}_s\} \subseteq \mathbb{P}(\bar{K}/\bar{k})$ <u>mit</u> $s \geq 3$ <u>und</u> $V \leq S_s$, <u>so ist die durch</u> $\bar{\mathfrak{p}}_{\eta(j)} := \bar{\mathfrak{p}}_j^{\eta}$ <u>definierte Abbildung</u>

$$d_{\bar{\mathfrak{S}}} : H_{V\bar{\mathfrak{S}}} \to S_s,\ \eta \mapsto \begin{pmatrix} 1 & \cdots & s \\ \eta(1) & \cdots & \eta(s) \end{pmatrix}$$

<u>eine treue Permutationsdarstellung von</u> $H_{V\bar{\mathfrak{S}}}$. <u>Darüber hinaus gilt</u>

$$d_{\bar{\mathfrak{S}}}(H_{V\bar{\mathfrak{S}}}) \cong V \ \underline{\text{für}}\ s = 3.$$

<u>Beweis:</u> Der erste Fall im Beweis zur Bemerkung 1 beinhaltet, daß $d_{\bar{\mathfrak{S}}}$ für $g = 0$, $s \geq 3$ eine treue Permutationsdarstellung ist. Da $\mathrm{Aut}(\bar{K}/\bar{k}) \cong \mathrm{PGL}_2(\bar{k})$ dreifach transitiv auf $\mathbb{P}(\bar{K}/\bar{k})$ operiert, existiert bei $s = 3$ zu jedem $\omega \in V \leq S_s$ ein $\eta \in H_{V\bar{\mathfrak{S}}}$ mit $d_{\bar{\mathfrak{S}}}(\eta) = \omega$, woraus $H_{V\bar{\mathfrak{S}}} \cong V$ folgt.
□

Im folgenden werden der Fixkörper von $\Xi_{V\bar{\mathfrak{S}}}$ mit L und der Fixkörper von $H_{V\bar{\mathfrak{S}}}$ mit $\bar{L}$ bezeichnet. Dabei kann nach dem Satz 3 im Kapitel I, § 4, ohne Beschränkung der Allgemeinheit angenommen werden, daß $\bar{L}/L$ eine algebraische Körpererweiterung ist. Unter dieser Generalvoraussetzung gilt die

<u>Bemerkung 3:</u> <u>Sind die Voraussetzungen zu der Bemerkung</u> 1 <u>erfüllt und ist</u> $\bar{K}$ <u>über dem Fixkörper</u> L <u>von</u> $\Xi_{V\bar{\mathfrak{S}}}$ <u>separabel und algebraisch</u>, <u>so gelten</u>:
(a) $\Xi_{V\bar{\mathfrak{S}}}$ <u>ist eine proendliche Gruppe</u>, <u>und</u> $H_{V\bar{\mathfrak{S}}}$ <u>ist ein abgeschlossener</u>

<u>endlicher Normalteiler von $\Xi_{V\bar{S}}$.</u>

(b) <u>Ist</u> L <u>ein aufgeschlossener Funktionenkörper der Charakteristik</u> 0, <u>so besitzt</u> $H_{V\bar{S}}$ <u>ein offenes Komplement in</u> $\Xi_{V\bar{S}}$, <u>dessen Fixkörper</u> K <u>ein Definitionskörper von</u> $V\bar{S}$ <u>ist</u>.

<u>Beweis:</u> Wenn $\bar{K}/L$ eine separabel algebraische Körpererweiterung ist, so ist $\bar{K}/L$ galoissch mit der (proendlichen) Galoisgruppe $\Xi_{V\bar{S}}$. Da auch die Konstantenerweiterung $\bar{L}/L$ eine galoissche Körpererweiterung ist, muß $H_{V\bar{S}} = \mathrm{Gal}(\bar{K}/\bar{L})$ ein abgeschlossener endlicher Normalteiler von $\Xi_{V\bar{S}}$ sein. Ist überdies der Fixkörper L von $\Xi_{V\bar{S}}$ ein aufgeschlossener Funktionenkörper der Charakteristik 0, so ist nach Kapitel I, § 5, Folg. 1, $\Xi_{V\bar{S}}$ isomorph zu einem semidirekten Produkt von $\mathrm{Gal}(\bar{K}/\bar{L})$ mit $\mathrm{Gal}(\bar{L}/L)$. Der Fixkörper K eines Komplements von $\mathrm{Gal}(\bar{K}/\bar{L})$ in $\mathrm{Gal}(\bar{K}/L)$ ist als ein L umfassender Körper mit $\bar{k}K = \bar{K}$ ein Definitionskörper von $V\bar{S}$ (siehe die Definition 5 im Kapitel II, § 1). □

Nach der Bemerkung 3 bildet die Gruppe der $V\bar{S}$-zulässigen Automorphismen $\Xi_{V\bar{S}}$ zumindest bei einem aufgeschlossenen Fixkörper ein semidirektes Produkt der Gruppe der $V\bar{S}$-zulässigen topologischen Automorphismen mit einer von der Konstantenerweiterung $\bar{K}/K$ herrührenden Gruppe $V\bar{S}$-zulässiger algebraischer Automorphismen. Im Gegensatz zu den algebraischen Automorphismen (vergleiche Kap. I, § 5, Satz 3) läßt sich die Wirkung der topologischen Automorphismen auf der algebraischen Fundamentalgruppe $\bar{\Pi} = \Pi(\mathbb{P}(\bar{K}/\bar{k})\setminus\bar{S})$ explizit beschreiben. Dies wird im nächsten Abschnitt ausgeführt.

2. Operation auf der algebraischen Fundamentalgruppe

Für den Rest dieses Paragraphen wird wie auch schon beim Beweis des Satzes 3 im Kapitel I, § 4, vorausgesetzt, daß $\bar{k}$ ein algebraisch abgeschlossener Teilkörper von $\mathbb{C}$ ist. Sind dann $\bar{K}/\bar{k}$ ein algebraischer Funktionenkörper vom Geschlecht g, $\bar{S} = \{\bar{p}_1,\dots,\bar{p}_s\} \subseteq \mathbb{P}(\bar{K}/\bar{k})$ und $\bar{M} = M_{\bar{S}}(\bar{K})$, so erhält man aus der Galoiserweiterung $\bar{M}/\bar{K}$ mit der Galoisgruppe

$$\bar{\Pi} = \mathrm{Gal}(\bar{M}/\bar{K}) = \langle\alpha_1,\dots,\alpha_{s+2g} \mid \kappa_{s,g}(\alpha_1,\dots,\alpha_{s+2g}) = \iota\rangle_{top}$$

durch Konstantenerweiterung mit $\mathbb{C}$ eine Galoiserweiterung $\hat{M}/\hat{K}$. Dabei ist $\hat{M} = \mathbb{C}\bar{M}$ nach dem Satz 3 im Kapitel I, § 4, der maximale außerhalb von

$$\hat{S} := \{\hat{p}_j \in \mathbb{P}(\hat{K}/\mathbb{C}) \mid \hat{p}_j \supseteq \bar{p}_j \in \bar{S}\}$$

unverzweigte Erweiterungskörper von $\hat{K} = \mathbb{C}\bar{K}$. Weiter folgt aus demselben Satz, daß $\hat{\Pi} := \mathrm{Gal}(\hat{M}/\hat{K})$ kanonisch isomorph zu $\bar{\Pi}$ ist, das heißt

$$\hat{\varepsilon} : \hat{\Pi} \to \bar{\Pi},\ \hat{\alpha} \mapsto \alpha := \hat{\alpha}|_{\bar{M}},$$

ist ein Isomorphismus.

$\hat{K}$ ist nach der Folgerung 1(b) im Kapitel I, § 2, isomorph zum Körper der meromorphen Funktionen $M(X)$ einer kompakten Riemannschen Fläche X. Bei Identifikation von $\hat{K}$ mit $M(X)$ bekommt man eine bijektive Abbildung

$$\mu : X \to \mathbb{P}(M(X)/\mathbb{C}),\ P \mapsto \hat{\mathfrak{p}} = \{f \in M(X) \mid f(P) = 0\}$$

von der Riemannschen Fläche X auf die abstrakte Riemannsche Fläche von $\hat{K}/\mathbb{C}$. Bezeichnet man die Menge $\mu^{-1}(\hat{\mathbf{S}})$ mit S, so gibt es nach der Anmerkung im Kapitel I, § 4.1, bzw. nach dem Beweis zum Satz 2 im Kapitel I, § 4, eine kanonische Einbettung

$$\bar{\varepsilon} : \pi_1(X \setminus S) \to \hat{\Pi},\ \bar{a} \mapsto \hat{\alpha}.$$

Insgesamt erhält man so eine Einbettung $\varepsilon := \hat{\bar{\varepsilon}}\bar{\varepsilon}$ der Fundamentalgruppe $\pi_1(X \setminus S)$ in die algebraischen Fundamentalgruppe $\bar{\Pi}$:

$$\varepsilon : \pi_1(X \setminus S) \to \Pi(\mathbb{P}(\bar{K}/\bar{k}) \setminus \bar{\mathbf{S}}),\ \bar{a} \mapsto \alpha.$$

Diese bildet die Grundlage für den

Satz 1: Es seien $\bar{K}/\bar{k}$ ein algebraischer Funktionenkörper vom Geschlecht g mit einem algebraisch abgeschlossenen Konstantenkörper $\bar{k} \leq \mathbb{C}$, $\bar{\mathbf{S}} = \{\bar{\mathfrak{p}}_1, \ldots, \bar{\mathfrak{p}}_s\} \subseteq \mathbb{P}(\bar{K}/\bar{k})$, $\bar{M} := M_{\bar{\mathbf{S}}}(\bar{K})$ und

$$\bar{\Pi} = \mathrm{Gal}(\bar{M}/\bar{K}) = \langle \alpha_1, \ldots, \alpha_{s+2g} \mid r_{s,g}(\alpha_1, \ldots, \alpha_{s+2g}) = \iota \rangle_{top}.$$

Ferner seien $V \leq S_s$, $H := H_{V\bar{\mathbf{S}}}$ die Gruppe der $V\bar{\mathbf{S}}$-zulässigen topologischen Automorphismen von $\bar{K}$ und $\bar{L} := \bar{K}^H$. Dann definieren die Fortsetzungen von $\eta \in H$ auf $\bar{M}$ durch Konjugation in $\mathrm{Aut}(\bar{M}/\bar{L})$ einen Homomorphismus

$$d : H \to \mathrm{Out}(\bar{\Pi}),\ \eta \mapsto d(\eta),$$

von H in die Automorphismenklassengruppe von $\bar{\Pi}$. Dabei werden die Konjugiertenklassen $[\alpha_j]$ der ersten s Erzeugenden α_j (in der Bedeutung des Satzes 3 im Kap. I, § 4) wie folgt permutiert:

$$[\alpha_j]^{d(\eta)} = [\alpha_{\eta(j)}] \text{ für } j = 1, \ldots, s.$$

Beweis: Da $\bar{M}$ der maximale algebraische außerhalb $\bar{\mathbf{S}}$ unverzweigte Erweiterungskörper von $\bar{K}$ ist, sind die Fortsetzungen $\tilde{\eta}$ von $\eta \in H$ auf $\bar{M}$ Automorphismen von $\bar{M}/\bar{L}$, die auf $\bar{\Pi}$ einen Automorphismus

$$\tilde{d}(\tilde{\eta}) : \bar{\Pi} \to \bar{\Pi},\ \alpha \mapsto \alpha^{\tilde{\eta}} = \tilde{\eta}^{-1}\alpha\tilde{\eta}$$

induzieren. Weil sich je zwei solche Fortsetzungen durch einen inneren Automorphismus von $\overline{\Pi}$ unterscheiden, ist

$$d : H \to \mathrm{Out}(\overline{\Pi}), \quad \eta \mapsto d(\eta) = \tilde{d}(\tilde{\eta})\mathrm{Inn}(\overline{\Pi})$$

ein wohldefinierter Homomorphismus.

Um die Bilder der Konjugiertenklassen $[\alpha_j]$ unter $d(\eta)$ für $\eta \in H$ bestimmen zu können, geht man von der Galoiserweiterung $\overline{M}/\overline{K}$ durch Konstantenerweiterung mit $\mathbb{C}$ zu der Galoiserweiterung $\hat{M}/\hat{K}$ über. Weiter wird η zu $\hat{\eta} \in \mathrm{Aut}(\hat{K}/\mathbb{C})$ mit $\hat{\eta}|_{\overline{K}} = \eta$ fortgesetzt. Dann läßt sich $\hat{\eta}$ auffassen als Abbildung

$$\hat{\eta} : \mathbb{P}(\hat{K}/\mathbb{C}) \to \mathbb{P}(\hat{K}/\mathbb{C}), \quad \hat{\mathfrak{p}} \mapsto \hat{\mathfrak{p}}^{\hat{\eta}},$$

auf der abstrakten Riemannschen Fläche von $\hat{K}/\mathbb{C}$ und induziert eine biholomorphe Abbildung auf der Riemannschen Fläche X von $\hat{K}$

$$\hat{\eta}^* : X \to X, \quad P \mapsto \hat{\eta}^*(P);$$

dabei ist analog zum Kapitel I, § 2.2, $\hat{\eta}^*(P)$ derjenige Punkt von X mit

$$f^{\hat{\eta}}(P) = f(\hat{\eta}^*(P)) \quad \text{für alle } f \in \hat{K} = M(X).$$

Die Menge $\hat{H}^* := \{\hat{\eta}^* \mid \eta \in H\}$ versehen mit dem Abbildungsprodukt bildet eine zu H antiisomorphe Gruppe, also ist

$$\chi : H \to \hat{H}^*, \quad \eta \mapsto \check{\eta} := (\hat{\eta}^*)^{-1},$$

ein Gruppenisomorphismus mit der zusätzlichen Eigenschaft

$$(\mu(P))^{\hat{\eta}} = \mu(\check{\eta}(P)),$$

insbesondere gilt $\check{\eta}(P_j) = P_{\eta(j)}$ für die Urbilder $P_j := \mu^{-1}(\hat{\mathfrak{p}}_j)$ der $\hat{\mathfrak{p}}_j \in \mathbb{P}(\hat{K}/\mathbb{C})$ mit $\hat{\mathfrak{p}}_j \supseteq \overline{\mathfrak{p}}_j \in \overline{\mathbf{S}}$. Da $\check{\eta}$ eine biholomorphe Abbildung ist, sind die Bilder $\check{\eta}(a_j)$ der geschlossenen Wege a_j aus den Wegeklassen $\overline{a}_j = \varepsilon^{-1}(\alpha_j) \in \pi_1(X \setminus S)$ mit $S = \{P_1,\dots,P_s\}$ wieder geschlossene Wege auf X. Sind nun $X^{\cdot} := X \setminus S$, $\pi_1(X^{\cdot})$ die Fundamentalgruppe von $X^{\cdot}$ bezogen auf den Anfangspunkt $P_0 \in X^{\cdot}$ und w ein Weg von $\check{\eta}(P_0)$ nach P_0, so ist

$$\hat{d}_w(\eta) : \pi_1(X^{\cdot}) \to \pi_1(X^{\cdot}), \quad \overline{a} \mapsto \overline{w^{-1} * \check{\eta}(a) * w},$$

ein Automorphismus von $\pi_1(X^{\cdot})$, dessen Klasse $\hat{d}(\eta)$ in $\mathrm{Out}(\pi_1(X^{\cdot}))$ von der Wahl des Weges w unabhängig ist. Auf Grund von $\hat{\eta} \circ \mu = \mu \circ \check{\eta}$ gilt

$$d(\eta) \circ \varepsilon = \varepsilon \circ \hat{d}(\eta);$$

es genügt also, $\hat{d}_w(\eta)(\bar{a}_j)$ zu berechnen: Für $j \in \{1,\ldots,s\}$ ist $a_j \in \bar{a}_j$ nullhomotop auf $X^{\bullet} \cup \{P_j\}$. Wegen $\check{\eta}(P_j) = P_{\eta(j)}$ ist $\hat{d}_w(\eta)(a_j)$ eine auf $X^{\bullet} \cup \{P_{\eta(j)}\}$ nullhomotope Schleife von P_O aus um $P_{\eta(j)}$. Folglich ist $\hat{d}_w(\eta)(\bar{a}_j)$ in $\pi_1(X^{\bullet})$ zu $\bar{a}_{\eta(j)}$ oder zu $\bar{a}^{-1}_{\eta(j)}$ konjugiert, woraus $[\hat{d}_w(\eta)(\bar{a}_j)] = [\bar{a}_{\eta(j)}]$ folgt, da $\hat{d}_w(\eta)$ ein Automorphismus von $\pi_1(X^{\bullet})$ ist.

Zusatz 1: Sind im Satz 1 das Geschlecht $g = 0$ und $s \geq 3$, so ist d ein Monomorphismus.

Beweis: Im Fall $g = 0$, $s \geq 3$ folgt aus der Bemerkung 2, daß $d_{\bar{\mathfrak{S}}}(H) \cong V$ ist. Folglich wird $\eta \in H$ durch die Permutation $d_{\bar{\mathfrak{S}}}(\eta)$ festgelegt, und d ist injektiv. □

Überträgt man die Aussage des Satzes 1 auf die Kommutatorfaktorgruppe $\bar{\Pi}^{ab} = \bar{\Pi}/\bar{\Pi}'$, so ergibt sich als Analogon zur Folgerung 4 im Kapitel I, § 5, die

Folgerung 1: Der Homomorphismus $d : H \to \mathrm{Out}(\bar{\Pi})$ im Satz 1 induziert einen Homomorphismus

$$\bar{d} : H \to \mathrm{Aut}(\bar{\Pi}^{ab}),\ \eta \mapsto \bar{d}(\eta).$$

Dabei gilt für die Bilder der Erzeugenden $\bar{\alpha}_j = \alpha_j\bar{\Pi}'$

$$\bar{\alpha}_j^{\bar{d}(\eta)} = \bar{\alpha}_{\eta(j)} \quad \text{für } j = 1,\ldots,s.$$

Im Fall $g = 0$ ist $\bar{d}$ hierdurch eindeutig bestimmt und injektiv für $s \geq 3$.

Der Homomorphismus aus dem Satz 1 läßt sich auf die Gruppe $\Xi := \Xi_{V\bar{\mathfrak{S}}}$ ausdehnen. Sind darüber hinaus die Voraussetzungen zu der Bemerkung 3(b) erfüllt, so ist Ξ ein semidirektes Produkt von H mit $\Delta(K) := \mathrm{Gal}(\bar{K}/K)$:

$$\Xi = H \rtimes \Delta(K).$$

Dann läßt sich jedes Element $\xi \in \Xi$ eindeutig in ein Produkt $\xi = \eta\delta$ mit $\eta \in H$ und $\delta \in \Delta(K)$ aufspalten; es sind also mit den Definitionen im Kapitel I, § 5.3, der Homomorphismus

$$d : \Xi \to \mathrm{Out}(\bar{\Pi}),\ \xi \mapsto d(\eta)d(\delta),$$

die Permutationsdarstellung

$$d_{\bar{\mathfrak{S}}} : \Xi \to S_s,\ \xi \mapsto d_{\bar{\mathfrak{S}}}(\eta)d_{\bar{\mathfrak{S}}}(\delta),$$

und der Kreisteilungscharakter

$$c : \Xi \to \hat{\mathbb{Z}}^{\times}, \ \xi \mapsto c(\delta),$$

wohldefiniert. Damit folgt aus dem Satz 1 und dem Satz 3 im Kapitel I, § 5, die

Folgerung 2: Sind die Voraussetzungen zum Satz 1 und zu der Bemerkung 3(b) erfüllt, dann definieren die Fortsetzungen der $V\bar{\mathfrak{S}}$-zulässigen Automorphismen $\xi \in \Xi := \Xi_{V\bar{\mathfrak{S}}}$ auf $\bar{M}$ durch Konjugation in $\mathrm{Gal}(\bar{M}/L)$ einen Homomorphismus

$$d : \Xi \to \mathrm{Out}(\bar{\Pi}), \ \xi \mapsto d(\xi).$$

Dabei werden die Konjugiertenklassen $[\alpha_j]$ der ersten s Erzeugenden α_j von $\bar{\Pi}$ auf die Konjugiertenklassen von $\alpha_{\xi(j)}^{c(\xi)}$ abgebildet:

$$[\alpha_j]^{d(\xi)} = [\alpha_{\xi(j)}^{c(\xi)}] \text{ für } j = 1,\dots,s.$$

3. Die endlichen Automorphismengruppen rationaler Funktionenkörper

Als nächstes werden die Gruppen $V\bar{\mathfrak{S}}$-zulässiger topologischer Automorphismen von rationalen Funktionenkörpern näher untersucht.

Bemerkung 4: Es seien $\bar{K}/\bar{k}$ ein rationaler Funktionenkörper mit einem algebraisch abgeschlossenen Konstantenkörper $\bar{k}$ der Charakteristik 0 und U eine endliche Untergruppe von $\mathrm{Aut}(\bar{K}/\bar{k})$. Dann gelten:

(a) U ist isomorph zu einer endlichen Drehgruppe, das heißt zu einer der Gruppen

$$Z_m, \ D_m, \ A_4, \ S_4, \ A_5 \quad (m \in \mathbb{N}).$$

(b) In $\bar{K}/\bar{K}^U$ sind höchstens drei Primdivisoren aus $\mathbb{P}(\bar{K}^U/\bar{k})$ verzweigt, und die zugehörigen Tripel von Verzweigungsordnungen (e_1,e_2,e_3) hängen nur vom Isomorphietyp der Drehgruppe ab; diese sind in obiger Reihenfolge

$$(1,m,m), \ (2,2,m), \ (2,3,3), \ (2,3,4), \ (2,3,5).$$

(c) U besitzt die folgende Darstellung durch Erzeugende und Relationen:

$$U = \langle \sigma_1,\sigma_2,\sigma_3 \mid \sigma_1^{e_1} = \sigma_2^{e_2} = \sigma_3^{e_3} = \sigma_1\sigma_2\sigma_3 = \iota \rangle,$$

dabei ist (e_1,e_2,e_3) das nach (b) zugehörige Tripel von Verzweigungsordnungen.

(d) Alle 3-Erzeugendensysteme von U mit den Relationen in (c) liegen (bis auf Permutation der Komponenten) in einer einzigen Verzweigungsstruktur $\mathfrak{C}^*$ von U; für diese gilt

$$\ell^a(\mathfrak{C}^*) = 1.$$

Beweis: Bekanntlich ist jede endliche Untergruppe U von $\mathrm{Aut}(\bar{K}/\bar{k}) \cong \mathrm{PGL}_2(\bar{k})$ bei einem algebraisch abgeschlossenen Körper $\bar{k}$ der Charakteristik 0 isomorph zu einer endlichen Drehgruppe (siehe Zassenhaus [1958], I, § 6). Diese sind daher als Galoisgruppen von Körpererweiterungen rationaler Funktionenkörper $\bar{K}/\bar{L}$ realisierbar, wobei im Fall der Gruppen Z_m genau 2 Primdivisoren von $\bar{L}$ und in den übrigen Fällen 3 Primdivisoren von $\bar{L}$ mit den in (b) angegebenen Verzweigungsordnungen (e_1,e_2,e_3) in $\bar{K}/\bar{L}$ verzweigt sind. Darüber hinaus wird eine endliche Drehgruppe durch die zugehörigen 3-Erzeugendensysteme $(\sigma_1,\sigma_2,\sigma_3)$ ohne Hinzunahme weiterer Relationen beschrieben.
Es bleiben die Erzeugendensystemklassenzahlen $\ell^a(\mathfrak{C}^*)$ der Verzweigungsstrukturen $\mathfrak{C}^* = ([\sigma_1],[\sigma_2],[\sigma_3])^*$ zu berechnen: Die Gruppen Z_m besitzen eine einzige 2-gliedrige Verzweigungsstruktur $\mathfrak{C}^*$ mit $\Sigma(\mathfrak{C}^*) \neq \emptyset$, nämlich $\mathfrak{C}^* = ([\sigma_2],[\sigma_3])^*$; für diese gilt $\ell^a(\mathfrak{C}^*) = 1$ nach dem Beispiel 1 im Kapitel II, § 1. Im Fall $H = D_m$ sind $\mathfrak{C}^* = (2A,2A,mA)^*$ für $m \equiv 1 \bmod 2$ beziehungsweise $\mathfrak{C}^* = (2B,2C,mA)^*$ für $m \equiv 0 \bmod 2$ die einzigen Verzweigungsstrukturen mit $o(\sigma_1) = o(\sigma_2) = 2$, $o(\sigma_3) = m$ und $\Sigma(\mathfrak{C}^*) \neq \emptyset$ (bis auf Permutation der Komponenten). Dabei sind für $m \equiv 1 \bmod 2$ die Klasse 2A die einzige Involutionenklasse und für $m \equiv 0 \bmod 2$ die Klassen 2B und 2C die beiden nicht im Zentrum gelegenen Involutionenklassen von D_m. Da alle Elemente der Ordnung m der D_m in der symmetrischen Gruppe S_m konjugiert sind und der Zentralisator von σ_3 durch Konjugation in D_m auf $[\sigma_1]$ transitiv operiert, gilt auch hier $\ell^a(\mathfrak{C}^*) = 1$. Ganz entsprechend zeigt man auch für die Gruppen A_4, S_4 bzw. A_5, daß als Klassenstruktur $\mathfrak{C}^*$ von $\bar{K}/\bar{L}$ nur $(2B,3A,3B)^*$, $(2A,3A,4A)^*$ bzw. $(2B,3A,5A)^*$ in Frage kommen. Dabei bedeuten 2A die Konjugiertenklasse der Transpositionen und 2B die der Doppeltranspositionen in der jeweiligen Gruppe. Weiter erhält man mit ähnlichen Überlegungen wie oben, daß in allen drei Fällen $\ell^a(\mathfrak{C}^*) = 1$ gilt (siehe auch Klein [1884]). □

Nach der Bemerkung 4 sind die Galoiserweiterungen $\bar{K}/\bar{K}^U$ durch U und die Menge der in $\bar{K}/\bar{K}^U$ verzweigten Primdivisoren $\mathfrak{S} \subseteq \mathbb{P}(\bar{K}^U/\bar{k})$ (bis auf Permutation der Komponenten der Verzweigungsstruktur) eindeutig bestimmt.

Definition 2: Es sei $\bar{K}/\bar{k}$ ein algebraischer Funktionenkörper mit einem algebraisch abgeschlossenen Konstantenkörper $\bar{k}$. Eine Permutationsgruppe V vom Grad s heißt *als Gruppe topologischer Automorphismen von* $\bar{K}$ *darstellbar*, wenn es eine (geordnete) Teilmenge $\bar{\mathfrak{S}} = \{\bar{\mathfrak{p}}_1,\dots,\bar{\mathfrak{p}}_s\}$ von $\mathbb{P}(\bar{K}/\bar{k})$

gibt mit $V = d_{\bar{\mathbf{S}}}(H_{V\bar{\mathbf{S}}})$; dann heißt $\bar{\mathbf{S}}$ eine *V-Konfiguration auf* $\mathbb{P}(\bar{K}/\bar{k})$. Eine Gruppe U heißt *als Gruppe topologischer Automorphismen vom Grad s von* $\bar{K}$ *darstellbar*, wenn es eine treue Permutationsdarstellung $p_s: U \to S_s$ gibt, so daß $p_s(U)$ als Gruppe topologischer Automorphismen von $\bar{K}$ darstellbar ist.

Die nächste Bemerkung beantwortet die Frage, wann eine endliche Drehgruppe als Gruppe topologischer Automorphismen vom Grad s eines rationalen Funktionenkörpers darstellbar ist.

Bemerkung 5: Es sei $\bar{K}/\bar{k}$ ein rationaler Funktionenkörper mit einem algebraisch abgeschlossenen Konstantenkörper $\bar{k}$ der Charakteristik 0. Eine endliche Drehgruppe der Ordnung n ist genau dann als Gruppe topologischer Automorphismen vom Grad $s \geq 3$ von $\bar{K}$ darstellbar, wenn es ein $\nu \in \mathbb{N} \cup \{0\}$ und $\nu_j \in \{0,1\}$ gibt, so daß die Gleichung

$$s = \nu \cdot n + \sum_{j=1}^{3} \nu_j \cdot \frac{n}{e_j}$$

mit dem in der Bemerkung 4(b) zugeordneten Tripel von Verzweigungsordnungen lösbar ist.

Beweis: Ist U eine endliche Untergruppe von $\mathrm{Aut}(\bar{K}/\bar{k})$, so ergibt sich die Lösbarkeit der obigen Gleichung aus der Tatsache, daß sich $\bar{\mathbf{S}}$ aus vollen Bahnen unter U zusammensetzt. Ist umgekehrt U eine endliche Drehgruppe, genügen s und e_j der obigen Relation und ist $s \geq 3$, so gibt es eine treue Permutationsdarstellung $p_s : U \to S_s$ (auf den Nebenklassen von I bei $\nu > 0$ und von $\langle\sigma_j\rangle$ bei $\nu_j > 0$ in U) mit einer $p_s(U)$-Konfiguration $\bar{\mathbf{S}}$ auf $\mathbb{P}(\bar{K}/\bar{k})$, folglich ist U als Gruppe topologischer Automorphismen vom Grad s von $\bar{K}$ darstellbar. □

4. Explizite Formeln für $g = 0$, $s = 3$

Da $\mathrm{Aut}(\bar{K}/\bar{k})$ dreifach transitiv auf $\mathbb{P}(\bar{K}/\bar{k})$ operiert, sind alle Untergruppen V der S_3 als Gruppen topologischer Automorphismen darstellbar.

Satz 2: Es seien $\bar{K}/\bar{k}$ ein rationaler Funktionenkörper mit einem algebraisch abgeschlossenen Konstantenkörper $\bar{k} \leq \mathbb{C}$, $\bar{\mathbf{S}} \leq \mathbb{P}(\bar{K}/\bar{k})$ mit $|\bar{\mathbf{S}}| = 3$ und $V \leq S_3$. Weiter seien $\bar{M} = M_{\bar{\mathbf{S}}}(\bar{K})$ und

$$\bar{\Pi} = \mathrm{Gal}(\bar{M}/\bar{K}) = \langle \alpha_1, \alpha_2, \alpha_3 \mid \alpha_1\alpha_2\alpha_3 = \iota \rangle_{top}.$$

Dann ist die Automorphismenklasse $d(\eta) \in \mathrm{Out}(\bar{\Pi})$ von $\eta \in H_{V\bar{\mathbf{S}}}$ durch die Permutation $d_{\bar{\mathbf{S}}}(\eta) \in V$ eindeutig bestimmt. Für die erzeugenden Elemente der S_3 gelten:

(1) $$[\alpha_1,\alpha_2,\alpha_3]^{d(\eta)} = [\alpha_2,\alpha_3,\alpha_1] \quad \underline{\text{für}}\ d_{\bar{\mathfrak{S}}}(\eta) = (123),$$

(2) $$[\alpha_1,\alpha_2,\alpha_3]^{d(\eta)} = [\alpha_2,\alpha_1,\alpha_2\alpha_3\alpha_2^{-1}] \ \underline{\text{für}}\ d_{\bar{\mathfrak{S}}}(\eta) = (12).$$

<u>Beweis:</u> $\mathrm{Aut}(\bar{K}/\bar{k}) \cong PGL_2(\bar{k})$ operiert auf $\mathbb{P}(\bar{K}/\bar{k})$ scharf dreifach transitiv, das heißt $\eta \in \mathrm{Aut}(\bar{K}/\bar{k})$ ist durch die Bilder der Elemente von $\bar{\mathfrak{S}} = \{\bar{\mathfrak{p}}_1,\bar{\mathfrak{p}}_2,\bar{\mathfrak{p}}_3\}$ und damit durch $d_{\bar{\mathfrak{S}}}(\eta)$ festgelegt. Da es weiter für jede dreielementige Teilmenge $\bar{\mathfrak{S}}' = \{\bar{\mathfrak{p}}'_1,\bar{\mathfrak{p}}'_2,\bar{\mathfrak{p}}'_3\}$ von $\mathbb{P}(\bar{K}/\bar{k})$ ein $\gamma \in \mathrm{Aut}(\bar{K}/\bar{k})$ mit $\bar{\mathfrak{p}}'_j = \bar{\mathfrak{p}}_j^{\gamma}$ gibt, ist für $\eta \in H_{V\bar{\mathfrak{S}}}$ und $\eta' \in H_{V\bar{\mathfrak{S}}'}$ mit $d_{\bar{\mathfrak{S}}}(\eta) = d_{\bar{\mathfrak{S}}'}(\eta')$ zunächst $\eta' = \eta^{\gamma}$, also gilt $d(\eta') = d(\eta^{\gamma})$ in der Automorphismenklassengruppe von $\mathrm{Gal}(M_{\bar{\mathfrak{S}}'}(\bar{K})/\bar{K})$. Daher genügt es, die angegebenen Formeln für jeweils geeignete Teilmengen $\bar{\mathfrak{S}}$ von $\mathbb{P}(\bar{K}/\bar{k})$ bzw. nach dem Satz 3 im Kapitel I, § 4, auch für geeignete $\hat{\mathfrak{S}} \subseteq \mathbb{P}(\hat{K}/\mathbb{C})$ mit $\hat{K} = \mathbb{C}K$ zu beweisen.

Für $d_{\bar{\mathfrak{S}}}(\eta) = (123)$ seien die Ausnahmemengen $\hat{\mathfrak{S}}$ der abstrakten Riemannschen Fläche $\mathbb{P}(\hat{K}/\mathbb{C})$ bzw. $S = \{P_1,P_2,P_3\}$ der gewöhnlichen Riemannschen Fläche $X = \hat{\mathbb{C}}$ von $\hat{K}$ durch $S = \{1,\zeta_3,\zeta_3^2\}$ mit $\zeta_3 = e^{\frac{2\pi i}{3}}$ und $\hat{\mathfrak{S}} = \mu(S)$ festgelegt. Dann ist offenbar

$$\check{\eta} : X \to X,\ P \mapsto \check{\eta}(P) = \zeta_3 P,$$

und es gilt $\check{\eta}(P_j) = P_{\eta(j)} = \zeta_3 P_j$. Wählt man nun als Ausgangspunkt P_O der Schleifen a_j um P_j den Nullpunkt, so sind die Homotopieklassen von $\check{\eta}(a_j)$ die Klassen von a_{j+1} für $j = 1,2,3$ mit $a_4 = a_1$:

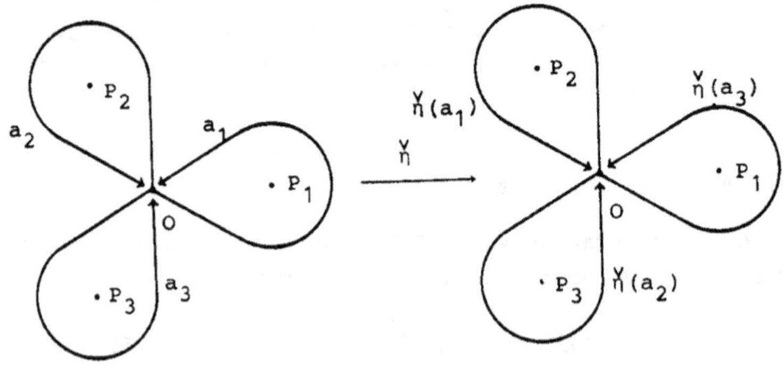

Ist w der triviale Weg, so werden die Homotopieklassen $\bar{a}_j$ durch den im Beweis zum Satz 1 eingeführten Automorphismus $\hat{d}_w(\eta)$ von $\pi_1(X\backslash S)$ wie folgt permutiert:

$$\hat{d}_w(\eta) : \bar{a}_1 \mapsto \bar{a}_2 \mapsto \bar{a}_3 \mapsto \bar{a}_1 .$$

Hieraus folgt (1) unter Verwendung der Einbettung $\varepsilon : \pi_1(X\backslash S) \to \bar{\Pi}$.

Für $d_{\bar{\mathfrak{S}}}(\eta) = (12)$ seien $S = \{-1,1,\infty\}$ und $P_O = O$. Dann ist

$$\check{\eta} : X \to X,\ P \mapsto -P,$$

und die Schleifen a_j um P_j werden durch $\check{\eta}$ bis auf Homotopie wie folgt abgebildet

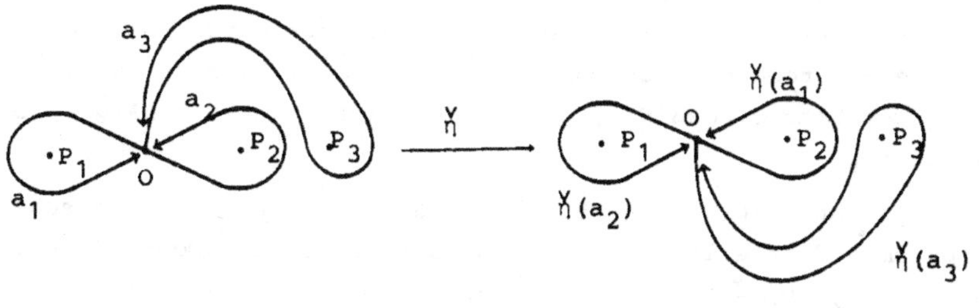

Mit dem trivialen Weg w gelten also

$$\hat{d}_w(\eta)(\bar{a}_1) = \bar{a}_2 \ , \ \hat{d}_w(\eta)(\bar{a}_2) = \bar{a}_1 \ , \ \hat{d}_w(\eta)(\bar{a}_3) = \bar{a}_2 * \bar{a}_3 * \bar{a}_2^{-1},$$

woraus dann (2) wie oben folgt. □

5. Explizite Formeln für $g = 0$, $s = 4$

Für die Kennzeichnung des Homomorphismus $d : H \to \mathrm{Out}(\Pi)$ durch die Permutationsdarstellung $d_{\bar{\mathfrak{S}}}$ im Fall $s = 3$ wurde benötigt, daß es für Paare dreielementiger Mengen $\bar{\mathfrak{S}}$ und $\bar{\mathfrak{S}}'$ von $\mathbb{P}(\bar{K}/\bar{k})$ jeweils einen Automorphismus γ von $\bar{K}/\bar{k}$ mit $\bar{\mathfrak{S}}' = \bar{\mathfrak{S}}^{\gamma}$ gibt. Diese Eigenschaft bleibt auch für $s > 3$ noch in einer Reihe weiterer Fälle erhalten, wenn man sich auf V-Konfigurationen für ein festes $V \leq S_s$ beschränkt.

Bemerkung 6: Es seien $\bar{K}/\bar{k}$ ein rationaler Funktionenkörper mit einem algebraisch abgeschlossenen Konstantenkörper $\bar{k} \leq \mathbb{C}$, $\bar{\mathfrak{S}} = \{\bar{\mathfrak{p}}_1,\ldots,\bar{\mathfrak{p}}_s\}$ für $V \leq S_s$ eine V-Konfiguration auf $\mathbb{P}(\bar{K}/\bar{k})$ mit $s \geq 3$, $\bar{M} = M_{\bar{\mathfrak{S}}}(\bar{K})$ und

$$\bar{\Pi} = \mathrm{Gal}(\bar{M}/\bar{K}) = \langle \alpha_1,\ldots,\alpha_s \mid \alpha_1 \cdot \ldots \cdot \alpha_s = \iota \rangle_{top} \, .$$

Weiter seien $H := H_{V\bar{\mathfrak{S}}}$, $\bar{L} := \bar{K}^H$, $\bar{\mathfrak{T}} \subseteq \mathbb{P}(\bar{K}/\bar{k})$ die Menge der Primteiler der in $\bar{K}/\bar{L}$ verzweigten Primdivisoren von $\bar{L}/\bar{k}$ und $\tilde{s}$ die Anzahl der Bahnen von H auf $\bar{\mathfrak{S}} \cup \bar{\mathfrak{T}}$. Dann ist für $\tilde{s} \leq 3$ die Automorphismenklasse $d(\eta) \in \mathrm{Out}(\bar{\Pi})$ zu $\eta \in H$ durch die Permutation $d_{\bar{\mathfrak{S}}}(\eta) \in V$ eindeutig bestimmt.

Beweis: $\bar{\mathfrak{S}}' = \{\bar{\mathfrak{p}}_1',\ldots,\bar{\mathfrak{p}}_s'\} \subseteq \mathbb{P}(\bar{K}/\bar{k})$ sei eine zweite V-Konfiguration, und es seien weiter $H' := H_{V\bar{\mathfrak{S}}'}$, $\bar{L}' := \bar{K}^{H'}$ und $\bar{\mathfrak{T}}' \subseteq \mathbb{P}(\bar{K}/\bar{k})$ die Menge der Primteiler der in $\bar{K}/\bar{L}'$ verzweigten Primdivisoren von $\bar{L}'/\bar{k}$. Die Menge der $\bar{K}/\bar{L}$-Normen von $\bar{\mathfrak{S}} \cup \bar{\mathfrak{T}}$ werden mit $\tilde{\mathfrak{S}} = \{\tilde{\mathfrak{p}}_1,\ldots,\tilde{\mathfrak{p}}_{\tilde{s}}\}$ bzw. der $\bar{K}/\bar{L}'$-Normen von $\bar{\mathfrak{S}}' \cup \bar{\mathfrak{T}}'$ mit $\tilde{\mathfrak{S}}' = \{\tilde{\mathfrak{p}}_1',\ldots,\tilde{\mathfrak{p}}_{\tilde{s}}'\}$ bezeichnet. Da $\bar{L}/\bar{k}$ und $\bar{L}'/\bar{k}'$ rationale Funktionenkörper sind, existiert ein $\bar{k}$-Isomorphismus

$$\tilde{\gamma} : \bar{L} \to \bar{L}', \ \tilde{\mathfrak{p}}_i \mapsto \tilde{\mathfrak{p}}_i^{\gamma} = \tilde{\mathfrak{p}}_i' \, .$$

Ist nun γ eine Fortsetzunge von $\tilde{\gamma}$ auf $\bar{K}$, so besitzen die Galoiserweiterungen $\bar{K}/\bar{L}'$ und $\bar{K}^{\gamma}/\bar{L}'$ zu V isomorphe Galoisgruppen H' bzw. H^{γ}. Zu einer endlichen Drehgruppe $U \cong V$ gibt es nach der Bemerkung 4 und nach dem Satz 1 im Kapitel II, § 1, nur eine einzige außerhalb $\tilde{\mathbf{S}}'$ unverzweigte Galoiserweiterung $\bar{K}'/\bar{L}'$ mit einer zu U isomorphen Galoisgruppe und mit der in der Bemerkung 4 angegebenen Verzweigungsstruktur. Also gilt $\bar{K}=\bar{K}^{\gamma}$, und γ ist ein Automorphismus von $\bar{K}/\bar{k}$ mit $\bar{\mathbf{S}}^{\gamma} = \bar{\mathbf{S}}'$. Hieraus folgt nun wie im Beweis zum Satz 2, daß $d(\eta)$ für $\eta \in H$ durch $d_{\bar{\mathbf{S}}}(\eta)$ unabhängig von $\bar{\mathbf{S}}$ festgelegt ist. □

Die folgenden Untergruppen der S_4 sind als Gruppen topologischer Automorphismen darstellbar: Z_2 (Transpositionen), $\tilde{Z}_2$ (Doppeltranspositionen), Z_3, Z_4, $D_2 \cong E_4$ (intransitiv), $\tilde{D}_2 \cong \tilde{E}_4$ (transitiv), D_4 und A_4. Dabei ist die Voraussetzung $\tilde{s} \le 3$ der Bemerkung 6 für die Gruppen

$$Z_2,\ Z_3,\ Z_4,\ E_4,\ D_4,\ A_4$$

mit $\tilde{s} = 3$ erfüllt, hingegen ist $\tilde{s} = 4$ für $\tilde{Z}_2$ und $\tilde{E}_4$. Damit ist der erste Teil des folgenden Satzes bewiesen:

<u>Satz 3:</u> <u>Es seien</u> $\bar{K}/\bar{k}$ <u>ein rationaler Funktionenkörper mit einem algebraisch abgeschlossenen Konstantenkörper</u> $\bar{k} \le \mathbb{C}$, $\bar{\mathbf{S}} \subseteq \mathbb{P}(\bar{K}/\bar{k})$ <u>mit</u> $|\bar{\mathbf{S}}| = 4$, $\bar{M} = M_{\bar{\mathbf{S}}}(\bar{K})$ <u>und</u>

$$\bar{\Pi} = \mathrm{Gal}(\bar{M}/\bar{K}) = \langle \alpha_1,\alpha_2,\alpha_3,\alpha_4 \mid \alpha_1\alpha_2\alpha_3\alpha_4 = \iota\rangle_{top} .$$

<u>Weiter sei</u> V <u>eine der Gruppen</u>

$$Z_2 = \langle\omega_1\rangle,\ E_4 = \langle\omega_1,\omega_2\rangle,\ Z_3 = \langle\omega_3\rangle,$$

$$Z_4 = \langle\omega_4\rangle,\ D_4 = \langle\omega_2,\omega_4\rangle,\ A_4 = \langle\omega_2,\omega_3\rangle$$

<u>mit</u>

$$\omega_1 = (12),\ \omega_2 = (12)(34),\ \omega_3 = (123),\ \omega_4 = (1234).$$

<u>Dann ist für eine</u> V-<u>Konfiguration</u> $\bar{\mathbf{S}} \subseteq \mathbb{P}(\bar{K}/\bar{k})$ <u>die Automorphismenklasse</u> $d(\eta) \in \mathrm{Out}(\bar{\Pi})$ <u>von</u> $\eta \in H_{V\bar{\mathbf{S}}}$ <u>durch die Permutation</u> $d_{\bar{\mathbf{S}}}(\eta) \in V$ <u>eindeutig bestimmt</u>. <u>Dabei gelten für die</u> $\eta_i \in H_{V\bar{\mathbf{S}}}$ <u>mit</u> $d_{\bar{\mathbf{S}}}(\eta_i) = \omega_i$:

(1) $$[\alpha_1,\alpha_2,\alpha_3,\alpha_4]^{d(\eta_1)} = [\alpha_2,\alpha_3\alpha_1\alpha_3^{-1},\alpha_3,\alpha_1^{-1}\alpha_4\alpha_1],$$

(2) $$[\alpha_1,\alpha_2,\alpha_3,\alpha_4]^{d(\eta_2)} = [\alpha_2,\alpha_1,\alpha_1^{-1}\alpha_4\alpha_1,\alpha_2\alpha_3\alpha_2^{-1}],$$

(3) $$[\alpha_1,\alpha_2,\alpha_3,\alpha_4]^{d(\eta_3)} = [\alpha_2,\alpha_3,\alpha_1,\alpha_1^{-1}\alpha_4\alpha_1],$$

(4) $$[\alpha_1,\alpha_2,\alpha_3,\alpha_4]^{d(\eta_4)} = [\alpha_2,\alpha_3,\alpha_4,\alpha_1].$$

<u>Beweis:</u> Nach den Bemerkungen 4 und 6 sind nur noch die Bilder von $[\underline{\alpha}] = [\alpha_1,\alpha_2,\alpha_3,\alpha_4]$ unter $d(\eta_i)$ für $\eta_i \in V$ und V-Konfigurationen $\bar{\mathbf{S}}$ zu berech-

nen. Dabei kann man sich auf V-Konfigurationen der maximalen als topologische Automorphismen von $\overline{K}$ vom Grad 4 darstellbaren Gruppen D_4 und A_4 beschränken. Dazu seien wieder $\hat{K} = \mathbb{C}\overline{K}$, $\hat{\mathfrak{S}} = \{\hat{\mathfrak{p}} \in \mathbb{P}(\hat{K}/\mathbb{C}) \mid \hat{\mathfrak{p}} \supseteq \overline{\mathfrak{p}} \in \overline{\mathfrak{S}}\}$, X die Riemannsche Fläche von $\hat{K}$ und $S = \{P_1,P_2,P_3,P_4\} = \mu^{-1}(\hat{\mathfrak{S}})$. Ferner heiße S eine V-Konfiguration, wenn $\mu(S)$ eine solche ist.

Offenbar ist $S_1 = \{\zeta_8,\zeta_8^3,\zeta_8^5,\zeta_8^7\}$ mit $\zeta_n := e^{\frac{2\pi i}{n}}$ eine D_4-Konfiguration auf X. Für diese ist

$$\check{\eta}_4 : X \to X,\ P \mapsto \check{\eta}_4(P) = \zeta_4 P.$$

Wählt man als Anfangspunkt P_0 der Schleifen a_j den Nullpunkt, so werden die Homotopieklassen $\overline{a}_j$ durch $\check{\eta}_4$ auf $\overline{a}_{\eta_4(j)}$ abgebildet:

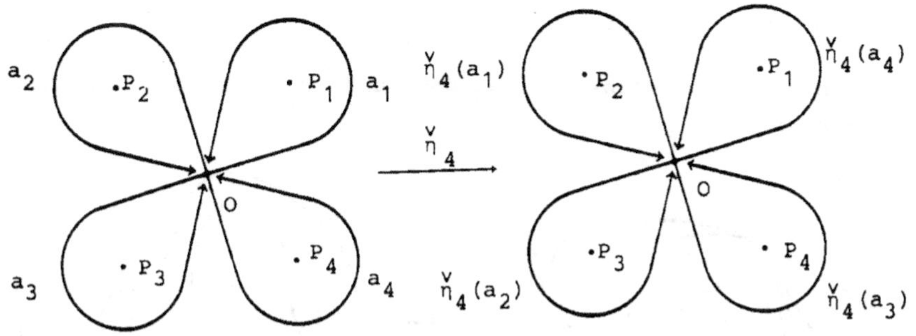

Also permutiert $\hat{d}_w(\eta_4)$ für den trivialen Weg w die Homotopieklassen zyklisch:

$$\hat{d}_w(\eta_4) : \overline{a}_1 \mapsto \overline{a}_2 \mapsto \overline{a}_3 \mapsto \overline{a}_4 \mapsto \overline{a}_1 ,$$

woraus (4) folgt.

Für dieselbe D_4-Konfiguration ist

$$\check{\eta}_2 : X \to X,\ P \mapsto \check{\eta}_2(P) = -\frac{1}{P} .$$

Nimmt man jetzt $P_0 = i$ als Anfangspunkt der a_j, so ergibt sich bis auf Homotopie:

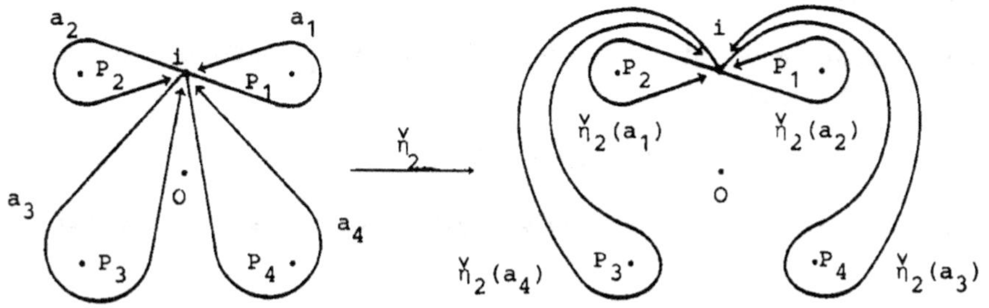

Für den trivialen Weg w gelten daher:

$$\hat{d}_w(\eta_2)(\bar{a}_1) = \bar{a}_2 \ , \ \hat{d}_w(\eta_2)(\bar{a}_2) = \bar{a}_1 \ ,$$

$$\hat{d}_w(\eta_2)(\bar{a}_3) = \bar{a}_1^{-1} * \bar{a}_4 * \bar{a}_1 \ , \ \hat{d}_w(\eta_2)(\bar{a}_4) = \bar{a}_2 * \bar{a}_3 * \bar{a}_2^{-1},$$

was (2) ergibt.

Wegen $\omega_1 \notin D_4$ ist zur Berechnung von $d(\eta_1)$ eine andere D_4-Konfiguration heranzuziehen. Da ω_1 für $\tau=(23)$ in D_4^τ liegt, wäre $S_1^\tau = \{\zeta_8,\zeta_8^5,\zeta_8^3,\zeta_8^7\}$ eine solche. Eine einfachere lineare Transformation ergibt sich aber für $S_2 = \{-1,1,0,\infty\}$. Dann bleibt $d(\eta_2)$ auf Grund der Bemerkung 6 und $\eta_2 \in D_4 \cap D_4^\tau$ erhalten, und es ist

$$\check{\eta}_1 : X \to X, \ P \mapsto \check{\eta}_1(P) = -P.$$

Wählt man als Anfangspunkt der a_j den Punkt $P_0 = i$, so erhält man bis auf Homotopie

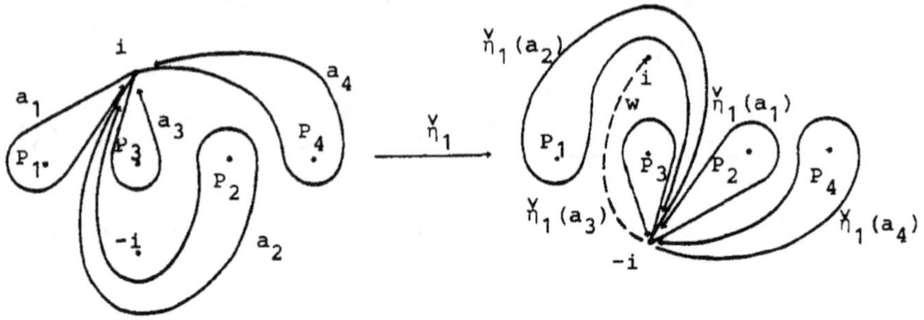

Für den eingezeichneten Weg w von $\check{\eta}_1(P_0) = -i$ nach $P_0 = i$ gelten also

$$\hat{d}_w(\eta_1)(\bar{a}_1) = \bar{a}_2 \ , \ \hat{d}_w(\eta_1)(\bar{a}_2) = \bar{a}_3 * \bar{a}_1 * \bar{a}_3^{-1},$$

$$\hat{d}_w(\eta_1)(\bar{a}_3) = \bar{a}_3 \ , \ \hat{d}_w(\eta_1)(\bar{a}_4) = \bar{a}_1^{-1} * \bar{a}_4 * \bar{a}_1 \ .$$

Hieraus folgt (1).

Zur Berechnung von $d(\eta_3)$ benötigt man eine A_4-Konfiguration. Für $S_3 = \{\zeta_3,\zeta_3^2,1,\infty\}$ ist

$$\check{\eta}_3 : X \to X, \ P \mapsto \check{\eta}_3(P) = \zeta_3 P.$$

Mit $P_0 = 0$ und dem trivialen Weg w ergibt sich bis auf Homotopie:

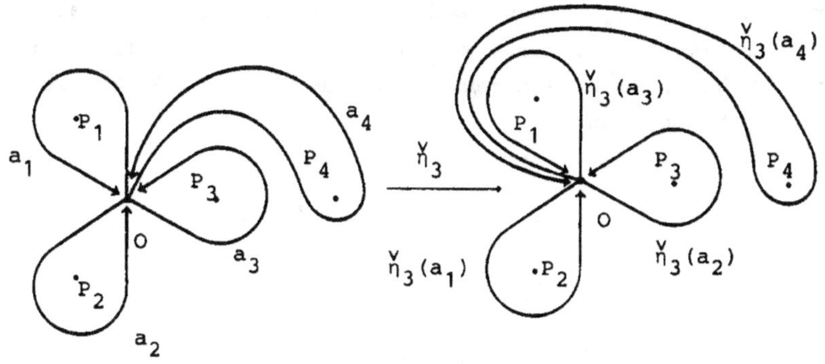

Hieraus folgen

$$\hat{d}_w(\eta_3)(\bar{a}_1) = \bar{a}_2 \ , \ \hat{d}_w(\eta_3)(\bar{a}_2) = \bar{a}_3 ,$$

$$\hat{d}_w(\eta_3)(\bar{a}_3) = \bar{a}_1 \ , \ \hat{d}_w(\eta_3)(\bar{a}_4) = \bar{a}_1^{-1} * \bar{a}_4 * \bar{a}_1$$

und damit (3)

Zum Schluß ist noch nachzuprüfen, daß sich die Transformationsformel (2) in der A_4-Konfiguration S_3 nicht ändert. Hier ist

$$\check{\eta}_2 : X \to X, \ P \mapsto \check{\eta}_2(P) = \frac{P+2}{P-1} ,$$

und mit $P_0 = 1 - \sqrt{3}$ gilt bis auf Homotopie:

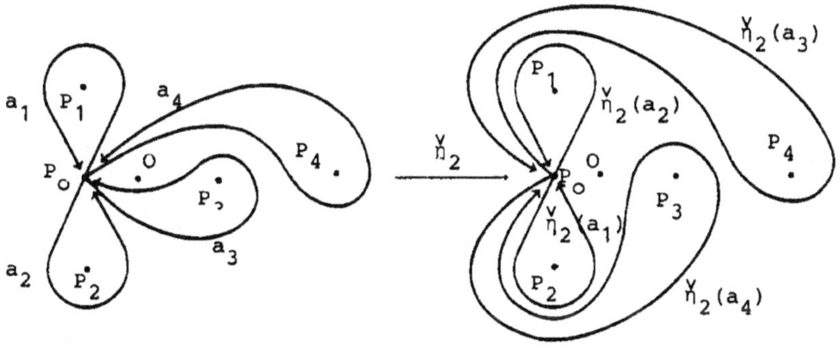

Mit dem trivialen Weg w gelten also wieder

$$\hat{d}_w(\eta_2)(\bar{a}_1) = \bar{a}_2 \ , \ \hat{d}_w(\eta_2)(\bar{a}_2) = \bar{a}_1 ,$$

$$\hat{d}_w(\eta_2)(\bar{a}_3) = \bar{a}_1^{-1} * \bar{a}_4 * \bar{a}_1 \ , \ \hat{d}_w(\eta_2)(\bar{a}_4) = \bar{a}_2 * \bar{a}_3 * \bar{a}_2^{-1} ,$$

und (2) ist auch in diesem Fall bestätigt. □

Die Gruppen $\tilde{Z}_2$ und $\tilde{E}_4$ können sowohl in D_4-Konfigurationen als auch in A_4-Konfigurationen realisiert werden. Die zugehörigen Transformationsformeln ergeben sich dann jeweils aus den im Satz 3 für die Gruppen D_4 bzw. A_4 bewiesenen.

§ 2 Operation der topologischen Automorphismen auf den Erzeugendensystemklassen

Der Homomorphismus d von der Gruppe der $V\bar{\mathbf{S}}$-zulässigen topologischen Automorphismen $H = H_{V\bar{\mathbf{S}}}$ eines algebraischen Funktionenkörpers $\bar{K}$ (mit einem algebraisch abgeschlossenen Konstantenkörper $\bar{k} \leq \mathbb{C}$) in die Automorphismenklassengruppe der algebraischen Fundamentalgruppe $\bar{\Pi} = \Pi(\mathbb{P}(\bar{K}/\bar{k}) \setminus \bar{\mathbf{S}})$ induziert für jede endliche Gruppe G eine Permutationsdarstellung d_G von H auf die Menge der (s,g)-Erzeugendensystemklassen $\Sigma^i_{s,g}(G)$. Mit den Resultaten des vorigen Paragraphen sind die Bahnen unter dieser Operation berechenbar. Dabei lassen sich, wie im vierten Abschnitt gezeigt wird, die Erzeugendensystemklassen $[\underline{\sigma}] \in \Sigma^i_{s,g}(G)$ mit einer nichttrivialen Fixgruppe in H in solche transformieren, die leichter nachprüfbare Eigenschaften besitzen. Mit Hilfe dieses Spiegelungsprinzips kann man gelegentlich die Anzahl der Bahnen von H auf den Mengen $\Sigma^i_g(\mathbf{C})$ bzw. $\Sigma^i_g(\mathbf{C}^*)$ der Erzeugendensystemklassen von G in einer Klassenstruktur $\mathbf{C}$ bzw. in einer Verzweigungsstruktur $\mathbf{C}^*$ berechnen, ohne die Erzeugendensystemklassen explizit zu kennen. Die gewonnenen Resultate werden an Beispielen aus dem Kapitel II, § 3.3 und § 6, genauer an den Gruppen F_{20}, D_5, M_{11}, M_{12} und F_1 erprobt.

1. Die Operation der topologischen Automorphismen auf den Klassenstrukturen

Es seien $\bar{K}/\bar{k}$ ein algebraischer Funktionenkörper vom Geschlecht g mit einem algebraisch abgeschlossenen Konstantenkörper $\bar{k} \leq \mathbb{C}$, $\bar{\mathbf{S}} = \{\bar{\mathfrak{p}}_1, \ldots, \bar{\mathfrak{p}}_s\} \subseteq \mathbb{P}(\bar{K}/\bar{k})$, $\bar{M} := M_{\bar{\mathbf{S}}}(\bar{K})$ der maximale algebraische außerhalb $\bar{\mathbf{S}}$ unverzweigte Erweiterungskörper von $\bar{K}$, $V \leq S_s$ und $\Xi = \Xi_{V\bar{\mathbf{S}}}$ die Gruppe der $V\bar{\mathbf{S}}$-zulässigen Automorphismen von $\bar{K}$. Jedes $\xi \in \Xi$ läßt sich zu einem Automorphismus $\tilde{\xi}$ von $\bar{M}$ fortsetzen. Dieser operiert durch Konjugation auf der algebraischen Fundamentalgruppe

$$\bar{\Pi} = \mathrm{Gal}(\bar{M}/\bar{K}) = \langle \alpha_1, \ldots, \alpha_{s+2g} \mid \kappa_{s,g}(\alpha_1, \ldots, \alpha_{s+2g}) = \iota \rangle_{top}$$

als Automorphismus

$$\tilde{d}(\tilde{\xi}) : \bar{\Pi} \to \bar{\Pi}, \ \alpha \mapsto \alpha^{\tilde{\xi}}.$$

Sind nun $\underline{\sigma}$ ein (s,g)-Erzeugendensystem einer endlichen Gruppe G und $\psi : \bar{\Pi} \to G$ der durch $\psi(\alpha_j) = \sigma_j$ definierte Epimorphismus von $\bar{\Pi}$ auf G, so permutiert $\tilde{\xi}$ durch

$$\tilde{d}_G(\tilde{\xi}) : \Sigma_{s,g}(G) \to \Sigma_{s,g}(G),\ \underline{\sigma} \mapsto \underline{\sigma}^{\tilde{\xi}} := \psi(\underline{\alpha}^{\tilde{\xi}})$$

die Menge der (s,g)-Erzeugendensysteme von G. Sind $\tilde{\xi}$ und $\tilde{\tilde{\xi}}$ zwei Fortsetzungen von $\xi \in \Xi$ auf $\overline{M}$, so gilt $[\underline{\sigma}^{\tilde{\xi}}] = [\underline{\sigma}^{\tilde{\tilde{\xi}}}]$; damit ist

$$d_G : \Xi \to S_{\Sigma^i_{s,g}(G)},\ \xi \mapsto ([\underline{\sigma}] \mapsto [\underline{\sigma}]^{\xi} := [\underline{\sigma}^{\tilde{\xi}}])$$

eine Permutationsdarstellung von Ξ auf $\Sigma^i_{s,g}(G)$. Mit dem Satz 1 des vorigen Paragraphen erhält man hieraus das zum Satz 2 im Kapitel II, § 1, analoge Resulat über die Operation der $V\overline{\mathbf{S}}$-zulässigen topologischen Automorphismen auf $\Sigma^i_{s,g}(G)$:

Satz 1: Es seien $\overline{K}/\overline{k}$ ein algebraischer Funktionenkörper vom Geschlecht g mit einem algebraisch abgeschlossenen Konstantenkörper $\overline{k} \leq \mathbb{C}$, $\overline{\mathbf{S}} = \{\overline{\mathfrak{p}}_1,\ldots,\overline{\mathfrak{p}}_s\} \subseteq \mathbb{P}(\overline{K}/\overline{k})$, $V \leq S_s$ und $H = H_{V\overline{\mathbf{S}}}$ die Gruppe der $V\overline{\mathbf{S}}$-zulässigen topologischen Automorphismen von $\overline{K}$. Dann induziert der Homomorphismus d aus dem Satz 1 in § 1 für jede endliche Gruppe G eine Permutationsdarstellung

$$d_G : H \to S_{\Sigma^i_{s,g}(G)},\ \eta \mapsto d_G(\eta),$$

von H auf $\Sigma^i_{s,g}(G)$ durch

$$d_G(\eta) : \Sigma^i_{s,g}(G) \to \Sigma^i_{s,g}(G),\ [\underline{\sigma}] \mapsto [\underline{\sigma}]^{\eta} := [\underline{\sigma}^{\tilde{\eta}}].$$

Dabei gilt für die ersten s Komponenten von $\underline{\sigma}$ noch

$$[\sigma_j]^{\eta} = [\sigma_{\eta(j)}] \text{ für } j = 1,\ldots,s;$$

insbesondere operiert H vermöge d_G auf den Mengen $\Sigma^i_g(\mathbf{C})$ von Erzeugendensystemklassen in Klassenstrukturen $\mathbf{C} = (C_1,\ldots,C_s)$ von G in der folgenden Weise:

$$\Sigma^i_g(\mathbf{C})^{\eta} = \Sigma^i_g(\eta\mathbf{C}) \text{ mit } \eta\mathbf{C} = (C_{\eta(1)},\ldots,C_{\eta(s)}).$$

Sind überdies H eine endliche Gruppe und der Fixkörper L von Ξ ein aufgeschlossener Funktionenkörper, so ist Ξ nach der Bemerkung 3(b) in § 1 ein semidirektes Produkt von H mit der Galoisgruppe einer Konstantenerweiterung $\Delta(K) = \mathrm{Gal}(\overline{K}/K)$. Dann besitzt jedes $\xi \in \Xi$ eine eindeutige Zerlegung in ein Produkt von $\eta \in H$ und $\delta \in \Delta(K)$, und es gilt

$$d_G(\xi) = d_G(\eta)d_G(\delta)$$

mit den Permutationsdarstellungen d_G von H aus dem Satz 1 und von $\Delta(K)$ aus dem Satz 2 im Kapitel II, § 1. Damit erhält man aus den genannten Sätzen bzw. aus der Folgerung 2 in § 1 die

Folgerung 1: Sind die Voraussetzungen zum Satz 1 und zu der Bemerkung 3(b) in § 1 erfüllt, so permutiert jedes ξ aus der Gruppe der $V\bar{\mathbf{S}}$-zulässigen Automorphismen $\Xi_{V\bar{\mathbf{S}}}$ von $\bar{K}$ vermöge der Permutationsdarstellung d_G die Mengen $\Sigma_g^i(\mathbf{C})$ von Erzeugendensystemklassen in Klassenstrukturen $\mathbf{C} = (C_1,\ldots,C_s)$ von G wie folgt:

$$\Sigma_g^i(\mathbf{C})^\xi = \Sigma_g^i(\xi\mathbf{C}^{c(\xi)}) \ \underline{\text{mit}}\ \xi\mathbf{C}^{c(\xi)} = (C_{\xi(1)}^{c(\xi)},\ldots,C_{\xi(s)}^{c(\xi)}).$$

Die Folgerung 1 besagt also: Ist $\mathbf{C}$ eine Klassenstruktur von $\bar{N} \in N_{\bar{\mathbf{S}}}^G(\bar{K})$, so ist $\xi\mathbf{C}^{c(\xi)}$ eine Klassenstruktur von $\bar{N}^{\tilde{\xi}}/\bar{K}$ für jede Fortsetzung $\tilde{\xi}$ von $\xi \in \Xi$ auf $\bar{M} = M_{\bar{\mathbf{S}}}(\bar{K})$.

Anmerkung: Die Permutationsdarstellung d_G wird durch

$$d_G^a(\xi) : \Sigma_{s,g}^a(G) \to \Sigma_{s,g}^a(G),\ [\underline{\sigma}]^a \mapsto [\underline{\sigma}^{\tilde{\xi}}]^a$$

zu einer Permutationsdarstellung

$$d_G^a : \Xi \to S_{\Sigma_{s,g}^a},\ \xi \mapsto d_G^a(\xi)$$

vergröbert.

2. Klassenzahlen symmetrisierter Klassen- und Verzweigungsstrukturen

Die Operation der zulässigen topologischen Automorphismen auf $\Sigma_{s,g}^i(G)$ führt zu einer gröberen Klasseneinteilung der Erzeugendensysteme von G in einer Klassenstruktur $\mathbf{C}$ von G sowie in der von $\mathbf{C}$ aufgespannten Verzweigungsstruktur $\mathbf{C}^*$ und damit auch zu kleineren Klassenzahlen.

Definition 1: Es seien $\bar{K}/\bar{k}$ ein algebraischer Funktionenkörper mit einem algebraisch abgeschlossenen Konstantenkörper $\bar{k} \le \mathbb{C}$ und $\bar{\mathbf{S}}$ eine s-elementige Teilmenge von $\mathbb{P}(\bar{K}/\bar{k})$. Weiter seien G eine endliche Gruppe, $\mathbf{C} = (C_1,\ldots,C_s)$ eine Klassenstruktur von G und $\mathbf{C}^*$ die von $\mathbf{C}$ aufgespannte Verzweigungsstruktur. Ist $V := \mathrm{Sym}(\mathbf{C}^\circ)$ für $\mathbf{C}^\circ \in \{\mathbf{C},\mathbf{C}^*\}$, so operiert $H_{V\bar{\mathbf{S}}}$ nach dem Satz 1 vermöge d_G auf $\Sigma_g^i(\mathbf{C}^\circ)$, der Bahnenraum werde mit

$$\tilde{\Sigma}_g^i(\mathbf{C}^\circ|\bar{\mathbf{S}}) := \Sigma_g^i(\mathbf{C}^\circ)/H_{V\bar{\mathbf{S}}} \ \text{für}\ V = \mathrm{Sym}(\mathbf{C}^\circ)$$

bezeichnet, und dessen Elementanzahl

$$\tilde{\ell}_g^i(\mathbf{C}^\circ|\bar{\mathbf{S}}) := |\tilde{\Sigma}_g^i(\mathbf{C}^\circ|\bar{\mathbf{S}})|$$

heiße die *Erzeugendensystemklassenzahl der (mit V) symmetrisierten Klassen- bzw. Verzweigungsstruktur* $\mathfrak{C}^\circ$ *von* G.

Ist nun $V := \mathrm{Sym}^a(\mathfrak{C}^\circ)$, so gibt es zu jedem $\eta \in H_{V\bar{\mathbf{S}}}$ ein $\gamma(\eta) \in \mathrm{Aut}(G)$ mit $\Sigma_g^a(\mathfrak{C}^\circ)^\eta = \Sigma_g^a(\mathfrak{C}^\circ)^{\gamma(\eta)}$, also operiert $H_{V\bar{\mathbf{S}}}$ auf $\Sigma_g^a(\mathfrak{C}^\circ)$ vermöge $\gamma(\eta)^{-1} \circ d_G(\eta)$. Der zugehörige Bahnenraum sei

$$\tilde{\Sigma}_g^a(\mathfrak{C}^\circ|\bar{\mathbf{S}}) := \Sigma_g^a(\mathfrak{C}^\circ)/H_{V\bar{\mathbf{S}}} \text{ für } V = \mathrm{Sym}^a(\mathfrak{C}^\circ)$$

mit der Bahnenanzahl

$$\tilde{\ell}_g^a(\mathfrak{C}^\circ|\bar{\mathbf{S}}) := |\tilde{\Sigma}_g^a(\mathfrak{C}^\circ|\bar{\mathbf{S}})|.$$

Sind diese Erzeugendensystemklassenzahlen symmetrisierter Klassen- bzw. Verzweigungsstrukturen $\mathfrak{C}^\circ$ von G von der Wahl der Menge $\bar{\mathbf{S}}$ unabhängig wie im Fall $g = 0$, $s = 3$, so schreibt man kürzer

$$\tilde{\ell}_g^i(\mathfrak{C}^\circ) := \tilde{\ell}_g^i(\mathfrak{C}^\circ|\bar{\mathbf{S}}) \text{ bzw. } \tilde{\ell}_g^a(\mathfrak{C}^\circ) := \tilde{\ell}_g^a(\mathfrak{C}^\circ|\bar{\mathbf{S}}).$$

Bereits aus dem Satz 1 folgt, daß die Erzeugendensystemklassenzahl der symmetrisierten Verzweigungsstruktur der Körpererweiterung $\bar{N}/\bar{\mathbb{Q}}(z)$ mit der Frobeniusgruppe F_{20} aus dem Kapitel II, § 3.3, gleich 1 ist. Dies liefert eine interne Begründung dafür, daß $\bar{N}/\bar{\mathbb{Q}}(z)$ als Galoiserweiterung über $\mathbb{Q}(z)$ definiert ist (siehe § 3).

Beispiel 1: Es seien $G = F_{20} = \langle(12345),(2435)\rangle$ und $\mathfrak{C} = (4A,4B,5A)$ mit $4A = [(2435)]$ (vergleiche Kapitel II, § 3.3 und § 4.1, Beispiel 4). Bei einem Repräsentanten $(\sigma_1,\sigma_2,\sigma_3)$ von $[\underline{\sigma}] \in \bar{\Sigma}^i(\mathfrak{C})$ kann $\sigma_3 = (12345)$ gewählt werden. Da alle Elemente von 4A unter $C_G(\sigma_3) = \langle\sigma_3\rangle$ konjugiert sind, ist die zusätzliche Wahl von $\sigma_1 = (2435)$ zulässig. Also ist $[(2435),(1524),(12345)]$ die einzige Erzeugendensystemklasse in $\Sigma^i(\mathfrak{C})$, woraus $\ell^i(\mathfrak{C}) = 1$ und auf Grund von $\mathfrak{C}^* = \mathfrak{C} \cup \mathfrak{C}^3$ mit $\mathfrak{C}^3 = (4B,4A,5A)$ auch $\ell^i(\mathfrak{C}^*) = 2$ folgen. Offensichtlich ist $\mathrm{Sym}(\mathfrak{C}^*) = \langle(12)\rangle$. Nach dem Satz 1 vertauscht das $\eta \in H_{V\bar{\mathbf{S}}}$ mit $d_{\bar{\mathbf{S}}}(\eta) = (12)$ die beiden Klassenstrukturen $\mathfrak{C}$ und $\mathfrak{C}^3$; also liegen die beiden Erzeugendensystemklassen von $\Sigma^i(\mathfrak{C}^*)$ in einer Bahn unter $H_{V\bar{\mathbf{S}}}$, und es gilt $\tilde{\ell}^i(\mathfrak{C}^*) = 1$.

In diesem ersten Beispiel besaß die Gruppe der zulässigen topologischen Automorphismen eine treue Permutationsdarstellung auf den Klassenstrukturen in der Verzweigungsstruktur von G. Wenn dies nicht der Fall ist, muß man mit expliziten Formeln rechnen. Dabei kann man sich nach dem Satz 1 auf die Symmetriegruppen der Klassenstrukturen beschränken. Im Spezialfall $g = 0$, $s = 3$ erhält man aus der Bemerkung 4 und dem Satz 2 in § 1 den

<u>Satz 2:</u> Es seien $\overline{K}/\overline{k}$ ein rationaler Funktionenkörper mit einem algebraisch abgeschlossenen Konstantenkörper $\overline{k} \leq \mathbb{C}$ und $\overline{\mathbb{S}} = \{\overline{\mathfrak{p}}_1,\overline{\mathfrak{p}}_2,\overline{\mathfrak{p}}_3\} \subseteq \mathbb{P}(\overline{K}/\overline{k})$. Weiter seien G eine endliche Gruppe und $\mathfrak{C} = (C_1,C_2,C_3)$ eine Klassenstruktur von G mit $\mathrm{Sym}(\mathfrak{C}) = V$. Dann ist V als Gruppe topologischer Automorphismen von $\overline{K}$ darstellbar, und es gilt sogar $H := H_{V\overline{\mathbb{S}}} \cong V$. Die Operation von H auf $\Sigma^i(\mathfrak{C})$ ergibt sich durch Einschränkung aus der Operation der folgenden erzeugenden Elemente η von $H_{\overline{\mathbb{S}}}$ auf $\Sigma_3^i(G)$:

(1) $$[\underline{\sigma}]^\eta = [\sigma_2,\sigma_3,\sigma_1] \quad \text{für } d_{\overline{\mathbb{S}}}(\eta) = (123),$$

(2) $$[\underline{\sigma}]^\eta = [\sigma_2,\sigma_1,\sigma_2\sigma_3\sigma_2^{-1}] \quad \text{für } d_{\overline{\mathbb{S}}}(\eta) = (12) .$$

Entsprechend folgt im Fall $g = 0$, $s = 4$ aus der Bemerkung 4 und dem Satz 3 jeweils in § 1 der

<u>Satz 3:</u> Es seien $\overline{K}/\overline{k}$ ein rationaler Funktionenkörper mit einem algebraisch abgeschlossenen Konstantenkörper $\overline{k} \leq \mathbb{C}$ und $\overline{\mathbb{S}} = \{\overline{\mathfrak{p}}_1,\overline{\mathfrak{p}}_2,\overline{\mathfrak{p}}_3,\overline{\mathfrak{p}}_4\} \subseteq \mathbb{P}(\overline{K}/\overline{k})$. Weiter seien G eine endliche Gruppe und $\mathfrak{C} = (C_1,C_2,C_3,C_4)$ eine Klassenstruktur von G mit $\mathrm{Sym}(\mathfrak{C}) = V$. Dann ist V in der Gruppe S_4 konjugiert zu einer der Gruppen $I = \{\iota\}$ oder

$$Z_2 = \langle\omega_1\rangle,\ E_4 = \langle\omega_1,\omega_2\rangle,\ S_3 = \langle\omega_1,\omega_3\rangle,\ S_4 = \langle\omega_3,\omega_4\rangle$$

mit

$$\omega_1 = (12),\ \omega_2 = (12)(34),\ \omega_3 = (123),\ \omega_4 = (1234).$$

Die maximalen als Gruppen topologischer Automorphismen von $\overline{K}$ darstellbaren Untergruppen von V sind jeweils

$$Z_2,\ E_4,\ Z_2 \text{ und } Z_3 = \langle\omega_3\rangle,\ D_4 = \langle\omega_2,\omega_4\rangle \text{ und } A_4 = \langle\omega_2,\omega_3\rangle.$$

Für diese erhält man die Operation von $H_{V\overline{\mathbb{S}}}$ auf $\Sigma^i(\mathfrak{C})$ aus der Operation der erzeugenden Elemente $\eta_i \in H_{V\overline{\mathbb{S}}}$ mit $d_{\overline{\mathbb{S}}}(\eta_i) = \omega_i$ wie folgt:

(1) $$[\underline{\sigma}]^{\eta_1} = [\sigma_2,\sigma_3\sigma_1\sigma_3^{-1},\sigma_3,\sigma_1^{-1}\sigma_4\sigma_1],$$

(2) $$[\underline{\sigma}]^{\eta_2} = [\sigma_2,\sigma_1,\sigma_1^{-1}\sigma_4\sigma_1,\sigma_2\sigma_3\sigma_2^{-1}],$$

(3) $$[\underline{\sigma}]^{\eta_3} = [\sigma_2,\sigma_3,\sigma_1,\sigma_1^{-1}\sigma_4\sigma_1],$$

(4) $$[\underline{\sigma}]^{\eta_4} = [\sigma_2,\sigma_3,\sigma_4,\sigma_1].$$

Mit den Sätzen 2 und 3 läßt sich nun auch zeigen, daß die Erzeugendensystemklassenzahl der symmetrisierten Verzweigungsstruktur der Körpererweiterung $N/\mathbb{Q}(v)$ aus dem Satz 4 im Kapitel II, § 3, mit einer zur Diedergruppe D_5 isomorphen Galoisgruppe gleich 1 ist.

Beispiel 2: In der Gruppe $G = D_5$ seien 2A, 5A und 5B die Konjugiertenklassen von Elementen der Ordnungen 2 bzw. 5 und $\mathbf{C} = (2A,2A,5A,5B)$ (vergleiche Kapitel II, § 3.3 und § 4.1, Beispiel 4). Die von $\mathbf{C}$ aufgespannte Verzweigungsstruktur ist $\mathbf{C}^* = \mathbf{C} \cup \mathbf{C}^3$ mit $\mathbf{C}^3 = (2A,2A,5B,5A)$. Zur Berechnung der Anzahl der Konjugiertenklassen von $\underline{\sigma} \in \Sigma(\mathbf{C})$ kann man $\sigma_3 \in 5A$ fest wählen. Dann gibt es für die beiden Elemente σ_4 und σ_4' in 5B jeweils bis auf Konjugation mit $C_G(\sigma_3) = C_G(\sigma_4)$ genau ein Element $\sigma_1 \in 2A$, für das $\sigma_2 := (\sigma_3\sigma_4\sigma_1)^{-1} \in 2A$ ist. Wegen $G = \langle\sigma_1,\sigma_3\rangle$ sind $\ell^i(\mathbf{C}) = 2$ und $\ell^i(\mathbf{C}^*) = 4$. Die Symmetriegruppe von $\mathbf{C}^*$ ist $\mathrm{Sym}(\mathbf{C}^*)=E_4$. Offenbar permutiert (34) die Klassenstrukturen $\mathbf{C}$ und $\mathbf{C}^3$. Für $\omega_1 = (12)$ gilt nach dem Satz 3

$$[\underline{\sigma}]^{\eta_1} = [\sigma_2,\sigma_3\sigma_1\sigma_3^{-1},\sigma_3,\sigma_1^{-1}\sigma_4\sigma_1].$$

Wegen $\sigma_4^{\sigma_1} = \sigma_4'$ vertauscht $d_G(\eta_1)$ die beiden Erzeugendensystemklassen in $\Sigma^i(\mathbf{C})$. Also operiert für eine E_4-Konfiguration $\overline{\mathbf{S}} \subseteq \mathbb{P}(\overline{K}/\overline{k})$ die Gruppe $H_{E_4\overline{\mathbf{S}}}$ transitiv auf $\Sigma^i(\mathbf{C}^*)$, das heißt es gilt $\mathcal{l}^i(\mathbf{C}^*) = 1$.

3. Fixgruppen von Erzeugendensystemklassen

Durch die Operation der zulässigen topologischen Automorphismen von $\overline{K}$ auf den Erzeugendensystemklassen in einer Klassen- bzw. Verzweigungsstruktur einer Gruppe G erhält man gelegentlich Bahnen unterschiedlicher Länge. Da der Isomorphietyp der Fixgruppe einer Erzeugendensystemklasse bei der Operation der zulässigen algebraischen Automorphismen von $\overline{K}$ ungeändert bleibt, gestattet dies eine weitere Aufspaltung der Erzeugendensystemklasse von G gegenüber der Operation aller zulässigen Automorphismen von $\overline{K}$ invarianten Merkmalen.

Definition 2: Es seien $\overline{K}/\overline{k}$ ein algebraischer Funktionenkörper vom Geschlecht g mit einem algebraisch abgeschlossenen Konstantenkörper $\overline{k}\le\mathbb{C}$, $\overline{\mathbf{S}} = \{\overline{\mathfrak{p}}_1,\dots,\overline{\mathfrak{p}}_s\} \subseteq \mathbb{P}(\overline{K}/\overline{k})$, $V \le S_s$ und $H = H_{V\overline{\mathbf{S}}}$ die Gruppe $V\overline{\mathbf{S}}$-zulässiger topologischer Automorphismen von $\overline{K}$, G eine endliche Gruppe, $\mathbf{C}=(C_1,\dots,C_s)$ eine Klassenstruktur von G und $\mathbf{C}^\circ \in \{\mathbf{C},\mathbf{C}^*\}$. Dann heißen für $[\underline{\sigma}] \in \Sigma^i_{s,g}(G)$ bzw. $[\underline{\sigma}]^a \in \Sigma^a_{s,g}(G)$ die Gruppen

$$H^i_{\underline{\sigma}} := \{\eta \in H \mid [\underline{\sigma}]^\eta = [\underline{\sigma}]\} \text{ bzw. } H^a_{\underline{\sigma}} := \{\eta \in H \mid ([\underline{\sigma}]^a)^\eta = [\underline{\sigma}]^a\}$$

die *Fixgruppe von* $[\underline{\sigma}]$ bzw. *von* $[\underline{\sigma}]^a$ *in* H. Weiter seien

$$\Sigma_g^i(\mathbf{C}^\circ|\bar{\mathbf{S}})_U := \{[\sigma] \in \Sigma_g^i(\mathbf{C}^\circ) \mid H_{\underline{\sigma}}^i = U,\ H = H_{V\bar{\mathbf{S}}},\ V = \mathrm{Sym}(\mathbf{C}^\circ)\},$$

$$\Sigma_g^a(\mathbf{C}^\circ|\bar{\mathbf{S}})_U := \{[\sigma]^a \in \Sigma_g^a(\mathbf{C}^\circ) \mid H_{\underline{\sigma}}^a = U,\ H = H_{V\bar{\mathbf{S}}},\ V = \mathrm{Sym}^a(\mathbf{C}^\circ)\}$$

die Mengen der Erzeugendensystemklassen in $\Sigma_g^i(\mathbf{C}^\circ)$ bzw. $\Sigma_g^a(\mathbf{C}^\circ)$ mit der Fixgruppe U und

$$\ell_g^i(\mathbf{C}^\circ|\bar{\mathbf{S}})_U := |\Sigma_g^i(\mathbf{C}^\circ|\bar{\mathbf{S}})_U| \text{ bzw. } \ell_g^a(\mathbf{C}^\circ|\bar{\mathbf{S}})_U := |\Sigma_g^a(\mathbf{C}^\circ|\bar{\mathbf{S}})_U|$$

deren Elementanzahlen. Die Mengen der Bahnen von $N_{H_{V\bar{\mathbf{S}}}}(U)$ für $V = \mathrm{Sym}(\mathbf{C}^\circ)$ bzw. $V = \mathrm{Sym}^a(\mathbf{C}^\circ)$ auf diesen Mengen werden mit

$$\tilde{\Sigma}_g^i(\mathbf{C}^\circ|\bar{\mathbf{S}})_U := \Sigma_g^i(\mathbf{C}^\circ|\bar{\mathbf{S}})_U/N_{H_{V\bar{\mathbf{S}}}}(U) \quad (V = \mathrm{Sym}(\mathbf{C}^\circ)),$$

bzw. mit

$$\tilde{\Sigma}_g^a(\mathbf{C}^\circ|\bar{\mathbf{S}})_U := \Sigma_g^a(\mathbf{C}^\circ|\bar{\mathbf{S}})_U/N_{H_{V\bar{\mathbf{S}}}}(U) \quad (V = \mathrm{Sym}^a(\mathbf{C}^\circ))$$

und deren Elementanzahlen mit

$$\tilde{\ell}_g^i(\mathbf{C}^\circ|\bar{\mathbf{S}})_U := |\tilde{\Sigma}_g^i(\mathbf{C}^\circ|\bar{\mathbf{S}})_U| \text{ bzw. } \tilde{\ell}_g^a(\mathbf{C}^\circ|\bar{\mathbf{S}})_U := |\tilde{\Sigma}_g^a(\mathbf{C}^\circ|\bar{\mathbf{S}})_U|$$

bezeichnet. Im Fall g = 0 schreibt man zum Beispiel für $\tilde{\ell}_g^i(\mathbf{C}^\circ|\bar{\mathbf{S}})_U$ kürzer $\tilde{\ell}_U^i(\mathbf{C}^\circ|\bar{\mathbf{S}})$ und noch kürzer $\tilde{\ell}_U^i(\mathbf{C}^\circ)$, falls zudem $\tilde{\ell}_U^i(\mathbf{C}^\circ|\bar{\mathbf{S}})$ von $\bar{\mathbf{S}}$ unabhängig ist wie bei s = 3.

Aus der Bahnbilanzgleichung ergibt sich sofort die

<u>Bemerkung 1:</u> <u>Mit den Bezeichnungen aus der Definition</u> 2 <u>gelten für</u> $e \in \{a,i\}$ <u>und</u> $H^e = H_{V\bar{\mathbf{S}}}$ <u>mit</u> $V = \mathrm{Sym}^e(\mathbf{C}^\circ)$:

(a) $\tilde{\ell}_g^e(\mathbf{C}^\circ|\bar{\mathbf{S}}) = \sum_{[U]:U\le H^e} \tilde{\ell}_g^e(\mathbf{C}^\circ|\bar{\mathbf{S}})_U$,

(b) $\ell_g^e(\mathbf{C}^\circ) = \sum_{[U]:U\le H^e} (H^e:U)\ \tilde{\ell}_g^e(\mathbf{C}^\circ|\bar{\mathbf{S}})_U$.

Hierbei ist der Einheitlichkeit halber $\mathrm{Sym}(\mathbf{C}^\circ) = \mathrm{Sym}^i(\mathbf{C}^\circ)$ gesetzt, und es wird über Repräsentanten U der Konjugiertenklassen [U] von H^e summiert.

Illustrativ für die neu eingeführten Bezeichnungen ist die folgende mit einem Computer erstellte Tabelle über Erzeugendensystemklassen der Mathieugruppe M_{11}, die der Diplomarbeit von Zeh [1985] entnommen ist.

<u>Beispiel 3:</u> Für die folgenden Klassenstrukturen $\mathbf{C}_1,\ldots,\mathbf{C}_{12}$ der Gruppe

M_{11}, diese sind bis auf Permutationen der Konjugiertenklassen in $\mathbb{C}_j$ und Vertauschung von 8A und 8B bzw. 11A und 11B die einzigen Klassenstrukturen von M_{11} mit s = 3 und $\mathcal{L}_U^i(\mathbb{C}) = 1$ für ein $U \le H$, gelten:

j	$\mathbb{C}_j$	$\ell^i(\mathbb{C}_j)$	$\mathcal{L}_I^i(\mathbb{C}_j)$	$\mathcal{L}_{Z_2}^i(\mathbb{C}_j)$	$\mathcal{L}_{Z_3}^i(\mathbb{C}_j)$	$\mathcal{L}_{S_3}^i(\mathbb{C}_j)$	$\mathcal{L}^i(\mathbb{C}_j)$
1	(2A,4A,11A)	1	1	-	-	-	1
2	(2A,5A,11A)	1	1	-	-	-	1
3	(2A,11A,11A)	1	0	1	-	-	1
4	(3A,11A,11A)	5	1	3	-	-	4
5	(4A,4A,11A)	7	3	1	-	-	4
6	(5A,5A,11A)	17	8	1	-	-	9
7	(5A,11A,11A)	7	3	1	-	-	4
8	(11A,11A,11B)	3	1	1	-	-	2
9	(11A,11A,11A)	6	1	0	0	0	1
10	(2A,8A,8A)	2	1	0	-	-	1
11	(3A,3A,8A)	2	1	0	-	-	1
12	(8A,8A,8A)	14	2	0	1	0	3

4. Spiegelungssätze für Erzeugendensystemklassen mit nichttrivialer Fixgruppe

Die weiteren Überlegungen in diesem Paragraphen sind der Frage gewidmet, wie man die Fixgruppen einer Erzeugendensystemklasse von G berechnen kann, ohne diese Klasse explizit zu kennen. Hierzu dient im Fall g = 0, s = 3 der

Satz 4: Es seien $\overline{K}/\overline{k}$ ein rationaler Funktionenkörper mit einem algebraisch abgeschlossenen Konstantenkörper $\overline{k} \le \mathbb{C}$, $\overline{\mathbf{S}} = \{\overline{\mathfrak{p}}_1, \overline{\mathfrak{p}}_2, \overline{\mathfrak{p}}_3\} \subseteq \mathbb{P}(\overline{K}/\overline{k})$ und G eine endliche Gruppe mit $Z(G) = I$. Dann gelten:

(a) Ist $[\underline{\sigma}] \in \Sigma_3^i(G)$ eine Erzeugendensystemklasse mit der Fixgruppe $H_{\underline{\sigma}}^i \gtrsim U$ und $d_{\overline{\mathbf{S}}}(U) = \langle(12)\rangle$, so existiert ein $[\underline{\tau}] \in \Sigma_3^i(G)$ mit $\tau_1^2 = \iota$, $\tau_2 = \sigma_2$ und $\tau_3^2 = \sigma_3$. Ist umgekehrt $[\underline{\tau}] \in \Sigma_3^i(G)$ mit $\tau_1^2 = \iota$ und gilt $G = \langle \tau_2, \tau_2^{\tau_1} \rangle$, so ist $[\underline{\sigma}] := [\tau_2^{\tau_1}, \tau_2, \tau_3^2] \in \Sigma_3^i(G)$ mit $H_{\underline{\sigma}}^i \ge U$.

(b) Ist $[\underline{\sigma}] \in \Sigma_3^i(G)$ eine Erzeugendensystemklasse mit der Fixgruppe $H_{\underline{\sigma}}^i \gtrsim U$ und $d_{\overline{\mathbf{S}}}(U) = \langle(123)\rangle$, so gibt es ein $[\underline{\tau}] \in \Sigma_3^i(G)$ mit $\tau_1^3 = \tau_2^3 = \iota$ und $\tau_3 = \sigma_3$. Ist umgekehrt $[\underline{\tau}] \in \Sigma_3^i(G)$ mit $\tau_1^3 = \tau_2^3 = \iota$ und gilt

$G = \langle\tau_3,\tau_3^{\tau_1}\rangle$, so ist $[\underline{\sigma}] := [\tau_3^{\tau_1},\tau_3^{\tau_1^2},\tau_3] \in \Sigma_3^i(G)$ mit $H_{\underline{\sigma}}^i \geq U$.

Beweis: (a) Nach dem Satz 2 existiert ein $\eta \in H = H_{V\mathfrak{s}}$ mit $d_{\mathfrak{s}}(\eta) = (12)$, und es gilt

$$[\underline{\sigma}]^\eta = [\sigma_2,\sigma_1,\sigma_2\sigma_3\sigma_2^{-1}].$$

Also ist $[\underline{\sigma}]^\eta = [\underline{\sigma}]$ genau dann, wenn es ein $\tau \in G$ gibt mit $\sigma_1^\tau = \sigma_2$ und $\sigma_2^\tau = \sigma_1$. Dann sind $\sigma_1^{\tau^2} = \sigma_1$ und $\sigma_2^{\tau^2} = \sigma_2$, woraus wegen $Z(G) = I$ folgt $\tau^2 = \iota$. Auf Grund von $G = \langle\tau,\sigma_2\rangle$ ist dann $[\underline{\tau}] := [\tau,\sigma_2,\sigma_2^{-1}\tau^{-1}] \in \Sigma_3^i(G)$, und es gilt

$$\tau_3^2 = (\sigma_2^{-1}\tau^{-1})^2 = \sigma_2^{-1}\sigma_1^{-1} = \sigma_3 .$$

Die Umkehrung folgt sofort mit $\tau_2^{\tau_1}\tau_2 = \tau_3^{-2}$.

(b) Nach dem Satz 2 existiert ein $\eta \in H$ mit $d_{\mathfrak{s}}(\eta)=(123)$, und es gilt

$$[\underline{\sigma}]^\eta = [\sigma_2,\sigma_3,\sigma_1].$$

Aus $[\underline{\sigma}]^\eta = [\underline{\sigma}]$ erhält man die Existenz eines $\tau \in G$ mit $\sigma_1^\tau = \sigma_2$, $\sigma_2^\tau = \sigma_3$ und $\sigma_3^\tau = \sigma_1$. Hieraus folgt $\tau^3 = \iota$ wegen $Z(G) = I$. Aus $G = \langle\tau,\sigma_3\rangle$ folgt nun $[\underline{\tau}] := [\tau^{-1},\tau\sigma_3^{-1},\sigma_3] \in \Sigma_3^i(G)$ mit $\tau_1^3 = \iota$ und $\tau_2^3 = \iota$ wegen

$$(\tau^{-1}\sigma_3)^3 = (\tau^{-1}\sigma_3\tau)(\tau\sigma_3\tau^{-1})\sigma_3 = \sigma_1\sigma_2\sigma_3 = \iota.$$

Die Umkehrung gilt offensichtlich. □

Anmerkung: Ist im Satz 4(a) die Ordnung $o(\tau_3) \equiv 1 \bmod 2$, so ist die Zusatzbedingung wegen $G = \langle\tau_2,\tau_3^2\rangle = \langle\tau_2,\tau_2^{\tau_1}\rangle$ erfüllt.

Nennt man zwei Klassenstrukturen einer Gruppe *verwandt*, wenn sie durch einen Spiegelungsprozeß in der Art des Satzes 4 auseinander hervorgehen, so ergibt sich aus der Tabelle im Beispiel 3 für die Gruppe M_{11} eine Verwandtschaft von $\mathfrak{C}_1$ mit $\mathfrak{C}_5$ und $\mathfrak{C}_3$, von $\mathfrak{C}_2$ mit $\mathfrak{C}_6$ und $\mathfrak{C}_7$ und von $\mathfrak{C}_3$ mit $\mathfrak{C}_8$ nach dem Satz 4(a) sowie von $\mathfrak{C}_{11}$ mit $\mathfrak{C}_{12}$ nach dem Satz 4(b). Damit stammen bei der Gruppe M_{11} alle Klassenstrukturen $\mathfrak{C}$ mit $s = 3$ und $\mathfrak{l}_U^i(\mathfrak{C}) = 1$ für $U \neq I$ von solchen mit $\mathfrak{l}_I^i(\mathfrak{C}) = 1$ ab. (Für eine allgemeinere Definition der Verwandtschaft wird auf § 3.4 verwiesen.)

Aus dem Satz 4(a) ergibt sich noch die

Folgerung 2: Sind G eine endliche Gruppe und $\mathfrak{C} = (C_1,C_2,C_3)$ eine Klassenstruktur von G mit $C_1 = C_2$, bei der $\sigma_3 \in C_3$ kein Quadrat in G ist, so gilt $\mathcal{L}^i_U(\mathfrak{C}) = 0$ für $d_{\bar{\mathfrak{S}}}(U) \geq \langle(12)\rangle$.

Damit ist man nun ohne Computereinsatz im Stande, auch für die symmetrisierte Verzweigungsstruktur der M_{12}-Erweiterung $N/\mathbb{Q}(t)$ aus dem Satz 2 im Kapitel II, § 6, die Erzeugendensystemklassenzahl als 1 nachzuweisen.

Beispiel 4: Es seien $G = M_{12}$ und 3A die Konjugiertenklasse der Elemente der Ordnung 3 in G sowie 6A die Konjugiertenklasse der $\sigma \in G$ mit $o(\sigma)=6$ und $|C_G(\sigma)| = 12$. Dann stimmt nach der Bemerkung 4 im Kapitel II, § 6, die Klassenstruktur $\mathfrak{C} = (3A, 3A, 6A)$ mit der von $\mathfrak{C}$ aufgespannten Verzweigungsstruktur $\mathfrak{C}^*$ überein, und es gelten $\ell^i(\mathfrak{C}) = \ell^i(\mathfrak{C}^*) = 2$. Da G keine Elemente der Ordnung 12 besitzt, sind nach der Folgerung 2 die beiden Erzeugendensystemklassen in $\Sigma^i(\mathfrak{C}^*)$ keine Fixpunkte unter $U = H_{V\bar{\mathfrak{S}}} \cong Z_2$ mit $V = \mathrm{Sym}(\mathfrak{C}) = \langle(12)\rangle$. $\Sigma^i(\mathfrak{C}^*)$ bildet also eine einzige Bahn unter $H_{V\bar{\mathfrak{S}}}$, und es gilt $\mathcal{L}^i(\mathfrak{C}^*) = 1$.

Weitere solche Beispiele, bei denen zum Teil auch der Satz 4(b) zum Tragen kommt, sind bei Matzat [1986], § 5, aufgeführt. Der dem Satz 4 entsprechende Satz für $g = 0$, $s = 4$ lautet:

Satz 5: Es seien $\bar{K}/\bar{k}$ ein rationaler Funktionenkörper mit einem algebraisch abgeschlossenen Konstantenkörper $\bar{k} \leq \mathbb{C}$, $\bar{\mathfrak{S}} = \{\bar{\mathfrak{p}}_1, \bar{\mathfrak{p}}_2, \bar{\mathfrak{p}}_3, \bar{\mathfrak{p}}_4\} \subseteq \mathbb{P}(\bar{K}/\bar{k})$ und G eine endliche Gruppe mit $Z(G) = I$. Weiter seien $U_i \leq \mathrm{Aut}(\bar{K}/\bar{k})$ mit $d_{\bar{\mathfrak{S}}}(U_i) = \langle\omega_i\rangle$ für die im Satz 3 verwendeten Erzeugenden

$$\omega_1 = (12),\ \omega_2 = (12)(34),\ \omega_3 = (123),\ \omega_4 = (1234)$$

der als Gruppen topologischer Automorphismen vom Grad 4 von $\bar{K}$ darstellbaren Gruppen. Dann gelten:

(a) Ist $[\underline{\sigma}] \in \Sigma^i_4(G)$ mit $H^i_{\underline{\sigma}} \geq U_1$, so gibt es ein $[\underline{\tau}] \in \Sigma^i_3(G)$ mit $\tau_1 = \sigma_2$, $\tau_2^2 = \sigma_3$, $\tau_3^2 = \sigma_4^{\tau_2^{-1}}$. Ist umgekehrt $[\underline{\tau}] \in \Sigma^i_3(G)$ mit $G = \langle\tau_1, \tau_2^2\rangle$, so ist $[\underline{\sigma}] := [\tau_1^{\tau_2}, \tau_1, \tau_2^2, (\tau_3^2)^{\tau_2}] \in \Sigma^i_4(G)$ mit $H^i_{\underline{\sigma}} \geq U_1$.

(b) Ist $[\underline{\sigma}] \in \Sigma^i_4(G)$ mit $H^i_{\underline{\sigma}} \geq U_2$, so existiert ein $[\underline{\tau}] \in \Sigma^i_4(G)$ mit $\tau_1^2 = \tau_2^2 = \iota$, $\tau_3 = \sigma_2$, $\tau_4 = \sigma_3$. Ist umgekehrt $[\underline{\tau}] \in \Sigma^i_4(G)$ mit Involutionen τ_1 und τ_2 und gilt $G = \langle\tau_3, \tau_3^{\tau_2}, \tau_4\rangle$, so ist $[\underline{\sigma}] := [\tau_3^{\tau_2}, \tau_3, \tau_4, \tau_4^{\tau_1}] \in \Sigma^i_4(G)$ mit $H^i_{\underline{\sigma}} \geq U_2$.

(c) <u>Ist</u> $[\underline{\sigma}] \in \Sigma_4^i(G)$ <u>mit</u> $H_{\underline{\sigma}}^i \geq U_3$, <u>so gibt es ein</u> $[\underline{\tau}] \in \Sigma_3^i(G)$ <u>mit</u> $\tau_1^3 = \iota$, $\tau_2 = \sigma_3$, $\tau_3^3 = \sigma_4$. <u>Ist umgekehrt</u> $[\underline{\tau}] \in \Sigma_3^i(G)$ <u>mit</u> $\tau_1^3 = \iota$ <u>und</u> $G = \langle\tau_2, \tau_2^{\tau_1}\rangle$, <u>so ist</u> $[\underline{\sigma}] := [\tau_2^{\tau_1^2}, \tau_2^{\tau_1}, \tau_2, \tau_3^3] \in \Sigma_4^i(G)$ <u>mit</u> $H_{\underline{\sigma}}^i \geq U_3$.

(d) <u>Ist</u> $[\underline{\sigma}] \in \Sigma_4^i(G)$ <u>mit</u> $H_{\underline{\sigma}}^i \geq U_4$, <u>so existiert ein</u> $[\underline{\tau}] \in \Sigma_3^i(G)$ <u>mit</u> $\tau_1^4 = \tau_2^4 = \iota$, $\tau_3 = \sigma_3$. <u>Ist umgekehrt</u> $[\underline{\tau}] \in \Sigma_3^i(G)$ <u>mit</u> $\tau_1^4 = \tau_2^4 = \iota$ <u>und ist</u> $G = \langle\tau_3, \tau_3^{\tau_1}\rangle$, <u>so ist</u> $[\underline{\sigma}] := [\tau_3^{\tau_1^2}, \tau_3^{\tau_1}, \tau_3, \tau_3^{\tau_1^3}] \in \Sigma_4^i(G)$ <u>mit</u> $H_{\underline{\sigma}}^i \geq U_4$.

<u>Beweis:</u> (a) Nach dem Satz 3(1) gilt für $\eta_1 \in H_{U_1\overline{\mathbf{s}}}$ mit $d_{\overline{\mathbf{s}}}(\eta_1) = \omega_1$

$$[\underline{\sigma}]^{\eta_1} = [\sigma_2, \sigma_3\sigma_1\sigma_3^{-1}, \sigma_3, \sigma_1^{-1}\sigma_4\sigma_1].$$

Im Falle $[\underline{\sigma}]^{\eta_1} = [\underline{\sigma}]$ existiert also ein $\tau \in G$ mit $\sigma_2^\tau = \sigma_1$, $(\sigma_3\sigma_1\sigma_3^{-1})^\tau = \sigma_2$, $\sigma_3^\tau = \sigma_3$. Mit diesem gelten $\sigma_j^{\sigma_3^{-1}\tau^2} = \sigma_j$ für $j = 1,2,3$, und es ist $\sigma_3^{-1}\tau^2 \in Z(G)$, woraus nach Voraussetzung $\tau^2 = \sigma_3$ folgt. Dann sind $G = \langle\sigma_2, \tau\rangle$ und $[\underline{\tau}] := [\sigma_2, \tau, (\sigma_2\tau)^{-1}] \in \Sigma_3^i(G)$ mit

$$\tau_3^{-2} = (\sigma_2\tau)^2 = \tau\sigma_1\sigma_2\tau = \tau\sigma_4^{-1}\sigma_3^{-1}\tau = \tau\sigma_4^{-1}\tau^{-1} = (\sigma_4^{-1})^{\tau^{-1}}.$$

Die Umkehrung ergibt sich mit $\tau = \tau_2$ aus $\sigma_2^\tau = \sigma_1$, $\sigma_3^\tau = \sigma_3$ und

$$(\sigma_1^{-1}\sigma_4\sigma_1)^\tau = \tau^{-1}(\tau_1^{-1})^\tau(\tau_3^2)^\tau\tau_1^\tau\tau = (\tau_3^2)^\tau = \sigma_4 .$$

(b) Für $\eta_2 \in H_{U_2\overline{\mathbf{s}}}$ mit $d_{\overline{\mathbf{s}}}(\eta_2) = \omega_2$ gilt nach dem Satz 3(2)

$$[\underline{\sigma}]^{\eta_2} = [\sigma_2, \sigma_1, \sigma_1^{-1}\sigma_4\sigma_1, \sigma_2\sigma_3\sigma_2^{-1}].$$

Aus $[\underline{\sigma}]^{\eta_2} = [\underline{\sigma}]$ folgt also die Existenz eines $\tau \in G$ mit $\sigma_1^\tau = \sigma_2$, $\sigma_2^\tau = \sigma_1$, $\sigma_3^\tau = \sigma_4^{\sigma_1}$. Hieraus ergeben sich $\sigma_1^{\tau^2} = \sigma_1$, $\sigma_2^{\tau^2} = \sigma_2$ und

$$\sigma_3^{\tau^2} = \sigma_4^{\sigma_1\tau} = (\sigma_1^{-1})^\tau\sigma_4^\tau\sigma_1^\tau = \sigma_2^{-1}\sigma_3^{\sigma_2^{-1}}\sigma_2 = \sigma_3 .$$

Folglich ist $\tau^2 \in Z(G) = I$. Wegen $G = \langle\tau, \sigma_2, \sigma_3\rangle$ ist die Erzeugendensystemklasse $[\underline{\tau}] := [(\tau\sigma_2\sigma_3)^{-1}, \tau, \sigma_2, \sigma_3] \in \Sigma_4^i(G)$ mit $\tau_2^2 = \iota$ und

$$\tau_1^{-2} = (\tau\sigma_2\sigma_3)^2 = \sigma_2^\tau\sigma_3^\tau\sigma_2\sigma_3 = \sigma_1\sigma_4^{\sigma_1}\sigma_2\sigma_3 = \iota.$$

Die Umkehrung folgt aus

$$(\tau_3^{\tau_2}\tau_3\tau_4)^{-1} = (\tau_2\tau_3\tau_1)^{-1} = (\tau_1\tau_4^{-1}\tau_1)^{-1} = \tau_4^{\tau_1}.$$

(c) Es sei $\eta_3 \in H_{U_3\bar{\mathbf{S}}}$ mit $d_{\bar{\mathbf{S}}}(\eta_3) = \omega_3$. Dann gilt nach dem Satz 3(3)

$$[\underline{\sigma}]^{\eta_3} = [\sigma_2,\sigma_3,\sigma_1,\sigma_1^{-1}\sigma_4\sigma_1].$$

Also gibt es im Fall $[\underline{\sigma}]^{\eta_3} = [\underline{\sigma}]$ ein $\tau \in G$ mit $\sigma_2^\tau = \sigma_1$, $\sigma_3^\tau = \sigma_2$, $\sigma_1^\tau = \sigma_3$, woraus $\tau^3 = \iota$ wegen $Z(G) = I$ folgt. Offenbar gilt $G = \langle\sigma_3,\tau\rangle$, daher ist $[\underline{\tau}] := [\tau,\sigma_3,(\tau\sigma_3)^{-1}] \in \Sigma^i(G)$ mit $\tau_1^3 = \iota$ und

$$\tau_3^{-3} = (\tau\sigma_3)^3 = \sigma_3^{\tau^{-1}}\sigma_3^{\tau^{-2}}\sigma_3 = \sigma_1\sigma_2\sigma_3 = \sigma_4^{-1}.$$

Die Umkehrung folgt in trivialer Weise.

(d) Schließlich sei $\eta_4 \in H_{U_4\bar{\mathbf{S}}}$ mit $d_{\bar{\mathbf{S}}}(\eta_4) = \omega_4$ und nach Satz 3(4)

$$[\underline{\sigma}]^{\eta_4} = [\sigma_2,\sigma_3,\sigma_4,\sigma_1].$$

Dann ergibt sich aus $[\underline{\sigma}]^{\eta_4} = [\underline{\sigma}]$ die Existenz eines $\tau \in G$ mit $\sigma_2^\tau = \sigma_1$, $\sigma_3^\tau = \sigma_2$, $\sigma_4^\tau = \sigma_3$, $\sigma_1^\tau = \sigma_4$, woraus wegen $Z(G) = I$ folgt $\tau^4 = \iota$. Auf Grund von $G = \langle\tau,\sigma_3\rangle$ ist $[\underline{\tau}] := [\tau,(\sigma_3\tau)^{-1},\sigma_3] \in \Sigma_3^i(G)$ mit $\tau_1^4 = \iota$ und

$$\tau_2^{-4} = (\sigma_3\tau)^4 = \sigma_3\sigma_3^{\tau^{-1}}\sigma_3^{\tau^{-2}}\sigma_3^{\tau^{-3}} = \sigma_3\sigma_4\sigma_1\sigma_2 = \iota.$$

Die Umkehrung gilt wieder offensichtlich. □

Anmerkung: Gilt $o(\tau_2) \equiv 1 \bmod 2$ im Satz 5(a), so ist $G = \langle\tau_1,\tau_2^2\rangle$.

Die Sätze 4 und 5 lassen sich nicht nur dazu verwenden, Fixgruppen von Erzeugendensystemklassen zu bestimmen, sondern auch dazu, Erzeugendensystemklassen mit vorgegebenen Fixgruppen zu konstruieren:

Beispiel 5: Die Klassenstruktur (2A,3B,29A) des freundlichen Riesen F_1 (in der Bezeichnung des Gruppenatlas von Conway et al. [1985]) hat nach der Bemerkung 8 im Kapitel II, § 6, die Erzeugendensystemklassenzahl $\ell^i(2A,3B,29A) = 1$. Hieraus gewinnt man zum Beispiel unter Verwendung der Sätze 4(a) und 5(a) jeweils mit der anschließenden Anmerkung $\mathcal{I}_U^i(3B,3B,29A) = 1$, $\mathcal{I}_U^i(3B,29A,29A) = 1$, $\mathcal{I}_U^i(2A,2A,3B,29A) = 1$, wobei U für jede dieser Klassenstrukturen $\mathbf{C}$ durch $d_{\bar{\mathbf{S}}}(U) = \mathrm{Sym}(\mathbf{C})$ definiert ist.

§ 3 Minimale Definitionskörper von Galoiserweiterungen

Mit Hilfe der im zweiten Paragraphen studierten Permutationsdarstellung d_G der Gruppe der zulässigen topologischen Automorphismen von $\overline{K}$ auf $\Sigma^i_{s,g}(G)$ kann die Frage nach der Existenz und Eindeutigkeit eines Definitionskörpers einer endlichen Galoiserweiterung $\overline{N} \in \mathbb{N}^G_{\overline{\mathbf{S}}}(\overline{K})$, dessen Konstantenkörper mit dem des Fixkörpers der zugehörigen Erzeugendensystem klasse von G übereinstimmt, beantwortet werden. Im Fall eines eigentlichen Definitionskörpers werden die erreichten Resultate im 2. Rationalitätskriterium zusammengefaßt. Dieses stellt eine substantielle Verschärfung des 1. Rationalitätskriteriums dar. Mit ihm können unter anderem die in den Beispielen des letzten Paragraphen behandelten Gruppen als Galoisgruppen regulärer Körpererweiterungen über $\mathbb{Q}(t)$ nachgewiesen werden.

1. Fixkörper von Erzeugendensystemklassen

In Verallgemeinerung der Definition 2 in § 2 werden zunächst die Fixgruppen der Erzeugendensystemklassen von G in Ξ und deren Fixkörper eingeführt.

Definition 1: Es seien $\overline{K}/\overline{k}$ ein algebraischer Funktionenkörper vom Geschlecht g mit einem algebraisch abgeschlossenen Konstantenkörper $\overline{k} \leq \mathbb{C}$, $\overline{\mathbf{S}} = \{\overline{\mathfrak{p}}_1, \ldots, \overline{\mathfrak{p}}_s\} \subseteq \mathbb{P}(\overline{K}/\overline{k})$, G eine endliche Gruppe, $\mathbf{C}^* = (C_1, \ldots, C_s)^*$ eine Verzweigungsstruktur von G und $\underline{\sigma} \in \Sigma_g(\mathbf{C}^*)$ ein (s,g)-Erzeugendensystem von G in $\mathbf{C}^*$. Dann seien für $e \in \{a,i\}$ und $V = \mathrm{Sym}^e(\mathbf{C}^*)$ mit $\mathrm{Sym}^i(\mathbf{C}^*) = \mathrm{Sym}(\mathbf{C}^*)$

$$\Xi^e := \Xi_{V\overline{\mathbf{S}}} \ , \ H^e := H_{V\overline{\mathbf{S}}} = \Xi^e \cap \mathrm{Aut}(\overline{K}/\overline{k})$$

und

$$L^e := \overline{K}^{\Xi^e}, \ \overline{L}^e := \overline{K}^{H^e} = \overline{k}L^e$$

deren Fixkörper. Dann heißen

$$\Xi^i_{\underline{\sigma}} := \{\xi \in \Xi^i \mid [\underline{\sigma}]^\xi = [\underline{\sigma}]\}, \ \Xi^a_{\underline{\sigma}} := \{\xi \in \Xi^a \mid ([\underline{\sigma}]^a)^\xi = [\underline{\sigma}]^a\}$$

die *Fixgruppen von* $[\underline{\sigma}]$ *in* Ξ^i bzw. *von* $[\underline{\sigma}]^a$ *in* Ξ^a und

$$L^i_{\underline{\sigma}} := \overline{K}^{\Xi^i_{\underline{\sigma}}}, \ L^a_{\underline{\sigma}} := \overline{K}^{\Xi^a_{\underline{\sigma}}}$$

die *Fixkörper der Erzeugendensystemklasse* $[\underline{\sigma}]$ bzw. *der Erzeugendensystemklasse* $[\underline{\sigma}]^a$.

Von nun ab wird vorausgesetzt, daß $\bar{K}/L^a$ und damit auch $\bar{K}/L^i$ algebraische Körpererweiterungen sind (vergleiche § 1, Bemerkung 3). Dann können die Grade von $L^i_{\underline{\sigma}}/L^i$ bzw. von $L^a_{\underline{\sigma}}/L^a$ wie folgt abgeschätzt werden:

Bemerkung 1: Mit den Bezeichnungen aus der Definition 1 gelten für $e \in \{a,i\}$:

(a) Der Grad der Körpererweiterung $L^e_{\underline{\sigma}}/L^e$ wird abgeschätzt durch

$$(L^e_{\underline{\sigma}}:L^e) = (\Xi^e:\Xi^e_{\underline{\sigma}}) \leq \sum_{U\in[H^e_{\underline{\sigma}}]^x} \ell^e_g(\mathfrak{C}^*|\bar{\mathbf{s}})_U ,$$

dabei ist $[H^e_{\underline{\sigma}}]^x = \{(H^e_{\underline{\sigma}})^\xi \mid \xi \in \Xi^e\}$.

(b) Der Grad des Konstantenkörpers $l^e_{\underline{\sigma}}$ von $L^e_{\underline{\sigma}}$ über dem Konstantenkörper l^e von L^e wird abgeschätzt durch

$$(l^e_{\underline{\sigma}}:l^e) = \frac{(\Xi^e:\Xi^e_{\underline{\sigma}})}{(H^e:H^e_{\underline{\sigma}})} \leq \sum_{[U]\subseteq[H^e_{\underline{\sigma}}]^x} \chi^e_g(\mathfrak{C}^*|\bar{\mathbf{s}})_U .$$

Beweis: Nach der Folgerung 1 in § 2 ist (auch wenn L^i/l^i nicht aufgeschlossen ist)

$$\Sigma^i_g(\mathfrak{C}^*)^\xi = \Sigma^i_g(\mathfrak{C}^*) \text{ für } \xi \in \Xi^i.$$

Da die Fixgruppe der Erzeugendensystemklasse $[\underline{\sigma}]^\xi$ in H^i die Gruppe $(H^i_{\underline{\sigma}})^\xi$ ist, gilt (a) für $e = i$:

$$(L^i_{\underline{\sigma}}:L^i) = (\Xi^i:\Xi^i_{\underline{\sigma}}) \leq \sum_{U\in[H^i_{\underline{\sigma}}]^x} \ell^i_g(\mathfrak{C}^*|\bar{\mathbf{s}})_U .$$

Entsprechend erhält man aus § 2.2

$$\Sigma^a_g(\mathfrak{C}^*)^\xi = \Sigma^a_g(\mathfrak{C}^*) \text{ für } \xi \in \Xi^a,$$

woraus (a) wie oben auch für $e = a$ folgt.
Die Gradabschätzung für die Konstantenkörper $l^e_{\underline{\sigma}}/l^e$ ergeben sich aus (a) und aus der Bemerkung 1(b) in § 2.3, wenn man berücksichtigt, daß die Bahn eines jeden Elements in $\Sigma^e_g(\mathfrak{C}^*|\bar{\mathbf{s}})_U$ unter $d_G(H^e)$ die Länge $(H^e:U) = (H^e:H^e_{\underline{\sigma}})$ hat:

$$(\underline{1}^e_\sigma : 1^e) = \frac{(\Xi^e : \Xi^e_{\underline{\sigma}})}{(H^e : H^e_{\underline{\sigma}})} \leq \sum_{[U] \subseteq [H^e_{\underline{\sigma}}]^x} \frac{(H^e : N_{H^e}(U))}{(H^e : U)} \ell^e_g(\mathfrak{C}^* | \bar{\mathfrak{s}})_U$$

$$= \sum_{[U] \subseteq [H^e_{\underline{\sigma}}]^x} (N_{H^e}(U) : U)^{-1} \ell^e_g(\mathfrak{C}^* | \bar{\mathfrak{s}})_U$$

$$= \sum_{[U] \subseteq [H^e_{\underline{\sigma}}]^x} \mathcal{L}^e_g(\mathfrak{C}^* | \bar{\mathfrak{s}})_U \; .$$

□

2. Minimale Definitionskörper

Wenn der Fixkörper $L^a_{\underline{\sigma}}$ von $\Xi^a_{\underline{\sigma}}$ ein aufgeschlossener Funktionenkörper ist, kann man mit dem vorläufigen Rationalitätskriterium im Kapitel I, § 5.2, einen Definitionskörper von $\bar{N} := N^G_{\mathfrak{s}}(\underline{\sigma})$ über $\bar{K}$ mit dem Konstantenkörper $1^a_{\underline{\sigma}}$ konstruieren.

Bemerkung 2: Sind die in der Definition 1 genannten Voraussetzungen erfüllt, $\bar{K}/L^a_{\underline{\sigma}}$ eine algebraische Körpererweiterung und $L^a_{\underline{\sigma}}/1^a_{\underline{\sigma}}$ ein aufgeschlossener Funktionenkörper, so gelten für $\bar{N} := N^G_{\mathfrak{s}}(\underline{\sigma})$:

(a) Unter den regulären Erweiterungskörpern von $L^a_{\underline{\sigma}}$ gibt es einen Definitionskörper K^a von $\bar{N}/\bar{K}$; dieser ist ein minimaler Definitionskörper von $\bar{N}/\bar{K}$.

(b) Ist $H^a_{\underline{\sigma}} = I$, so ist $K^a = L^a_{\underline{\sigma}}$ der einzige minimale Definitionskörper von $\bar{N}/\bar{K}$. Dies folgt zum Beispiel aus $H^a = I$ oder aus $\mathrm{Aut}(\bar{N}/\bar{K}) = \mathrm{Gal}(\bar{N}/\bar{K})$.

Beweis: Nach der Definition von $\Xi^a_{\underline{\sigma}}$ ist jede Fortsetzung $\bar{\xi}$ von $\xi \in \Xi^a_{\underline{\sigma}}$ auf $\bar{N}$ ein Automorphismus von $\bar{N}/L^a_{\underline{\sigma}}$. Daher ist die Körpererweiterung $\bar{N}/L^a_{\underline{\sigma}}$ galoissch. Nach der Voraussetzung ist $L^a_{\underline{\sigma}}/1^a_{\underline{\sigma}}$ ein aufgeschlossener algebraischer Funktionenkörper, folglich besitzt $\mathrm{Gal}(\bar{N}/\bar{k}L^a_{\underline{\sigma}})$ gemäß der Folgerung 1 im Kapitel I, § 5.1, ein Komplement $\tilde{\Delta}^a$ in $\mathrm{Gal}(\bar{N}/L^a_{\underline{\sigma}})$, dessen Fixkörper $N^a := \bar{N}^{\tilde{\Delta}^a}$ ein regulärer Erweiterungskörper von $L^a_{\underline{\sigma}}$ mit $\bar{k}N^a = \bar{N}$ ist. Da $\bar{G} := \mathrm{Gal}(\bar{N}/\bar{K})$ ein Normalteiler von $\mathrm{Gal}(\bar{N}/L^a_{\underline{\sigma}})$ ist, ist $\Gamma^a := \langle \bar{G}, \tilde{\Delta}^a \rangle$ ein semidirektes Produkt von $\bar{G}$ mit $\tilde{\Delta}^a$. Bezeichnet man den Fixkörper von Γ^a mit K^a, so ist N^a/K^a eine reguläre Körpererweiterung mit $\bar{k}N^a = \bar{N}$ und $\bar{k}K^a = \bar{K}$, das heißt K^a ist ein Definitionskörper von $\bar{N}/\bar{K}$ und überdies ein regulärer Erweiterungskörper von $L^a_{\underline{\sigma}}$. Weil nun jeder Definitionskörper

von $\overline{N}/\overline{K}$ nach der Bemerkung 2 im Kapitel II, § 1, den Fixkörper $L^a_{\underline{\sigma}}$ von $[\underline{\sigma}]^a$ enthält, ist K^a ein minimaler Definitionskörper von $\overline{N}/\overline{K}$.
Unter der zusätzlichen Voraussetzung zu (b) ist $\overline{k}L^a_{\underline{\sigma}} = \overline{K}$, und $K^a = L^a_{\underline{\sigma}}$ ist der einzige minimale Definitionskörper von $\overline{N}/\overline{K}$. □

Faßt man die Bemerkungen 1 und 2 zusammen, so erhält man unter Verwendung von $[H^a_{\underline{\sigma}}]^x \subseteq [H^a_{\underline{\sigma}}]^a = \{(H^a_{\underline{\sigma}})^\gamma \mid \gamma \in \mathrm{Aut}(H^a)\}$ den

<u>Satz 1:</u> <u>Es seien $\overline{K}/\overline{k}$ ein algebraischer Funktionenkörper vom Geschlecht g mit einem algebraisch abgeschlossenen Konstantenkörper $\overline{k} \le \mathbb{C}$, $\overline{\mathfrak{S}} \subseteq \mathbb{P}(\overline{K}/\overline{k})$, $\overline{N}/\overline{K}$ eine endliche außerhalb $\overline{\mathfrak{S}}$ unverzweigte Galoiserweiterung mit einer zu G isomorphen Galoisgruppe und mit der Verzweigungsstruktur $\mathbb{C}^*$, etwa $\overline{N} = N^G_{\overline{\mathfrak{S}}}(\underline{\sigma})$ mit $\underline{\sigma} \in \Sigma_g(\mathbb{C}^*)$. Weiter seien $\overline{K}$ über dem Fixkörper $L^a_{\underline{\sigma}}$ von $[\sigma]^a$ in Ξ^a algebraisch und $L^a_{\underline{\sigma}}/l^a_{\underline{\sigma}}$ ein aufgeschlossener Funktionenkörper. Dann gibt es einen minimalen Definitionskörper K^a von $\overline{N}/\overline{K}$ mit dem Konstantenkörper $l^a_{\underline{\sigma}}$, und der Grad von $l^a_{\underline{\sigma}}$ über dem Konstantenkörper l^a von $L^a = \overline{K}^{\Xi^a}$ kann abgeschätzt werden durch</u>

$$(l^a_{\underline{\sigma}}:l^a) \le \sum_{[U]\subseteq[H^a_{\underline{\sigma}}]^a} \mathfrak{h}^a_g(\mathbb{C}^*|\overline{\mathfrak{S}})_U \, .$$

<u>Zusatz 1:</u> Besitzt $\mathrm{Sym}^a(\mathbb{C}^*)$ <u>einen Fixpunkt oder im Fall</u> $g = 0$ <u>wenigstens ein Transitivitätsgebiet ungerader Länge, so sind</u> $L^a_{\underline{\sigma}}/l^a_{\underline{\sigma}}$ <u>und</u> $K^a/l^a_{\underline{\sigma}}$ <u>aufgeschlossener Funktionenkörper</u>.

<u>Beweis:</u> Wenn $\mathrm{Sym}^a(\mathbb{C}^*)$ einen Fixpunkt besitzt, gibt es wegen $d_{\overline{\mathfrak{S}}}(\Xi^a_{\underline{\sigma}}) \le \mathrm{Sym}^a(\mathbb{C}^*)$ ein unter $\Xi^a_{\underline{\sigma}}$ invariantes $\overline{\mathfrak{p}} \in \overline{\mathfrak{S}}$. Folglich ist $\overline{\mathfrak{p}}$ die einzige Fortsetzung eines $\tilde{\mathfrak{p}} \in \mathbb{P}(L^a_{\underline{\sigma}}/l^a_{\underline{\sigma}})$, dessen Grad dann $d(\tilde{\mathfrak{p}}) = 1$ ist, und $L^a_{\underline{\sigma}}/l^a_{\underline{\sigma}}$ ist aufgeschlossen. Wegen $\mathrm{Gal}(\overline{K}/K^a) \le \Xi^a_{\underline{\sigma}}$ ergibt dieselbe Schlußweise, daß auch $K^a/l^a_{\underline{\sigma}}$ ein aufgeschlossener Funktionenkörper ist.
Weist im Fall $g = 0$ die Gruppe $\mathrm{Sym}^a(\mathbb{C}^*)$ ein Transitivitätsgebiet ungerader Länge auf, so besitzt auch $\Xi^a_{\underline{\sigma}}$ eine Bahn ungerader Länge auf $\overline{\mathfrak{S}}$. Daher gibt es ein $\tilde{\mathfrak{p}} \in \mathbb{P}(L^a_{\underline{\sigma}}/l^a_{\underline{\sigma}})$ von ungeradem Grad. Da wegen $\overline{k}L^a_{\underline{\sigma}} \le \overline{K}$ und $\mathrm{char}(L^a_{\underline{\sigma}}) = 0$ das Geschlecht $g(L^a_{\underline{\sigma}}) = 0$ ist, ist auf Grund der Aussage 6 im Kapitel I, § 3, $L^a_{\underline{\sigma}}/l^a_{\underline{\sigma}}$ ein rationaler Funktionenkörper. Mit denselben Argumenten wird die Rationalität von $K^a/l^a_{\underline{\sigma}}$ nachgewiesen. □

Aus dem Satz 1 mit dem Zusatz 1 gewinnt man die folgende auf die

Gruppe G bezogene Version des Satzes 1:

Folgerung 1: Es seien G eine endliche Gruppe, $\mathbf{C}^* = (C_1,\dots,C_s)^*$ eine Verzweigungsstruktur von G mit $s + 2g \geq 3$ und $V = \mathrm{Sym}^a(\mathbf{C}^*)$ eine Permutationsgruppe mit einem Fixpunkt. Weiter seien ein algebraischer Funktionenkörper $\bar{K}/\bar{\mathbb{Q}}$ vom Geschlecht g und $\bar{\mathbf{S}} = \{\bar{\mathfrak{p}}_1,\dots,\bar{\mathfrak{p}}_s\} \subseteq \mathbb{P}(\bar{K}/\bar{\mathbb{Q}})$ so gewählt, daß ein Definitionskörper K von $V\bar{\mathbf{S}}$ mit dem Konstantenkörper $\mathbb{Q}$ existiert. Dann gibt es zu jeder Untergruppe U von $H_{V\bar{\mathbf{S}}}$ mit $\ell_g^a(\mathbf{C}^*|\bar{\mathbf{S}})_U \geq 1$ einen Zahlkörper k^a mit

$$(k^a:\mathbb{Q}) \leq \sum_{[\tilde{U}]\subseteq[U]^a} \ell_g^a(\mathbf{C}^*|\bar{\mathbf{S}})_{\tilde{U}} ,$$

einen aufgeschlossenen Funktionenkörper K^a/k^a mit $\bar{\mathbb{Q}}K^a = \bar{K}$ und eine reguläre Körpererweiterung N^a/K^a, für die $\bar{\mathbb{Q}}N^a/\bar{K}$ galoissch ist mit

$$\mathrm{Gal}(\bar{\mathbb{Q}}N^a/\bar{K}) \cong G$$

und die Verzweigungsstruktur $\mathbf{C}^*$ besitzt.

Beweis: Wegen $\ell_g^a(\mathbf{C}^*|\bar{\mathbf{S}})_U \geq 1$ gibt es eine außerhalb $\bar{\mathbf{S}}$ unverzweigte Galoiserweiterung $\bar{N} = N^G_{\bar{\mathbf{S}}}(\underline{\sigma})$ von $\bar{K}$ mit $[\underline{\sigma}]^a \in \Sigma_g^a(\mathbf{C}^*|\bar{\mathbf{S}})_U$. Auf Grund von $s + 2g \geq 3$ hat $H^a = H_{V\bar{\mathbf{S}}}$ nach der Bemerkung 1 in § 1 eine endliche Ordnung, also ist $\bar{K}$ über $L^a = \bar{K}^{\Xi^a}$ und folglich auch über dem Fixkörper $L^a_{\underline{\sigma}}$ von $\Xi^a_{\underline{\sigma}}$ algebraisch. Nach dem Zusatz 1 ist $L^a_{\underline{\sigma}}/l^a_{\underline{\sigma}}$ ein aufgeschlossener Funktionenkörper. Damit sind alle Voraussetzungen des Satzes 1 nachgewiesen. Es gibt also einen Definitionskörper K^a von $\bar{N}/\bar{K}$, dessen Konstantenkörper $k^a := l^a_{\underline{\sigma}}$ wegen $L^a \leq K$ der angegebenen Gradabschätzung über $l^a = \mathbb{Q}$ genügt. Aus dem Zusatz 1 ergibt sich weiter, daß K^a/k^a ein aufgeschlossener Funktionenkörper ist. □

Im Fall g = 0 erhält man hieraus die folgende vereinfachte Version:

Folgerung 2: Es seien G eine endliche Gruppe, $\mathbf{C}^* = (C_1,\dots,C_s)^*$ eine Verzweigungsstruktur von G mit $s \geq 3$ und $V = \mathrm{Sym}^a(\mathbf{C}^*)$ eine Permutationsgruppe mit einem Transitivitätsgebiet ungerader Länge. Weiter sei $\bar{\mathbf{S}} = \{\bar{\mathfrak{p}}_1,\dots,\bar{\mathfrak{p}}_s\} \subseteq \mathbb{P}(\bar{\mathbb{Q}}(t)/\bar{\mathbb{Q}})$ so gewählt, daß $\mathbb{Q}(t)$ ein Definitionskörper von $V\bar{\mathbf{S}}$ ist. Dann gibt es zu $U \leq H^a = H_{V\bar{\mathbf{S}}}$ mit $\ell_U^a(\mathbf{C}^*|\bar{\mathbf{S}}) \geq 1$ einen Zahlkörper k^a mit

$$(k^a:\mathbb{Q}) \leq \sum_{[\tilde{U}]\in[U]^a} \ell_{\tilde{U}}^a(\mathbf{C}^*|\bar{\mathbf{S}}),$$

ein $\tilde{t} \in \bar{\mathbb{Q}}(t)$ mit $\bar{\mathbb{Q}}(\tilde{t}) = \bar{\mathbb{Q}}(t)$ und eine reguläre Körpererweiterung $N^a/k^a(\tilde{t})$, *so daß* $\overline{\mathbb{Q}}N^a$ *über* $\overline{\mathbb{Q}}(t)$ *galoissch ist mit*

$$\mathrm{Gal}(\overline{\mathbb{Q}}N^a/\overline{\mathbb{Q}}(t)) \cong G$$

und die Verzweigungsstruktur $\mathfrak{C}^*$ *besitzt.*

3. Minimale eigentliche Definitionskörper

Die Formulierung einer der Bemerkung 2 analogen Aussage für eigentliche Definitionskörper von $\overline{N}/\overline{K}$ wird durch eine Verallgemeinerung des im Kapitel II, § 2.2, eingeführten Begriffs des gegenüber $\overline{N}/\overline{K}$ zentral aufgeschlossenen Körpers erleichtert.

Definition 2: Es seien $\overline{K}/\overline{k}$ ein algebraischer Funktionenkörper mit einem algebraisch abgeschlossenen Konstantenkörper $\overline{k}$ und $\overline{N}/\overline{K}$ eine Galoiserweiterung mit der Galoisgruppe $\overline{G}$. Ein Teilkörper L/l von $\overline{K}$ mit $(\overline{K}:\overline{k}L)<\infty$ heißt *zentral aufgeschlossen gegenüber* $\overline{N}/\overline{K}$, wenn es einen Primdivisor $\tilde{\mathfrak{p}} \in \mathbb{P}(L/l)$ gibt mit sukzessiven Fortsetzungen $\overline{\mathfrak{p}} \in \mathbb{P}(\overline{K}/\overline{k})$ und $\overline{\mathfrak{P}} \in \mathbb{P}(\overline{N}/\overline{k})$, so daß $\overline{\mathfrak{p}}/\tilde{\mathfrak{p}}$ unzerlegt ist und $Z(\overline{G})$ im Normalisator $\mathcal{N}_{\overline{G}}(\overline{T})$ der Trägheitsgruppe $\overline{T} := \overline{G}_T(\overline{\mathfrak{P}}/\overline{\mathfrak{p}})$ ein Komplement besitzt.

Bemerkung 3: *Sind die in der Definition* 1 *genannten Voraussetzungen erfüllt,* $\overline{K}/L^i_{\underline{\sigma}}$ *eine algebraische Körpererweiterung und* $L^i_{\underline{\sigma}}/l^i_{\underline{\sigma}}$ *ein gegenüber* $\overline{N} := N^G_{\mathbf{s}}(\underline{\sigma})$ *über* $\overline{K}$ *zentral aufgeschlossener Funktionenkörper, so gelten:*

(a) *Unter den regulären Erweiterungskörpern von* $L^i_{\underline{\sigma}}$ *gibt es einen aufgeschlossenen eigentlichen Definitionskörper* K^i *von* $\overline{N}/\overline{K}$, *dieser ist ein minimaler eigentlicher Definitionskörper von* $\overline{N}/\overline{K}$.

(b) *Ist* $H^i_{\underline{\sigma}} = I$, *so ist* $K^i = L^i_{\underline{\sigma}}$ *der einzige minimale eigentliche Definitionskörper von* $\overline{N}/\overline{K}$. *Dies folgt zum Beispiel aus* $H^i = I$ *oder aus* $\mathrm{Aut}(\overline{N}/k) = \mathrm{Gal}(\overline{N}/\overline{K})$.

Beweis: Jede Fortsetzung von $\xi \in \Xi^i_{\underline{\sigma}}$ auf $\overline{N} = N^G_{\mathbf{s}}(\underline{\sigma})$ ist wegen $[\underline{\sigma}]^\xi = [\underline{\sigma}]$ ein Automorphismus von $\overline{N}$, also ist $\overline{N}$ über $L^i_{\underline{\sigma}}$ galoissch, und die Galoisgruppe von $\overline{N}/L^i_{\underline{\sigma}}$ ist eine Gruppenerweiterung von $\overline{G} := \mathrm{Gal}(\overline{N}/\overline{K})$ mit $\Xi^i_{\underline{\sigma}}$. Nach der Voraussetzung ist $L^i_{\underline{\sigma}}/l^i_{\underline{\sigma}}$ ein aufgeschlossener Funktionenkörper, somit besitzt $\mathrm{Gal}(\overline{N}/\overline{k}L^i_{\underline{\sigma}})$ nach der Folgerung 1 im Kapitel I, § 5, ein Komplement $\tilde{\Delta}^i$ in $\mathrm{Gal}(\overline{N}/L^i_{\underline{\sigma}})$, dessen Fixkörper $\tilde{N}^i$ sei. Wegen $\overline{G} \trianglelefteq \mathrm{Gal}(\overline{N}/L^i_{\underline{\sigma}})$ ist $\Gamma^i := \langle \overline{G}, \tilde{\Delta}^i \rangle$ ein semidirektes Produkt von $\overline{G}$ mit $\tilde{\Delta}^i$, dessen Fixkörper mit K^i bezeichnet werde. Dann ist $\tilde{N}^i/K^i$ eine reguläre Körpererweiterung mit $\overline{k}\tilde{N}^i = \overline{N}$ und $\overline{k}K^i = \overline{K}$, das heißt K^i ist ein Definitionskörper von $\overline{N}/\overline{K}$.

Da weiter $Gal(\overline{N}/\tilde{N}^i) = \tilde{\Delta}^i$ als Untergruppe von $Gal(\overline{N}/L^i_{\underline{\sigma}})$ auf $\overline{G}$ durch Konjugation als Gruppe innerer Automorphismen operiert und K^i als Zwischenkörper von $\overline{K}/L^i_{\underline{\sigma}}$ zentral aufgeschlossen gegenüber $\overline{N}/\overline{K}$ ist, folgt aus dem Kriterium für eigentliche Definitionskörper (Kapitel II, § 2, Satz 2), daß K^i ein aufgeschlossener Definitionskörper von $\overline{N}/\overline{K}$ ist. Unter der zusätzlichen Voraussetzung zu (b) ist $\overline{k}L^i_{\underline{\sigma}} = \overline{K}$, und $K^i = L^i_{\underline{\sigma}}$ ist der einzige minimale eigentliche Definitionskörper von $\overline{N}/\overline{K}$. □

Wie im Kapitel II, § 2, kann man (in der Formulierung) darauf verzichten, daß $L^i_{\underline{\sigma}}$ gegenüber $\overline{N}/\overline{K}$ zentral aufgeschlossen ist, wenn $Z(G)$ ein Komplement in G besitzt. Allerdings ist hier diese Aussage nicht als Spezialfall in der Bemerkung 3 enthalten.

Bemerkung 4: Sind die in der Definition 1 genannten Voraussetzungen erfüllt, $\overline{K}/L^i_{\underline{\sigma}}$ eine algebraische Körpererweiterung, $L^i_{\underline{\sigma}}/l^i_{\underline{\sigma}}$ ein aufgeschlossener Funktionenkörper und besitzt $Z(G)$ ein Komplement in G, so gelten für $\overline{N} := N^G_{\underline{s}}(\underline{\sigma})$:

(a) Unter den regulären Erweiterungskörpern von $L^i_{\underline{\sigma}}$ gibt es einen minimalen eigentlichen Definitionskörper K^i von $\overline{N}/\overline{K}$.

(b) Ist $H^i_{\underline{\sigma}} = I$, so ist $K^i = L^i_{\underline{\sigma}}$ der einzige minimale eigentliche Definitionskörper von $\overline{N}/\overline{K}$.

Beweis: Da $L^i_{\underline{\sigma}}/l^i_{\underline{\sigma}}$ ein aufgeschlossener Funktionenkörper ist, erhält man den Körper K^i wie im Beweis zur Bemerkung 3 als Fixkörper von $\Gamma^i = \overline{G} * \tilde{\Delta}^i$. Wenn auch $K^i/l^i_{\underline{\sigma}}$ aufgeschlossen ist (siehe Zusatz 2), so ist K^i nach der Bemerkung 2 in II, § 2, ein zentral aufgeschlossener Definitionskörper von $\overline{N}/\overline{K}$ und damit nach dem Satz 2 in II, § 2, ein eigentlicher Definitionskörper von $\overline{N}/\overline{K}$. Im allgemeinen Fall stellt man fest: Im zweiten Teil des Beweises zum Kriterium für eigentliche Definitionskörper (Kapitel II, § 2, Satz 2) wird, wenn $Z(G)$ ein Komplement in G besitzt, aus dem ersten Teil nur benötigt, daß $\overline{G}$ ein Komplement in $\Gamma(=\Gamma^i)$ besitzt. Damit ergibt sich aus dem Beweis zum Kriterium für eigentliche Definitionskörper auch hier, daß K^i ein eigentlicher Definitionskörper von $\overline{N}/\overline{K}$ ist. Damit ist (a) bewiesen. Die Eindeutigkeitsaussage in (b) ergibt sich wie im Beweis zur Bemerkung 3. □

Durch Zusammenfassung der Bemerkungen 1, 3 und 4 erhält man den

Satz 2: Es seien $\overline{K}/\overline{k}$ ein algebraischer Funktionenkörper vom Geschlecht g mit einem algebraisch abgeschlossenen Konstantenkörper $\bar{k} \le \mathbb{C}$, $\bar{\mathbb{S}} \subseteq \mathbb{P}(\bar{K}/\bar{k})$, $\bar{N}/\bar{K}$ eine endliche außerhalb $\bar{\mathbb{S}}$ unverzweigte Galoiserweiterung mit einer zu G isomorphen Galoisgruppe und mit der Verzweigungsstruktur $\mathbb{C}^*$, etwa $\bar{N} = N^G_{\bar{\mathbb{S}}}(\underline{\sigma})$ mit $\underline{\sigma} \in \Sigma_g(\mathbb{C}^*)$. Weiter seien $\bar{K}$ über dem Fixkörper $L^i_{\underline{\sigma}}$ von $[\underline{\sigma}]$ in Ξ^i algebraisch und $L^i_{\underline{\sigma}}/l^i_{\underline{\sigma}}$ ein aufgeschlossener Funktionenkörper, der zudem gegenüber $\bar{N}/\bar{K}$ zentral aufgeschlossen ist, falls $Z(G)$ kein Komplement in G besitzt. Dann gibt es einen minimalen eigentlichen Definitionskörper K^i von $\bar{N}/\bar{K}$ mit dem Konstantenkörper $l^i_{\underline{\sigma}}$, und der Grad von $l^i_{\underline{\sigma}}$ über dem Konstantenkörper l^i von $L^i := \bar{K}^{\Xi^i}$ kann abgeschätzt werden durch

$$(l^i_{\underline{\sigma}} : l^i) \le \sum_{[U] \subseteq [H^i_{\underline{\sigma}}]^a} \chi^i_g(\mathbb{C}^* | \bar{\mathbb{S}})_U .$$

Zusatz 2: Besitzt $\mathrm{Sym}(\mathbb{C}^*)$ einen Fixpunkt oder im Fall g = O wenigstens ein Transitivitätsgebiet ungerader Länge, so sind $L^i_{\underline{\sigma}}/l^i_{\underline{\sigma}}$ und $K^i/l^i_{\underline{\sigma}}$ aufgeschlossene Funktionenkörper.

Beweis: Den Beweis erhält man aus dem Beweis zum Zusatz 1, indem man a durch i ersetzt. □

Zum Schluß dieses Abschnitts sei noch angemerkt, daß für die Realisierung der Faktorgruppe $G/Z(G)$ als Galoisgruppe die im Satz 2 genannten Voraussetzungen weitgehend unnötig sind:

Bemerkung 5: Gelten die in der Definition 1 genannten Voraussetzungen und ist $\bar{K}/L^i_{\underline{\sigma}}$ algebraisch, so gibt es eine reguläre Galoiserweiterung $\bar{N}^C/L^i_{\underline{\sigma}}$ mit

$$\mathrm{Gal}(\bar{N}^C/L^i_{\underline{\sigma}}) \cong G/Z(G).$$

Beweis: Bezeichnet man mit C den Zentralisator von $\bar{G}$ in $\mathrm{Gal}(\bar{N}/L^i_{\underline{\sigma}})$, so ist $\bar{N}^C/L^i_{\underline{\sigma}}$ eine reguläre galoissche Körpererweiterung mit

$$\mathrm{Gal}(\bar{N}^C/L^i_{\underline{\sigma}}) \cong \mathrm{Gal}(\bar{N}/L^i_{\underline{\sigma}})/C \cong \mathrm{Inn}(G) \cong G/Z(G). \qquad \square$$

4. Das 2. Rationalitätskriterium

Analog zum 1. Rationalitätskriterium kann in der Körpererweiterung $l^i_{\underline{\sigma}}/l^i$ aus dem Satz 2 eine dem Grade nach durch einen symmetrisierten Einheitswurzelindex beschränkte abelsche Körpererweiterung k^e/l^i abgespalten werden. Hierzu dient die

Definition 3: Es seien G eine endliche Gruppe, $\mathbf{C}$ eine s-gliedrige Klassenstruktur von G, $\mathbf{C}^*$ die von $\mathbf{C}$ aufgespannte Verzweigungsstruktur und $V = \mathrm{Sym}(\mathbf{C}^*)$. Weiter seien $\overline{K}/\overline{k}$ ein algebraischer Funktionenkörper vom Geschlecht g mit einem algebraisch abgeschlossenen Konstantenkörper $\overline{k}$ und $\overline{\mathbf{S}}$ eine s-elementige Teilmenge von $\mathbb{P}(\overline{K}/\overline{k})$. Dann wird der mit $d_{\overline{\mathbf{S}}}(H_{V\overline{\mathbf{S}}})$ symmetrisierte Einheitswurzelindex mit $\tilde{e}(\mathbf{C}|\overline{\mathbf{S}})$ bezeichnet:

$$\tilde{e}(\mathbf{C}|\overline{\mathbf{S}}) = e(\tilde{V}\mathbf{C}) \text{ mit } \tilde{V} = d_{\overline{\mathbf{S}}}(H_{V\overline{\mathbf{S}}}).$$

Wenn $\tilde{e}(\mathbf{C}|\overline{\mathbf{S}})$ von $\overline{\mathbf{S}}$ unabhängig ist wie im Fall $g = 0$, $s = 3$, so schreibt man hierfür kürzer $\tilde{e}(\mathbf{C})$.

Die Zahl $\tilde{e}(\mathbf{C}|\overline{\mathbf{S}})$ ist ein Teiler der Erzeugendensystemklassenzahl $\ell_g^i(\mathbf{C}^*|\overline{\mathbf{S}})$ der mit V symmetrisierten Verzweigungsstruktur $\mathbf{C}^*$, genauer gilt die

Bemerkung 6: Gelten die in der Definition 3 genannten Voraussetzungen und operiert $\Xi_{V\overline{\mathbf{S}}}$ vermöge

$$\overline{d}_G(\xi) : \mathbf{C}_s(G) \to \mathbf{C}_s(G), \ (C_1,\dots,C_s) \mapsto (C_{\xi(1)}^{c(\xi)},\dots,C_{\xi(s)}^{c(\xi)}),$$

transitiv auf den Klassenstrukturen in $\mathbf{C}^*$, so ist

$$\ell_g^i(\mathbf{C}^*|\overline{\mathbf{S}}) = \tilde{e}(\mathbf{C}|\overline{\mathbf{S}})\ell_g^i(\mathbf{C}|\overline{\mathbf{S}}).$$

Beweis: Bedeuten $H := H_{V\overline{\mathbf{S}}}$ für $V = \mathrm{Sym}(\mathbf{C})$ und $H^* := H_{V\overline{\mathbf{S}}}$ für $V = \mathrm{Sym}(\mathbf{C}^*)$, so folgt aus der Definition von $\ell_g^i(\mathbf{C}^\circ|\overline{\mathbf{S}})$ in § 2.2 und der Bemerkung 1 in II, § 4, die Gleichungskette

$$\ell_g^i(\mathbf{C}^*|\overline{\mathbf{S}}) = |\Sigma_g^i(\mathbf{C}^*)/H^*| = \frac{1}{(H^*:H)}\,|\Sigma_g^i(\mathbf{C}^*)/H|$$

$$= \frac{(\mathbf{C}^*:\mathbf{C})}{(\tilde{V}\mathbf{C}:\mathbf{C})}\,|\Sigma_g^i(\mathbf{C})/H| = \tilde{e}(\mathbf{C}|\overline{\mathbf{S}})\ell_g^i(\mathbf{C}|\overline{\mathbf{S}}). \qquad \square$$

Dem Teiler $\tilde{e}(\mathbf{C}|\overline{\mathbf{S}})$ von $\ell_g^i(\mathbf{C}^*|\overline{\mathbf{S}})$ entspricht wieder ein über l^i abelscher Teilkörper von $l_{\underline{\sigma}}^i$.

Bemerkung 7: Es seien $L^i \le L_{\underline{\sigma}}^i \le \overline{K} \le \overline{N} = N_{\overline{\mathbf{S}}}^G(\underline{\sigma})$ mit $\underline{\sigma} \in \Sigma_g(\mathbf{C})$ der Körperturm aus dem Satz 2, $L_{\mathbf{C}}^i$ der Fixkörper von

$$\Xi_{\mathbf{C}}^i := \{\xi \in \Xi^i \mid \mathbf{C}^\xi = \mathbf{C}\}$$

und $l_{\mathbf{C}}^i$ dessen Konstantenkörper. Dann ist $l_{\mathbf{C}}^i/l^i$ eine abelsche Körpererweiterung vom Grad

$$(l^i_{\mathfrak{C}} : l^i) \le \tilde{e}(\mathfrak{C}|\bar{\mathfrak{S}}).$$

<u>Beweis:</u> Offenbar ist $L^i_{\mathfrak{C}}/L^i$ eine abelsche Körpererweiterung mit

$$(L^i_{\mathfrak{C}} : L^i) = (\Xi^i : \Xi^i_{\mathfrak{C}}) \le (\mathfrak{C}^* : \mathfrak{C}) = e(\mathfrak{C})$$

(vergleiche Kapitel II, § 4, Satz 1). Für die zugehörige Konstantenkörpererweiterung $l^i_{\mathfrak{C}}/l^i$ gilt weiter mit $H^i_{\mathfrak{C}} := H^i \cap \Xi^i_{\mathfrak{C}}$

$$(l^i_{\mathfrak{C}} : l^i) = \frac{(\Xi^i : \Xi^i_{\mathfrak{C}})}{(H^i : H^i_{\mathfrak{C}})} \le \frac{(\mathfrak{C}^* : \mathfrak{C})}{(\tilde{V}\mathfrak{C} : \mathfrak{C})} = e(\tilde{V}\mathfrak{C}) = \tilde{e}(\mathfrak{C}|\bar{\mathfrak{S}}). \qquad \square$$

Aus dem Satz 2 gewinnt man jetzt mit der obigen Vorbemerkung das 2. Rationalitätskriterium.

<u>Satz 3:</u> (2. Rationalitätskriterium)
<u>Es seien G eine endliche Gruppe, deren Zentrum ein Komplement in G besitzt, $\mathfrak{C} = (C_1,\ldots,C_s)$ eine Klassenstruktur von G, $\mathfrak{C}^*$ die von $\mathfrak{C}$ aufgespannte Verzweigungsstruktur und $V = \mathrm{Sym}(\mathfrak{C}^*)$ eine Permutationsgruppe mit einem Fixpunkt. Weiter seien $\bar{K}/\bar{k}$ ein algebraischer Funktionenkörper vom Geschlecht g mit einem algebraisch abgeschlossenen Konstantenkörper $\bar{k} \le \mathbb{C}$, $\bar{\mathfrak{S}} = \{\bar{\mathfrak{p}}_1,\ldots,\bar{\mathfrak{p}}_s\} \subseteq \mathbb{P}(\bar{K}/\bar{k})$ und $\bar{K}$ über dem Fixkörper L^i/l^i von $\Xi^i = \Xi_{V\bar{\mathfrak{S}}}$ algebraisch. Dann gibt es zu jeder Untergruppe U von $H_{V\bar{\mathfrak{S}}}$ mit $\ell^i_g(\mathfrak{C}|\bar{\mathfrak{S}})_U > 0$ einen Körperturm $k^i \ge k^e \ge l^i$ mit einer abelschen Teilerweiterung k^e/l^i und</u>

$$(k^i : k^e) \le \sum_{[\tilde{U}] \subseteq [U]^a} \ell^i_g(\mathfrak{C}|\bar{\mathfrak{S}})_{\tilde{U}}, \quad (k^e : l^i) \le \tilde{e}(\mathfrak{C}|\bar{\mathfrak{S}}),$$

<u>einen Funktionenkörper K^i/k^i mit $\bar{k}K^i = \bar{K}$ und eine reguläre Galoiserweiterung N^i/K^i mit</u>

$$\mathrm{Gal}(N^i/K^i) \cong G$$

<u>und mit der Verzweigungsstruktur $\mathfrak{C}^*$.</u>

<u>Beweis:</u> Wegen $\ell^i_g(\mathfrak{C}|\bar{\mathfrak{S}})_U > 0$ existiert eine Galoiserweiterung $\bar{N} = N^G_{\bar{\mathfrak{S}}}(\underline{\sigma})$ von $\bar{K}$ mit $\underline{\sigma} \in \Sigma_g(\mathfrak{C}|\bar{\mathfrak{S}})_U$. Nach dem Satz 2 mit dem Zusatz 2 gibt es einen eigentlichen Definitionskörper K^i von $\bar{N}/\bar{K}$ mit dem Konstantenkörper $k^i := l^i_{\underline{\sigma}}$ und

$$(k^i : l^i) \le \sum_{[\tilde{U}] \subseteq [U]^a} \ell^i_g(\mathfrak{C}^*|\bar{\mathfrak{S}})_{\tilde{U}}.$$

Nach der Bemerkung 7 enthält k^i den über l^i abelschen Körper $k^e := l^i_{\mathfrak{C}}$ mit

$$(k^e : l^i) \le \tilde{e}(\mathfrak{C}|\bar{\mathfrak{S}}).$$

Da jedes $\xi \in \Xi^i_{\mathfrak{C}}$ die Erzeugendensystemklassen von $\Sigma^i_g(\mathfrak{C}|\bar{\mathfrak{S}})_{\tilde{U}}$ mit $\tilde{U} \in [U]^a$ permutiert, erhält man für den Grad von k^i/k^e die Abschätzung

$$(k^i : k^e) = \frac{(\Xi^i_{\mathfrak{C}} : \Xi^i_{\mathfrak{g}})}{(H^i_{\mathfrak{C}} : H^i_{\mathfrak{g}})} \le \sum_{[\tilde{U}] \subseteq [U]^a} \ell^i_g(\mathfrak{C}|\bar{\mathfrak{S}})_{\tilde{U}} . \qquad \square$$

Für $g = 0$ und $l^i = \mathbb{Q}$ erhält man die folgende vereinfachte Version des 2. Rationalitätskriteriums:

Folgerung 3: (2. Rationalitätskriterium für $g = 0$)
Es seien G eine endliche Gruppe, deren Zentrum ein Komplement in G besitzt, $\mathfrak{C} = (C_1,\ldots,C_s)$ eine Klassenstruktur von G mit $s \ge 3$, $\mathfrak{C}^*$ die von $\mathfrak{C}$ aufgespannte Verzweigungsstruktur und $V = \mathrm{Sym}(\mathfrak{C}^*)$ eine Permutationsgruppe mit einem Transitivitätsgebiet ungerader Länge. Weiter sei $\bar{\mathfrak{S}} = \{\bar{\mathfrak{p}}_1,\ldots,\bar{\mathfrak{p}}_s\} \subseteq \mathbb{P}(\bar{\mathbb{Q}}(t)/\bar{\mathbb{Q}})$ so gewählt, daß $\mathbb{Q}(t)$ ein Definitionskörper von $V\bar{\mathfrak{S}}$ ist. Dann gibt es zu jedem $U \le H_{V\bar{\mathfrak{S}}}$ mit $\ell^i_U(\mathfrak{C}|\bar{\mathfrak{S}}) > 0$ einen Zahlkörper k^i mit einem abelschen Teilkörper k^e und

$$(k^i : k^e) \le \sum_{[\tilde{U}] \subseteq [U]^a} \ell^i_{\tilde{U}}(\mathfrak{C}|\bar{\mathfrak{S}}), \quad (k^e : \mathbb{Q}) \le \tilde{e}(\mathfrak{C}|\bar{\mathfrak{S}}),$$

ein $\tilde{t} \in \bar{\mathbb{Q}}(t)$ mit $\bar{\mathbb{Q}}(\tilde{t}) = \bar{\mathbb{Q}}(t)$ und eine reguläre Galoiserweiterung $N^i/k^i(\tilde{t})$ mit

$$\mathrm{Gal}(N^i/k^i(\tilde{t})) \cong G$$

und mit der Verzweigungsstruktur $\mathfrak{C}^*$.

Beweis: Nach der Bemerkung 1 in § 1 ist $\bar{\mathbb{Q}}(t)/L^i$ eine algebraische Körpererweiterung. Damit ergeben sich alle Aussagen aus dem Satz 3 zusammen mit dem Zusatz 2. $\square$

Wendet man das 2. Rationalitätskriterium für $g = 0$ auf die Beispiele des letzten Paragraphen an, so erhält man unter Beibehaltung der Numerierung die folgenden Ergebnisse:

Beispiel 1: Die Verzweigungsstruktur $\mathfrak{C}^* = (4A,4B,5A)^*$ der Frobeniusgruppe F_{20} besitzt die Erzeugendensystemklassenzahl $\ell^i_I(\mathfrak{C}^*) = \ell^i(\mathfrak{C}^*) = 1$ und die Symmetriegruppe $\mathrm{Sym}(\mathfrak{C}^*) = \langle(12)\rangle$. Also ist F_{20} als Galoisgruppe einer regulären Körpererweiterung $N/\mathbb{Q}(\tilde{t})$ mit der Verzweigungsstruktur

$\mathfrak{C}^*$ realisierbar. (Ein erzeugendes Polynom für diese Körpererweiterung wurde im Kapitel II, § 3.3, berechnet.)

<u>Beispiel 2:</u> Für die Verzweigungsstruktur $\mathfrak{C}^* = (2A,2A,5A,5B)^*$ der Diedergruppe D_5 gilt $\ell_I^i(\mathfrak{C}^*) = \ell^i(\mathfrak{C}^*) = 1$. Da $V = \mathrm{Sym}(\mathfrak{C}^*) = \langle(12),(34)\rangle$ kein Transitivitätsgebiet ungerader Länge besitzt, ist das 2. Rationalitätskriterium für $g = 0$ nicht unmittelbar anwendbar. Im Kapitel II, § 3.3, wurde aber gezeigt, daß $\bar{\mathfrak{S}} \subseteq \mathbb{P}(\bar{\mathbb{Q}}(t)/\bar{\mathbb{Q}})$ so gewählt werden kann, daß der Fixkörper L^i von $\Xi_{V\bar{\mathfrak{S}}}$ und auch der Körper K^i im Satz 3 rationale Funktionenkörper über $\mathbb{Q}$ sind. Somit ist die Gruppe D_5 dennoch mit dieser Verzweigungsstruktur als Galoisgruppe über $\mathbb{Q}(t)$ realisierbar. (Im Satz 4 in II, § 3, wurde schon ein erzeugendes Polynom für diese Galoiserweiterung bestimmt.)

<u>Beispiel 3:</u> Für die im Beispiel 3 des vorigen Paragraphen aufgeführten Klassenstrukturen $\mathfrak{C}_j$ der Mathieugruppe M_{11} gelten $\ell_U^i(\mathfrak{C}_j^*) = 2\ell_U^i(\mathfrak{C}_j)$ wegen $(11A)^2 = 11B$ bzw. $(8A)^5 = 8B$. Damit ergibt sich aus der dortigen Tabelle: Die Gruppe M_{11} ist als Galoisgruppe regulärer Körpererweiterungen $N_j/\mathbb{Q}(\sqrt{-11},t)$ mit den Verzweigungsstrukturen $\mathfrak{C}_j^*$ für $j = 1,\ldots,9$ und als Galoisgruppe regulärer Körpererweiterungen $N_j/\mathbb{Q}(\sqrt{-2},t)$ mit den Verzweigungsstrukturen $\mathfrak{C}_j^*$ für $j = 10,11,12$ realisierbar. Dabei erhält man aus den in $\mathfrak{S} = \{\mathfrak{p}_1,\mathfrak{p}_2,\mathfrak{p}_3\} \subseteq \mathbb{P}(k(t)/k)$ mit $d(\mathfrak{p}_j) = 1$ verzweigten Galoiserweiterungen $N_j/k(t)$ mit $\ell_I^i(\mathfrak{C}_j^*) = 1$ Galoiserweiterungen mit den verwandten Verzweigungsstrukturen $\mathfrak{C}_j^*$ mit $\ell_U^i(\mathfrak{C}_j^*) = 1$ und $U \neq I$ (vergleiche § 2.4) auf die folgende Weise: Sind $\mathfrak{T}_2 := \{\mathfrak{p}_1,\mathfrak{p}_3\} \subseteq \mathfrak{S}$, $\mathfrak{T}_3 := \{\mathfrak{p}_1,\mathfrak{p}_2\} \subseteq \mathfrak{S}$ und $K_j/k(t)$ außerhalb $\mathfrak{T}_j$ unverzweigte reguläre Z_2-Erweiterungen von $k(t)$, so besitzen N_1K_2/K_2 bzw. N_1K_3/K_3 die Verzweigungsstrukturen $\mathfrak{C}_5^*$ bzw. $\mathfrak{C}_3^*$, N_2K_2/K_2 bzw. N_2K_3/K_3 die Verzweigungsstrukturen $\mathfrak{C}_7^*$ bzw. $\mathfrak{C}_6^*$ und N_3K_3/K_3 die Verzweigungsstruktur $\mathfrak{C}_8^*$. Ist weiter $\tilde{K}_3/k(t)$ eine außerhalb $\mathfrak{T}_3$ unverzweigte reguläre Z_3-Erweiterung, so hat $N_{11}\tilde{K}_3/\tilde{K}_3$ die Verzweigungsstruktur $\mathfrak{C}_{12}^*$. Damit lassen sich mit dem Verschiebungssatz der Galoistheorie Galoiserweiterungen mit verwandten Verzweigungsstrukturen erzeugen.

<u>Beispiel 4:</u> Die Verzweigungsstruktur $\mathfrak{C}^* = (3A,3A,6A)^*$ der Mathieugruppe M_{12} besitzt die Erzeugendensystemklassenzahl $\ell_I^i(\mathfrak{C}^*) = \ell^i(\mathfrak{C}^*) = 1$, und es ist $\mathrm{Sym}(\mathfrak{C}^*) = \langle(12)\rangle$. Folglich gibt es eine reguläre Galoiserweiterung $N/\mathbb{Q}(t)$ mit $\mathrm{Gal}(N/\mathbb{Q}(t)) \cong M_{12}$ und mit der Verzweigungsstruktur $\mathfrak{C}^*$.

Hierdurch wird für die im Kapitel II, § 6.3, konstruierte reguläre M_{12}-Erweiterung über $\mathbb{Q}(t)$ ein Existenzbeweis nachgetragen, der ohne Einbettung der M_{12} in $\mathrm{Aut}(M_{12})$ auskommt.

Beispiel 5: Der freundliche Riese F_1 ist als Galoisgruppe regulärer Körpererweiterungen über $\mathbb{Q}(t)$ realisierbar mit den Verzweigungsstrukturen $\mathfrak{C}^* := (2A,3B,29A)^*$, $\mathfrak{C}_1^* := (2A,2A,3B,29A)^*$, $\mathfrak{C}_2^* := (3B,3B,29A)^*$ und $\mathfrak{C}_3^* := (3B,29A,29A)^*$. Galoisrealisierungen mit den zu $\mathfrak{C}^*$ verwandten Verzweigungsstrukturen $\mathfrak{C}_1^*$, $\mathfrak{C}_2^*$ und $\mathfrak{C}_3^*$ lassen sich wie folgt aus einer mit der Verzweigungsstruktur $\mathfrak{C}^*$ konstruieren: Ist $N/\mathbb{Q}(t)$ eine in $\mathbb{S} = \{\mathfrak{p}_1,\mathfrak{p}_2,\mathfrak{p}_3\} \subseteq \mathbb{P}(\mathbb{Q}(t)/\mathbb{Q})$ verzweigte reguläre F_1-Erweiterung mit der Verzweigungsstruktur $\mathfrak{C}^*$ und ist $K_j/\mathbb{Q}(t)$ eine in $\mathbb{T}_j := \mathbb{S}\setminus\{\mathfrak{p}_j\}$ verzweigte Z_2-Erweiterung mit der Verzweigungsstruktur $(2A,2A)^*$, so ist NK_j/K_j eine F_1-Erweiterung über $K_j \cong \mathbb{Q}(t)$ mit der Verzweigungsstruktur $\mathfrak{C}_j^*$.

Die Beispiele 3 und 5 legen die folgende Definition für die Verwandtschaft zweier Klassenstrukturen nahe:

Definition 4: Zwei Galoiserweiterungen N_1/K_1 und N_2/K_2 mit zu G isomorphen Galoisgruppen heißen direkt verwandt, wenn $N := N_1 \cap N_2$ über $K := K_1 \cap K_2$ galoissch ist mit $\mathrm{Gal}(N/K) \cong G$. Zwei Galoiserweiterungen heißen *verwandt*, wenn sie der transitiven Hülle der direkten Verwandtschaft angehören.
Zwei Klassen- bzw. Verzweigungsstrukturen einer Gruppe G heißen *verwandt*, wenn sie die Klassen bzw. Verzweigungsstrukturen verwandter Galoiserweiterungen (über rationalen Funktionenkörpern) sind.

§ 4 Realisierung der Gruppen $PSL_2(\mathbb{F}_q)$ als Galoisgruppen

Die projektiven speziellen linearen Gruppen $PSL_2(\mathbb{F}_q)$ bilden die einfachste Serie der klassischen einfachen Gruppen. Diese sind die Faktorgruppen der speziellen linearen Gruppen $SL_2(\mathbb{F}_q)$ nach deren Zentren. Für die dreigliedrigen Klassenstrukturen $\mathfrak{C}$ von $SL_2(\mathbb{F}_q)$ ist höchstens dann $\ell^i(\mathfrak{C}) = 1$, wenn entweder $q = 2^f$ ist oder wenn $\mathfrak{C}$ eine Konjugiertenklasse parabolischer Elemente enthält (siehe Macbeath [1969a]). Deshalb sind im Fall $q \equiv 1 \bmod 2$ Klassenstrukturen mit Klassen parabolischer Elemente für die Anwendung der Rationalitätskriterien besonders vorteilhaft. Bei der Untersuchung ergibt sich als eines der Resultate, daß die Gruppen $PSL_2(\mathbb{F}_p)$ und auch die Gruppen $PGL_2(\mathbb{F}_p)$ für $p \not\equiv \pm 1 \bmod 24$ als Galoisgruppen regulärer Körpererweiterungen über $\mathbb{Q}(t)$ realisierbar sind.

1. Erzeugendensysteme der Gruppen $SL_2(\mathbb{F}_q)$ für $q \equiv 1 \bmod 2$

Im folgenden seien

$$\sigma_1 = \begin{pmatrix} 1 & 1 \\ 0 & 1 \end{pmatrix},\ \sigma_2(x) = \begin{pmatrix} 1 & 0 \\ -x & 1 \end{pmatrix},\ \sigma_0(x) = \begin{pmatrix} 1-x & 1 \\ -x & 1 \end{pmatrix} = \sigma_3(x)^{-1}$$

mit $x \in \mathbb{F}_q^\times$ Matrizen über $\mathbb{F}_q$, $q = p^f$, und

$$pA = [\sigma_1],\ pB = [\sigma_1^w]$$

mit einem quadratischen Nichtrest w modulo p die beiden Konjugiertenklassen parabolischer Elemente von $SL_2(\mathbb{F}_q)$.

<u>Bemerkung 1:</u> <u>Für die Gruppe</u> $\tilde{G} = SL_2(\mathbb{F}_q)$ <u>gelten:</u>

(a) <u>Die Menge</u> $\{\sigma_2(x) \mid x \in \mathbb{F}_q^\times\}$ <u>bildet ein Repräsentantensystem der Bahnen parabolischer Elemente von</u> $\tilde{G}\setminus C_{\tilde{G}}(\sigma_1)$ <u>unter der Konjugation mit</u> $C_{\tilde{G}}(\sigma_1)$.

(b) <u>Es ist</u> $\sigma_2(x)$ <u>genau dann ein Element von</u> pA, <u>wenn</u> x <u>ein Quadrat in</u> $\mathbb{F}_q^\times$ <u>ist</u>.

<u>Beweis:</u> Offenbar ist

$$C_{\tilde{G}}(\sigma_1) = \{\sigma_1(x) \mid \sigma_1(x) = \begin{pmatrix} 1 & x \\ 0 & 1 \end{pmatrix},\ x \in \mathbb{F}_q\}.$$

Für Elemente $\rho \in SL_2(\mathbb{F}_q)$ der Ordnung p gilt $\mathrm{Spur}(\rho) = 2$, es ist also

$$\rho = \begin{pmatrix} 1+a & b \\ c & 1-a \end{pmatrix} \text{ mit } a^2 + bc = 0.$$

Wenn zudem $\rho \notin C_{\tilde{G}}(\sigma_1)$ ist, so ist $c \neq 0$, und es gilt

$$\sigma_1(x)^{-1}\rho\sigma_1(x) = \sigma_2(c) \text{ für } x = \frac{a}{c},$$

womit (a) bewiesen ist. Der Teil (b) ergibt sich einfach aus der Feststellung, daß genau dann $\sigma_2(x)$ in $\tilde{G}$ zu σ_1 konjugiert ist, wenn x eine Quadratzahl in $\mathbb{F}_q^\times$ ist. □

Nach einem Satz von Dickson (z.B. in Gorenstein [1968], Chap. 2, Th. 8.4) ist $\langle\sigma_1,\sigma_2(x)\rangle = SL_2(\mathbb{F}_p(x))$ für $q \equiv 1 \bmod 2$, falls nicht $p = 3$ und $x^2 = -1$ sind. Daher ist bis auf diesen Ausnahmefall

$$\underline{\sigma(x)} := (\sigma_1,\sigma_2(x),\sigma_3(x)) \text{ mit } x \in \mathbb{F}_q^\times$$

ein 3-Erzeugendensystem von $SL_2(\mathbb{F}_p(x))$, und es bleibt festzustellen, welcher Konjugiertenklasse $\sigma_3(x) = \sigma_0(x)^{-1}$ angehört. Dazu betrachtet man die n-ten Potenzen von

$$\sigma_0(X) := \begin{pmatrix} 1-X & 1 \\ -X & 1 \end{pmatrix} \in SL_2(\mathbb{Z}[X]).$$

<u>Bemerkung 2:</u> <u>Für die durch</u>

$$\sigma_0(X)^n = \begin{pmatrix} 1-X & 1 \\ -X & 1 \end{pmatrix}^n = \begin{pmatrix} a_n(X) & b_n(X) \\ c_n(X) & d_n(X) \end{pmatrix}$$

<u>definierten Polynome</u> $b_n(X) \in \mathbb{Z}[X]$ <u>gelten</u>

(a) <u>die Rekursionsformel</u>

$$b_{n+2}(X) + (X-2)b_{n+1}(X) + b_n(X) = 0 \ \underline{\text{mit}}\ b_0(X) = 0,\ b_1(X) = 1$$

<u>und</u>

(b) <u>die Produktformel</u>

$$b_n(X) = \prod_{\nu=1}^{n-1} (2 - \zeta_{2n}^{\nu} - \zeta_{2n}^{-\nu} - X),$$

<u>wobei</u> ζ_{2n} <u>eine primitive</u> 2n-<u>te</u> <u>Einheitswurzel</u> <u>in</u> $\overline{\mathbb{Q}}$ <u>ist</u>.

<u>Beweis:</u> Das charakteristische Polynom von $\sigma_0(X)$ ist $f(Y) = Y^2+(X-2)Y+1$, hieraus folgt (a) mit den bereits angegebenen Anfangswerten.

Wegen $c_0(X) = 0$, $c_1(X) = -X$ ist $c_n(X) = -Xb_n(X)$, und für jede Nullstelle $\xi \in \overline{\mathbb{Q}}$ von $b_n(X)$ ist auch $c_n(\xi) = 0$. Entsprechend ergibt sich aus

$a_n(X) = -Xb_n(X) + d_n(X)$ weiter $a_n(\xi) = d_n(\xi)$, das heißt es ist $a_n(\xi) \in \{1,-1\}$, und $\sigma_0^{2n}(\xi)$ ist die Einheitsmatrix. Folglich ist

$$\mathrm{Spur}(\sigma_0(\xi)) = \zeta_{2n}^{\nu} + \zeta_{2n}^{-\nu} = 2 - \xi$$

mit einer primitiven 2n-ten Einheitswurzel ζ_{2n} und einem $\nu \in \{1,\ldots,n-1\}$. Umgekehrt ist für $\xi = 2 - \zeta_{2n}^{\nu} - \zeta_{2n}^{-\nu}$ wieder $\mathrm{Spur}(\sigma_0(\xi)) = \zeta_{2n}^{\nu} + \zeta_{2n}^{-\nu}$, woraus wegen $\mathrm{Det}(\sigma_0(\xi)) = 1$ folgt, daß $\sigma_0(\xi)$ zu $\mathrm{Diag}(\zeta_{2n}^{\nu},\zeta_{2n}^{-\nu})$ konjugiert ist. Hieraus ergeben sich $\sigma_0^n(\xi) = \pm\iota$ und damit $b_n(\xi) = 0$. Somit sind die Zahlen $2 - \zeta_{2n}^{\nu} - \zeta_{2n}^{-\nu}$ für $\nu = 1,\ldots,n-1$ Nullstellen von $b_n(X)$, woraus wegen $\partial(b_n(X)) = n-1$ die Produktformel folgt. □

Durch die Formel (a) ist es möglich, erzeugende Polynome der maximal reellen Teilkörper $\mathbb{Q}_0^{(n)}$ der n-ten Kreisteilungskörpers $\mathbb{Q}^{(n)}$ rekursiv zu bestimmen, aus (b) ergibt sich mit den Bezeichnungen

$$\left(\frac{x}{q}\right) = 1 \text{ für } x \in (\mathbb{F}_q^{\times})^2 = \{y^2 \mid y \in \mathbb{F}_q^{\times}\},$$

$$\left(\frac{x}{q}\right) = -1 \text{ für } x \in \mathbb{F}_q^{\times}\setminus(\mathbb{F}_q^{\times})^2$$

die

<u>Bemerkung 3:</u> <u>Es seien</u> p <u>eine zu</u> 2n <u>teilerfremde Primzahl,</u> $\mathfrak{P}$ <u>ein Primdivisor von</u> p <u>in</u> $\mathbb{Q}_0^{(n)}$ <u>und</u> x <u>die Restklasse von</u> $\xi = 2 - \zeta_n - \zeta_n^{-1}$ <u>in</u> $\mathbb{F}_q = \mathbb{Q}_0^{(n)}/\mathfrak{P}$ <u>mit</u> $q = p^{f_p(n)}$. <u>Dann gelten für die Klassenstrukturen</u> $\tilde{\mathfrak{C}}_n = (pA,pA,[\sigma_3(x)])$, $\tilde{\tilde{\mathfrak{C}}}_n = (pA,pB,[\sigma_3(x)])$ <u>und die von ihnen aufgespannten Verzweigungsstrukturen</u> $\tilde{\mathfrak{C}}_n^*$ <u>bzw.</u> $\tilde{\tilde{\mathfrak{C}}}_n^*$ <u>der Gruppe</u> $\tilde{G} = SL_2(\mathbb{F}_q)$ <u>für</u> $q \neq 9$ <u>mit den Bezeichnungen</u> $\psi^+ := \frac{1}{2}(1 + (\frac{x}{q}))$ <u>und</u> $\psi^- := \frac{1}{2}(1 - (\frac{x}{q}))$:

(a) $\ell^i(\tilde{\mathfrak{C}}_n) = \psi^+$, $\ell^i(\tilde{\mathfrak{C}}_n^*) = \varphi(n)\psi^+$, $\ell^a(\tilde{\mathfrak{C}}_n^*) = \dfrac{\varphi(n)}{2f_p(n)}\psi^+$,

(b) $\ell^i(\tilde{\tilde{\mathfrak{C}}}_n) = \psi^-$, $\ell^i(\tilde{\tilde{\mathfrak{C}}}_n^*) = \varphi(n)\psi^-$, $\ell^a(\tilde{\tilde{\mathfrak{C}}}_n^*) = \dfrac{\varphi(n)}{2f_p(n)}\psi^-$.

<u>Beweis:</u> Im Fall $(\frac{x}{q}) = 1$ ist $\underline{\sigma(x)} \in \Sigma(\tilde{\mathfrak{C}}_n)$, woraus nach obigem $\ell^i(\tilde{\mathfrak{C}}_n) = 1$ und $\ell^i(\tilde{\tilde{\mathfrak{C}}}_n) = 0$ folgen. Im Fall $(\frac{x}{q}) = -1$ sind umgekehrt $\ell^i(\tilde{\mathfrak{C}}_n) = 0$ und $\ell^i(\tilde{\tilde{\mathfrak{C}}}_n) = 1$. Da $[\sigma_3(x)]$ eine Konjugiertenklasse von Elementen der Ordnung n in $\tilde{G}$ ist und in $\tilde{G}$ unter den Potenzen von $\sigma_3(x)$ nur $\sigma_3(x)^{-1}$ zu $\sigma_3(x)$ konjugiert ist, gelten auf Grund der Teilerfremdheit von p und n

$$e(\tilde{\mathfrak{C}}_n) = \varphi(n) \text{ und } e(\tilde{\tilde{\mathfrak{C}}}_n) = \varphi(n),$$

woraus $\ell^i(\tilde{\mathfrak{C}}_n^*) = \varphi(n)\psi^+$ und $\ell^i(\tilde{\tilde{\mathfrak{C}}}_n^*) = \varphi(n)\psi^-$ folgen. Durch Diagonalautomorphismen von $\tilde{G}$ werden pA und pB, durch Körperautomorphismen von $\tilde{G}$ je $f_p(n)$ der Klassen von Elementen der Ordnung n zyklisch vertauscht, folglich sind $\ell^a(\tilde{\mathfrak{C}}_n^*) = \frac{1}{2f_p(n)}\ell^i(\tilde{\mathfrak{C}}_n^*)$ sowie $\ell^a(\tilde{\bar{\mathfrak{C}}}_n^*) = \frac{1}{2f_p(n)}\ell^i(\tilde{\bar{\mathfrak{C}}}_n^*)$. □

Im Fall der Klassenstruktur $\tilde{\bar{\mathfrak{C}}}_n$ kann der Einheitswurzelindex durch Symmetrisierung mit $V = \langle(12)\rangle$ verkleinert werden, und man erhält die

Bemerkung 4: *Gelten die Voraussetzungen zu der Bemerkung* 3 *und ist* $(\frac{x}{q}) = -1$, *so gilt*

$$\tilde{\ell}^i(\tilde{\bar{\mathfrak{C}}}_n^*) = \frac{1}{2}\varphi(n).$$

Beweis: Nach der vorigen Bemerkung ist $\ell^i(\tilde{\bar{\mathfrak{C}}}_n^*) = e(\tilde{\bar{\mathfrak{C}}}_n^*) = \varphi(n)$. Weiter gilt nach dem Satz 1 in § 2 für dasjenige $\eta \in H_{V\bar{s}}$ mit $d_{\bar{s}}(\eta) = (12) \in \mathrm{Sym}(\tilde{\bar{\mathfrak{C}}}_n^*)$

$$\Sigma_g^i(\tilde{\bar{\mathfrak{C}}}_n)^\eta = \Sigma_g^i((pB,pA,[\sigma_3(x)])).$$

Also ist

$$\tilde{\ell}_g^i(\tilde{\bar{\mathfrak{C}}}_n^*) = \frac{1}{2}\ell_g^i(\tilde{\bar{\mathfrak{C}}}_n^*) = \frac{1}{2}\varphi(n).$$ □

2. Realisierung der Gruppen $PSL_2(\mathbb{F}_q)$ als Galoisgruppen für $q \equiv 1 \bmod 2$

Im weiteren seien $G = \tilde{G}/Z(\tilde{G}) \cong PSL_2(\mathbb{F}_q)$ und $\mathfrak{C}_n$ beziehungsweise $\bar{\mathfrak{C}}_n$ die Klassenstrukturen der Kongruenzklassen von $\tilde{\mathfrak{C}}_n$ bzw. $\tilde{\bar{\mathfrak{C}}}_n$ in G. Dann ergibt sich aus der Bemerkung 3 im letzten Abschnitt unter Verwendung des Kriteriums für eigentliche Definitionskörper zunächst der

Satz 1: *Es seien* p *eine ungerade Primzahl*, $p^* = (-1)^{\frac{p-1}{2}}p$, n *eine zu* p *teilerfremde natürliche Zahl und* $q = p^{f_p(n)}$ $(\neq 9)$ *mit*

$$f_p(n) := \min\{f \in \mathbb{N} \mid p^f \equiv \pm 1 \bmod n\}.$$

Dann gibt es eine reguläre Galoiserweiterung $N/\mathbb{Q}_o^{(n)}(\sqrt{p^*},t)$ *mit einer zu* $PSL_2(\mathbb{F}_q)$ *isomorphen Galoisgruppe und mit einer der Verzweigungsstrukturen* $\mathfrak{C}_n^*$, $\bar{\mathfrak{C}}_n^*$.

Beweis: Wie in der Bemerkung 3 seien $\xi = 2 - \zeta_n - \zeta_n^{-1}$ und x die Restklasse von ξ in $\mathbb{Q}_o^{(n)}/\mathfrak{p}$. Dann ist $\underline{\sigma(x)}$ ein 3-Erzeugendensystem von $\tilde{G} = SL_2(\mathbb{F}_q)$ mit $q = p^{f_p(n)}$ (für $q \neq 9$). Nach der Bemerkung 3 sind zum Beispiel für $(\frac{x}{q}) = 1$

$$\ell^i(\tilde{\mathfrak{C}}_n) = 1 \text{ und } \ell^i(\tilde{\mathfrak{C}}_n^*) = e(\tilde{\mathfrak{C}}_n) = \varphi(n).$$

Nun sei $\bar{\mathbb{S}} = \{\bar{\mathfrak{p}}_1, \bar{\mathfrak{p}}_2, \bar{\mathfrak{p}}_3\} \subseteq \mathbb{P}(\bar{\mathbb{Q}}(t)/\bar{\mathbb{Q}})$ so gewählt, daß $\mathbb{Q}(t)$ ein Definitionskörper von $I\bar{\mathbb{S}}$ ist. Dann gibt es zu $\underline{\tilde{\sigma}} \in \Sigma^i(\tilde{\mathfrak{C}}_n)$ einen Körper $\tilde{\bar{N}} := N_{\bar{\mathbb{S}}}^{\tilde{G}}(\underline{\tilde{\sigma}})$ mit

$$\tilde{\bar{G}} := \mathrm{Gal}(\tilde{\bar{N}}/\bar{\mathbb{Q}}(t)) \cong \tilde{G}.$$

Wegen $\ell^i(\tilde{\mathfrak{C}}_n) = 1$ ist der Fixkörper von

$$\Delta^i_{\underline{\tilde{\sigma}}} = \{\delta \in \mathrm{Gal}(\bar{\mathbb{Q}}(t)/\mathbb{Q}(t)) \mid [\underline{\tilde{\sigma}}]^\delta = [\underline{\tilde{\sigma}}]\}$$

der Körper $k^e(t)$ mit $k^e = \mathbb{Q}_{\tilde{\mathfrak{C}}_n}$. Da aus $\langle\sigma_3(x)\rangle$ in $\tilde{G}$ nur $\sigma_3(x)^{-1}$ zu $\sigma_3(x)$ konjugiert ist, enthält k^e den Körper $\mathbb{Q}_o^{(n)}$. Wegen $pB = (pA)^w$ mit einem quadratischen Nichtrest w modulo p liegt auch $\mathbb{Q}(\sqrt{p^*})$ in k^e, also ist $k^e = \mathbb{Q}_o^{(n)}(\sqrt{p^*})$. Nach dem Beweis zum Satz 4 in II, § 2, ist $\tilde{\bar{N}}/k^e(t)$ galoissch, und konstruktionsgemäß operiert jedes $\gamma \in \Gamma := \mathrm{Gal}(\tilde{\bar{N}}/k^e(t))$ als innerer Automorphismus auf $\tilde{\bar{G}}$. Folglich ist der Fixkörper N von $C_\Gamma(\tilde{\bar{G}})$ über $k^e(t)$ regulär und galoissch mit

$$\mathrm{Gal}(N/k^e(t)) \cong \mathrm{Inn}(\tilde{G}) \cong G,$$

und die Verzweigungsstruktur von $N/k^e(t)$ ist die von $\tilde{\bar{N}}^{Z(\tilde{\bar{G}})}/\bar{\mathbb{Q}}(t)$, also gleich $\mathfrak{C}_n^*$. Entsprechend erhält man im Fall $(\frac{x}{q}) = -1$ eine reguläre Galoiserweiterung $N/\mathbb{Q}_o^{(n)}(\sqrt{p^*}, t)$ mit einer zu G isomorphen Galoisgruppe und mit der Verzweigungsstruktur $\bar{\mathfrak{C}}_n^*$. □

Anmerkung: Wie im Beweis zum Satz 1 sieht man unmittelbar, daß sich unter den Voraussetzungen zum Satz 4 in II, § 2, die Faktorgruppe $G/Z(G)$ stets als Galoisgruppe einer regulären Körpererweiterung über dem Fixkörper $K^i_{\underline{\sigma}}$ von $\Delta^i_{\underline{\sigma}}$ realisieren läßt, auch wenn K nicht zentral aufgeschlossen gegenüber $\bar{N}/\bar{K}$ ist (vergleiche die Bemerkung 5 in § 3).

Wenn p in $\mathbb{Q}_o^{(n)}/\mathbb{Q}$ unzerlegt ist, ergibt sich aus der Bemerkung 3 weiter der

<u>Zusatz 1:</u> <u>Gilt neben den Voraussetzungen zum Satz</u> 1 <u>noch</u> $f_p(n) = \frac{1}{2}\varphi(n)$, <u>so ist</u> $N/\mathbb{Q}(t)$ <u>galoissch mit</u>

$$\mathrm{Gal}(N/\mathbb{Q}(t)) \cong P\Gamma L_2(\mathbb{F}_q).$$

<u>Beweis:</u> Im Fall von $f_p(n) = \frac{1}{2}\varphi(n)$ ist nach der Bemerkung 3 entweder $\ell^a(\tilde{\mathfrak{C}}_n^*) = 1$ für $(\frac{x}{q}) = 1$ oder $\ell^a(\tilde{\bar{\mathfrak{C}}}_n^*) = 1$ für $(\frac{x}{q}) = -1$. Damit ist $\mathbb{Q}(t)$ ein zentral aufgeschlossener Definitionskörper der Galoiserweiterung

$\bar{N}/\bar{\mathbb{Q}}(t)$ mit dem Körper $\bar{N} = \tilde{N}^{Z(\tilde{G})}$ aus dem Beweis zum Satz 1. Nach dem Zusatz 2 in II, § 2, ist dann $N/\mathbb{Q}(t)$ galoissch mit

$$\mathrm{Gal}(N/\mathbb{Q}(t)) \le \mathrm{Aut}(G) \cong P\Gamma L_2(\mathbb{F}_q).$$

Auf Grund von

$$(\mathbb{Q}_o^{(n)}(\sqrt{p^*}):\mathbb{Q}) = \varphi(n) = |\mathrm{Out}(G)|$$

ist $\mathrm{Gal}(N/\mathbb{Q}(t))$ isomorph zu $P\Gamma L_2(\mathbb{F}_q)$. □

Aus der Bemerkung 4 erhält man jetzt unter Verwendung des 2. Rationalitätskriteriums den

Satz 2: Es seien p eine ungerade Primzahl, $p^* = (-1)^{\frac{p-1}{2}}p$, n eine zu p teilerfremde natürliche Zahl und $q = p^{f_p(n)}$ $(\neq 9)$ mit $f_p(n)$ aus dem Satz 1. Ist dann die Restklasse x von $\xi = 2 - \zeta_n - \zeta_n^{-1}$ kein Quadrat in $\mathbb{F}_q^{\times}$, so gibt es eine reguläre Galoiserweiterung $N/\mathbb{Q}_o^{(n)}(t)$ mit einer zu $PSL_2(\mathbb{F}_q)$ isomorphen Galoisgruppe und mit der Verzweigungsstruktur $\bar{\mathfrak{C}}_n^*$.

Beweis: Nach der Bemerkung 4 ist

$$\ell^i(\tilde{\mathfrak{C}}_n^*) = \tilde{\ell}(\tilde{\mathfrak{C}}_n^*) = \frac{1}{2}\varphi(n).$$

Folglich besitzt der Fixkörper $L_{\underline{\sigma}}^i$ von $[\underline{\sigma}] \in \Sigma^i(\tilde{\mathfrak{C}}_n^*)$ den Konstantenkörper $l_{\underline{\sigma}}^i = \mathbb{Q}_{V\tilde{\mathfrak{C}}_n}$ mit $V = \mathrm{Sym}(\tilde{\mathfrak{C}}_n^*) = \langle(12)\rangle$, es ist also $l_{\underline{\sigma}}^i = \mathbb{Q}_o^{(n)}$. Wegen $s = 3$ ist $L_{\underline{\sigma}}^i/\mathbb{Q}_o^{(n)}$ nach dem Zusatz 2 in § 3 ein rationaler Funktionenkörper: $L_{\underline{\sigma}}^i = \mathbb{Q}_o^{(n)}(\tilde{t})$. Nach der Bemerkung 5 in § 3 ist $G = \tilde{G}/Z(\tilde{G})$ als Galoisgruppe einer regulären Körpererweiterung $N/\mathbb{Q}_o^{(n)}(\tilde{t})$ realisierbar. Auf Grund von $H_{\underline{\sigma}}^i = I$ sind $\bar{\mathbb{Q}}(\tilde{t}) = \bar{\mathbb{Q}}(t)$ und $\bar{\mathbb{Q}}N$ der Körper $\bar{N} = \tilde{N}^{Z(\tilde{G})}$ aus dem Beweis zum Satz 1, folglich ist die Verzweigungsstruktur von $N/\mathbb{Q}_o^{(n)}(\tilde{t})$ wie dort $\bar{\mathfrak{C}}_n^*$. □

Durch Unterschiebung topologischer Automorphismen kann man aus dem Satz 2 noch das folgende Resultat gewinnen:

Zusatz 2: Unter den Voraussetzungen zum Satz 2 läßt sich die Gruppe $PGL_2(\mathbb{F}_q)$ als Galoisgruppe einer regulären Körpererweiterung über $\mathbb{Q}_o^{(n)}(\tilde{t})$ realisieren.

Beweis: Es seien $N/\mathbb{Q}_o^{(n)}(t)$ die reguläre Körpererweiterung aus dem Satz 2 mit einer zu $G = PSL_2(\mathbb{F}_q)$ isomorphen Galoisgruppe und $\bar{N} = \bar{\mathbb{Q}}N = N_{\mathbb{S}}^G(\underline{\sigma})$

mit $\underline{\sigma} \in \Sigma(\overline{\mathfrak{C}}_n)$. Dann gelten

$$H^a_{\underline{\sigma}} = H^a = H_{V\mathbf{S}} \cong V \text{ für } V = \mathrm{Sym}^a(\overline{\mathfrak{C}}^*_n) = \mathrm{Sym}(\overline{\mathfrak{C}}^*_n) = \langle(12)\rangle.$$

Offenbar ist $\overline{N}$ über dem Fixkörper $\overline{L}$ von $H^a_{\underline{\sigma}}$ galoissch, und der nicht-triviale Automorphismus $\eta \in H^a_{\underline{\sigma}}$ operiert durch Konjugation in $\mathrm{Gal}(\overline{N}/\overline{L})$ auf $\overline{G} = \mathrm{Gal}(\overline{N}/\overline{\mathbb{Q}}(t))$ als Diagonalautomorphismus, also ist

$$\mathrm{Gal}(\overline{N}/\overline{L}) \cong \mathrm{PGL}_2(\mathbb{F}_q).$$

Der Fixkörper L von $H^a_{\underline{\sigma}} \cong \mathrm{Gal}(\overline{\mathbb{Q}}(t)/\mathbb{Q}^{(n)}_o(t))$ ist als Teilkörper von $\mathbb{Q}^{(n)}_o(t)$ ein rationaler Funktionenkörper über $\mathbb{Q}^{(n)}_o$, etwa $L = \mathbb{Q}^{(n)}_o(\tilde{t})$, und $\overline{N}$ ist über L galoissch. Da jedes $\delta \in \mathrm{Gal}(\overline{N}/L)$ durch Konjugation als innerer Automorphismus auf $\mathrm{Gal}(\overline{N}/\overline{L})$ operiert und $\mathrm{Gal}(\overline{N}/N)$ ein Komplement zu $\mathrm{Gal}(\overline{N}/\overline{L})$ in $\mathrm{Gal}(\overline{N}/L)$ ist, ist L nach dem Kriterium für eigentliche Definitionskörper (II, § 2, Satz 2) ein eigentlicher Definitionskörper von $\overline{N}/\overline{L}$, es gibt also eine reguläre Körpererweiterung $N/\mathbb{Q}^{(n)}_o(\tilde{t})$ mit

$$\mathrm{Gal}(N/\mathbb{Q}^{(n)}_o(\tilde{t})) \cong \mathrm{PGL}_2(\mathbb{F}_q). \qquad \square$$

Abschließend sei noch der Spezialfall $\mathbb{Q}^{(n)}_o = \mathbb{Q}$ hervorgehoben, der für $n \in \{2,3,4,6\}$ eintritt.

<u>Folgerung 1:</u> <u>Es sei</u> p <u>eine ungerade Primzahl. Dann gelten:</u>

(a) <u>Im Fall</u> $(\frac{2}{p}) = -1$ <u>gibt es eine reguläre Galoiserweiterung</u> $N/\mathbb{Q}(t)$ <u>mit einer zu</u> $\mathrm{PSL}_2(\mathbb{F}_p)$ <u>isomorphen Galoisgruppe und mit der Verzweigungsstruktur</u> $\overline{\mathfrak{C}}^*_4 = (pA,pB,2A)^*$.

(b) <u>Im Fall</u> $(\frac{3}{p}) = -1$ <u>gibt es eine reguläre Galoiserweiterung</u> $N/\mathbb{Q}(t)$ <u>mit einer zu</u> $\mathrm{PSL}_2(\mathbb{F}_p)$ <u>isomorphen Galoisgruppe und mit der Verzweigungsstruktur</u> $\overline{\mathfrak{C}}^*_3 = (pA,pB,3A)^*$.

<u>Beweis:</u> Nach der Bemerkung 3 ist genau dann $\Sigma^i(\overline{\mathfrak{C}}^*_n) \neq \emptyset$, wenn die Restklasse x von $\xi = 2 - \zeta_n - \zeta_n^{-1}$ in $\mathbb{F}_q^\times$ mit $q = p^{f_p(n)}$ kein Quadrat ist. Für n = 2,3,4,6 ergibt sich in derselben Reihenfolge x = 4,3,2,1. Folglich ist $(\frac{x}{q}) = -1$ nur für n = 3 und $(\frac{3}{q}) = -1$ beziehungsweise für n = 4 und $(\frac{2}{q}) = -1$. Da in beiden Fällen $f_p(n) = 1$ ist, ergibt sich die Folgerung sofort aus dem Satz 2. $\square$

Faßt man die beiden Teile der Folgerung 1 und den Zusatz 2 zusammen, so erhält man als Kurzform der Sätze 7.2 und 7.3 bei Matzat [1984] (siehe auch Shih [1974], Th. 12) die

Folgerung 2: Für ungerade Primzahlen $p \not\equiv \pm 1 \bmod 24$ gibt es reguläre Galoiserweiterungen über $\mathbb{Q}(t)$ mit zu $PSL_2(\mathbb{F}_p)$ und $PGL_2(\mathbb{F}_p)$ isomorphen Galoisgruppen.

3. Realisierung der Gruppen $SL_2(\mathbb{F}_q)$ als Galoisgruppen für $q = 2^f$

In diesem Abschnitt seien $G = SL_2(\mathbb{F}_q)$ mit $q = 2^f$,

$$\sigma_1 = \begin{pmatrix} 1 & 1 \\ 0 & 1 \end{pmatrix}, \ \sigma_2(x) = \begin{pmatrix} 0 & x^{-1} \\ x & 1 \end{pmatrix}, \ \sigma_0(x) = \begin{pmatrix} x & x^{-1}+1 \\ x & 1 \end{pmatrix} = \sigma_3(x)^{-1}$$

mit $x \in \mathbb{F}_q^{\times}$ sowie

$$2A = [\sigma_1], \ 3A = [\sigma_2(x)].$$

Wie im ersten Abschnitt stellt man fest, daß die Menge $\{\sigma_2(x) \mid x \in \mathbb{F}_q^{\times}\}$ ein Repräsentantensystem der Bahnen der nicht in $C_G(\sigma_1)$ enthaltenen Elemente der Konjugiertenklasse 3A unter Konjugation mit $C_G(\sigma_1)$ ist.

Bemerkung 5: Es seien $n > 3$ eine ungerade natürliche Zahl,

$$f_2(n) := \min\{f \in \mathbb{N} \mid 2^f \equiv \pm 1 \bmod n\},$$

$q = 2^{f_2(n)}$ und nA eine Konjugiertenklasse von Elementen der Ordnung n in $SL_2(\mathbb{F}_q)$. Dann gelten für die Klassenstruktur $\mathbf{C}_n = (2A,3A,nA)$ und die von $\mathbf{C}_n$ aufgespannte Verzweigungsstruktur $\mathbf{C}_n^*$

$$\ell^i(\mathbf{C}_n) = 1, \ \ell^i(\mathbf{C}_n^*) = \tfrac{1}{2}\varphi(n), \ \ell^a(\mathbf{C}_n^*) = \frac{\varphi(n)}{2f_2(n)} .$$

Beweis: Da $\{\sigma_2(x) \mid x \in \mathbb{F}_q^{\times}\}$ ein Repräsentantensystem von $3A \setminus \{3A \cap C_G(\sigma_1)\}$ unter Konjugation mit $C_G(\sigma_1)$ bildet und die Konjugiertenklasse von $\sigma_3(x)$ durch $\mathrm{Spur}(\sigma_3(x)) = x + 1$ festgelegt ist, gelten $\ell^i((2A,3A,[\sigma_3(x)])) \le 1$ für alle $x \in \mathbb{F}_q^{\times}$ und damit $\ell^i(\mathbf{C}_n) \le 1$. Ist nun $x + 1$ die Spur eines Elements aus nA, so sind $\sigma_3(x) \in nA$ und

$$\underline{\sigma(x)} := (\sigma_1,\sigma_2(x),\sigma_3(x)) \in \overline{\Sigma}(\mathbf{C}_n).$$

Durch Ausschluß aller echten Untergruppen von G, diese sind im Hauptsatz von Dickson aufgeführt (siehe Huppert [1967], Kapitel II, § 8, Satz 8.27), wird nun gezeigt, daß $U := \langle\sigma_1,\sigma_2(x)\rangle$ die Gruppe G ist. Wegen $o(\sigma_3(x)) = n \equiv 1 \bmod 2$ kann U keine abelsche Gruppe sein. Für $n > 4$ ist U weder isomorph zu einer Diedergruppe noch zu einer der Gruppen A_4 oder S_4. Für $n > 5$ ist $U \not\cong A_5$, bei $n = 5$ gelten $f_2(5) = 2$, $q = 4$ und $A_5 \cong SL_2(\mathbb{F}_4)$. Ferner ist U kein semidirektes Produkt einer elementarabelschen 2-Gruppe mit einer zyklischen Gruppe ungerader Ordnung, und nach Wahl von $q = 2^{f_2(n)}$ ist U auch zu keiner der Gruppen $SL_2(\mathbb{F}_{2^m})$ mit einem echten Teiler m von $f_2(n)$ isomorph. Also ist $\sigma(x)$ ein Erzeugendensystem von G, woraus nach obigem $\ell^i(\mathfrak{C}_n) = 1$ folgt. Da unter den Potenzen von $\sigma_3(x)$ in G nur $\sigma_3(x)^{-1}$ zu $\sigma_3(x)$ konjugiert ist, gelten dann

$$\ell^i(\mathfrak{C}_n^*) = e(\mathfrak{C}_n) = \frac{1}{2}\varphi(n).$$

Ferner werden durch Körperautomorphismen von G je $f_2(n)$ der Konjugiertenklassen von Elementen der Ordnung n in G zyklisch vertauscht, es ist also

$$\ell^a(\mathfrak{C}_n^*) = \frac{1}{f_2(n)}\ell^i(\mathfrak{C}_n^*) = \frac{\varphi(n)}{2f_2(n)} . \qquad \square$$

Direkt aus dem 1. Rationalitätskriterium ergibt sich hieraus der

Satz 3: Es seien $n > 3$ eine ungerade natürliche Zahl und $q = 2^{f_2(n)}$ mit $f_2(n)$ aus der Bemerkung 5. Dann gibt es eine reguläre Galoiserweiterung $N/\mathbb{Q}_o^{(n)}(t)$ mit einer zu $SL_2(\mathbb{F}_q)$ isomorphen Galoisgruppe und mit der Verzweigungsstruktur $\mathfrak{C}_n^* = (2A,3A,nA)^*$.

In Analogie zum Zusatz 1 folgt aus der Bemerkung 5 weiter der

Zusatz 3: Gilt neben den Voraussetzungen zum Satz 3 noch $f_2(n) = \frac{1}{2}\varphi(n)$, so ist $N/\mathbb{Q}(t)$ galoissch mit

$$Gal(N/\mathbb{Q}(t)) \cong \Sigma L_2(\mathbb{F}_q).$$

Die Voraussetzungen zum Zusatz 3 sind zum Beispiel für die folgenden Paare (q,n) erfüllt:

$$(4,5),\ (8,7),\ (16,15),\ (32,11),\ (64,21),\ldots .$$

4. Weitere Resultate über klassische einfache Gruppen

Leider ist man mit der Realisierung klassischer einfacher Gruppen als Galoisgruppen regulärer Körpererweiterungen über $\mathbb{Q}(t)$ noch nicht sehr weit gediehen. Immerhin konnte mit ähnlichen Methoden bisher das folgende Zwischenergebnis erzielt werden:

Satz A: Die folgenden klassischen einfachen Gruppen sind als Galoisgruppen regulärer Körpererweiterungen über $\mathbb{Q}(t)$ realisierbar:

(a) $PSL_2(\mathbb{F}_p)$ für $p \not\equiv \pm 1 \bmod 24$,

(b) $PSL_3(\mathbb{F}_p)$ für $p \not\equiv -1 \bmod 24$,

(c) $P\Omega_{l-1}(\mathbb{F}_2)$ für Primzahlen $l \geq 11$ mit Primitivwurzel 2.

Die Aussage (a) ist in der Folgerung 2 enthalten. Die Zeile (b) ergibt sich aus Resultaten von Thompson [1984b] für $p \equiv 1 \bmod 4$, Malle [1985] für $p \equiv 5, 11, 17 \bmod 24$ (und auch $p \equiv 2, 8, 11 \bmod 21$) und einer Mitteilung von Feit (siehe Malle, Matzat [1985], Schlußbemerkung). Der Teil (c) ist bei Thompson [1984c] bewiesen.

§ 5 Polynome mit den Galoisgruppen $PSL_2(\mathbb{F}_7)$ und $SL_2(\mathbb{F}_8)$ über $\mathbb{Q}$

Nunmehr werden für die kleinsten einfachen der Gruppen $PSL_2(\mathbb{F}_q)$, das sind nach $SL_2(\mathbb{F}_4) \cong PSL_2(\mathbb{F}_5) \cong A_5$ die beiden Gruppen $PSL_2(\mathbb{F}_7)$ und $SL_2(\mathbb{F}_8)$, Polynome über $\mathbb{Q}(t)$ berechnet, die diese Gruppen als Galoisgruppen besitzen. Durch geeignete Spezialisierung von t zu $\tau \in \mathbb{Q}$ ergeben sich dann jeweils unendliche Scharen von Polynomen mit den Galoisgruppen $PSL_2(\mathbb{F}_7)$ und $SL_2(\mathbb{F}_8)$ über $\mathbb{Q}$. Im letzten Abschnitt werden noch Polynome mit den Galoisgruppen $PSL_2(\mathbb{F}_{11})$ und $PSL_2(\mathbb{F}_{13})$ über $\mathbb{Q}(t)$ und $\mathbb{Q}$ vorgestellt.

1. Konstruktion eines Polynoms mit der Galoisgruppe $PSL_2(\mathbb{F}_7)$ über $\mathbb{Q}(t)$

Ein Polynom mit der Gruppe $PSL_2(\mathbb{F}_7)$ über $\mathbb{Q}(t)$ und mit der in der Folgerung 1 in § 4 angegebenen Verzweigungsstruktur $(7A,7B,3A)^*$ wurde bei Matzat [1984], Satz 7.4, durch Spezialisierung eines Polynoms vom Grad 8 mit der Galoisgruppe $PGL_2(\mathbb{F}_7)$ über $\mathbb{Q}(\tilde{t})$ erhalten und lautet (in korrigierter Form):

$$f(t,X) = X^8 + 6X^7 + 3(7t^2 + 144)(7X^2 + 6X + 36).$$

Hier wird die bei Matzat [1984] in § 10 erwähnte Verzweigungsstruktur $\mathfrak{C}^* = (3A,4A,4A)^*$ vorgezogen, zu der es eine reguläre Galoiserweiterung $N/\mathbb{Q}(t)$ mit einem rationalen Stammkörper siebten Grades gibt.

<u>Bemerkung 1:</u> <u>Für die Verzweigungsstruktur</u> $\mathfrak{C}^* = (3A,4A,4A)^*$ <u>der Gruppe</u> $PSL_2(\mathbb{F}_7)$ <u>gelten</u>

$$\ell^i(\mathfrak{C}^*) = 2 \ \underline{\text{und}}\ \mathcal{X}^i(\mathfrak{C}^*) = \mathcal{X}^i_I(\mathfrak{C}^*) = 1.$$

<u>Beweis:</u> Aus der Charaktertafel der Gruppe $G = PSL_2(\mathbb{F}_7)$ im Tabellenanhang T.1 liest man ab, daß $\mathfrak{C} = (3A,4A,4A) = \mathfrak{C}^*$ ist, und man erhält als normalisierte Strukturkonstante von $\mathfrak{C} = \mathfrak{C}^*$

$$n(\mathfrak{C}) = \frac{|G|}{|C_G(\sigma_1)||C_G(\sigma_2)|^2} \sum_{i=1}^{6} \frac{\chi_i(\sigma_1)\chi_i(\sigma_2)^2}{\chi_i(\iota)} = \frac{168}{3\cdot 4^2}(1 + \frac{1}{7}) = 4.$$

Weiter ergibt sich aus der Übersicht der maximalen Untergruppen von G in T.1, daß eine von $\underline{\sigma} \in \bar{\Sigma}(\mathfrak{C})$ erzeugte Untergruppe U von G entweder gleich G ist oder in einer der maximalen Untergruppen vom Typ S_4 liegt. Da keine echte Untergruppe von S_4 Elemente der Ordnungen 3 und 4 besitzt, ist also U entweder gleich G oder eine der in 2 Konjugiertenserien $[U_1]$, $[U_2]$ aufgeteilten maximalen Untergruppen vom Typ S_4. In der Gruppe S_4 gelten

$$n(3A,4A,4A) = 1 = \ell^i(3A,4A,4A),$$

woraus mit der Induktionsformel

$$n(\mathbf{C}) = \sum_{[U]} \frac{(U:Z(U))}{(N_G(U):Z(G))} |\Sigma^i(\mathbf{C} \cap U)|$$

im Kapitel II, § 6, Bemerkung 2, für die Summanden mit $[U]$ aus der Menge $\{[U_1],[U_2],[G]\}$

$$4 = \frac{24}{24}\cdot 1 + \frac{24}{24}\cdot 1 + \frac{168}{168}\,\ell^i(\mathbf{C})$$

und damit $\ell^i(\mathbf{C}) = 2$ folgen.
Offenbar sind $V := \mathrm{Sym}(\mathbf{C}^*) = \langle(23)\rangle$ und $H := H_{V\bar{\mathbf{S}}} \cong V$. In der Formel

$$\ell^i(\mathbf{C}) = \sum_{[U]:U\le H} (H:U)\ \mathcal{l}^i_U(\mathbf{C})$$

in § 2, Bemerkung 1(b), ist nach der Folgerung 2 in § 2 die Klassenzahl $\mathcal{l}^i_H(\mathbf{C}) = 0$, da G keine Elemente der Ordnung 6 besitzt. Damit ergibt sich aus der Bemerkung 1(a) und (b) in § 2

$$\mathcal{l}^i(\mathbf{C}) = \mathcal{l}^i_I(\mathbf{C}) = \frac{1}{2}\ell^i(\mathbf{C}) = 1. \qquad \square$$

Aus dieser Bemerkung und dem 2. Rationalitätskriterium für $g = 0$ in § 3.4 resultiert die

<u>Folgerung 1:</u> <u>Es gibt eine reguläre Galoiserweiterung</u> $N/\mathbb{Q}(\tilde{t})$ <u>mit</u> $\mathrm{Gal}(N/\mathbb{Q}(\tilde{t})) \cong PSL_2(\mathbb{F}_7)$ <u>und mit der Verzweigungsstruktur</u> $\mathbf{C}^* = (3A,4A,4A)^*$.

Nun wird ein Polynom siebten Grades $f(\tilde{t},X) \in \mathbb{Q}(\tilde{t})[X]$ berechnet, dessen Nullstellen N über $\mathbb{Q}(\tilde{t})$ erzeugen. K sei ein durch eine Nullstelle von $f(\tilde{t},X)$ über $\mathbb{Q}(\tilde{t})$ erzeugter Stammkörper von $f(\tilde{t},X)$. Das Verhalten der in $K/\mathbb{Q}(\tilde{t})$ verzweigten Primdivisoren ergibt sich aus dem Satz A in II, § 3.1, bzw. aus dem Satz 1 in II. A.: Da in einer zu π_f äquivalenten Permutationsdarstellung p_7 vom Grad 7 von G (siehe II. A.1) die Elemente aus 3A den Permutationstyp $(3)^2(1)$ und die aus 4A den Typ $(4)(2)(1)$ besitzen, sind in $\bar{K} := \bar{\mathbb{Q}}K$ über $\bar{\mathbb{Q}}(\tilde{t})$ drei Primdivisoren $\bar{\mathfrak{p}}_1$, $\bar{\mathfrak{p}}_2,\bar{\mathfrak{p}}_3$ von $\bar{\mathbb{Q}}(\tilde{t})$ verzweigt, und zwar in der Form

$$\bar{\mathfrak{p}}_1 = \bar{\mathfrak{P}}^3_{1,1}\bar{\mathfrak{P}}^3_{1,2}\bar{\mathfrak{P}}_{1,3};\ \bar{\mathfrak{p}}_j = \bar{\mathfrak{P}}^4_{j,1}\bar{\mathfrak{P}}^2_{j,2}\bar{\mathfrak{P}}_{j,3} \text{ für } j = 2,3.$$

Damit ist der Grad der Differente

$$\mathfrak{D}(\bar{K}/\bar{\mathbb{Q}}(\tilde{t})) = \bar{\mathfrak{P}}_{1,1}^2 \bar{\mathfrak{P}}_{1,2}^2 \bar{\mathfrak{P}}_{2,1}^3 \bar{\mathfrak{P}}_{2,2} \bar{\mathfrak{P}}_{3,1}^3 \bar{\mathfrak{P}}_{3,2}$$

gleich 12, woraus mit der Relativgeschlechtsformel (Satz C im Kapitel I, § 3)

$$g(\bar{K}) = 1 - (\bar{K}:\bar{\mathbb{Q}}(\tilde{t})) + \frac{1}{2}d(\mathfrak{D}(\bar{K}/\bar{\mathbb{Q}}(\tilde{t}))) = 0$$

und wegen $\mathrm{char}(K) = 0$ auch $g(K) = 0$ folgen (auf Grund der Aussage 5 in I, § 3). Da $(K:\mathbb{Q}(\tilde{t})) \equiv 1 \bmod 2$ ist, gibt es in $\mathbb{P}(K/\mathbb{Q})$ Primdivisoren von ungeradem Grad, somit ist nach der Aussage 6 in I, § 3, $K/\mathbb{Q}$ ein rationaler Funktionenkörper.

Offenbar ist $\bar{\mathfrak{p}}_1$ über $\mathbb{Q}(\tilde{t})$ definiert im Gegensatz zu $\bar{\mathfrak{p}}_2$ und $\bar{\mathfrak{p}}_3$, da $\mathrm{Gal}(\bar{\mathbb{Q}}(\tilde{t})/\mathbb{Q}(\tilde{t}))$ wegen $\mathcal{X}_I^i(\mathfrak{C}) = 1$ die beiden Primdivisoren $\bar{\mathfrak{p}}_2$ und $\bar{\mathfrak{p}}_3$ vertauscht. Folglich sind in $K/\mathbb{Q}(\tilde{t})$ zwei Primdivisoren $\mathfrak{p}_1$ vom Grad 1 mit der Verzweigungsordnung 3 und $\mathfrak{p}$ vom Grad 2 mit der Verzweigungsordnung 4 verzweigt. Eine erzeugende Funktion t von $\mathbb{Q}(\tilde{t})/\mathbb{Q}$ sei so gewählt, daß eine Divisorgleichung $\mathfrak{p}\mathfrak{p}_1^{-2} = (t^2 - d)$ mit $d \in \mathbb{Q}$ gilt; hierdurch ist t bis auf rationale Vielfache bestimmt. Da die Gruppen Z_3 sowie deren Normalisatoren vom Typ S_3 in G jeweils 3 Transitivitätsgebiete der Längen 3, 3, 1 besitzen, gilt in $K/\mathbb{Q}(t)$ nach dem Satz A in II, § 3.1,

$$\mathfrak{p}_1 = \mathfrak{P}_{1,1}^3 \mathfrak{P}_{1,2}^3 \mathfrak{P}_{1,3}.$$

Nach der Aussage 7 im Kapitel I, § 3, existiert eine Funktion $x \in K$, die den beiden Divisorgleichungen

$$\frac{\mathfrak{P}_{1,2}}{\mathfrak{P}_{1,1}} = (x) \quad \text{und} \quad \frac{\mathfrak{P}_{1,3}}{\mathfrak{P}_{1,1}} = (x + 1)$$

genügt und ist hierdurch eindeutig bestimmt.

Nun sei $k(t)$ der Zerlegungskörper von $\bar{\mathfrak{p}}_2/\mathfrak{p}$ mit $(k:\mathbb{Q}) = 2$. Dann zerfällt $\mathfrak{p}$ in $k(t)/\mathbb{Q}(t)$ in $\tilde{\mathfrak{p}}_2$ und $\tilde{\mathfrak{p}}_3$, und $\tilde{\mathfrak{p}}_1$ sei der einzige Primteiler von $\mathfrak{p}_1$ in $\mathbb{P}(k(t)/k)$. Damit gelten die Divisorgleichungen

$$\frac{\tilde{\mathfrak{p}}_2}{\tilde{\mathfrak{p}}_1} = (t + \delta), \quad \frac{\tilde{\mathfrak{p}}_3}{\tilde{\mathfrak{p}}_1} = (t - \delta) \text{ mit } \delta^2 = d \in \mathbb{Q}.$$

$\tilde{\mathfrak{p}}_2$ und $\tilde{\mathfrak{p}}_3$ zerfallen in $\tilde{K} := kK$ über $k(t)$ weiter in

$$\tilde{\mathfrak{p}}_j = \mathfrak{P}_{j,1}^4 \mathfrak{P}_{j,2}^2 \mathfrak{P}_{j,3} \text{ für } j = 2,3.$$

Bezeichnet man nun die Primteiler von $\mathfrak{P}_{1,i}$ in $\tilde{K}$ mit $\tilde{\mathfrak{P}}_{1,i}$, so sind durch die Divisorgleichungen

$$\frac{\tilde{\mathfrak{P}}_{2,1}}{\tilde{\mathfrak{P}}_{1,1}} = (x + \rho), \quad \frac{\tilde{\mathfrak{P}}_{2,2}}{\tilde{\mathfrak{P}}_{1,1}} = (x + \sigma), \quad \frac{\tilde{\mathfrak{P}}_{2,3}}{\tilde{\mathfrak{P}}_{1,1}} = (x + \tau)$$

ρ, σ und τ festgelegt. Da $\tilde{\mathfrak{P}}_{2,i}$ in $\tilde{K}/K$ zu $\tilde{\mathfrak{P}}_{3,i}$ konjugiert ist, gilt mit dem erzeugenden Automorphismus

$$\bar{\ } : k \to k, \ \theta \mapsto \bar{\theta}$$

von $k/\mathbb{Q}$:

$$\frac{\tilde{\mathfrak{P}}_{3,1}}{\tilde{\mathfrak{P}}_{1,1}} = (x + \bar{\rho}), \quad \frac{\tilde{\mathfrak{P}}_{3,2}}{\tilde{\mathfrak{P}}_{1,1}} = (x + \bar{\sigma}), \quad \frac{\tilde{\mathfrak{P}}_{3,3}}{\tilde{\mathfrak{P}}_{1,1}} = (x + \bar{\tau}).$$

Damit erhält man

$$(t + \delta) = \frac{\tilde{\mathfrak{p}}_2}{\tilde{\mathfrak{p}}_1} = \frac{\tilde{\mathfrak{P}}_{2,1}^4 \tilde{\mathfrak{P}}_{2,2}^2 \tilde{\mathfrak{P}}_{2,3}}{\tilde{\mathfrak{P}}_{1,1}^3 \tilde{\mathfrak{P}}_{1,2}^3 \tilde{\mathfrak{P}}_{1,3}} = \left(\frac{(x + \rho)^4 (x + \sigma)^2 (x + \tau)}{x^3 (x + 1)}\right)$$

und die dazu in $\tilde{K}/K$ konjugierte Divisorgleichung. Also existiert ein $\eta \in k^{\times}$ mit

$$(1.1) \qquad x^3 (x + 1)(t + \delta) = \eta h(x),$$

wobei

$$h(x) := (x + \rho)^4 (x + \sigma)^2 (x + \tau)$$

gesetzt ist. Durch Elimination von t aus (1.1) und der dazu in $\tilde{K}/K$ konjugierten Gleichung ergibt sich

$$2\delta x^3 (x + 1) = \eta h(x) - \overline{\eta h}(x).$$

Da x über k transzendent ist, folgen hieraus $\eta = \bar{\eta}$ sowie die Polynomidentität

$$(1.2) \qquad 2\delta X^3 (X + 1) = \eta (h(X) - \bar{h}(X))$$

in $k[X]$. Subtrahiert man von dem $X(X + 1)$-fachen der nach X differenzierten Gleichung (1.2) die mit $(4X + 3)$ multiplizierte Gleichung (1.2), so erhält man

$$(X + \rho)^3 (X + \sigma) d(X) = (X + \bar{\rho})^3 (X + \bar{\sigma}) \bar{d}(X)$$

mit

$$d(X) = \frac{X(X + 1)h'(X) - (4X + 3)h(X)}{(X + \rho)^3 (X + \sigma)} \in k[X].$$

Auf Grund der Teilerfremdheit von $(X + \rho)(X + \sigma)$ und $(X + \bar{\rho})(X + \bar{\sigma})$ in $k[X]$ spaltet sich diese Gleichung auf in

(1.3) $$3(X + \rho)^3(X + \sigma) = \bar{d}(X)$$

und die dazu in $k[X]/\mathbb{Q}[X]$ konjugierte Gleichung. Durch Koeffizientenvergleich ergibt sich daraus das folgende algebraische Gleichungssystem aus den 4 Gleichungen

$$9\rho + 3\sigma = -\bar{\rho} + \bar{\sigma} + 2\bar{\tau} + 4,$$

$$9\rho^2 + 9\rho\sigma = -3\bar{\rho}\bar{\sigma} - 2\bar{\rho}\bar{\tau} + 2\bar{\sigma} + 3\bar{\tau},$$

$$3\rho^3 + 9\rho^2\sigma = -4\bar{\rho}\bar{\sigma}\bar{\tau} - 2\bar{\rho}\bar{\sigma} - \bar{\rho}\bar{\tau} + \bar{\sigma}\bar{\tau},$$

$$\rho^3\sigma = -\bar{\rho}\bar{\sigma}\bar{\tau}$$

und den dazu in $k/\mathbb{Q}$ konjugierten Gleichungen. Dieses nichtlineare algebraische Gleichungssystem aus 8 Gleichungen in 6 Unbekannten besitzt ein einziges Paar von Lösungen in einem quadratischen Erweiterungskörper von $\mathbb{Q}$ (siehe Malle, Trinks [198?], Beispiel 2), nämlich

$$\rho = -1 \pm \sqrt{7}, \quad \sigma = -15 \mp 6\sqrt{7}, \quad \tau = -22 \pm 8\sqrt{7}.$$

Aus (1.1) folgt nun

(1.4) $$t = \frac{\eta}{2}\,\frac{h(x) + \bar{h}(x)}{x^3(x+1)} .$$

Da t bisher nur bis auf rationale Vielfache festgelegt war und $\eta \in \mathbb{Q}$ ist, kann noch $\eta = 1$ gewählt werden, wodurch dann t eindeutig bestimmt ist. Setzt man die berechneten Werte für $\rho, \sigma, \tau, \bar{\rho}, \bar{\sigma}, \bar{\tau}$ in (1.4) ein, so bekommt man schließlich das folgende Resultat:

<u>Satz 1:</u> <u>Der Zerfällungskörper</u> N <u>des Polynoms</u>

$$f(t,X) = X^7-56X^6+609X^5+1190X^4+6356X^3+4536X^2-6804X-5832-tX^3(X+1)$$

<u>über</u> $\mathbb{Q}(t)$ <u>besitzt eine zu</u> $PSL_2(\mathbb{F}_7)$ <u>isomorphe Galoisgruppe und die Verzweigungsstruktur</u> $\mathfrak{C}_4^* = (C_3, C_4, C_4)^*$.

Mit dem Satz von Dedekind im Kapitel II, A.2, erhält man aus dem berechneten Polynom $f(t,X)$ noch unendliche Serien von Polynomen mit der Galoisgruppe $PSL_2(\mathbb{F}_7)$ über $\mathbb{Q}$:

<u>Zusatz 1:</u> <u>Spezialisiert man in dem Polynom</u> $f(t,X)$ <u>im Satz</u> 1 <u>die Funktion</u> t <u>zu</u> $\tau \in \mathbb{Z}$ <u>mit</u> $\tau \equiv 1 \bmod 35$, <u>so besitzt</u> $f(\tau,X) \in \mathbb{Q}[X]$ <u>eine zu</u>

$PSL_2(\mathbb{F}_7)$ isomorphe Galoisgruppe:

$$Gal(f(\tau,X)) \cong PSL_2(\mathbb{F}_7) \text{ für } \tau \equiv 1 \bmod 35.$$

Beweis: Die Galoisgruppe von $f(\tau,X)$ ist isomorph zu einer Untergruppe von $Gal(f(t,X))$. Für $\tau \equiv 1 \bmod 35$ besitzt $f(\tau,X)$ die folgende Primfaktorzerlegung modulo 5

$$f(\tau,X) \equiv (X+3)(X^2+4X+1)(X^4+2X^3+2X^2+X+1) \bmod 5$$

und ist modulo 7 irreduzibel. Also enthält $Gal(f(\tau,X))$ Elemente der Ordnungen 4 und 7, und es gilt daher $Gal(f(\tau,X)) \cong PSL_2(\mathbb{F}_7)$. □

Anmerkung: Das Polynom $f(t,X)$ im Satz 1 kann aus dem Polynom $f_a(x)$ bei LaMacchia [1980] durch die Spezialisierung $a = -9$, $A = t$ und $x = -X$ erhalten werden.

2. Konstruktion eines Polynoms mit der Galoisgruppe $\Sigma L_2(\mathbb{F}_8)$ über $\mathbb{Q}(u)$

Aus den Überlegungen in § 4.3 ergibt sich zwar die Existenz einer $\Sigma L_2(\mathbb{F}_8)$-Erweiterung $N/\mathbb{Q}(t)$ (mit der Verzweigungsstruktur $(2A,3A,7A)^*$), diese ist aber keine reguläre Galoiserweiterung, vielmehr ist der Fixkörper der $SL_2(\mathbb{F}_8)$ in $N/\mathbb{Q}(t)$ der Körper $\mathbb{Q}_0^{(7)}(t)$. Zur Konstruktion einer regulären Galoiserweiterung mit der Gruppe $SL_2(\mathbb{F}_8)$ über $\mathbb{Q}(t)$ muß also eine andere Verzweigungsstruktur herangezogen werden.

Bemerkung 2: Für die Klassenstruktur $\mathfrak{C} = (9A,9B,9C)$ der Gruppe $SL_2(\mathbb{F}_8)$ und die von $\mathfrak{C}$ aufgespannte Verzweigungsstruktur $\mathfrak{C}^*$ gelten

$$\ell^i(\mathfrak{C}) = 1, \quad \ell^i(\mathfrak{C}^*) = 3 \text{ und } \mathcal{l}_I^i(\mathfrak{C}^*) = 1.$$

Beweis: Aus der Charaktertafel von $G = SL_2(\mathbb{F}_8)$ im Tabellenanhang T.2 erhält man für die Klassenstruktur $\mathfrak{C}$ die normalisierte Strukturkonstante

$$n(\mathfrak{C}) = \frac{|G|}{|C_G(\sigma_1)|^3} \sum_{i=1}^{9} \frac{\chi_i(\sigma_1)\chi_i(\sigma_2)\chi_i(\sigma_3)}{\chi_i(\iota)}$$

$$= \frac{504}{9^3}\left(1 + \frac{1}{7} + \frac{1}{7} + \frac{1}{7} + \frac{1}{7} - \frac{1}{8}\right) = 1.$$

Da die von $\underline{\sigma} \in \overline{\Sigma}(\mathfrak{C})$ erzeugte Untergruppe U von G Elemente der Ordnung 9 besitzt, ist entweder $U = G$ oder U ist eine Untergruppe einer maximalen Untergruppe vom Typ D_9 (siehe T.2), woraus wegen $Z_9 \trianglelefteq D_9$ sofort $U = Z_9$ folgte. Unter der Annahme $U = \langle\sigma_1\rangle \cong Z_9$ wären $\sigma_2 \in \{\sigma_1^2, \sigma_1^{-2}\}$ wegen $9B = (9A)^2$ und $\sigma_3 \in \{\sigma_1^4, \sigma_1^{-4}\}$ wegen $9C = (9A)^4$, was offensichtlich der Produktrelation $\sigma_1\sigma_2\sigma_3 = \iota$ widerspricht. Also sind $U = G$ und $\overline{\Sigma}(\mathbf{C}) = \Sigma(\mathbf{C})$, woraus $\ell^i(\mathbf{C}) = n(\mathbf{C}) = 1$ und auf Grund von $\mathbf{C}^* = \mathbf{C} \cup \mathbf{C}^2 \cup \mathbf{C}^4$ auch $\ell^i(\mathbf{C}^*) = 3$ folgen. Weiter ist $\mathrm{Sym}(\mathbf{C}^*) = \langle(123)\rangle =: V$, und $H_{V\mathbf{S}} \cong Z_3$ operiert nach dem Satz 1 in § 2 transitiv auf $\{\mathbf{C},\mathbf{C}^2,\mathbf{C}^4\}$, also sind

$$\ell_I^i(\mathbf{C}^*) = \frac{1}{3}\ell^i(\mathbf{C}^*) = 1. \qquad \square$$

Wieder erhält man mit dem 2. Rationalitätskriterium für $g = 0$ aus der Bemerkung 2 die

Folgerung 2: Es gibt eine reguläre Galoiserweiterung $N/\mathbb{Q}(\tilde{t})$ mit $\mathrm{Gal}(N/\mathbb{Q}(\tilde{t})) \cong SL_2(\mathbb{F}_8)$ und mit der Verzweigungsstruktur $\mathbf{C}^* = (9A,9B,9C)^*$.

Die Stammkörper von $N/\mathbb{Q}(\tilde{t})$ vom Grad 9 über $\mathbb{Q}(\tilde{t})$ besitzen das Geschlecht 4. Die Bestimmung eines $N/\mathbb{Q}(\tilde{t})$ erzeugenden Polynoms wird erleichtert, wenn man zuerst ein Polynom berechnet, dessen Nullstellen N über dem Fixkörper L von $\Xi_{V\mathbf{S}}$ (mit $V = \mathrm{Sym}(\mathbf{C}^*) = \langle(123)\rangle$) erzeugen. Wegen $L \le \mathbb{Q}(\tilde{t})$ ist dieser ein rationaler Funktionenkörper über $\mathbb{Q}$, etwa $L = \mathbb{Q}(\tilde{u})$. Beim Beweis zur Bemerkung 2 wurde ausgenützt, daß die Gruppe zulässiger topologischer Automorphismen $H_{V\mathbf{S}}$ die Konjugiertenklassen 9A, 9B, 9C von $SL_2(\mathbb{F}_8)$ vertauscht. Damit ist die Galoisgruppe von $\overline{N} := \overline{\mathbb{Q}}N$ über dem Fixkörper $\overline{L} = \overline{\mathbb{Q}}L$ von $H_{V\mathbf{S}}$ eine Gruppenerweiterung von $SL_2(\mathbb{F}_8)$ mit Z_3, wobei die zyklische Gruppe Z_3 durch Konjugation in $\tilde{\overline{G}} := \mathrm{Gal}(\overline{N}/\overline{L})$ wie die Gruppe der Körperautomorphismen auf $\overline{G} = \mathrm{Gal}(\overline{N}/\overline{\mathbb{Q}}(\tilde{t})) \cong SL_2(\mathbb{F}_8)$ operiert. Also ist

$$\mathrm{Gal}(\overline{N}/\overline{L}) \cong \mathrm{Aut}(SL_2(\mathbb{F}_8)) \cong \Sigma L_2(\mathbb{F}_8).$$

Weiter folgt hieraus noch $\ell^a(\mathbf{C}^*) = 1$. Damit ist L der Fixkörper von $[\underline{\sigma}]^a$ (siehe § 3.1), und $\overline{N}/L$ ist eine Galoiserweiterung, deren Galoisgruppe Γ sei. Weil $\tilde{\overline{G}}$ eine vollständige Gruppe ist, operiert jedes $\gamma\in\Gamma$ durch Konjugation als ein innerer Automorphismus auf $\tilde{\overline{G}}$, und der Fixkörper $\overline{N}^C$ von $C := C_\Gamma(\tilde{\overline{G}})$ ist über $L = \mathbb{Q}(\tilde{u})$ regulär und galoissch mit $\mathrm{Gal}(\overline{N}^C/L) \cong \Sigma L_2(\mathbb{F}_8)$. Da $\overline{N}^C$ und N jeweils als Fixkörper vom Zentralisator von $\overline{G}$ in $\mathrm{Gal}(\overline{N}/\mathbb{Q}(\tilde{t}))$ charakterisiert sind, stimmen beide überein: $\overline{N}^C = N$.

Damit erhält man als weitere Folgerung aus der Bemerkung 2 die

Folgerung 3: Es gibt eine reguläre Galoiserweiterung $N/\mathbb{Q}(\tilde{u})$ mit $\mathrm{Gal}(N/\mathbb{Q}(\tilde{u})) \cong \Sigma L_2(\mathbb{F}_8)$ und mit der Verzweigungsstruktur $\tilde{\mathbf{C}}^* = (3B,(3B)^2,9A)^*$.

Beweis: Nach obigem ist nur noch die Verzweigungsstruktur von $\overline{N}/\overline{\mathbb{Q}}(\tilde{u})$ zu bestimmen. $\overline{\mathbb{Q}}(\tilde{t})/\overline{\mathbb{Q}}(\tilde{u})$ ist zyklisch vom Grad 3, also sind in dieser Körpererweiterung 2 Primdivisoren $\overline{\mathfrak{q}}_1$, $\overline{\mathfrak{q}}_2$ aus $\mathbb{P}(\overline{\mathbb{Q}}(\tilde{u})/\overline{\mathbb{Q}})$ von der Ordnung 3 verzweigt. Da $\tilde{G} := \Sigma L_2(\mathbb{F}_8)$ keine Elemente der Ordnung 27 besitzt, sind die Primteiler von $\bar{q}_1$ und $\bar{q}_2$ in $\mathbb{P}(\bar{\mathbb{Q}}(\tilde{t})/\bar{\mathbb{Q}})$ von den 3 in $\bar{N}/\bar{\mathbb{Q}}(\tilde{t})$ verzweigten Primdivisoren verschieden, und $\bar{p}_1$, $\bar{p}_2$, $\bar{p}_3$ sind in $\bar{\mathbb{Q}}(\tilde{t})/\mathbb{Q}(\tilde{u})$ konjugiert. Folglich hat die Verzweigungsstruktur $\tilde{\mathfrak{C}}^*$ von $\bar{N}/\bar{\mathbb{Q}}(\tilde{u})$ die Gestalt $\tilde{\mathfrak{C}}^* = (3?,3??,9A)^*$ mit Konjugiertenklassen 3?, 3?? von Elementen der Ordnung 3 in $\tilde{G}\backslash G$. Da es in $\tilde{G}\backslash G$ nur zwei solche Klassen gibt, nämlich 3B und $(3B)^2$, und wegen $9A \subseteq G$ jede Nebenklasse von $\tilde{G}$ nach G unter den Komponenten von $\underline{\tilde{\sigma}} \in \Sigma(\tilde{\mathfrak{C}}^*)$ vertreten sein muß, ist $\tilde{\mathfrak{C}}^* = (3B,(3B)^2,9A)^*$.

□

Anmerkung: Die Folgerung 2 kann man auch aus $\chi_I^i(\tilde{\mathfrak{C}}^*) = 1$ ableiten (siehe Matzat [1984], Lemma 8.4).

Wird ein Stammkörper von $N/\mathbb{Q}(\tilde{u})$ vom Grad 9 über $\mathbb{Q}(\tilde{u})$ mit K bezeichnet, so ist die Galoisgruppe des Minimalpolynoms eines primitiven Elements x von $K/\mathbb{Q}(\tilde{u})$ äquivalent zum Bild einer Permutationsdarstellung p_9 neunten Grades der Gruppe $\Sigma L_2(\mathbb{F}_8)$. In dieser besitzen die Elemente der Klassen 3B und $(3B)^2$ den Permutationstyp $(3)^2(1)^3$ und die aus 9A den Typ (9). Damit sind nach dem Satz A in II, § 3.1, in $\bar{K} := \bar{\mathbb{Q}}K$ über $\bar{\mathbb{Q}}(\tilde{u})$ 3 Primdivisoren $\bar{q}_1$, $\bar{q}_2$, $\bar{q}_3$ aus $\mathbb{P}(\bar{\mathbb{Q}}(\tilde{u})/\bar{\mathbb{Q}})$ in der folgenden Form verzweigt:

$$\bar{q}_j = \bar{P}_{j,1}^3\bar{P}_{j,2}^3\bar{P}_{j,3}\bar{P}_{j,4}\bar{P}_{j,5} \text{ für } j = 1,2;\ \bar{q}_3 = \bar{P}_3^9.$$

Also ist der Grad der Differente $\mathfrak{D}(\bar{K}/\bar{\mathbb{Q}}(\tilde{u}))$ gleich 20, woraus mit der Relativgeschlechtsformel $g(\bar{K}) = 0$ folgt. Da wegen char(K) = 0 auch g(K) = 0 ist und überdies $\bar{P}_3$ über K definiert ist, ist $K/\mathbb{Q}$ ein rationaler Funktionenkörper.

Auf Grund von $e(\tilde{\mathfrak{C}}) = 2$ und $\tilde{e}(\tilde{\mathfrak{C}}) = 1$ sind $\bar{q}_1$ und $\bar{q}_2$ in $\bar{\mathbb{Q}}(\tilde{u})/\mathbb{Q}(\tilde{u})$ konjugiert, das heißt es gibt einen Primdivisor $q \in \mathbb{P}(\mathbb{Q}(\tilde{u})/\mathbb{Q})$, der in $\mathbb{P}(\bar{\mathbb{Q}}(\tilde{u})/\bar{\mathbb{Q}})$ in $\bar{q}_1\bar{q}_2$ zerfällt, und q_3 sei der vom Grad 9 in $K/\mathbb{Q}(\tilde{u})$ verzweigte Primdivisor von $\mathbb{Q}(\tilde{u})$: $q_3 = P_3^9$. Für jedes $u \in L(q_3)\backslash\mathbb{Q}$ ist $\mathbb{Q}(u) = \mathbb{Q}(\tilde{u})$, und es gibt $\theta_i \in \mathbb{Q}$ mit

$$\frac{q}{q_3^2} = (u^2 + \theta_1 u + \theta_2).$$

Der Zerlegungskörper von $\bar{q}_1/q$ ist nach der Folgerung 1 in II, § 4.1, der Körper $k(\tilde{u}) = k(u)$ mit $k = \mathbb{Q}_{\tilde{\mathfrak{C}}} = \mathbb{Q}(\sqrt{-3})$. Daher kann durch linare Transformation erreicht werden, daß $\theta_1 = 0$ und $\theta_2 = 3$ sind. Aus $q=\tilde{q}_1\tilde{q}_2$ und $q_3 = \tilde{q}_3$ in $\mathbb{D}(k(u)/k)$ ergeben sich die Divisorgleichungen

$$\frac{\tilde{q}_1}{\tilde{q}_3} = (u + \sqrt{-3}),\quad \frac{\tilde{q}_2}{\tilde{q}_3} = (u - \sqrt{-3}).$$

Ferner gibt es ganze Divisoren $\tilde{\mathfrak{Q}}_j$, $\tilde{\mathfrak{R}}_j$, und $\tilde{\mathfrak{P}}_3$ von kK/k mit

$$(2.1) \qquad \tilde{\mathfrak{q}}_j = \tilde{\mathfrak{Q}}_j^3 \, \tilde{\mathfrak{R}}_j \text{ für } j = 1,2; \; \tilde{\mathfrak{q}}_3 = \tilde{\mathfrak{P}}_3^9$$

und $d(\tilde{\mathfrak{Q}}_j) = 2$, $d(\tilde{\mathfrak{R}}_j) = 3$. Zu jeder Funktion $x \in L(\mathfrak{P}_3)$ gehören Polynome $q(X) = X^2 + \omega_1 X + \omega_0 \in k[X]$ und $r(X) = X^3 + \rho_2 X^2 + \rho_1 X + \rho_0 \in k[X]$ mit

$$\frac{\tilde{\mathfrak{Q}}_1}{\tilde{\mathfrak{P}}_3^2} = (q(x)), \quad \frac{\tilde{\mathfrak{R}}_1}{\tilde{\mathfrak{P}}_3^3} = (r(x)).$$

Bezeichnet man die Bilder von $\theta \in k$ bzw. von $p[X] \in k[X]$ unter dem erzeugenden Automorphismus von $k/\mathbb{Q}$ mit $\bar{\theta}$ bzw. mit $\bar{p}[X]$, so bestehen in $\mathbb{D}(k(u)/k)$ weiter die Identitäten

$$\frac{\tilde{\mathfrak{Q}}_2}{\tilde{\mathfrak{P}}_3^2} = (\bar{q}(x)), \quad \frac{\tilde{\mathfrak{R}}_2}{\tilde{\mathfrak{P}}_3^3} = (\bar{r}(x)).$$

Damit erhält man aus (2.1) die beiden Divisorgleichungen

$$(u + \sqrt{-3}) = \frac{\tilde{\mathfrak{q}}_1}{\tilde{\mathfrak{q}}_3} = \frac{\tilde{\mathfrak{Q}}_1^3 \, \tilde{\mathfrak{R}}_1}{\tilde{\mathfrak{P}}_3^9} = (q(x)^3 r(x)),$$

$$(u - \sqrt{-3}) = \frac{\tilde{\mathfrak{q}}_2}{\tilde{\mathfrak{q}}_3} = \frac{\tilde{\mathfrak{Q}}_2^3 \, \tilde{\mathfrak{R}}_2}{\tilde{\mathfrak{P}}_3^9} = (\bar{q}(x)^3 \bar{r}(x)).$$

Folglich gibt es $\eta, \bar{\eta} \in k$ mit

$$(2.2) \qquad \eta(u + \sqrt{-3}) = q(x)^3 r(x), \quad \bar{\eta}(u - \sqrt{-3}) = \bar{q}(x)^3 \bar{r}(x).$$

Da x über k transzendent ist, erhält man durch Elimination von u zunächst $\eta = \bar{\eta}$ und damit die folgende Polynomgleichung in $k[X]$:

$$(2.3) \qquad 2\eta\sqrt{-3} = q(X)^3 r(X) - \bar{q}(X)^3 \bar{r}(X).$$

Berücksichtigt man in der aus (2.3) durch Differentiation nach X entstehenden Identität die Teilerfremdheit von $q(X)$ und $\bar{q}(X)$, so ergeben sich

$$(2.4) \qquad 9q(X)^2 = 3\bar{q}'(X)\bar{r}(X) + \bar{q}(X)\bar{r}'(X)$$

und die dazu in $k[X]$ über $\mathbb{Q}[X]$ konjugierte Gleichung. Hieraus erhält man durch Koeffizientenvergleich das folgende algebraische Gleichungssystem, bestehend aus den 4 Gleichungen

$$18\omega_1 = 6\bar{\omega}_1 + 8\bar{\rho}_2,$$

$$9\omega_1^2 + 18\omega_0 = 3\bar{\omega}_0 + 5\bar{\omega}_1\bar{\rho}_2 + 7\bar{\rho}_1,$$

$$18\omega_1\omega_0 = 2\overline{\omega}_0\overline{\rho}_2 + 4\overline{\omega}_1\overline{\rho}_1 + 6\overline{\rho}_0,$$

$$3\omega_0^2 = \overline{\omega}_0\overline{\rho}_1 + 3\overline{\omega}_1\overline{\rho}_0,$$

und den dazu in $k/\mathbb{Q}$ konjugierten Gleichungen. Durch geeignete Wahl von x in $L(\mathfrak{P}_3)$ kann zunächst erreicht werden, daß

$$\mathrm{Spur}(q(X)\overline{q}(X)) = \omega_1 + \overline{\omega}_1 = 0$$

ist, womit x bis auf einen Faktor $\xi \in \mathbb{Q}^{\times}$ festgelegt ist. Da $\omega_1 = 0$ zu $\rho_0 = \overline{\rho}_0 = 0$ und somit zu nicht teilerfremden $r(X)$, $\overline{r}(X)$ führte, ist $\omega_1 = -\overline{\omega}_1 \neq 0$ ein rationales Vielfaches von $\sqrt{-3}$, das durch passende Wahl von ξ zu $\omega_1 = 2\sqrt{-3}$ normiert werden kann. Damit erhält man aus dem Gleichungssystem (etwa durch Handrechnung) als einzige Lösung

$$\omega_1 = 2\sqrt{-3}, \quad \omega_0 = 15 + 6\sqrt{-3},$$

$$\rho_2 = -6\sqrt{-3}, \quad \rho_1 = -9(1 + 2\sqrt{-3}), \quad \rho_0 = -24(9 + 2\sqrt{-3}).$$

Mit der aus (2.2) resultierenden Relation

$$2\eta u = q(x)^3 r(x) + \overline{q}(x)^3 \overline{r}(x)$$

gewinnt man

$$g(u,X) := \frac{1}{2}(q(X)^3 r(X) + \overline{q}(X)^3 \overline{r}(X)) - \eta u$$

als Minimalpolynom von x über $\mathbb{Q}(u)$ und damit den

Satz 2: Der Zerfällungskörper N des Polynoms

$$g(u,X) = X^9 + 108X^7 + 216X^6 + 4374X^5 + 13608X^4 + 99468X^3$$
$$+ 215784X^2 + 998001X + 810648 + 663552u$$

über $\mathbb{Q}(u)$ besitzt eine zu $\Sigma L_2(\mathbb{F}_8)$ isomorphe Galoisgruppe und die Verzweigungsstruktur $(3B,(3B)^2,9A)^*$.

3. Konstruktion eines Polynoms mit der Galoisgruppe $SL_2(\mathbb{F}_8)$ über $\mathbb{Q}(t)$

Nach dem Beweis zur Folgerung 3 ist der Fixkörper des zu $SL_2(\mathbb{F}_8)$ isomorphen Normalteilers G von $\widetilde{G} = \mathrm{Gal}(N/\mathbb{Q}(u))$ der rationale Funktionenkörper $\mathbb{Q}(\widetilde{t})$. Somit gibt es ein in $N/\mathbb{Q}(u)$ unverzweigtes $\mathfrak{q}_0 \in \mathbb{P}(\mathbb{Q}(u)/\mathbb{Q})$ vom Grad 1, das in $\mathbb{Q}(\widetilde{t})/\mathbb{Q}(u)$ voll zerlegt ist:

$$\mathfrak{q}_0 = \mathfrak{p}_0\mathfrak{p}_*\mathfrak{p}_\infty.$$

Sind $\mathfrak{Q}_0^* \in \mathbb{P}(N/\mathbb{Q})$ ein Primteiler von $\mathfrak{q}_0$ und k bzw. K die Restklassenkörper von $\mathbb{Q}(u)$ nach $\mathfrak{q}_0$ bzw. von N nach $\mathfrak{Q}_0^*$, so gilt wegen $k = \mathbb{Q}$ nach dem Satz von Dedekind (siehe II. A. Satz 2)

$$\mathrm{Gal}(K/\mathbb{Q}) \cong \tilde{G}_Z(\mathfrak{Q}_0^*/\mathfrak{q}_0) \leq G = \mathrm{Gal}(N/\mathbb{Q}(\tilde{t})) \cong SL_2(\mathbb{F}_8).$$

Man erhält also ein solches $\mathfrak{q}_0$ als Zählerdivisor einer Funktion $u-\omega\in\mathbb{Q}(u)$ mit $\mathrm{Gal}(g(\omega,X)) \leq SL_2(\mathbb{F}_8)$. (Nach der Konstruktion im vorigen Abschnitt sind diese Zählerdivisoren in $N/\mathbb{Q}(u)$ unverzweigt.)

<u>Bemerkung 3: Für das Polynom</u> $g(u,X) \in \mathbb{Q}(u)[X]$ <u>aus dem Satz</u> 2 <u>gilt</u>

$$\mathrm{Gal}(g(1,X)) \cong SL_2(\mathbb{F}_8).$$

Für den Beweis dieser Bemerkung ist einfach die Galoisgruppe des Polynoms $g(1,X) \in \mathbb{Q}[X]$ zu berechnen; dies wird im Anhang durchgeführt (siehe Anhang A.3, Bemerkung 4).

Nun sei t die durch

$$\frac{\mathfrak{p}_0}{\mathfrak{p}_\infty} = (t) \text{ und } \frac{\mathfrak{p}_*}{\mathfrak{p}_\infty} = (t-1)$$

festgelegte erzeugende Funktion von $\mathbb{Q}(\tilde{t})/\mathbb{Q}$. Dann gibt es ein Polynom $m(X) = X^3 + \mu_1 X + \mu_0 \in \mathbb{Q}[X]$ mit

$$\frac{\mathfrak{q}_3}{\mathfrak{p}_\infty^3} = (m(t)),$$

was unter Verwendung der Bemerkung 3 zu der Divisorgleichung

$$(u-1) = \frac{\mathfrak{q}_0}{\mathfrak{q}_3} = \frac{\mathfrak{p}_0\mathfrak{p}_*\mathfrak{p}_\infty}{\mathfrak{q}_3} = \left(\frac{t(t-1)}{m(t)}\right)$$

und damit zu der Relation

$$(3.1) \qquad (u-1)m(t) = \lambda t(t-1)$$

mit $\lambda \in \mathbb{Q}^\times$ führt. Die beiden Primdivisoren $\tilde{\mathfrak{q}}_1$ und $\tilde{\mathfrak{q}}_2$ aus $\mathbb{P}(k(u)/k)$ sind in $k(t)/k(u)$ voll verzweigt, das heißt es gelten

$$\tilde{\mathfrak{q}}_1 = \tilde{\mathfrak{p}}_1^3 \text{ und } \tilde{\mathfrak{q}}_2 = \tilde{\mathfrak{p}}_2^3,$$

woraus sich weiter die beiden Divisorgleichungen

$$(u+\sqrt{-3}) = \frac{\tilde{\mathfrak{q}}_1}{\tilde{\mathfrak{q}}_3} = \frac{\tilde{\mathfrak{p}}_1^3}{\tilde{\mathfrak{q}}_3} = \left(\frac{(t+\delta)^3}{m(t)}\right),$$

$$(u - \sqrt{-3}) = \frac{\tilde{q}_2}{\tilde{q}_3} = \frac{\tilde{p}_2^3}{\tilde{q}_3} = (\frac{(t-\delta)^3}{m(t)})$$

mit $\delta \in k$ ergeben. Für gewisse ε, $\bar{\varepsilon} \in k$ gelten also

(3.2) $$m(t)(u + \sqrt{-3}) = \varepsilon(t + \delta)^3, \ m(t)(u - \sqrt{-3}) = \bar{\varepsilon}(t - \delta)^3.$$

Da t über k transzendent ist, bestehen in k[T]

(3.3) $$\varepsilon(T + \delta)^3 = (1 + \sqrt{-3})m(T) + \lambda(T^2 - T)$$

und die dazu in $k[T]/\mathbb{Q}[T]$ konjugierte Identität. Durch Koeffizientenvergleich erhält man für λ und μ_i als einzige Lösung

$$\lambda = -6, \ \mu_2 = 0, \ \mu_1 = -3, \ \mu_0 = 1.$$

Damit folgt aus (3.1) der

<u>Satz 3: Der Fixkörper des zu $SL_2(\mathbb{F}_8)$ isomorphen Normalteilers G der Galoisgruppe der Körpererweiterung $N/\mathbb{Q}(u)$ aus dem Satz 2 ist ein rationaler Funktionenkörper $N^G = \mathbb{Q}(t)$. Dieser wird über $\mathbb{Q}(u)$ durch die Nullstellen von</u>

$$h(u,T) = T^3 - 3T + 1 + \frac{6}{u - 1}(T^2 - T)$$

<u>erzeugt. N ist der Zerfällungskörper von</u>

$$f(t,X) := g(1 - 6\frac{t^2-t}{t^3-3t+1},X)$$

$$= X^9 - 108X^7 + 216X^6 + 4374X^5 + 13608X^4 + 99468X^3$$

$$+ 215784X^2 + 998001X + 1474200 - 3981312\frac{t^2-t}{t^3-3t+1}$$

<u>über $\mathbb{Q}(t)$. Insbesondere ist die Galoisgruppe von $f(t,X) \in \mathbb{Q}(t)[X]$ isomorph zu $SL_2(\mathbb{F}_8)$.</u>

<u>Zusatz 2: Spezialisiert man in dem Polynom f(t,X) im Satz 3 die Funktion t zu $\tau \in \mathbb{Z}$ mit $\tau \equiv 0 \bmod 155$, so besitzt $f(\tau,X) \in \mathbb{Q}[X]$ eine zu $SL_2(\mathbb{F}_8)$ isomorphe Galoisgruppe:</u>

$$\mathrm{Gal}(f(\tau,X)) \cong SL_2(\mathbb{F}_8) \ \underline{\text{für}} \ \tau \equiv 0 \bmod 155.$$

<u>Beweis:</u> Das Polynom $f(0,X) = g(1,X)$ zerfällt modulo 5 wie folgt in Primfaktoren:

$$f(0,X) \equiv X(X + 4)(X^7 + X^6 + 4X^5 + 4X^3 + 2X^2 + 4) \bmod 5$$

und ist modulo 31 irreduzibel. Also ist für $\tau \in \mathbb{Z}$ mit $\tau \equiv 0 \bmod 155$ die Galoisgruppe von $f(\tau,X)$ isomorph zu einer Untergruppe U von $G=SL_2(\mathbb{F}_8)$, die Elemente der Ordnungen 7 und 9 enthält. Eine von G verschiedene solche Untergruppe gibt es aber nicht. □

4. Polynome mit den Galoisgruppen $PSL_2(\mathbb{F}_{11})$ und $PSL_2(\mathbb{F}_{13})$ über $\mathbb{Q}(t)$

Die Konstruktion des Polynoms mit der Galoisgruppe $SL_2(\mathbb{F}_8)$ ist Matzat [1984], § 8, und die des Polynoms mit der Gruppe $PSL_2(\mathbb{F}_7)$ Malle, Matzat [1985], 2., entnommen. In letzterem Aufsatz wurden auch für die nächsten Gruppen $PSL_2(\mathbb{F}_{11})$ und $PSL_2(\mathbb{F}_{13})$ – es ist $PSL_2(\mathbb{F}_9) \cong A_6$ – Polynome berechnet. Die gewonnenen Resultate lauten:

__Satz A:__ __Das__ __Polynom__ $f(t,X) \in \mathbb{Q}(t)[X]$ __mit__

$$\begin{aligned}2f(t,X) = {} & 2X^{11} - 2541X^9 - 45254X^8 + 1026201X^7 + 51653448X^6 \\ & + 900904653X^5 + 8705450754X^4 + 50915146293X^3 \\ & + 180040201308X^2 + 355871173680X + 303064483392 \\ & - 2t(X^3 + 22X^2 + 165X + 396)^2(X^3 - 22X^2 - 319X - 924)\end{aligned}$$

__besitzt__ __eine__ __zu__ $PSL_2(\mathbb{F}_{11})$ __isomorphe__ __Galoisgruppe__. __Spezialisiert__ __man__ t __zu__ $\tau \in \mathbb{Z}$, __so__ __gilt__

$$Gal(f(\tau,X)) \cong PSL_2(\mathbb{F}_{11}) \text{ für } \tau \equiv -2 \bmod 595.$$

__Satz B:__

(a) __Das__ __Polynom__ $g(u,X) \in \mathbb{Q}(u)[X]$ __mit__

$$\begin{aligned}(u + 27)g(u,X) = {} & (X^7 + 50X^6 + 63X^5 + 5040X^4 + 783X^3 + 168426X^2 \\ & - 6831X + 1864404)^2u + 27(X^3 - X^2 + 35X - 27)^4(X^2+36)\end{aligned}$$

__besitzt__ __eine__ __zu__ $PGL_2(\mathbb{F}_{13})$ __isomorphe__ __Galoisgruppe__. __Spezialisiert__ __man__ u __zu__ $\upsilon \in \mathbb{Z}$, __so__ __ist__

$$Gal(g(\upsilon,X)) \cong PGL_2(\mathbb{F}_{13}) \text{ für } \upsilon \equiv -3 \bmod 85.$$

(b) __Das__ __Polynom__

$$f(t,X) := g(-39t^2,X) \in \mathbb{Q}(t)[X]$$

__besitzt__ __eine__ __zu__ $PSL_2(\mathbb{F}_{13})$ __isomorphe__ __Galoisgruppe__. __Spezialisiert__ __man__ __hierin__ t __zu__ $\tau \in \mathbb{Z}$, __so__ __gilt__

$$Gal(f(\tau,X)) \cong PSL_2(\mathbb{F}_{13}) \text{ für } \tau \equiv \pm 1 \bmod 77.$$

Auf entsprechende Weise konnten bisher für alle nicht auflösbaren Gruppen G, die eine primitive Permutationsdarstellung vom Grad $d \leq 15$ besitzen, Polynome $f(t,X) \in \mathbb{Q}(t)[X]$ mit $Gal(f(t,X)) \cong G$ berechnet werden. Diese stehen mit Ausnahme derjenigen für die Mathieugruppen bei Matzat [1984], Malle, Matzat [1985] und Malle [198?a]. Die Mathieugruppen M_{11} und M_{12} werden im nächsten Paragraphen behandelt.

§ 6 Realisierung der Gruppen M_{11} und M_{12} als Galoisgruppen über $\mathbb{Q}$

In dem letzten Paragraphen dieses Kapitels wird mit Hilfe des 2ten Rationalitätskriteriums bewiesen, daß die Mathieugruppen M_{12} und M_{11} als Galoisgruppen über $\mathbb{Q}(t)$ bzw. $\mathbb{Q}(x)$ realisierbar sind. Ferner werden Polynome $f(t,X) \in \mathbb{Q}(t)[X]$ mit $\mathrm{Gal}(f(t,X)) \cong M_{12}$ und $g(x,X) \in \mathbb{Q}(x)[X]$ mit $\mathrm{Gal}(g(x,X)) \cong M_{11}$ berechnet sowie unendlich viele Spezialisierungen von t zu $\tau \in \mathbb{Q}$ bzw. von x zu $\xi \in \mathbb{Q}$ angegeben, für die auch $\mathrm{Gal}(f(\tau,X)) \cong M_{12}$ bzw. $\mathrm{Gal}(g(\xi,X)) \cong M_{11}$ ist. Zum Abschluß wird noch der derzeitige Stand bei der Realisierung der sporadischen einfachen Gruppen als Galoisgruppen über $\mathbb{Q}$ wiedergegeben.

1. Der Existenzbeweis

Die Mathieugruppe M_{12} besitzt zwei Konjugiertenklassen 4A und 4B von Elementen der Ordnung 4 und eine 10A von Elementen der Ordnung 10. Dabei sei 4A die Klasse der Doppel-4-Zyklen bezogen auf eine vorgegebene treue Permutationsdarstellung P_{12} der M_{12} vom Grad 12. Bezüglich derselben Permutationsdarstellung bestehen die Elemente der Ordnung 10 aus einem Zehnerzyklus und einer Transposition (siehe z.B. Frobenius [1904]).

<u>Bemerkung 1:</u> <u>Für die Verzweigungsstruktur</u> $\mathbf{C}^* = (4A,4A,10A)^*$ <u>der Mathieugruppe</u> M_{12} <u>gelten</u>

$$\ell^i(\mathbf{C}^*) = 2 \ \underline{\text{und}}\ \mathcal{l}^i(\mathbf{C}^*) = \mathcal{l}^i_I(\mathbf{C}^*) = 1.$$

<u>Beweis:</u> Da alle primitiven Potenzen eines Elements aus 4A bzw. aus 10A in $G = M_{12}$ zueinander konjugiert sind, stimmt die Klassenstruktur $\mathbf{C} = (4A,4A,10A)$ mit der von $\mathbf{C}$ aufgespannten Verzweigungsstruktur $\mathbf{C}^*$ überein. Weiter erhält man aus der Charaktertafel von G (im Tabellenanhang **T.4**) die normalisierte Strukturkonstante

$$n(\mathbf{C}) = \frac{|G|}{|C_G(\sigma_1)|^2 |C_G(\sigma_2)|} \sum_{i=1}^{15} \frac{\chi_i(\sigma_1)^2 \chi_i(\sigma_3)}{\chi_i(\iota)}$$

$$= \frac{95040}{32^2\ 10}\ (1 - \frac{9}{11} - \frac{1}{11} + \frac{4}{54} + \frac{4}{66} - \frac{1}{99}) = 2.$$

Nun seien $\underline{\sigma} \in \overline{\Sigma}(\mathbf{C})$ und $U := \langle\underline{\sigma}\rangle$. Dann enthält U Elemente der Ordnung 10; nach der Liste der maximalen Untergruppen der M_{12} in T.4 ist also

$U = M_{12}$ oder U ist in einer der maximalen Untergruppen der M_{12} vom Typ $M_{10} \ast Z_2$ oder $Z_2 \times S_5$ enthalten.

Die M_{12} besitzt zwei Konjugiertenklassen maximaler Untergruppen vom Typ $M_{10} \ast Z_2$; die Untergruppen der ersten Serie (in T.4) sind bezüglich p_{12} intransitiv mit Transitivitätsgebieten der Längen 10 und 2, und diejenigen der zweiten Serie sind transitiv. Da die Relation $\sigma_1\sigma_2\sigma_3=\iota$ mit Elementen σ_1,σ_2 vom Permutationstyp $(4)^2(1)^4$ und einem Element σ_3 vom Typ (10)(2) nicht mit einer Aufspaltung in Transitivitätsgebiete der Längen 10 und 2 verträglich ist, kann U keine Untergruppe einer intransitiven maximalen Untergruppe der M_{12} vom Typ $M_{10} \ast Z_2$ sein. Die Automorphismenklassengruppe der M_{12} hat die Ordnung 2, und jeder äußere Automorphismus φ von M_{12} vertauscht sowohl die beiden Konjugiertenklassen maximaler Untergruppen vom Typ $M_{10} \ast Z_2$ wie auch die Konjugiertenklasse 4A mit der Klasse 4B, diese besteht bezüglich p_{12} aus Permutationen vom Typ $(4)^2(2)^2$. Wäre also U in einer transitiven maximalen Untergruppe vom Typ $M_{10} \ast Z_2$ enthalten, so läge U^φ in einer intransitiven Untergruppe vom Typ $M_{10} \ast Z_2$, was zu einem Widerspruch führte, da auch die Elemente σ_1^φ, σ_2^φ vom Permutationstyp $(4)^2(2)^2$ und σ_3^φ vom Typ (10)(2) auf Grund der Relation $\sigma_1^\varphi\sigma_2^\varphi\sigma_3^\varphi = \iota$ keine intransitive Gruppe erzeugen können.

Wäre nun U eine Untergruppe einer maximalen Untergruppe der M_{12} vom Typ $Z_2 \times S_5$, so wäre die Projektion pr_1 von U auf den ersten Faktor $\langle\tau\rangle \cong Z_2$ surjektiv. Wegen $pr_1(\sigma_3) = \tau$ und $pr_1(\sigma_1)pr_1(\sigma_2)pr_1(\sigma_3) = \iota$ wären etwa $pr_1(\sigma_1) = \iota$ und $pr_1(\sigma_2) = \tau$. Folglich gehörten σ_1 und σ_2 den beiden verschiedenen Konjugiertenklassen von Elementen der Ordnung 4 in $Z_2 \times S_5$ an. Da eine Untergruppe vom Typ $Z_2 \times S_5$ von M_{12} Elemente der Klassen 4A und 4B enthält – der zugehörige Permutationscharakter ist auf beiden Klassen von Null verschieden –, fusionieren diese beiden Klassen nicht in der M_{12}. Folglich gehörten σ_1 und σ_2 verschiedenen Konjugiertenklassen der M_{12} an im Widerspruch zu $\sigma_1 \in 4A$ und $\sigma_2 \in 4A$!

Bisher ist $\overline{\Sigma}(\mathbf{C}) = \Sigma(\mathbf{C})$ bewiesen. Mit der Folgerung 1 in II, § 6, ergibt sich daraus $\ell^i(\mathbf{C}) = n(\mathbf{C}) = 2$. Für $U = H_{V\overline{\mathbf{s}}}$ mit $V = \mathrm{Sym}(\mathbf{C}) = \langle(12)\rangle$ erhält man $\mathcal{I}_U^i(\mathbf{C}) = 0$ aus der Folgerung 2 in § 2, da die Gruppe M_{12} keine Elemente der Ordnung 20 enthält. Hieraus folgt mit der Bemerkung 1 in § 2 schließlich $\mathcal{I}_I^i(\mathbf{C}) = \mathcal{I}^i(\mathbf{C}) = 1$. □

Aus dieser Bemerkung und dem 2. Rationalitätskriterium folgt der erste Teil vom

Satz 1:

(a) Es gibt eine reguläre Galoiserweiterung $N/\mathbb{Q}(\tilde{t})$ mit $\mathrm{Gal}(N/\mathbb{Q}(\tilde{t})) \cong M_{12}$ und mit der dreigliedrigen Verzweigungsstruktur $(2\cdot 4A, 10A)^*$.

(b) Es gibt eine reguläre Galoiserweiterung $N/\mathbb{Q}(\tilde{x})$ mit $\mathrm{Gal}(N/\mathbb{Q}(\tilde{x})) \cong M_{11}$ und mit der neungliedrigen Verzweigungsstruktur $(8\cdot 4A, 5A)^*$.

Beweis: Es bleibt nur noch der Teil (b) zu beweisen. Die Permutationsdarstellung p_{12} der M_{12} ist äquivalent zur Permutationsdarstellung der M_{12} auf den Nebenklassen einer Untergruppe vom Typ M_{11}. Bezeichnet man den Fixkörper einer solchen Untergruppe mit K, und sind die $\bar{K}$ bzw. $\bar{N}$ Konstantenerweiterungen von K bzw. von N mit $\bar{\mathbb{Q}}$, so folgt aus dem Satz 1 in II.A.: In $\bar{K}/\bar{\mathbb{Q}}(t)$ sind drei Primdivisoren $\bar{\mathfrak{p}}_j \in \mathbb{P}(\bar{\mathbb{Q}}(\tilde{t})/\bar{\mathbb{Q}})$ verzweigt von der Form

$$(1.1)\quad \bar{\mathfrak{p}}_j = \bar{\mathfrak{P}}_{j,1}^4\,\bar{\mathfrak{P}}_{j,2}^4\,\bar{\mathfrak{P}}_{j,3}\,\bar{\mathfrak{P}}_{j,4}\,\bar{\mathfrak{P}}_{j,5}\,\bar{\mathfrak{P}}_{j,6}\ (j=1,2),\ \bar{\mathfrak{p}}_3 = \bar{\mathfrak{P}}_{3,1}^{10}\,\bar{\mathfrak{P}}_{3,2}^2.$$

Die Differente von $\bar{K}/\bar{\mathbb{Q}}(\tilde{t})$

$$\mathfrak{D}(\bar{K}/\bar{\mathbb{Q}}(\tilde{t})) = \bar{\mathfrak{P}}_{1,1}^3\,\bar{\mathfrak{P}}_{1,2}^3\,\bar{\mathfrak{P}}_{2,1}^3\,\bar{\mathfrak{P}}_{2,2}^3\,\bar{\mathfrak{P}}_{3,1}^9\,\bar{\mathfrak{P}}_{3,2}$$

hat den Grad 22, also ist nach der Relativgeschlechtsformel (Satz C im Kapitel I, § 3)

$$g(\bar{K}) = 1 - (\bar{K}:\bar{\mathbb{Q}}(\tilde{t})) + \tfrac{1}{2}d(\mathfrak{D}(\bar{K}/\bar{\mathbb{Q}}(\tilde{t}))) = 0,$$

woraus mit der Aussage 5 in I, § 3, auch $g(K) = 0$ folgt. Da K ein Definitionskörper von $\bar{\mathfrak{P}}_{3,1}$ ist, besitzt $K/\mathbb{Q}$ Divisoren vom Grad 1 und ist nach der Aussage 6 in I, § 3, ein rationaler Funktionenkörper: $K = \mathbb{Q}(\tilde{x})$. Damit ist $N/\mathbb{Q}(\tilde{x})$ galoissch mit $\mathrm{Gal}(N/\mathbb{Q}(\tilde{x})) \cong M_{11}$. Die Verzweigungsstruktur von $N/\mathbb{Q}(\tilde{x})$ ergibt sich durch Aneinanderreihung der 9 Konjugiertenklassen von Erzeugenden der Trägheitsgruppen gewisser Primteiler $\tilde{\mathfrak{P}}_{i,j} \in \mathbb{P}(\bar{N}/\bar{\mathbb{Q}})$ der $\bar{\mathfrak{P}}_{i,j} \in \mathbb{P}(\bar{K}/\bar{\mathbb{Q}})$ für die (i,j) mit $1 \le i \le 2$, $3 \le j \le 6$ und $(i,j) = (3,2)$. □

2. Konstruktion eines Polynoms mit der Galoisgruppe M_{12} über $\mathbb{Q}(t)$

Ein Polynom, dessen Nullstellen den Körper N über $\mathbb{Q}(\tilde{t})$ mit der Verzweigungsstruktur $\mathbf{C}^* = (4A, 4A, 10A)^*$ erzeugen und das damit die Galoisgruppe M_{12} besitzt, erhält man, indem man das Minimalpolynom eines primitiven Elements x von $\mathbb{Q}(\tilde{x})/\mathbb{Q}(\tilde{t})$ berechnet, das zu diesem Zweck geeignet ausgewählt wird: Wegen $\ell^i(\mathbf{C}^*) = 2$ und $\mathcal{T}_I^i(\mathbf{C}^*) = 1$ werden $\bar{\mathfrak{p}}_1$ und $\bar{\mathfrak{p}}_2$ durch $\mathrm{Gal}(\bar{\mathbb{Q}}(\tilde{t})/\mathbb{Q}(\tilde{t}))$ vertauscht, und $\bar{\mathfrak{p}}_3$ bleibt fest. Es gibt also Primdivisoren $\mathfrak{q}, \mathfrak{p} \in \mathbb{P}(\mathbb{Q}(\tilde{t})/\mathbb{Q})$ mit $\mathfrak{q} = \bar{\mathfrak{p}}_1\bar{\mathfrak{p}}_2$ und $\mathfrak{p} = \bar{\mathfrak{p}}_3$ in $\mathbb{D}(\bar{\mathbb{Q}}(\tilde{t})/\bar{\mathbb{Q}})$. Bezeichnet man den Zerlegungskörper von $\bar{\mathfrak{p}}_1$ über $\mathfrak{q}$ mit $k(\tilde{t})$, so ist $(k:\mathbb{Q}) = 2$, und in $\mathfrak{D}(k(\tilde{t})/k)$ gelten: $\mathfrak{q} = \mathfrak{p}_1\mathfrak{p}_2$, $\mathfrak{p} = \mathfrak{p}_3$. Nach (1.1) sind die $\mathfrak{p}_j$ in $\mathfrak{D}(kK/k)$ wie folgt zerlegt:

$$\text{(2.1)} \qquad \mathfrak{p}_j = \mathfrak{Q}_j^4\mathfrak{R}_j \ (j = 1,2),\ \mathfrak{p}_3 = \mathfrak{P}_{3,1}^{10}\ \mathfrak{P}_{3,2}^2 ,$$

wobei $\mathfrak{Q}_j = \overline{\mathfrak{P}}_{j,1}\ \overline{\mathfrak{P}}_{j,2}$ und $\mathfrak{R}_j = \prod_{i=3}^{6} \overline{\mathfrak{P}}_{j,i}$ in $\mathfrak{D}(\overline{K}/\overline{\mathbb{Q}})$ gelten. Nach der Aussage 7 in I, § 3, gibt es eine $\mathbb{Q}(\tilde{t})$ über $\mathbb{Q}$ erzeugende Funktion t, die der Divisorengleichung $\mathfrak{q}\mathfrak{p}^{-2} = (t^2 - d)$ und damit den Divisorgleichungen

$$\frac{\mathfrak{p}_1}{\mathfrak{p}_3} = (t + \delta),\ \frac{\mathfrak{p}_2}{\mathfrak{p}_3} = (t - \delta) \text{ mit } \delta^2 = d \in \mathbb{Q}$$

genügt, wodurch der Divisor (t) von t festgelegt ist. Weiter existieren nach der Aussage 7 in I, § 3, ein $x \in \mathbb{Q}(\tilde{x})$ mit

$$\frac{\mathfrak{P}_{3,2}}{\mathfrak{P}_{3,1}} = (x),$$

das hierdurch bis auf einen Faktor $\xi \in \mathbb{Q}^{\times}$ festgelegt ist. Wegen $L(\mathfrak{P}_{3,1}^n) = \sum_{\nu=0}^{n} kx^{\nu}$ gibt es Polynome $q(X) = X^2 + \omega_1 X + \omega_0$, $r(X) = X^4 + \rho_3 X^3 + \rho_2 X^2 + \rho_1 X + \rho_0$ aus $k[X]$ mit

$$\frac{\mathfrak{Q}_1}{\mathfrak{P}_{3,1}^2} = (q(x)),\ \frac{\mathfrak{R}_1}{\mathfrak{P}_{3,1}^4} = (r(x)).$$

Bezeichnet man die Bilder von $\theta \in k$ bzw. $p(X) \in k[X]$ unter dem nichttrivialen Automorphismus von $k/\mathbb{Q}$ mit $\overline{\theta}$ bzw. $\overline{p}(X)$, so gelten weiter

$$\frac{\mathfrak{Q}_2}{\mathfrak{P}_{3,1}^2} = (\overline{q}(x)),\ \frac{\mathfrak{R}_2}{\mathfrak{P}_{3,1}^4} = (\overline{r}(x)).$$

Damit folgen aus (2.1) die Divisorengleichungen in $\mathfrak{D}(kK/k)$:

$$(t + \delta) = \frac{\mathfrak{p}_1}{\mathfrak{p}_3} = \frac{\mathfrak{Q}_1^4\ \mathfrak{R}_1}{\mathfrak{P}_{3,1}^{10}\mathfrak{P}_{3,2}^2} = \left(\frac{q(x)^4 r(x)}{x^2}\right),$$

$$(t - \delta) = \frac{\mathfrak{p}_2}{\mathfrak{p}_3} = \frac{\mathfrak{Q}_2^4\ \mathfrak{R}_2}{\mathfrak{P}_{3,1}^{10}\mathfrak{P}_{3,2}^2} = \left(\frac{\overline{q}(x)^4 \overline{r}(x)}{x^2}\right).$$

Also existieren Zahlen $\varepsilon, \overline{\varepsilon} \in k$ mit

$$\text{(2.2)} \qquad \varepsilon(t + \delta)x^2 = q(x)^4 r(x),\ \overline{\varepsilon}(t - \delta)x^2 = \overline{q}(x)^4\overline{r}(x),$$

woraus zunächst $\varepsilon = \overline{\varepsilon} \in \mathbb{Q}$ und dann durch Elimination von t

$$2\varepsilon\delta x^2 = q(x)^4 r(x) - \overline{q}(x)^4 \overline{r}(x)$$

folgen. Da x über k transzendent ist, erhält man in $k[X]$ die Polynomidentität

$$(2.3) \qquad 2\eta X^2 = q(X)^4 r(X) - \overline{q}(X)^4 \overline{r}(X)$$

mit $\eta = \varepsilon\delta$. Subtrahiert man nun das $\frac{1}{2}X$-fache der nach X differenzierten Gleichung (2.3) von (2.3) und beachtet man die Teilerfremdheit von $q(X)$ und $\overline{q}(X)$ in der dann entstehenden Polynomidentität, so folgen hieraus

$$(2.4) \qquad 10q(X)^3 = 4\overline{q}'(X)\overline{r}(X)X + \overline{q}(X)\overline{r}'(X)X - 2\overline{q}(X)\overline{r}(X)$$

und die zu (2.4) in $k[X]/\mathbb{Q}[X]$ konjugierte Gleichung.

Durch Koeffizientenvergleich ergibt sich dann ein algebraisches Gleichungssystem mit den folgenden 6 Gleichungen

$$\begin{aligned}
10\omega_1 &= 2\overline{\omega}_1 + 3\overline{\rho}_3 ,\\
30\omega_1^2 + 30\omega_0 &= 2\overline{\omega}_0 + 5\overline{\omega}_1\overline{\rho}_3 + 8\overline{\rho}_2 ,\\
10\omega_1^3 + 60\omega_1\omega_0 &= \overline{\omega}_0\overline{\rho}_3 + 4\overline{\omega}_1\overline{\rho}_2 + 7\overline{\rho}_1 ,\\
10\omega_1^2\omega_0 + 10\omega_0^2 &= \overline{\omega}_1\overline{\rho}_1 + 2\overline{\rho}_0 ,\\
30\omega_1\omega_0^2 &= -\overline{\omega}_0\overline{\rho}_1 + 2\overline{\omega}_1\overline{\rho}_0 ,\\
5\omega_0^3 &= -\overline{\omega}_0\overline{\rho}_0 ,
\end{aligned}$$

den dazu in $k/\mathbb{Q}$ konjugierten Gleichungen und

$$\omega_1 + \overline{\omega}_1 = 6.$$

Letztere Gleichung kann hinzugefügt werden, da durch geeignete Wahl des noch freien Parameters $\xi \in \mathbb{Q}$ erreicht werden kann, daß die Spur s_1 des Polynoms $q(X)\overline{q}(X) \in \mathbb{Q}[X]$ den Wert $s_1 = 6$ hat. (Im Falle $s_1 = 0$ gibt es nur Lösungen des Gleichungssystems mit $q(x) = \tilde{q}(x^2)$ und $r(x) = \tilde{r}(x^2)$; dann ist $\mathbb{Q}(x)/\mathbb{Q}(t)$ eine imprimitve Körpererweiterung im Gegensatz zu $K/\mathbb{Q}(t)$.) Dieses nichtlineare algebraische Gleichungssystem aus 13 Gleichungen mit 12 Unbestimmten (vom formalen Grad 26244) besitzt genau ein Paar konjugierter Lösungen in einem quadratischen Erweiterungskörper von $\mathbb{Q}$ (siehe Malle, Trinks [198?], Beispiel 3), dieses ist mit $\theta = \pm\sqrt{5}$

$$\omega_1 = 3 - \frac{3}{5}\theta, \quad \omega_0 = -\frac{9}{25}\theta,$$

$$\rho_3 = 8 + \frac{12}{5}\theta, \quad \rho_2 = 30 + \frac{336}{25}\theta, \quad \rho_1 = \frac{216}{5} + \frac{108}{5}\theta, \quad \rho_0 = \frac{81}{25}.$$

In der aus (2.2) folgenden Gleichung

$$2\varepsilon t x^2 = q(x)^4 r(x) + \bar{q}(x)^4 \bar{r}(x)$$

kann wegen $\varepsilon \in \mathbb{Q}^\times$ noch εt durch t ersetzt werden, da auch t bisher nur bis auf ein skalares Vielfaches festgelegt war. Dann ist $x \in K$ eine Nullstelle des Polynoms

$$f(t,X) = \frac{1}{2}(q(X)^4 r(X) + \bar{q}(X)^4 \bar{r}(X)) - tX^2,$$

dessen Koeffizienten sich aus der obigen Lösung des algebraischen Gleichungssystems ergeben. Damit erhält man als Resultat den

Satz 2: *Das folgende Polynom $f(t,X) \in \mathbb{Q}(t)[X]$ besitzt eine zu M_{12} isomorphe Galoisgruppe:*

$$\begin{aligned} f(t,X) = {} & X^{12} + 20X^{11} + 162X^{10} + 3348\cdot 5^{-1}X^9 + 35559\cdot 5^{-2}X^8 \\ & + 5832\cdot 5^{-1}X^7 - 84564\cdot 5^{-3}X^6 - 857304\cdot 5^{-4}X^5 \\ & + 807003\cdot 5^{-5}X^4 + 1810836\cdot 5^{-5}X^3 - 511758\cdot 5^{-6}X^2 \\ & + 2125764\cdot 5^{-7}X + 531441\cdot 5^{-8} - tX^2. \end{aligned}$$

3. Konstruktion eines Polynoms mit der Galoisgruppe M_{11} über $\mathbb{Q}(x)$

Aus dem Polynom $f(t,X)$ im Satz 2 gewinnt man durch geeignete Spezialisierung von t leicht ein Polynom mit der Galoisgruppe M_{11}. Dies beruht auf der

Bemerkung 2: *Es seien k ein Körper und*

$$f(t,X) = f_1(X) - tf_2(X) \in k(t)[X]$$

ein separables Polynom mit der Galoisgruppe G. Dann besitzt das Polynom

$$g(x,X) := \frac{f_2(x)f_1(X) - f_1(x)f_2(X)}{X-x} \in k(x)[X]$$

die Fixgruppe einer Nullstelle von $f(t,X)$ als Galoisgruppe.

Beweis: Es seien $N/k(t)$ der Zerfällungskörper von $f(t,X)$ über $k(t)$

in einer algebraisch abgeschlossenen Hülle von $k(t)$ und $x \in N$ eine Nullstelle von $f(t,X)$. Dann wird N über $k(t,x)$ durch die Nullstellen von $g(x,X)$ erzeugt. Wegen $k(t,x) = k(x)$ ist $\mathrm{Gal}(g(x,X)) = G_x$, wobei $G_x \le G$ die Fixgruppe von x in $G = \mathrm{Gal}(f(t,X))$ ist. □

Wendet man diese Bemerkung auf das obige Polynom mit der Galoisgruppe M_{12} an, so erhält man den

<u>Satz 3:</u> <u>Das Polynom</u>

$$g(x,X) = \sum_{\nu=0}^{11} a_\nu(x)X^\nu \in \mathbb{Q}(x)[X]$$

<u>mit</u>

$$a_{11}(x) = x^2,\ a_{10}(x) = a_{11}(x)x + 20x^2,\ a_9(x) = a_{10}(x)x + 162x^2,$$

$$a_8(x) = a_9(x)x + 3348\cdot 5^{-1}x^2,\ a_7(x) = a_8(x)x + 35559\cdot 5^{-2}x^2,$$

$$a_6(x) = a_7(x)x + 5832\cdot 5^{-1}x^2,\ a_5(x) = a_6(x)x - 84564\cdot 5^{-3}x^2,$$

$$a_4(x) = a_5(x)x - 857304\cdot 5^{-4}x^2,\ a_3(x) = a_4(x)x + 807003\cdot 5^{-5}x^2,$$

$$a_2(x) = a_3(x)x + 1810836\cdot 5^{-5}x^2,$$

$$a_1(x) = -2125764\cdot 5^{-7}x - 531441\cdot 5^{-8},\ a_0(x) = -531441\cdot 5^{-8}x$$

<u>besitzt eine zu</u> M_{11} <u>isomorphe Galoisgruppe</u>.

<u>4. Polynome mit den Galoisgruppen M_{12} und M_{11} über $\mathbb{Q}$</u>

Unter Verwendung des Satzes von Dedekind im Kapitel II, A.2, kann man aus den Polynomen $f(t,X)$ bzw. $g(x,X)$ leicht unendliche Serien von Polynomen mit den Galoisgruppen M_{12} beziehungsweise M_{11} über $\mathbb{Q}$ gewinnen.

<u>Zusatz 1:</u> <u>Spezialisiert man im Polynom</u> $f(t,X)$ <u>aus dem Satz</u> 2 <u>die Variable</u> t <u>zu</u> $\tau \in \mathbb{Z}$ <u>mit</u> $\tau \equiv 1 \bmod 66$, <u>so ist die Galoisgruppe von</u> $f(\tau,X) \in \mathbb{Q}[X]$ <u>isomorph zur Gruppe</u> M_{12} :

$$\mathrm{Gal}(f(\tau,X)) \cong M_{12} \text{ für } \tau \equiv 1 \bmod 66.$$

<u>Beweis:</u> Das Polynom $f(1,X)$ besitzt die folgende Primfaktorzerlegungen modulo p:

$$f(1,X) \equiv (X^6 + X^4 + X^2 + X + 1)^2 \bmod 2,$$

$$f(1,X) \equiv X^2(X^2 + 2X + 2)(X^8 + X^6 + X^5 + 2X^4 + 2X^2 + 2X + 1) \bmod 3$$

$$f(1,X) \equiv (X+3)(X+5)(X^5+2X^4+3X^3+2X^2+X+3)$$
$$(X^5+6X^4+8X^2+8X+1) \bmod 11.$$

Da die Galoisgruppe von $f(1,X)$ isomorph zu einer Untergruppe der M_{12} ist und nach der Folgerung 1 in II, A.2, Elemente der Permutationstypen $(6)^2$, $(1)^2(2)(8)$ und $(1)^2(5)^2$ enthält, ist $\mathrm{Gal}(f(1,X)) \cong M_{12}$. Dieses Resultat bleibt offenbar für alle $\tau \in \mathbb{Z}$ mit $\tau \equiv 1 \bmod 66$ richtig. □

Das analoge Resultat für das Polynom $g(x,X)$ lautet:

Zusatz 2: Spezialisiert man im Polynom $g(x,X)$ aus dem Satz 3 die Variable x zu $\xi \in \mathbb{Z}$ mit $\xi \equiv 1 \bmod 133$, so ist die Galoisgruppe von $g(\xi,X) \in \mathbb{Q}[X]$ isomorph zur Gruppe M_{11}:

$$\mathrm{Gal}(g(\xi,X)) \cong M_{11} \text{ für } \xi \equiv 1 \bmod 133.$$

Beweis: Das Polynom

$$\begin{aligned} g(1,X) = {} & X^{11} + 21X^{10} + 183X^9 + 4263\cdot 5^{-1}X^8 + 56874\cdot 5^{-2}X^7 \\ & + 86034\cdot 5^{-2}X^6 + 345606\cdot 5^{-3}X^5 + 870726\cdot 5^{-4}X^4 \\ & + 5160633\cdot 5^{-5}X^3 + 6971469\cdot 5^{-5}X^2 - 11160261\cdot 5^{-8}X \\ & - 531441\cdot 5^{-8} \end{aligned}$$

zerfällt modulo 7 in Primfaktoren der Grade 8, 2 und 1 und ist modulo 19 irreduzibel. Damit ist $\mathrm{Gal}(g(1,X))$ eine Untergruppe der M_{11} mit Elementen der Ordnungen 8 und 11, also die volle Gruppe M_{11}. Hieraus folgt die Behauptung, da die verwendeten Kongruenzen für alle $\xi \in \mathbb{Z}$ mit $\xi \equiv 1 \bmod 7\cdot 19$ richtig bleiben. □

5. Weitere Resultate über sporadische einfache Gruppen

Die hier vorgeführte Konstruktion von Polynomen mit den Galoisgruppen M_{12} und M_{11} ist den Aufsätzen von Matzat, Zeh-Marschke [1986], [1987] entnommen. Daneben konnten bisher weitere 17 sporadische einfache Gruppen als Galoisgruppen regulärer Körpererweiterungen über $\mathbb{Q}(t)$ nachgewiesen werden, genauer gilt der

Satz A: Die folgenden 19 sporadischen einfachen Gruppen sind als Galoisgruppen regulärer Körpererweiterungen über $\mathbb{Q}(t)$ realisierbar:

$$M_{11},\ M_{12},\ J_1,\ M_{22},\ J_2,\ HS,\ He,\ Sz,\ ON,$$

$Co_3, Co_2, Fi_{22}, HN, Th, Fi_{23}, Co_1, Fi'_{24}, F_2, F_1.$

Dieser Satz ergibt sich für die einzelnen Gruppen aus den folgenden Artikeln (in chronologischer Reihenfolge): F_1 (Thompson [1984a]), M_{12}, M_{22} (Matzat [1985a]), J_1, J_2 (Hoyden-Siedersleben [1985]), HS, Sz, Co_3, Co_2, Fi_{22}, Th, Fi_{23}, Co_1, Fi'_{24}, F_2 (Hunt [1986]), M_{11}, M_{12} (Matzat, Zeh-Marschke [1986]), ON, HN (Hoyden-Siedersleben, Matzat [1986]), He (Pahlings [198?]).

A. Ein Verfahren zur Bestimmung der Galoisgruppe

Als Anhang wird ein Verfahren zur Bestimmung der Galoisgruppe eines Polynoms vorgestellt, mit dem unter anderem nachgewiesen wird, daß die Galoisgruppe des Polynoms $g(1,X)$ aus der Bemerkung 3 in § 5 isomorph zu $SL_2(\mathbb{F}_8)$ ist. Dieses Verfahren geht im wesentlichen auf Mathematiker des letzten Jahrhunderts zurück und ist bei Tschebotaröw, Schwerdtfeger [1950], Kapitel III, § 5, beschrieben. Die hier gewählte Darstellung lehnt sich an Stauduhar [1973] an (siehe auch van der Linden [1982]).

1. Ein invariantentheoretisches Kriterium

Im folgenden seien k ein Körper und $f(X) \in k[X]$ ein separables Polynom mit dem höchsten Koeffizienten 1, das über einer algebraisch abgeschlossenen Hülle $\bar{k}$ von k in die Linearfaktoren

$$f(X) = \prod_{j=1}^{m} (X - \theta_j)$$

zerfalle. Dann ist die Galoisgruppe von $f(X)$ eine Permutationsgruppe auf $\{\theta_1,\ldots,\theta_m\}$ bzw. auf $\{1,\ldots,m\}$ und damit eine Untergruppe der symmetrischen Gruppe S_m (siehe II, A.1): $\mathrm{Gal}(f) \le S_m$. Der Quotientenkörper des Polynomrings $k[t_1,\ldots,t_m]$ werde mit $K = k(\underline{t})$ bezeichnet. Jedes $\sigma \in S_m$ permutiert $\{t_1,\ldots,t_m\}$ vermöge $(t_j)^\sigma := t_{\sigma(j)}$ und erzeugt so einen Automorphismus $\tilde{\sigma}$ von K/k. Für $G \le S_m$ ist $\tilde{G} = \{\tilde{\sigma} \mid \sigma \in G\}$ eine zu G isomorphe Untergruppe von Aut(K/k), deren Fixkörper mit K^G bezeichnet werde.

<u>Definition 1:</u> Es seien G, H Untergruppen der symmetrischen Gruppe S_m mit $G \ge H$ und der Nebenklassenzerlegung

$$G = \bigcup_{\sigma \in G/H} H\sigma .$$

Dann wird ein primitives Element $\Theta_{G/H}(\underline{t}) \in k[\underline{t}]$ von K^H/K^G als eine *primitive Invariante von* H *bezüglich* G bezeichnet, und

$$F_{G/H}(\underline{t},X) := \prod_{\sigma \in G/H} (X - \Theta_{G/H}^{\sigma}(\underline{t}))$$

mit

$$\Theta_{G/H}^{\sigma}(t_1,\ldots,t_m) := \Theta_{G/H}(t_{\sigma(1)},\ldots,t_{\sigma(m)})$$

sei das Minimalpolynom von $\Theta_{G/H}(\underline{t})$ über K^G.

Mit diesen Bemerkungen gilt der

Satz 1: Es seien k ein Körper, $f(X) \in k[X]$ ein separables Polynom vom Grad m (mit dem höchsten Koeffizienten 1) und mit den Nullstellen $\theta_1, \ldots, \theta_m$ in einem Zerfällungskörper von $f(X)$. Weiter seien Gal(f) eine Untergruppe von G ($\leq S_m$) und $H \leq G$. Ist dann $\Theta_{G/H}(\underline{t})$ eine primitive Invariante von H bezüglich G derart, daß für die Diskriminante des Minimalpolynoms $F_{G/H}(\underline{t},X)$ von $\Theta_{G/H}(\underline{t})$

$$D(F_{G/H}(\underline{\theta},X)) \neq 0$$

ist, so gilt: Es ist genau dann

$$\mathrm{Gal}(f) \leq H^\sigma \text{ mit } \sigma \in G,$$

wenn es ein $\xi \in k$ gibt mit $F_{G/H}(\underline{\theta},\xi) = 0$.

Beweis: Offenbar ist $\Theta^\sigma_{G/H}(\underline{t})$ eine primitive Invariante von H^σ bezüglich G. Unter der Annahme $\mathrm{Gal}(f) \leq H^\sigma$ ist also $\Theta^\sigma_{G/H}(\underline{\theta})$ invariant unter Gal(f) und damit ein Element $\xi \in k$ mit $F_{G/H}(\underline{\theta},\xi) = 0$.
Existiert umgekehrt ein $\xi \in k$ mit

$$F_{G/H}(\underline{\theta},\xi) = 0 = \prod_{\sigma \in G/H} (\xi - \Theta^\sigma_{G/H}(\underline{\theta})),$$

so gibt es ein $\sigma \in G$ mit $\Theta^\sigma_{G/H}(\underline{\theta}) = \xi \in k$. Nach der Voraussetzung besitzt $F_{G/H}(\underline{\theta},X)$ keine mehrfachen Nullstellen, also ist

$$\Theta^{\sigma\tau}_{G/H}(\underline{\theta}) \neq \xi \text{ für alle } \tau \in G\setminus H^\sigma,$$

woraus $\mathrm{Gal}(f) \leq H^\sigma$ folgt. □

Mit dem Satz 1 läßt sich verhältnismäßig leicht entscheiden, ob $\mathrm{Gal}(f) \leq G$ eine Untergruppe von $H \leq G$ ist, wenn der Index von H in G klein ist und zudem eine primitive Invariante $\Theta_{G/H}(\underline{t})$ von H bezüglich G bekannt ist. Dies wird zuerst am Beispiel der A_m vorgeführt:

Folgerung 1: Es seien k ein Körper mit einer von 2 verschiedenen Charakteristik und $f(X) \in k[X]$ ein separables Polynom (mit dem höchsten Koeffizienten 1). Unter diesen Voraussetzungen ist genau dann

$$\mathrm{Gal}(f) \leq A_m,$$

wenn die Diskriminante D(f) eine Quadratzahl in k ist.

Beweis: Offenbar ist

$$\Delta_m(\underline{t}) := \prod_{1 \le i < j \le m} (t_i - t_j)$$

eine primitive Invariante von A_m bezüglich S_m mit

$$F_{S_m/A_m}(\underline{t},X) = X^2 - \Delta_m(\underline{t})^2.$$

Sind $\theta_1,\ldots,\theta_m$ die Nullstellen von $f(X)$ in einem Zerfällungskörper von $f(X)$, so gilt

$$D(F_{S_m/A_m}(\underline{\theta},X)) = 4D(f)^2.$$

Wenn also $\mathrm{char}(k) \neq 2$ ist und $f(X)$ keine mehrfachen Nullstellen besitzt, ist die Voraussetzung $D(F_{S_m/A_m}(\underline{\theta},X)) \neq 0$ des Satzes 1 erfüllt, und es folgt: Genau dann ist $\mathrm{Gal}(f) \le A_m$, wenn $F_{S_m/A_m}(\underline{\theta},X)$ eine Nullstelle in k besitzt. Letzteres tritt genau dann ein, wenn $\Delta_m(\underline{\theta}) = D(f)$ eine Quadratzahl in k ist. □

2. Primitive Invarianten für Permutationsgruppen vom Grad $m \le 5$

Mit Hilfe der Folgerung 1 lassen sich die Galoisgruppen aller irreduziblen Polynome vom Grad $m \le 3$ berechnen. Für den Grad $m = 4$ gilt die leicht zu verifizierende

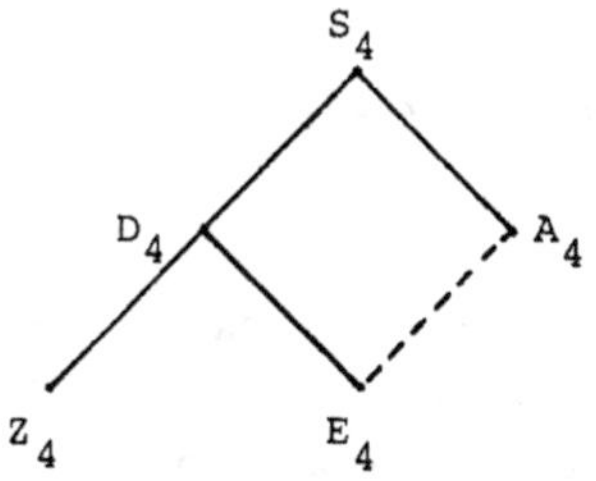

Bemerkung 1:

(a) Die transitiven Untergruppen der symmetrischen Gruppe S_4 sind konjugiert zu einer der folgenden Gruppen

$$S_4,\ A_4,\ D_4 = \langle(1234),(13)\rangle,$$

$$E_4 = \langle(12)(34),(13)(24)\rangle,\ Z_4 = \langle(1234)\rangle.$$

(b) Primitive Invarianten und Nebenklassenvertreter für $H \le G$ $(\le S_4)$ sind:

G	H	$\Theta_{G/H}$	Repräsentanten von G/H
S_4	A_4	$\Delta_4(\underline{t})$	(1), (12)
S_4	D_4	$t_1t_3 + t_2t_4$	(1), (23), (34)
D_4	E_4	$\Delta_4(\underline{t})$	(1), (13)
D_4	Z_4	$t_1t_2^2 + t_2t_3^2 + t_3t_4^2 + t_4t_1^2$	(1), (12)(34)

Beispiel 1: Es sei

$$f(X) = X^4 + X^2 + 2 \in \mathbb{Q}[X].$$

Dann ist Gal(f) $= 2^5 7^2$ keine Quadratzahl in $\mathbb{Q}$, also ist Gal(f) keine Untergruppe von A_4. Die Nullstellen von f(X) sind

$$\theta_{1,2} = \pm\sqrt{\tfrac{1}{2}(-1 + \sqrt{-7})},\ \theta_{3,4} = \pm\sqrt{\tfrac{1}{2}(-1 - \sqrt{-7})}.$$

Damit werden

$$\Theta_{S_4/D_4}(\underline{\theta}) = \theta_1\theta_3 + \theta_2\theta_4 = 2\sqrt{2},$$

$$\Theta^{\sigma}_{S_4/D_4}(\underline{\theta}) = \theta_1\theta_2 + \theta_3\theta_4 = 1 \qquad \text{für } \sigma = (23),$$

$$\Theta^{\tau}_{S_4/D_4}(\underline{\theta}) = \theta_1\theta_4 + \theta_2\theta_3 = -2\sqrt{2} \quad \text{für } \tau = (34).$$

Folglich besitzt

$$F_{S_4/D_4}(\underline{\theta},X) = (X - 1)(X^2 - 8)$$

eine Nullstelle in $\mathbb{Q}$ und eine von O verschiedene Diskriminante. Somit ist nach dem Satz 1

$$\text{Gal}(f) \leq D_4^{\sigma} \text{ für } \sigma = (23).$$

Weiter zerfällt f(X) modulo 11 in die Primfaktoren

$$f(X) \equiv (X + 2)(X + 9)(X^2 + 5) \bmod 11,$$

also enthält Gal(f) nach dem Satz von Dedekind (siehe II. A., Satz 2) eine Transposition und ist damit keine transitive Untergruppe der S_4 vom Isomorphietyp E_4. Folglich ist

$$\text{Gal}(f) \cong D_4.$$

Beispiel 2: Es sei $f(X) \in \mathbb{Q}[X]$ das 5. Kreisteilungspolynom:

$$f(X) = X^4 + X^3 + X^2 + X + 1 = \prod_{j=1}^{4} (X - \zeta^j) \text{ mit } \zeta = e^{\frac{2\pi i}{5}}.$$

Wie oben ist $D(f) = 5^3$ keine Quadratzahl in $\mathbb{Q}$, woraus Gal(f) $\not\leq A_4$ folgt. Für $\theta_j := \zeta^j$ gelten mit $\sigma = (23)$ und $\tau = (34)$

$$\Theta_{S_4/D_4}(\underline{\theta}) = \tfrac{1}{2}(-1 + \sqrt{5}),\ \Theta^{\sigma}_{S_4/D_4}(\underline{\theta}) = \tfrac{1}{2}(-1 - \sqrt{5}),\ \Theta^{\tau}_{S_4/D_4}(\underline{\theta}) = 2,$$

woraus

$$\mathrm{Gal}(f) \le D_4^{\tau} \text{ für } \tau = (34)$$

folgt. Weiter sind mit $\rho = (12)(34)$

$$\Theta^{\tau}_{D_4/Z_4}(\underline{\theta}) = \theta_1\theta_2^2 + \theta_2\theta_4^2 + \theta_4\theta_3^2 + \theta_3\theta_1^2 = 4,$$

$$\Theta^{\tau\rho}_{D_4/Z_4}(\underline{\theta}) = \theta_2\theta_1^2 + \theta_1\theta_3^2 + \theta_3\theta_4^2 + \theta_4\theta_2^2 = -1,$$

also ist $\mathrm{Gal}(f) \le Z_4^{\tau}$. Aus der Irreduzibilität von $f(X)$ folgt nun

$$\mathrm{Gal}(f) \cong Z_4.$$

Für $m = 5$ erhält man in Analogie zur Bemerkung 1 die

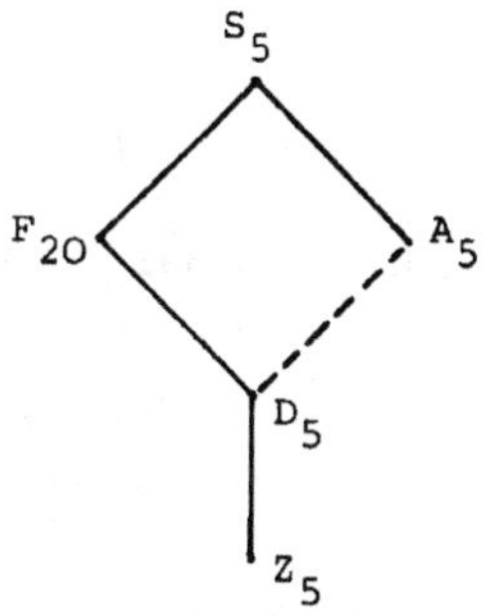

Bemerkung 2:

(a) Die transitiven Untergruppen der symmetrischen Gruppe S_5 sind konjugiert zu einer der folgenden Gruppen

$$S_5,\ A_5,\ F_{20} = \langle(12345),(2354)\rangle,$$

$$D_5 = \langle(12345),(25)(34)\rangle,\ Z_5 = \langle(12345)\rangle.$$

(b) Primitive Invarianten und Nebenklassenvertreter für $H \le G$ $(\le S_5)$ sind:

G	H	G/H	Repräsentanten von G/H
S_5	A_5	$\Delta_5(\underline{t})$	(1), (12)
S_5	F_{20}	$(t_1t_2+t_2t_3+t_3t_4+t_4t_5+t_5t_1$ $-t_1t_3-t_2t_4-t_3t_5-t_4t_1-t_5t_2)^2$	(1),(12)(34),(12435), (15243),(12453),(12543)
F_{20}	D_5	$\Delta_5(\underline{t})$	(1), (2354)
D_5	Z_5	$t_1t_2^2+t_2t_3^2+t_3t_4^2+t_4t_5^2+t_5t_1^2$	(1),(12)(35)

Weitere primitive Invarianten bis $m = 7$ sind bei Stauduhar [1973] tabelliert.

3. Polynome mit den Gruppen $PSL_2(\mathbb{F}_7)$ und $SL_2(\mathbb{F}_8)$ über $\mathbb{Q}$

Nach den einführenden Beispielen des letzten Abschnitts werden nun zwei interessantere Polynome untersucht. Die nächste Bemerkung wurde erstmalig von Trinks [1969] bewiesen:

Bemerkung 3: Die Galoisgruppe des Polynoms

$$f(X) = X^7 - 7X + 3 \in \mathbb{Q}[X]$$

ist isomorph zu $PSL_2(\mathbb{F}_7)$.

Beweis: Da $f(X) \in \mathbb{Q}[X]$ ein irreduzibles Polynom mit $D(f) = 3^8 7^8$ ist, ist Gal(f) eine transitive Untergruppe von A_7. Eine solche ist in S_7 konjugiert zu einer der Gruppen

$$A_7,\ G_{168} = \langle (1234567), (235)(476), (24)(3576) \rangle,$$

$$F_{21} = \langle (1234567), (235)(476) \rangle,\ Z_7 = \langle (1234567) \rangle$$

mit

$$A_7 \geq G_{168} \geq F_{21} \geq Z_7 \text{ und } G_{168} \cong PSL_2(\mathbb{F}_7).$$

Nach Stauduhar [1973] ist

$$\Theta_{A_7/G_{168}}(\underline{t}) = t_1t_2t_4 + t_2t_3t_5 + t_3t_4t_6 + t_4t_5t_7 + t_5t_6t_1 + t_6t_7t_2 + t_7t_1t_3$$

eine primitive Invariante von G_{168} bezüglich A_7. Setzt man in das Minimalpolynom von $\Theta_{A_7/G_{168}}(\underline{t})$ die Nullstellen

$$\theta_1 = -1,44\ldots,\ \theta_2 = 0,42\ldots,\ \theta_4 = 1,29\ldots,$$

$$\theta_{3,5} = 0,61\ldots \pm \sqrt{-1}\cdot 1,21\ldots;\ \theta_{6,7} = -0,75\ldots \pm \sqrt{-1}\cdot 1,20\ldots$$

von f(X) ein, so erhält man

$$\begin{aligned} F_{A_7/G_{168}}(\underline{\theta}, X) = X^{15} &- 147X^{13} + 4116X^{11} + 120050X^9 \\ &- 1685502X^8 - 6958098X^7 + 92119167X^6 \\ &- 12706092X^5 - 1022840406X^4 + 1712145897X^3 \\ &- 5136437691X^2 + 25215239574X - 105686096733. \end{aligned}$$

Dieses Polynom besitzt paarweise verschiedene Nullstellen, von denen eine rational ist:

$$F_{A_7/G_{168}}(\underline{\theta}, -7) = 0.$$

Demnach ist Gal(f) isomorph zu einer transitiven Untergruppe von G_{168}. Modulo 13 zerfällt f(X) wie folgt in Primfaktoren:

$$f(X) \equiv (X + 11)(X^2 + X + 2)(X^4 + X^3 + X^2 + 8X + 9) \bmod 13,$$

also enthält Gal(f) im Gegensatz zu F_{21} Elemente der Ordnung 4 und kann somit keine echte transitive Untergruppe der G_{168} sein:

$$\mathrm{Gal}(f) \cong G_{168}. \qquad \square$$

Die nächste Bemerkung schließt die Lücke in § 5.3:

<u>Bemerkung 4:</u> <u>Die Galoisgruppe des Polynoms</u>

$$f(X) = X^9 + 108X^7 + 216X^6 + 4374X^5 + 13608X^4$$
$$+ 99468X^3 + 215784X^2 + 998001X + 1474200$$

<u>ist isomorph zu</u> $SL_2(\mathbb{F}_8)$.

<u>Beweis:</u> Da f(X) = g(1,X) durch Spezialisierung des Polynoms g(u,X) aus dem Satz 2 in § 5 mit einer zu $\Sigma L_2(\mathbb{F}_8)$ isomorphen Galoisgruppe gewonnen wurde, ist $\mathrm{Gal}(f) \leq \Sigma L_2(\mathbb{F}_8)$. Andererseits kann nach dem Zusatz 2 in § 5 Gal(f) keine echte Untergruppe von $SL_2(\mathbb{F}_8)$ sein, so daß nur zu entscheiden bleibt, ob $\mathrm{Gal}(f) \cong \Sigma L_2(\mathbb{F}_8)$ oder $\mathrm{Gal}(f) \cong SL_2(\mathbb{F}_8)$ gilt. Nun seien p_9 eine treue Permutationsdarstellung von $\Sigma L_2(\mathbb{F}_8)$ vom Grad 9 mit dem Bild G und H der zu $SL_2(\mathbb{F}_8)$ isomorphe Normalteiler von G, etwa

$$H = \langle (1234567),(18)(24)(37)(56),(27)(36)(45)(84) \rangle,$$

$$G = \langle H,(235)(476) \rangle.$$

(siehe Butler, McKay [1983]), sowie

$$\Theta^*_{G/H}(\underline{t}) := \sum_{\sigma \in H} t_{\sigma(1)} t_{\sigma(2)} (t_{\sigma(3)} t_{\sigma(4)})^2 t^3_{\sigma(5)}.$$

Gemäß der Konstruktion ist $\Theta^*_{G/H}(\underline{t})$ invariant unter H. Da H eine scharf dreifach transitive Permutationsgruppe ist und Elemente vom Permutations typ $(2)^4(1)$ enthält, besitzt der Zentralisator von (12)(34)(5) in H die Ordnung 2. Also kommt in $\Theta^*_{G/H}(\underline{t})$ jedes der Monome genau zweimal vor, und

$$\Theta_{G/H}(\underline{t}) = \tfrac{1}{2}\Theta^*_{G/H}(\underline{t})$$

besteht aus einer Summe von 252 Monomen. Repräsentanten von G\H liegen in den Klassen (3B) und $(3B)^2$, deren Elemente den Permutationstyp $(3)^2(1)^3$ aufweisen (siehe § 5, Folgerung 3). Da Permutationen vom Typ $(3)^3(1)^2$ nicht in $C_G((12)(34)(5))$ liegen, besitzt die Bahn des Monoms

$t_1t_2(t_3t_4)^2t_5^3$ unter der Operation von G die Länge 756. Folglich ist $\Theta_{G/H}(\underline{t})$ eine primitive Invariante von H bezüglich G. Setzt man nun die Nullstellen

$$\theta_{1,8} = 0,82\ldots\mp\sqrt{-1}\cdot 4,26\ldots;\quad \theta_{2,4} = -2,76\ldots\pm\sqrt{-1}\cdot 3,48\ldots;$$

$$\theta_{3,7} = 2,18\ldots\pm\sqrt{-1}\cdot 6,53\ldots;\quad \theta_{5,6} = 0,59\ldots\mp\sqrt{-1}\cdot 7,06\ldots;$$

$$\theta_9 = -1,66\ldots$$

von f(X) in das Minimalpolynom von $\Theta_{G/H}(\underline{t})$ ein, so erhält man

$$F_{G/H}(\underline{\theta},X) = (X + 100193760)(X + 28530144)(X - 43133472),$$

woraus mit dem Satz 1 folgt:

$$\mathrm{Gal}(f) = H \cong SL_2(\mathbb{F}_8). \qquad \Box$$

Anmerkung: Verwendet man statt $\Theta_{G/H}$ die einfachere primitive Invariante

$$\tilde{\Theta}_{G/H} = \frac{1}{2}\sum_{\sigma\in H} t_{\sigma(1)}t_{\sigma(2)}(t_{\sigma(3)}t_{\sigma(4)})^2$$

von $H \cong SL_2(\mathbb{F}_8)$ bezüglich $G \cong \Sigma L_2(\mathbb{F}_8)$, so gilt

$$D(\tilde{F}_{G/H}(\underline{\theta},X)) = 0.$$

Für weitere Beispiele wird auf Soicher, McKay [1985] verwiesen.

KAPITEL IV

EINBETTUNGSPROBLEME ÜBER HILBERTKÖRPERN

In den bisherigen Kapiteln wurden in erster Linie Sätze bewiesen, die es ermöglichen sollen, vorwiegend einfache endliche Gruppen als Galoisgruppen über rationalen Funktionenkörpern $k(t)$ und dabei speziell über $\mathbb{Q}(t)$ zu realisieren. Hier wird der Frage nachgegangen, wie man ausgehend von regulären Galoiserweiterungen über $k(t)$ mit einfachen Galoisgruppen solche mit zusammengesetzten Galoisgruppen zusammenbauen kann. Diese Frage führt in natürlicher Weise auf Einbettungsprobleme über Hilbertkörpern.

Dazu werden im ersten Paragraphen zunächst einige Aussagen über Hilbertkörper zusammengetragen, wobei im Anhang A. bewiesen wird, daß neben den über $\mathbb{Q}$ endlich erzeugten Körpern auch die endlich erzeugbaren Erweiterungskörper von $\mathbb{Q}^{ab}$ Hilbertkörper sind (Satz von Weissauer). In den beiden nächsten Paragraphen wird gezeigt, daß alle abelschen endlichen Gruppen als Galoisgruppen regulärer Körpererweiterungen über $\mathbb{Q}(t)$ und damit auch über jedem Hilbertkörper K (der Charakteristik 0) realisierbar sind und daß sich über K jedes zerfallende endliche Einbettungsproblem mit einem abelschen Kern lösen läßt. Weiter wird festgestellt, daß über hilbertschen Zahlkörpern, die sämtliche Einheitswurzeln enthalten, sogar jedes endliche Einbettungsproblem mit einem auflösbaren Kern lösbar ist (Einbettungssatz von Iwasawa). In den darauf folgenden beiden Paragraphen 4 und 5 werden Einbettungsprobleme untersucht, deren Kern ein triviales Zentrum hat. Dabei ergibt sich, daß über einem Hilbertkörper K jedes endliche Einbettungsproblem mit dem Kern H lösbar ist, wenn sich die Automorphismengruppen der Kompositionsfaktoren von H als Galoisgruppen regulärer Körpererweiterungen über $K(t)$ realisieren lassen und zusätzlich eine Rationalitätsbedingung erfüllt ist, (die aber über Zahlkörpern $K \geq \mathbb{Q}^{ab}$ entfällt). Die in den Einbettungssatz eingehenden Voraussetzungen werden für die Gruppen A_m, $PSL_2(\mathbb{F}_p)$ und die bisher behandelten sporadischen einfachen Gruppen M_{11}, M_{12} und F_1 nachgewiesen. Im letzten Paragraphen wird zum Ausklang ein Einbettungssatz von Serre (ohne Beweis) vorgestellt, der es ermöglicht, zentrale Einbettungsprobleme mit dem Kern Z_2 konstruktiv anzugehen. Mit dessen Hilfe werden dann unter anderem die Darstellungsgruppen der A_m für $m \equiv 0 \bmod 8$ und $m \equiv 1 \bmod 8$ und der M_{12} als Galoisgruppen über $\mathbb{Q}$ realisiert.

Der Hauptteil dieses Kapitels, das sind die Paragraphen 2 bis 5, gibt im wesentlichen den Inhalt der Artikel Matzat [1985b], [198?b] wieder. Die Beispiele für die Anwendung des Einbettungssatzes von Serre [1985] im letzten Paragraphen gehen auf Vila [1985a] und Bayer, Llorente, Vila [1986] zurück. Beweise beziehungsweise Beweisvarianten für die Sätze über Hilbertkörper im Paragraphen 1 und im Anhang können auch in dem soeben erschienen Buch von Fried, Jarden [1986] nachgelesen werden.

§ 1 Der Hilbertsche Irreduzibilitätssatz

Im ersten Paragraphen dieses Kapitels werden einige Resultate aus dem Problemkreis des Hilbertschen Irreduzibilitätssatzes zusammengestellt, die im weiteren Text verwendet werden. Für die Beweise hierzu wird auf das Lehrbuch von Lang [1983] und den Anhang A. verwiesen.

1. Die Aussage des Hilbertschen Irreduzibilitätssatzes

Die Aussage des Hilbertschen Irreduzibilitätssatzes wird heutzutage in der Regel in den Begriff des Hilbertkörpers gesteckt.

Definition 1: Es seien K ein Körper, K(t) der Körper der rationalen Funktionen über K und $f(t,X) \in K(t)[X]$ ein irreduzibles separables Polynom. Dann heißen

$$H_K(f) := \{\tau \in K \mid f(\tau,X) \in K[X] \text{ ist definiert und irreduzibel}\}$$

die *Hilbertmenge von* f(t,X) und

$$H_K^{o}(f) := \{\tau \in K \mid f(\tau,X) \in K[X] \text{ besitzt keine Nullstelle in } K\}$$

die *lineare Hilbertmenge von* f(t,X).

Satz A: Für einen Körper K sind äquivalent:

(a) Der Durchschnitt der Hilbertmengen je endlich vieler irreduzibler separabler Polynome aus K(t)[X] besitzt unendlich viele Elemente.

(b) Der Durchschnitt der linearen Hilbertmengen je endlich vieler nichtlinearer, (absolut) irreduzibler, separabler Polynome aus K(t)[X] besitzt unendlich viele Elemente.

(c) Zu jeder endlichen separablen Körpererweiterung L/K(t) gibt es unendlich viele $\mathfrak{p} \in \mathbb{P}(K(t)/K)$ mit $d(\mathfrak{p}) = 1$, die in L/K(t) träge sind.

Der Beweis dieses Äquivalenzsatzes ergibt sich aus Lang [1983], Prop. 1.1, Prop. 3.1 und Prop. 5.2 (siehe auch Klein [1982], Satz 1). Dabei können in (b) die Polynome absolut irreduzibel vorausgesetzt werden, da für irreduzible separable Polynome $f(t,X) \in K(t)[X]$, die nicht absolut irreduzibel sind, die Komplementmengen von $H_K^{o}(f)$ in K endlich sind (siehe etwa Lang [1983], Chap. 9, § 1).

Definition 2: Ein Körper K, für den eine der Aussagen (a), (b) oder (c) des Satzes A gilt, heißt *hilbertsch* oder ein *Hilbertkörper*.

Damit bleibt als Kernfrage stehen, welche Körper hilbertsch sind.

2. Die klassischen Hilbertkörper

Bereits in der Originalarbeit von Hilbert [1892] wird festgestellt, daß die (über $\mathbb{Q}$ endlichen) Zahlkörper Hilbertkörper sind. Das entsprechende Resultat für Funktionenkörper einer Variablen über unendlichen Konstantenkörpern geht auf Franz [1931] und dasjenige über endlichen Konstantenkörpern auf Inaba [1944] zurück. Damit ergibt sich das im Satz 4.2 bei Lang [1983], Chap. 9, enthaltene einprägsame Resultat (siehe auch Weissauer [1982], Satz 6.2, und Klein [1982], Satz 2, für Beweisalternativen):

Satz B: Die Körper mit Produktformel sind hilbertsch.

Von den Körpern mit Produktformel ausgehend erreicht man die sogenannten klassischen Hilbertkörper mit dem nachstehenden Reduktionssatz:

Satz C: Jeder endlich erzeugte separable Erweiterungskörper L eines Hilbertkörpers ist hilbertsch.

Der Beweis hierzu steht bei Lang [1983], Chap. 9, § 3.b und § 3.c, präziser erhält man den

Zusatz A: Unter den Voraussetzungen zum Satz C enthält der Durchschnitt der Hilbertmengen je endlich vieler irreduzibler separabler Polynome aus $L(t)[X]$ unendlich viele Elementen aus K.

3. Unendliche Galoiserweiterungen von Hilbertkörpern

Den Bereich der klassischen Hilbertkörper verläßt man mit dem folgenden erstmals von Weissauer [1982] mit den Methoden der Modelltheorie bewiesenen

Satz D: Sind K ein Hilbertkörper und N/K eine (unendliche) Galoiserweiterung, so ist jeder von N verschiedene endlich separable Erweiterungskörper M von N hilbertsch.

Für den Satz von Weissauer wird im Anhang A. ein auf Fried [1985] zurückgehender Standard-Beweis wiedergegeben. Aus dem Satz C erhält man sofort die

Folgerung 1: Die endlich erzeugten Erweiterungskörper $\mathbb{Q}^{ab}$ sind hilbertsch.

Beweis: Nach dem Satz C, angewandt auf $K = \mathbb{Q}$, $N = \mathbb{Q}_o^{ab}$ (maximal reeller Teilkörper von $\mathbb{Q}^{ab}$) und $M = \mathbb{Q}^{ab}$, ist $\mathbb{Q}^{ab}$ ein Hilbertkörper. Damit folgt die Behauptung aus dem Satz C. □

Das folgende Beispiel ist für das Studium der Hilbertkörper besonders lehrreich:

Beispiel 1: Es sei $\tilde{\mathbb{Q}}$ der maximal auflösbare Erweiterungskörper von $\mathbb{Q}$. Da zum Beispiel die Hilbertmenge $H_{\tilde{\mathbb{Q}}}(f)$ des über $\tilde{\mathbb{Q}}(t)$ irreduziblen Polynoms $f(t,X) = X^2 - t$ leer ist, ist $\tilde{\mathbb{Q}}$ nicht hilbertsch. Nach dem Satz von Weissauer sind die von $\tilde{\mathbb{Q}}$ verschiedenen endlichen Erweiterungskörper von $\tilde{\mathbb{Q}}$ Hilbertkörper. Es gibt also (über $\mathbb{Q}$ unendliche) nicht hilbertsche Zahlkörper, deren sämtliche endlichen Erweiterungskörper hilbertsch sind.

4. Verhalten der Galoisgruppe bei Spezialisierung

Schon Hilbert [1892] ist der Frage nachgegangen, wie sich die Galoisgruppe eines Polynoms bei Spezialisierung verhält, und ist dabei zu dem folgenden Resultat gelangt:

Satz 1: Sind K ein Hilbertkörper und $f(t,X) \in K(t)[X]$ ein irreduzibles separables Polynom, so gibt es unendlich viele $\tau \in K$ mit

$$\mathrm{Gal}(f(\tau,X)) \cong \mathrm{Gal}(f(t,X)).$$

Beweis: Der Beweis wird am einfachsten über die Charakterisierung der Hilbertkörper durch den Satz A(c) geführt. Ohne Beschränkung der Allgemeinheit kann dabei angenommen werden, daß $f(t,X) \in K[t,X]$ ist und den höchsten Koeffizienten 1 besitzt (als Polynom in X). Nun bedeute N den Zerfällungskörper von $f(t,X)$ über $K(t)$, und G sei die zu $\mathrm{Gal}(f(t,X))$ isomorphe Galoisgruppe von $N/K(t)$. Dann gibt es nach dem Satz A(c) unendlich viele $\tau \in K$ derart, daß der Zählerdivisor $\mathfrak{p}_\tau$ von $(t - \tau)$ in $N/K(t)$ träge ist, das heißt $\mathfrak{p}_\tau$ besitzt genau einen Primteiler $\mathfrak{P}_\tau \in \mathbb{P}(N/K)$ mit $f(\mathfrak{P}_\tau/\mathfrak{p}_\tau) = (N:K(t))$. Abgesehen von höchstens endlich vielen dieser $\tau \in K$ ist $f(\tau,X) \in K[X]$ separabel. Für diese τ gilt nach dem Satz von Dedekind (II.A., Satz 2):

$$\mathrm{Gal}(f(\tau,X)) \cong G_Z(\mathfrak{P}_\tau/\mathfrak{p}_\tau) = G \cong \mathrm{Gal}(f(t,X)).$$ □

Weitergehende Aussagen kann man erhalten, wenn man den Satz von Siegel über ganzzahlige Punkte auf algebraischen Kurven beziehungsweise die von Faltings bewiesene Mordellsche Vermutung heranzieht. Der resultierende Satz 2 wird aber im weiteren Text nicht mehr verwendet werden.

Satz 2: Es seien K ein (über $\mathbb{Q}$ endlicher) algebraischer Zahlkörper, R

der Ring der ganzen Zahlen in K, $f(t,X) \in K(t)[X]$ ein irreduzibles Polynom und N der Zerfällungskörper von $f(t,X)$ über $K(t)$. Dann gelten:

(a) Besitzt jeder von $K(t)$ verschiedene Zwischenkörper von $N/K(t)$ ein positives Geschlecht, so gilt

$$\mathrm{Gal}(f(\tau,X)) \cong \mathrm{Gal}(f(t,X)) \text{ für fast alle } \tau \in R.$$

(b) Ist das Geschlecht jedes von $K(t)$ verschiedenen Zwischenkörpers von $N/K(t)$ größer als 1, so gilt

$$\mathrm{Gal}(f(\tau,X)) \cong \mathrm{Gal}(f(t,X)) \text{ für fast alle } \tau \in K.$$

Beweis: Es sei G die Galoisgruppe von $N/K(t)$. Nach dem Dedekindschen Kriterium (II.A., Satz 2) ist genau dann $\mathrm{Gal}(f(\tau,X)) \cong G$, wenn der Zählerdivisor $\mathfrak{p}_\tau$ von $(t - \tau)$ weder Teiler des Zählers noch des Nenners des Diskriminantendivisors $(D(f))$ von $f(t,X)$ ist und in $N/K(t)$ träge ist. Also sind für die nicht in $D(f)$ aufgehenden $\mathfrak{p}_\tau$ im Fall $\mathrm{Gal}(f(\tau,X)) \ncong G$ die Zerlegungskörper $L := N_Z(\mathfrak{P}_\tau/\mathfrak{p}_\tau)$ der Primteiler $\mathfrak{P}_\tau$ von $\mathfrak{p}_\tau$ in $\mathbb{P}(N/K(t))$ von $K(t)$ verschieden. Im folgenden sei nun $g(t,Y) \in K[t,Y]$ das Minimalpolynom eines geeigneten primitiven Elements y von $L/K(t)$.
Ist das Geschlecht von L/K positiv, so gibt es nach dem Satz von Siegel (siehe Lang [1983], Chap. 8, Th. 2.4, oder Siegel [1929], Zweiter Teil) nur endlich viele $(\tau,\eta) \in R^2$ mit $g(\tau,\eta) = 0$, das heißt für fast alle (alle bis auf höchstens endlich viele) $\tau \in R$ besitzt $g(\tau,Y) \in K[Y]$ keine Linearfaktoren. Somit gibt es nach dem Satz 1 in II.A. nur endlich viele Primdivisoren vom Grad 1 in $\mathbb{P}(L/K)$, die Teiler von Primdivisoren $\mathfrak{p}_\tau \in \mathbb{P}(K(t)/K)$ mit $\tau \in R$ sind. Da die Anzahl der Zwischenkörper von $N/K(t)$ endlich ist, sind unter der Voraussetzung zu (a) die Primdivisoren $\mathfrak{p}_\tau$ fast aller $\tau \in R$ in $N/K(t)$ träge, woraus die Aussage (a) folgt.
Ist das Geschlecht von L/K sogar größer als 1, so gibt es nach dem Satz 7 von Faltings [1983] überhaupt nur endlich viele $(\tau,\eta) \in K^2$ mit $g(\tau,\eta) = 0$ und damit nur endlich viele Primdivisoren vom Grad 1 in $\mathbb{P}(L/K)$. Hieraus folgt wie oben, daß unter der Voraussetzung zum Teil (b) des Satzes fast alle $\mathfrak{p}_\tau \in \mathbb{P}(K(t)/K)$ mit $\tau \in K$ in $N/K(t)$ träge sind, woraus sich (b) ergibt. □

Als ein und hier einziges Anwendungsbeispiel des Satzes 2(b) wird die folgende Ergänzung zum Zusatz 2 in III, § 6, vorgestellt:

Folgerung 2: Ist $g(x,X) \in \mathbb{Q}(x)[X]$ das Polynom aus dem Satz 3 in III, § 6, mit einer zu M_{11} isomorphen Galoisgruppe, so gilt

$$\mathrm{Gal}(g(\xi,X)) \cong M_{11} \text{ für fast alle } \xi \in \mathbb{Q}.$$

<u>Beweis:</u> Die Verzweigungstruktur des Zerfällungskörpers $N/\mathbb{Q}(x)$ von $g(x,X)$ ist $\mathfrak{C}^* = (8\cdot 4A, 5A)^*$ nach dem Satz 1(b) in III, § 6. Mit Hilfe der Permutationscharaktere der maximalen Untergruppen $U_1 := M_{10}$, $U_2 := PSL_2(\mathbb{F}_{11})$, $U_3 := M_9 \rtimes Z_2$, $U_4 := S_5$, $U_5 := M_8 \rtimes S_3$ von M_{11} im Tabellenanhang T.3 erhält man die Zyklendarstellung der Elemente der Galoisgruppen der minimalen von $\mathbb{Q}(x)$ verschiedenen Zwischenkörper $L_i := N^{U_i}$ von $N/\mathbb{Q}(x)$ und daraus unter Verwendung der Hurwitzschen Relativgeschlechtsformel deren Geschlechter $g(L_1) = 18$, $g(L_2) = 25$, $g(L_3) = 120$, $g(L_4) = 145$, $g(L_5) = 382$. Folglich besitzen alle von $\mathbb{Q}(x)$ verschiedenen Zwischenkörper L von $N/\mathbb{Q}(x)$ ein Geschlecht $g(L)$ mit $18 \le g(L) \le g(N) = 19009$. □

Zum Schluß dieses Paragraphen wird durch die folgende Feststellung noch die im Kapitel II, § 4.1, verbliebene Lücke geschlossen:

<u>Bemerkung 1:</u> <u>Zu vorgegebenen nichtnegativen ganzen Zahlen</u> g <u>und</u> s <u>gibt es algebraische Funktionenkörper</u> K/k <u>vom Geschlecht</u> g <u>mit mindestens</u> s <u>Primdivisoren vom Grad</u> 1 <u>und mit</u> $k \cap \mathbb{Q}^{ab} = \mathbb{Q}$.

<u>Beweis:</u> Es seien $f(t,X) := f_2(y,X)$ das Polynom aus II, § 3, Satz 2(a), vom Grad $m = 2g + 3$, N der Zerfällungskörper von $f(t,X)$ über $\mathbb{Q}(t)$ mit $\mathrm{Gal}(N/\mathbb{Q}(t)) \cong A_m$ und $L/\mathbb{Q}(t)$ ein Stammkörper von $f(t,X)$. Wie in der Anmerkung nach dem Satz 2 in II, § 3, festgestellt wurde, ist $\mathfrak{C}^* = (\frac{m-1}{2}A, mA, mB)^*$ die Verzweigungsstruktur von $N/\mathbb{Q}(t)$. In der natürlichen Permutationsdarstellung vom Grad m besitzen die Elemente aus $\frac{m-1}{2}A$ den Permutationstyp $(\frac{m-1}{2})^2$ und diejenigen aus mA und mB den Typ (m). Damit erhält man aus der Relativgeschlechtsformel (I, § 3, Satz C) unter Verwendung des Satzes 1 in II, A.1, $g(L) = \frac{m-3}{2} = g$. Nun sei $k_0/\mathbb{Q}$ eine endliche Galoiserweiterung mit $k_0 \cap \mathbb{Q}^{ab} = \mathbb{Q}$. Nach dem Satz 1 und dem Zusatz A existiert ein $\tau \in \mathbb{Q}$, für das $f(\tau,X)$ über k_0 die Galoisgruppe A_m besitzt. Der Zerfällungskörper k von $f(\tau,X)$ über k_0 ist dann sowohl über $\mathbb{Q}$ als auch über k_0 galoissch mit $\mathrm{Gal}(k/k_0) \cong A_m$, woraus $k \cap \mathbb{Q}^{ab} = \mathbb{Q}$ folgt. Da der Zählerdivisor von $(t - \tau)$ in $k_0L/k_0(t)$ träge ist, aber in $kL/k(t)$ voll zerlegt ist, besitzt kL/k mindestens m Primdivisoren vom Grad 1 mehr als k_0L/k_0. Somit erhält man die Behauptung durch Induktion nach m. □

§ 2 Realisierung abelscher Gruppen als Galoisgruppen

Die Operation algebraischer Automorphismen eines rationalen Funktionenkörpers $\overline{K} = \overline{k}(t)$ über einem algebraisch abgeschlossenen Konstantenkörper der Charakteristik 0 läßt sich bisher nicht auf den Erzeugendensystemklassen, sondern nur auf den Klassenstrukturen einer endlichen Gruppe G explizit beschreiben (siehe Kapitel II, § 1, Satz 2). Im Fall einer abelschen Gruppe G enthält nun jede Klassenstruktur höchstens eine Erzeugendensystemklasse, so daß für diese die Operation aller zulässigen Automorphismen auf den Erzeugendensystemklassen bekannt ist. Damit läßt sich für jede abelsche Körpererweiterung $\overline{N}/\overline{K}$ mit einer bekannten Verzweigungsstruktur der minimale eigentliche Definitionskörper berechnen.

Hier wird nun gezeigt, daß sich jede abelsche endliche Gruppe als Galoisgruppe einer regulären Körpererweiterung über $\mathbb{Q}(t)$ und damit auch über jedem Hilbertkörper der Charakteristik 0 realisieren läßt. Im zweiten Abschnitt wird der Schritt von der Realisierung zyklischer Gruppen zur Realisierung beliebiger abelscher Gruppen zu einem Verfahren ausgebaut, mit dem man ausgehend von regulären Galoiserweiterungen mit den Gruppen G_j über einem Hilbertkörper k eine solche mit derem direkten Produkt $\Pi\, G_j$ als Galoisgruppe konstruieren kann.

1. G-Realisierungen abelscher Gruppen

Bereits im Kapitel II, § 2.1 und § 4.1, jeweils Beispiel 1, wurde festgestellt, daß jede abelsche endliche Gruppe vom Exponenten n als Gruppe einer regulären Galoiserweiterung über $\mathbb{Q}^{(n)}(t)$ realisierbar ist. Zur Vereinfachung des Sprachgebrauchs dient die

Definition 1: Eine endliche Gruppe G besitzt eine G-*Realisierung* über einem algebraischen Funktionenkörper K/k von endlichem Transzendenzgrad über k, wenn es eine (bezüglich k) reguläre Galoiserweiterung N/K mit $\mathrm{Gal}(N/K) \cong G$ gibt. (Dabei heißt N/K regulär bezüglich k, wenn k in N algebraisch abgeschlossen ist. Der Bezugskörper wird weggelassen, wenn er sich aus dem Kontext von selbst versteht.)

Nach obigem ist bereits bewiesen, daß abelsche endliche Gruppen vom Exponenten n G-Realisierungen über $\mathbb{Q}^{(n)}(t)$ besitzen. Um zu G-Realisierungen über $\mathbb{Q}(t)$ zu gelangen, sind neben den Verzweigungsstrukturen auch die verzweigten Primdivisoren geeignet zu wählen.

Bemerkung 1: Es sei $G = \langle\sigma\rangle$ eine zyklische Gruppe der Ordnung $n > 1$. Dann existiert eine reguläre Galoiserweiterung $N/\mathbb{Q}(t)$ mit einer zu G isomorphen Galoisgruppe und mit der Verzweigungsstruktur

$$\mathbf{C}^* = ([\sigma],[\sigma])^* \qquad \text{für } n = 2,$$

$$\mathbf{C}^* = ([\sigma^\nu] \mid \nu \in \mathbb{Z}_n^\times)^* \text{ für } n > 2.$$

Beweis: Für $n = 2$ folgt die Behauptung bereits aus den oben genannten Beispielen. Im Fall $n > 2$ ist

$$\mathbf{C} := ([\sigma_\nu] \mid \nu \in \mathbb{Z}_n^\times) \text{ mit } \sigma_\nu := \sigma^\nu$$

wegen $\prod_{\nu\in\mathbb{Z}_n^\times} \sigma^\nu = \iota$ eine $\varphi(n)$-gliedrige Klassenstruktur mit $\ell^i(\mathbf{C}) = 1$ und $\ell^i(\mathbf{C}^*) = \varphi(n)$. Sind nun θ ein primitives Element von $\mathbb{Q}^{(n)}/\mathbb{Q}$, etwa $\theta = \zeta_n := e^{\frac{2\pi i}{n}}$, und $p(t)$ das Minimalpolynom von θ über $\mathbb{Q}$, so operiert $\Delta(\mathbb{Q}(t)) := \mathrm{Gal}(\overline{\mathbb{Q}}(t)/\mathbb{Q}(t))$ transitiv auf der Menge der im Zähler von $(p(t))$ aufgehenden Primdivisoren von $\overline{\mathbb{Q}}(t)$; diese sei

$$\overline{\mathbf{S}} = \{\overline{\mathfrak{p}}_\nu \in \mathbb{P}(\overline{\mathbb{Q}}(t)/\overline{\mathbb{Q}}) \mid \nu \in \mathbb{Z}_n^\times\}$$

(vergleiche Kapitel I, § 5.3). Wegen $d_{\overline{\mathbf{S}}}(\Delta(\mathbb{Q}(t))) \cong \mathbb{Z}_n^\times$ lassen sich die Elemente von $\overline{\mathbf{S}}$ so numerieren, daß für alle $\delta \in \Delta(\mathbb{Q}(t))$

$$\overline{\mathfrak{p}}_\nu^\delta = \overline{\mathfrak{p}}_{c(\delta)^{-1}\nu} \quad \text{für } \nu \in \mathbb{Z}_n^\times$$

mit dem im Kapitel I, § 5.3, definierten Kreisteilungscharakter $c : \Delta(\mathbb{Q}(t)) \to \mathbb{Z}^\times$ gilt. Damit ergibt sich aus dem Satz 2 im Kapitel II, § 1.1:

$$[\sigma_\nu]^\delta = [\sigma_{\delta(\nu)}^{c(\delta)}] = [\sigma_{c(\delta)^{-1}\nu}^{c(\delta)}] = [\sigma_\nu].$$

Die Erzeugendensystemklasse $[\underline{\sigma}] \in \Sigma^i(\mathbf{C})$ von G ist also invariant unter der Operation von $\Delta(\mathbb{Q}(t))$, das heißt es ist $\Delta_{\underline{\sigma}}^i = \Delta(\mathbb{Q}(t))$. Mit dem Satz 4 im Kapitel II, § 2.4, folgt hieraus, daß $\mathbb{Q}(t)$ ein eigentlicher Definitionskörper der Galoiserweiterung $N_{\overline{\mathbf{S}}}^G(\underline{\sigma})/\overline{\mathbb{Q}}(t)$ ist. Somit gibt es eine reguläre Galoiserweiterung $N/\mathbb{Q}(t)$ mit einer zu G isomorphen Galoisgruppe mit der Verzweigungsstruktur $\mathbf{C}^*$. □

Da sich jede abelsche endliche Gruppe in ein direktes Produkt zyklischer Gruppen zerlegen läßt, enthält die Bemerkung 1 den wesentlichen

Teil vom

Satz 1: Über einem rationalen Funktionenkörper k(t) der Charakteristik 0 ist jede abelsche endliche Gruppe als Galoisgruppe einer regulären Körpererweiterung realisierbar.

Beweis: Es seien G eine abelsche endliche Gruppe und $G = \prod_{j=1}^{r} G_j$ eine Zerlegung von G in ein direktes Produkt zyklischer Gruppen $G_j = \langle\sigma_j\rangle$ der Ordnungen $|G_j| = n_j > 1$. Dann bilden nach der obigen Bemerkung $\underline{\sigma}_j=(\sigma_j,\sigma_j^{-1})$ für die Faktoren G_j der Ordnung $n_j = 2$ ein 2-Erzeugendensystem und $\underline{\sigma}_j := (\sigma_j^{\nu} \mid \nu \in \mathbb{Z}_{n_j}^{\times})$ für die Faktoren G_j der Ordnung $n_j > 2$ ein $\varphi(n_j)$-Erzeugendensystem von G_j. Durch Zusammenfügen erhält man ein Erzeugendensystem $\underline{\sigma} = (\underline{\sigma}_j \mid j = 1,\ldots,r)$ von G, dessen Komponenten das Produkt ι besitzen. Zu den Faktoren G_j wählt man nun paarweise disjunkte Mengen von Primdivisoren $\overline{\mathfrak{S}}_j \subseteq \mathbb{P}(\overline{\mathbb{Q}}(t)/\overline{\mathbb{Q}})$, wobei im Fall $n_j = 2$ jedes $\overline{\mathfrak{p}} \in \overline{\mathfrak{S}}_j$ invariant unter $\Delta(\mathbb{Q}(t))$ sei und im Fall $n_j > 2$ die Menge $\overline{\mathfrak{S}}_j$ wie im Beweis zur Bemerkung 1 konstruiert sei. Dann ist $[\underline{\sigma}]$ wie oben invariant unter der Operation d_G von $\Delta(\mathbb{Q}(t))$. Wie im Beweis zur Bemerkung 1 folgt hieraus: Der außerhalb $\overline{\mathfrak{S}} := \bigcup_{j=1}^{r} \overline{\mathfrak{S}}_j$ unverzweigte Funktionenkörper $\overline{N}/\overline{\mathbb{Q}}(t)$ mit der Galoisgruppe G und der Verzweigungsstruktur $\mathfrak{C}^* = ([\underline{\sigma}])^*$ ist als Galoiserweiterung über $\mathbb{Q}(t)$ definiert. Durch Konstantenerweiterung mit k erhält man hieraus die Aussage des Satzes in der behaupteten Allgemeinheit. □

Ist nun k ein Hilbertkörper, so erhält man aus dem Satz 1 noch die

Folgerung 1: Über einem Hilbertkörper der Charakteristik 0 ist jede abelsche endliche Gruppe unendlich oft als Galoisgruppe realisierbar.

Beweis: Es seien k ein Hilbertkörper und G eine abelsche endliche Gruppe. Nach dem Satz 1 gibt es eine reguläre Galoiserweiterung N/k(t) mit $\mathrm{Gal}(N/k(t)) \cong G$. Damit ergibt sich die Behauptung aus der folgenden Version des Hilbertschen Irreduzibilitätssatzes:

Bemerkung 2: Es seien k ein Hilbertkörper, $\overline{k}$ eine algebraisch abgeschlossene Hülle von k, K := k(t) und N/K eine endliche Galoiserweiterung mit $\overline{k}N \neq \overline{k}K$. Dann gibt es unendlich viele Körper $n \geq k$ mit

$$\mathrm{Gal}(n/k) \cong \mathrm{Gal}(N/K).$$

Beweis: Es sei $f(t,X)$ das Minimalpolynom eines primitiven Elements von $N/k(t)$ mit der zu $Gal(N/K)$ isomorphen Galoisgruppe G. Nach dem Satz 1 in § 1 gibt es unendlich viele $\tau \in k$, so daß die Galoisgruppe des Zerfällungskörpers n von $f(\tau,X)$ über k isomorph zu G ist. Nun seien $n_1,\ldots,n_{r-1}$ paarweise verschiedene Körper mit $Gal(n_\rho/k) \cong G$, m das Kompositum von $n_1,\ldots,n_{r-1}$ in $\bar{k}$ und $g(t,X)$ ein Primfaktor von $f(t,X)$ in $m(t)[X]$ vom Grad $\partial(g) > 1$. Dann gibt es nach dem Zusatz A in § 1 ein $\tau_r \in k$, für das sowohl $g(\tau_r,X) \in m[X]$ als auch $f(\tau_r,X) \in k[X]$ irreduzibel und separabel sind. Der Zerfällungskörper n_r von $f(\tau_r,X)$ über k ist dann von $n_1,\ldots,n_{r-1}$ verschieden, und es gilt $Gal(n_r/k) \cong G$. Damit ergibt sich die Behauptung durch Induktion nach r. □

Anmerkung: Die Aussage des Satzes 1 und der Folgerung 1 bleiben auch in Charakteristik $p \neq 0$ richtig. Dies folgt zum Beispiel aus Serre [1959], Chap. VI.29, Th. 4 (siehe auch Saltman [1982], Th. 3.12(c)).

2. Einbettung in direkte Produkte

Den Satz 1 hätte man auch mit dem folgenden allgemeinen Einbettungssatz aus der Bemerkung 1 ableiten können.

Satz 2: Es seien K ein Hilbertkörper, G_j für $j = 1,\ldots,r$ endliche Gruppen, die G-Realisierungen über $K(t)$ besitzen, G_0 eine endliche Gruppe und $G = \prod_{j=0}^{r} G_j$ das direkte Produkt der G_j. Dann läßt sich jede Galoiserweiterung N_0/K mit $Gal(N_0/K) \cong G_0$ in eine Galoiserweiterung N/K mit $Gal(N/K) \cong G$ einbetten.

Beweis: Es seien $t_1,\ldots,t_r$ algebraisch unabhängige Transzendente über K, $K(\underline{t}) := K(t_1,\ldots,t_r)$, $N_j/K(t_j)$ für $j = 1,\ldots,r$ reguläre Galoiserweiterungen mit einer zu G_j isomorphen Galoisgruppe, x_j ein primitives Element von $N_j/k(t_j)$, $M := K(\underline{t},\underline{x})$ und $M_0 := N_0M$ (in einer algebraisch abgeschlossenen Hülle von M). Da K in M algebraisch abgeschlossen ist und N_0/K algebraisch ist, gilt

$$Gal(M_0/K(\underline{t})) = Gal(M_0/N_0(\underline{t})) \times Gal(M_0/M)$$

mit $Gal(M_0/M) \cong G_0$, woraus durch Induktion

$$Gal(M_0/K(\underline{t})) \cong G$$

folgt. Ist also $f(\underline{t},X) \in K(\underline{t})[X]$ das Minimalpolynom eines primitiven Elements x von M_0 über $K(\underline{t})$, so können nach dem Satz 1 in § 1 die Trans zendenten t_j für $j = 1,\ldots,r$ so zu Elementen $\tau_j \in K$ spezialisiert werden, daß die Galoisgruppe des Polynoms $f(\underline{\tau},X) \in K[X]$ isomorph zu G ist. Der Zerfällungskörper N dieses Polynoms besitzt dann eine zu G isomorphe Galoisgruppe und umfaßt nach der Charakterisierung der Hilbertkörper in § 1, Satz A(c), die algebraisch abgeschlossene Hülle von K in M_0, woraus noch $N \geq N_0$ folgt. □

Wenn im Satz 2 neben $G_1,\dots,G_r$ auch G_0 eine G-Realisierung über $K(t)$ besitzt, so gibt es eine solche auch für das direkte Produkt der G_j, genauer gilt der

Zusatz 1: *Sind im Satz 2 der Hilbertkörper ein rationaler Funktionenkörper, etwa* $K = k(t)$, *und* $N_0/k(t)$ *eine reguläre Körpererweiterung, so gibt es auch eine reguläre Galoiserweiterung* $N/k(t)$ *mit* $N \geq N_0$ *und* $Gal(N/k(t)) \cong G$.

Beweis: Wenn $N_0/k(t)$ regulär ist, ist k nicht nur in N_0 sondern auch in dem Körper M_0 algebraisch abgeschlossen. Sind also $\bar{k}$ die algebraisch abgeschlossene Hülle von k in einer algebraisch abgeschlossenen Hülle von M_0 und $\bar{K} := \bar{k}(t)$, so bleibt das Polynom $f(\underline{t},X) \in K(\underline{t})[X]$ auch in $\bar{K}(\underline{t})[X]$ irreduzibel. Der Satz 1 mit dem Zusatz 1 aus dem Anhang A., angewandt auf die Körper $K' := k(t^2)$, $N' := \bar{k}(t^2)$, $L' := K = k(t)$, $M' := \bar{K} = \bar{k}(t)$ besagen, daß jede Hilbertmenge des Hilbertkörpers $\bar{K}$ unendlich viele Elemente aus K enthält. Also gibt es ein $\underline{\tau} \in K^r$, für das $f(\underline{\tau},X)$ auch in $\bar{K}[X]$ irreduzibel und separabel ist. Der Zerfällungskörper N von $f(\underline{\tau},X)$ über $K = k(t)$ ist dann regulär über $K(t)$ mit $N \geq N_0$ und $Gal(N/k(t)) \cong G$. □

Aus dem Zusatz 1 folgt also, daß ein direktes Produkt endlicher Gruppen genau dann eine G-Realisierung über $k(t)$ besitzt, wenn seine Faktoren G-Realisierungen über $k(t)$ besitzen. Weiter erhält man unter Verwendung der Bemerkung 2 noch die

Folgerung 2: *Gelten die Voraussetzungen zum Satz 2 und ist* $r \geq 1$, *so läßt sich jede Galoiserweiterung* N_0/K *mit* $Gal(N_0/K) \cong G_0$ *in unendlich viele verschiedene Galoiserweiterungen* N/K *mit* $Gal(N/K) \cong G$ *einbetten*.

Beweis: Für die im Beweis zum Satz 2 konstruierten Körper $K(\underline{t})$ und M_0 mit $Gal(M_0/K(\underline{t})) \cong G$ gilt $\bar{K}(t) \neq \bar{K}M_0$ wegen $r \geq 1$. Also gibt es nach der Bemerkung 2 unendlich viele verschiedene Körper N/K mit $Gal(N/K) \cong G$. Hieraus folgt die Behauptung, da jeder dieser Körper N den Körper N_0 enthält. □

§ 3 Einbettungsprobleme mit abelschem Kern

In Analogie zum Einbettungssatz für direkte Produkte wird hier zuerst ein Einbettungssatz für Kranzprodukte bewiesen. Da die semidirekten Produkte einer abelschen endlichen Gruppe H mit einer endlichen Gruppe G_0 zu Faktorgruppen des regulären Kranzprodukts $H \underset{r}{\sim} G_0$ isomorph sind, folgt aus dem angekündigten Satz unter Verwendung der G-Realisierungen abelscher Gruppen aus dem Paragraphen 2, daß sich über einem Hilbertkörper K jedes zerfallende endliche Einbettungsproblem mit abelschem Kern lösen läßt. Ist überdies die Fundamentalgruppe von K eine projektive proendliche Gruppe wie zum Beispiel im Fall $K = \mathbb{Q}^{ab}$, kann man aus der Lösbarkeit der zerfallenden endlichen Einbettungsprobleme auf die Lösbarkeit aller endlichen Einbettungsprobleme mit vorgegebenem Kern schließen. Auf diese Weise ergibt sich auch ein Beweis für den bekannten Einbettungssatz von Iwasawa.

1. Einbettung in Kranzprodukte

Wie bei den direkten Produkten läßt sich jede Galoiserweiterung N_0/K mit der Galoisgruppe G_0 in eine Galoiserweiterung mit dem zum Beispiel regulären Kranzprodukt $H \underset{r}{\sim} G_0$ einbetten, wenn nur H eine G-Realisierung über K(t) besitzt. Der erste Schritt hierzu ist die

Bemerkung 1: Es seien K ein Körper, H eine endliche Gruppe, die eine G-Realisierung über K(t) besitzt, und G_0 eine Permutationsgruppe vom Grad r. Dann besitzt das (allgemeine) Kranzprodukt $H \sim G_0$ eine G-Realisierung über einem unirationalen Funktionenkörper L vom Transzendenzgrad r über K.

Beweis: Es seien N/K(t) eine reguläre Galoiserweiterung mit einer zu H isomorphen Galoisgruppe Gal(N/K(t)), x ein primitives Element von N/K(t) und $g(t,X) \in K(t)[X]$ das Minimalpolynom von x über K(t). Sind dann $u_1,\dots,u_r$ algebraisch unabhängige Transzendente über K, $K(\underline{u}) := K(u_1,\dots,u_r)$ und x_j Nullstellen von $g(u_j,X)$ für $j = 1,\dots,r$ in einer algebraisch abgeschlossenen Hülle von $K(\underline{u})$, so ist $M := K(\underline{u},\underline{x})$ mit $\underline{x} = (x_1,\dots,x_r)$ eine (bezüglich K) reguläre Galoiserweiterung über $K(\underline{u})$ mit

$$\mathrm{Gal}(M/K(\underline{u})) = H^* = \prod_{j=1}^{r} H_j$$

und

$$H_j = \mathrm{Gal}(M/M_j) \cong H,$$

wobei M_j der durch $x_1,\ldots,x_{j-1},x_{j+1},\ldots,x_r$ über $K(\underline{u})$ erzeugte Körper ist.

Jedes $\sigma \in G_0$ permutiert die Transzendenten u_j durch $(u_j)^{\sigma} := u_{\sigma(j)}$ und erzeugt so einen Automorphismus $\tilde{\sigma}$ von $K(\underline{u})/K$. Die Menge dieser Automorphismen von $K(\underline{u})/K$ bildet eine zu G_0 isomorphe Gruppe $\tilde{G}_0$, deren Fixkörper ein unirationaler Funktionenkörper über K ist und mit L bezeichnet werde. Da jede Fortsetzung σ^* von $\tilde{\sigma} \in \tilde{G}_0$ auf M die Nullstellen der Polynome $g(u_j,X)$ permutiert, gilt $\sigma^* \in \mathrm{Aut}(M/L)$, und M/L ist galoissch. H^* ist ein Normalteiler von $G := \mathrm{Gal}(M/L)$. Die Gruppe der $\sigma^* \in G$, die $x_1,\ldots,x_r$ permutieren, bildet ein zu G_0 isomorphes Komplement G_0^* von H^* in G, das die Faktoren H_j durch Konjugation in G gemäß $H_j^{\sigma^*} = H_{\sigma(j)}$ vertauscht. Also ist G isomorph zu dem Kranzprodukt $H \sim G_0$. □

Da L/K im allgemeinen kein rationaler Funktionenkörper ist, können allein mit der Bemerkung 1 und dem Hilbertschen Irreduzibilitätssatz noch keine Galoiserweiterungen über K mit Kranzprodukten als Galoisgruppen gewonnen werden.

Satz 1: Es seien K ein Hilbertkörper, H eine endliche Gruppe, die eine G-Realisierung über K(t) besitzt, G_0 eine transitive Permutationsgruppe vom Grad $r > 1$ und $G = H \sim G_0$ das Kranzprodukt von H mit G_0. Dann läßt sich jede Galoiserweiterung N_0/K mit $\mathrm{Gal}(N_0/K) \cong G_0$ in unendlich viele verschiedene Galoiserweiterungen N/K mit $\mathrm{Gal}(N/K) \cong G$ einbetten.

Beweis: Es seien $u_1,\ldots,u_r$ algebraisch unabhängige Transzendente über K und $f(X) \in K[X]$ ein Polynom mit der Galoisgruppe G_0 und mit dem Zerfällungskörper N_0. Weiter seien L und M die Körper aus dem Beweis zur Bemerkung 1 mit $\mathrm{Gal}(M/L) \cong H \sim G_0$. Dann ist auch $M_0 := N_0M$ über L galoissch mit der Galoisgruppe

$$G^* = \mathrm{Gal}(M_0/N_0L) \times \mathrm{Gal}(M_0/M) \cong (H \sim G_0) \times G_0.$$

Bezeichnet man mit $\hat{\sigma}$ bzw. $\tilde{\sigma}$ die von $\sigma \in G_0$ induzierten Automorphismen von N_0/K bzw. von $K(\underline{u})/K$, so bildet

$$G := \{\gamma^* \in G^* \mid \gamma^*|_{N_0} = \hat{\sigma},\ \gamma^*|_{K(\underline{u})} = \tilde{\sigma},\ \sigma \in G_0\}$$

eine zu $H \sim G_0$ isomorphe Untergruppe von G^*, da sich jedes $\gamma \in \mathrm{Gal}(M/L)$ zu genau einem $\gamma^* \in G$ fortsetzen läßt.

Nun seien $\theta_1,\ldots,\theta_r$ die Nullstellen von $f(X)$ in N_0, G_1 die Fixgruppe von θ_1 in G_0 und $\sigma_1,\dots,\sigma_r$ ein Repräsentantensystem von G_0 nach G_1 mit $\theta_{\sigma_j(1)} = \theta_j$. Bedeuten $V(\underline{\theta})$ die Vandermondesche Determinante von $\theta_1,\dots,\theta_r$ und $T_i(\underline{\theta},\underline{u})$ diejenige Determinante, die aus $V(\underline{\theta})$ entsteht, indem man die i-te Spalte durch den zu $(u_1,\dots,u_r)$ transponierten Vektor ersetzt, so erfüllen die

$$t_i := \frac{T_i(\underline{\theta},\underline{u})}{V(\underline{\theta})} \quad \text{für } i = 1,\dots,r$$

nach der Cramerschen Regel die Gleichungen

$$u_j = \sum_{i=1}^{r} \theta_j^{i-1} t_i \quad \text{für } j = 1,\dots,r,$$

sind also r über K algebraisch unabhängige Transzendente. Durch $\gamma \in G$ werden $\theta_1,\dots,\theta_r$ und $u_1,\dots,u_r$ vermöge $\theta_i^\gamma = \theta_{\sigma(i)}$ bzw. $u^\gamma = u_{\sigma(i)}$ mit demselben $\sigma \in G_0$ permutiert, also sind $t_1,\dots,t_r$ unter G invariant, woraus zunächst $K(\underline{t}) \le M_0^G$ für $\underline{t} = (t_1,\dots,t_r)$ folgt. Wegen $N_0(\underline{t}) = N_0(\underline{u})$ gilt weiter

$$(M_0:K(\underline{t})) = (M_0:N_0(\underline{t}))(N_0(\underline{t}):K(\underline{t})) = |H|^r|G_0| = |G|,$$

woraus sich schließlich

$$M_0^G = K(\underline{t})$$

ergibt. Da K ein Hilbertkörper ist, für dessen algebraisch abgeschlossene Hülle $\overline{K}$ in einer algebraisch abgeschlossenen Hülle von M_0 zudem $\overline{K}(\underline{t}) \nsupseteq \overline{K}M_0$ gilt, folgt nunmehr die Behauptung wie im Beweis zur Folgerung 2 in § 2. □

Mit wörtlich dem Beweis zum Zusatz 1 in § 2 erhält man aus dem Satz 1 noch den

<u>Zusatz 1:</u> <u>Sind im Satz 1 der Hilbertkörper ein rationaler Funktionenkörper, etwa</u> $K = k(t)$, <u>und</u> $N_0/k(t)$ <u>eine reguläre Körpererweiterung, so gibt es auch eine reguläre Körpererweiterung</u> $N/k(t)$ <u>mit</u> $N \ge N_0$ <u>und</u> $Gal(N/k(t)) \cong G$.

Spezialfälle des Satzes 1 sind bereits bei Kuyk [1970], Prop. 1, und bei Saltman [1982], Th. 3.12(d), zu finden.

2. Zerfallende Einbettungsprobleme mit abelschem Kern

Aus dem Einbettungssatz für Kranzprodukte läßt sich ein Einbettungssatz für semidirekte Produkte mit abelschem Kern ableiten, wenn man den folgenden Satz aus der Gruppentheorie heranzieht (siehe etwa Suzuki [1982], Ch. 2, Th. 10.10):

Satz A: *Es sei G ein semidirektes Produkt einer endlichen abelschen Gruppe H mit einer endlichen Gruppe* G_0. *Dann ist G isomorph zur Faktorgruppe des regulären Kranzprodukts* $H \wr_r G_0$ *nach einem in der Basisgruppe* H^* *enthaltenen Normalteiler U:*

$$G \cong (H \wr_r G_0)/U \text{ mit } U \leq H^*.$$

Unter Verwendung dieses Satzes ergibt sich aus dem Satz 1 und der Existenz von G-Realisierungen abelscher Gruppen der

Satz 2: *Es seien K ein Hilbertkörper, H eine von I verschiedene abelsche endliche Gruppe,* G_0 *eine endliche Gruppe und* $G = H \rtimes G_0$ *ein semidirektes Produkt von H mit* G_0. *Dann läßt sich jede Galoiserweiterung* N_0/K *mit* $Gal(N_0/K) \cong G_0$ *in unendlich viele verschiedene Galoiserweiterungen N/K mit* $Gal(N/K) \cong G$ *einbetten.*

Beweis: Nach dem Satz 1 in § 2 und der anschließenden Anmerkung besitzt jede abelsche endliche Gruppe eine G-Realisierung über K(t). Also sind die Voraussetzungen zum Satz 1 erfüllt, wenn man G_0 mit dem Bild einer regulären Permutationsdarstellung von G_0 identifiziert. Da G isomorph zur Faktorgruppe des regulären Kranzprodukts $H \wr_r G_0$ nach einem in der Basisgruppe enthaltenen Normalteiler U ist, ist der Fixkörper M_0^U des Körpers M_0 aus dem Beweis zum Satz 1 über $K(\underline{t})$ galoissch mit $Gal(M_0^U/K(\underline{t})) \cong G$ und enthält den Körper $N_0(\underline{t})$. Hieraus folgt nun die Behauptung wie in dem Beweis zur Folgerung 2 in § 2. □

Mit dem Beweis zum Zusatz 1 in § 2 folgt aus dem Satz 2 weiter der

Zusatz 2: *Sind im Satz 2 der Hilbertkörper ein rationaler Funktionenkörper, etwa* $K = k(t)$ *und* $N_0/k(t)$ *eine reguläre Körpererweiterung, so gibt es auch eine reguläre Galoiserweiterung* $N/k(t)$ *mit* $N \geq N_0$ *und* $Gal(N/k(t)) \cong G$.

Mit dem Satz 2 in § 2 und den Sätzen 1 und 2 in diesem Paragraphen sowie deren Zusätzen werden Einbettungsprobleme über Hilbertkörpern gelöst; diese Aussage wird präzisiert durch die

Definition 1: Es seien K ein Körper, N_0/K eine Galoiserweiterung mit der Galoisgruppe G_0, H eine Gruppe und G eine Gruppenerweiterung von H mit G_0. Dann versteht man unter einem *Einbettungsproblem* die Frage nach der Existenz einer Galoiserweiterung N/K mit $N \geq N_0$ und $Gal(N/K) \cong G$.

Ein solches Einbettungsproblem heißt *endlich*, wenn G eine endliche Gruppe ist, und *zerfallend*, wenn H ein Komplement in G besitzt. Weiter nennt man H den *Kern des Einbettungsproblems*.

Mit diesen Begriffen geht der Satz 2 über in die

Folgerung 1: Über einem Hilbertkörper besitzt jedes zerfallende endliche Einbettungsproblem mit einem nichtrivialen abelschen Kern unendlich viele Lösungen.

3. Der Einbettungssatz von Iwasawa

Wie im letzten Abschnitt seien H eine endliche Gruppe, $G_0 = \mathrm{Gal}(N_0/K)$ eine endliche Galoisgruppe und $G = H\cdot G_0$ eine Gruppenerweiterung von H mit G_0, die als Galoisgruppe einer N_0 umfassenden Körpererweiterung N/K realisiert werden soll. Sind Δ die Fundamentalgruppe (absolute Galoisgruppe) von K, γ_0 der kanonische Epimorphismus von Δ auf G_0 und ψ der kanonische Epimorphimus von G auf G_0, so ist die Lösbarkeit des obigen Einbettungsproblems gleichbedeutend mit der Existenz eines Epimorphismus γ von Δ auf G mit $\psi\circ\gamma = \gamma_0$, der also das folgende Diagramm mit einer exakten Zeile kommutativ macht:

$$\begin{array}{ccccccccc} & & & & & & \Delta & & \\ & & & & & \gamma\swarrow & \downarrow\gamma_0 & & \\ I & \to & H & \to & G & \underset{\psi}{\to} & G_0 & \to & I \end{array}$$

Definition 2: Eine proendliche Gruppe Δ heißt *projektiv*, wenn es zu jedem Diagramm

$$\begin{array}{ccccccccc} & & & & & & \Delta & & \\ & & & & & & \downarrow\gamma_0 & & \\ I & \to & H & \to & G & \underset{\psi}{\to} & G_0 & \to & I \end{array}$$

proendlicher Gruppen mit einer exakten Zeile einen (nicht notwendig surjektiven) Homomorphismus $\gamma : \Delta \to G$ mit $\psi\circ\gamma = \gamma_0$ gibt.

Für projektive proendliche Fundamentalgruppen Δ ist also jedes Einbettungsproblem "schwach lösbar". Weiter gilt für projektive Fundamentalgruppen das nützliche

Lemma 1: (Lemma von Jarden)
Es seien K ein Körper mit einer projektiven Fundamentalgruppe und H eine endliche Gruppe. Dann folgt aus der Lösbarkeit jedes zerfallenden endlichen Einbettungsproblems mit dem Kern H über K die Lösbarkeit eines jeden endlichen Einbettungsproblems mit dem Kern H über K.

__Beweis:__ Es seien N_0/K eine endliche Galoiserweiterung mit $\mathrm{Gal}(N_0/K)=G_0$, G eine Gruppenerweiterung von H mit G_0 und dem kanonischen Epimorphismus $\psi : G \to G_0$ sowie Δ die Fundamentalgruppe von K mit dem kanonischen Epimorphismus $\gamma_0 : \Delta \to G_0$. Wenn Δ eine projektive proendliche Gruppe ist, gibt es definitionsgemäß einen Homomorphismus $\delta : \Delta \to G$ mit $\psi\circ\delta = \gamma_0$. Bezeichnet man den Kern von δ mit $\tilde{\Delta}_0$ und dessen Fixkörper mit $\tilde{N}_0$, so ist $\tilde{N}_0/K$ eine endliche, N umfassende Galoiserweiterung. Es gibt also kanonische Epimorphismen $\tilde{\gamma}_0$ von Δ auf $\tilde{G}_0 := \mathrm{Gal}(\tilde{N}_0/K)$, $\varphi : \tilde{G}_0 \to G_0$ mit $\varphi\circ\tilde{\gamma}_0 = \gamma_0$ und $\bar{\delta} : \tilde{G}_0 \to G$ mit $\bar{\delta}\circ\tilde{\gamma}_0 = \delta$.

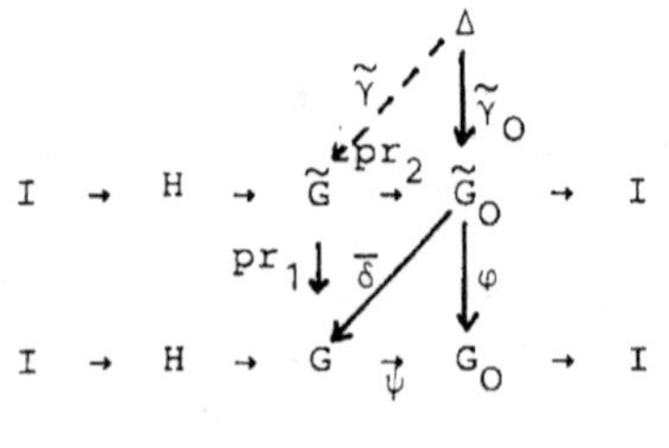

Bildet man das eingeschränkte direkte Produkt

$$\tilde{G} = \{(\sigma,\tilde{\sigma}) \mid \sigma \in G,\ \tilde{\sigma} \in \tilde{G}_0,\ \psi(\sigma) = \varphi(\tilde{\sigma})\},$$

so gilt für den Kern der Projektionen pr_2 auf den zweiten Faktor

$$\mathrm{Kern}(pr_2) \cong \{\sigma \in G \mid \psi(\sigma) = \iota\} \cong H,$$

und

$$\tilde{G}_0^* := \{(\bar{\delta}(\tilde{\sigma}),\tilde{\sigma}) \mid \tilde{\sigma} \in \tilde{G}_0\} \leq \tilde{G}$$

ist ein Komplement zum $\mathrm{Kern}(pr_2)$ in $\tilde{G}$. Also ist $\tilde{G}$ ein semidirektes Produkt von H mit $\tilde{G}_0$. Nach der Voraussetzung existiert ein Epimorphismus $\tilde{\gamma} : \Delta \to \tilde{G}$ mit $pr_2\circ\tilde{\gamma} = \tilde{\gamma}_0$. Dieser kann mit der Projektion pr_1 von $\tilde{G}$ auf den ersten Faktor zu einem Epimorphismus $\gamma := pr_1\circ\tilde{\gamma}$ zusammengesetzt werden, und es gilt

$$\psi\circ\gamma = \psi\circ pr_1\circ\tilde{\gamma} = \varphi\circ pr_2\circ\tilde{\gamma} = \varphi\circ\tilde{\gamma}_0 = \gamma_0.$$

Folglich besitzt das durch γ_0 und ψ gegebene Einbettungsproblem über K eine Lösung. □

Die projektiven proendlichen Gruppen lassen sich durch ihre kohomologische Dimension charakterisieren (siehe Serre [1964], Chap. I, Prop. 45 oder auch Gruenberg [1965], Th. 4):

Satz B: Eine proendliche Gruppe ist genau dann projektiv, wenn ihre kohomologische Dimension höchstens 1 ist.

Zusatz A: Die Fundamentalgruppen der algebraischen Erweiterungskörper von $\mathbb{Q}^{ab}$ sind projektive proendliche Gruppen.

Mit Hilfe des Zusatzes A, der zum Beispiel aus Serre [1964], Chap. II, Prop. 9, folgt, wird das Lemma von Jarden auf diejenigen algebraischen Zahlkörper anwendbar, die sämtliche Einheitswurzeln enthalten. So ergibt sich unmittelbar aus der Folgerung 1 die

Bemerkung 2: Ist K ein Hilbertkörper mit $\mathbb{Q}^{ab} \leq K \leq \overline{\mathbb{Q}}$, so besitzt jedes endliche Einbettungsproblem über K mit einem nichttrivialen abelschen Kern unendlich viele Lösungen.

Durch Induktion über eine Hauptreihe einer auflösbaren endlichen Gruppe erhält man aus der Bemerkung 1.2 den folgenden Einbettungssatz von Iwasawa [1953], Th. 3 mit den Abschnitten 2.3 und 2.4, in der folgenden Fassung:

Satz 3: (Einbettungssatz von Iwasawa)
Ist K ein Hilbertkörper mit $\mathbb{Q}^{ab} \leq K \leq \overline{\mathbb{Q}}$, so besitzt jedes endliche Einbettungsproblem über K mit einem nichttrivialen auflösbaren Kern unendlich viele Lösungen.

§ 4 GAR-Realisierungen anabelscher Gruppen

Das Lösen von Einbettungsproblemen mit nicht abelschem Kern wird durch die Auswahl geeigneter G-Realisierungen des Kerns oder auch nur der Kompositionsfaktoren des Kerns erleichtert. Hierfür haben sich die GAR-Realisierungen als besonders vorteilhaft erwiesen.

1. Der Begriff einer GAR-Realisierung

Im folgenden werden häufig Gruppen mit trivialem Zentrum vorkommen. Um hierfür einen kurzen Ausdruck zu haben, mögen diese hier *anabelsche Gruppen* heißen. Der Begriff einer GAR-Realisierung wurde geprägt, um den folgenden gruppentheoretischen Sachverhalt ausnutzen zu können (siehe etwa Suzuki [1982], Ch. 2., Th. 7.11):

Satz A: Es sei G eine Gruppenerweiterung einer anabelschen endlichen Gruppe H mit einer endlichen Gruppe G_0. Dann ist G isomorph zu einer Untergruppe U von Aut(H) $\times$ G_0 mit den beiden Eigenschaften:
(a) $U \cap \mathrm{Aut}(H) = \mathrm{Inn}(H)$,
(b) $pr_2(U) = G_0$ (Projektion auf den 2. Faktor).

Vor dem Hintergrund dieses Satzes wird die folgende Definition verständlich:

Definition 1: Eine G-Realisierung einer anabelschen endlichen Gruppe G über einem algebraischen Funktionenkörper K/k von endlichem Transzendenzgrad über k, etwa $G \cong \mathrm{Gal}(N/K)$, heißt eine GA-*Realisierung von G über* K, wenn die *Automorphismenbedingung* (A) erfüllt ist:

(A) Aut(N/k) besitzt eine zu Aut(G) isomorphe Untergruppe A; bei diesem Isomorphismus ist K der Fixkörper der zu Inn(G) isomorphen Untergruppe von A.

Weiter wird eine GA-Realisierung von G über K eine GAR-*Realisierung von G über* K genannt, wenn zusätzlich die *Rationalitätsbedingung* (R) erfüllt ist:

(R) Jede reguläre Körpererweiterung R/N^A mit $\bar{k}R = \bar{k}K$ ist ein rationaler Funktionenkörper über k.

(Hierbei bedeutet $\bar{k}$ die algebraisch abgeschlossene Hülle von k in einer algebraisch abgeschlossenen Hülle von K.)

(R) impliziert, daß GAR-Realisierungen von G höchstens über rationalen Funktionenkörpern existieren können. Aus dem Satz A folgt jetzt der

<u>Satz 1: Es seien</u> K <u>ein Hilbertkörper und</u> H <u>eine von</u> I <u>verschiedene anabelsche endliche Gruppe, die eine</u> GAR-<u>Realisierung über</u> $K(\underline{t})$, $\underline{t} = (t_1,\ldots,t_r)$, <u>besitzt. Dann hat jedes endliche Einbettungsproblem über</u> K <u>mit dem Kern</u> H <u>unendlich viele Lösungen</u>.

<u>Beweis:</u> Es seien N_O/K eine endliche Galoiserweiterung mit der Gruppe G_O und G eine Gruppenerweiterung von H mit G_O. Nach (A) existiert eine (bezüglich K) reguläre Galoiserweiterung $M/K(\underline{t})$ mit $\mathrm{Aut}(M/K) \geq A \cong \mathrm{Aut}(H)$, wobei $K(\underline{t})$ der Fixkörper der zu $\mathrm{Inn}(H) \cong H$ isomorphen Untergruppe von A ist. L sei der Fixkörper von A. Die Komposita von N_O und L bzw. $K(\underline{t})$ bzw. M in einer algebraisch abgeschlossenen Hülle $\bar{M}$ von M mögen mit L_O bzw. $N_O(\underline{t})$ bzw. M_O bezeichnet werden. Dann ist M_O/L galoissch, und die Galoisgruppe von M_O/L ist das direkte Produkt von $\mathrm{Gal}(M_O/L_O) \cong A$ und $\mathrm{Gal}(M_O/M) \cong G_O$, d.h. es ist

$$\mathrm{Gal}(M_O/L) \cong \mathrm{Aut}(H) \times G_O.$$

Nach dem Satz A ist G isomorph zu einer Untergruppe U von $\mathrm{Aut}(H) \times G_O$ mit

$$\text{(a)}\ U \cap \mathrm{Aut}(H) = \mathrm{Inn}(H), \quad \text{(b)}\ \mathrm{pr}_2(U) = G_O.$$

Der Fixkörper M_O^U ist also nach (b) ein regulärer Erweiterungskörper von L bezüglich K, und nach (a) ist $N_O M_O^U = N_O(\underline{t})$. Aus der Rationalitätsbedingung (R) folgt nun, daß M_O^U/K ein rationaler Funktionenkörper ist. Weiter gilt $\bar{K}M_O \neq \bar{K}M_O^U$, wobei $\bar{K}$ die algebraisch abgeschlossene Hülle von K in $\bar{M}$ bedeutet. Damit ergibt sich die Behauptung aus der Bemerkung 2 in § 2. □

Die im Satz 1 behandelten Einbettungsprobleme sind auch im Bereich der regulären Körpererweiterungen lösbar. Wie in § 2.2 erhält man nämlich als

<u>Zusatz 1: Ist im Satz</u> 1 <u>der Hilbertkörper ein rationaler Funktionenkörper, etwa</u> $K = k(t)$, <u>und sind</u> $N_O/k(t)$ <u>eine reguläre Galoiserweiterung mit der Gruppe</u> G_O <u>sowie</u> G <u>eine Gruppenerweiterung von</u> H <u>mit</u> G_O, <u>so gibt es auch eine reguläre Galoiserweiterung</u> $N/k(t)$ <u>mit</u> $N \geq N_O$ <u>und</u> $\mathrm{Gal}(N/k(t)) \cong G$.

Weiter ergibt sich aus dem Satz 1 noch durch Induktion über eine Normalreihe die

Folgerung 1: Es seien K ein Hilbertkörper und G eine endliche Gruppe, die eine Normalreihe

$$G \trianglerighteq G_0 \triangleright G_1 \triangleright \cdots \triangleright G_n = I,\ n \geq 1,$$

mit den folgenden Eigenschaften besitzt:

(a) G/G_0 ist isomorph zur Galoisgruppe einer Galoiserweiterung N_0/K.

(b) G_{i-1}/G_i besitzen GAR-Realisierungen über $K(\underline{t})$ für $i = 1,\ldots,n$.

Dann gibt es unendlich viele Galoiserweiterungen N/K mit $\mathrm{Gal}(N/K) \cong G$.

Beweis: Es seien G/G_{i-1} isomorph zur Galoisgruppe einer Galoiserweiterung N_{i-1}/K und $H := G_{i-1}/G_i$. Dann gibt es nach dem Satz 1 unendlich viele Galoiserweiterungen N_i/K mit $\mathrm{Gal}(N_i/K) \cong G/G_i$. Also ergibt sich die Folgerung 1 aus dem Satz 1 durch Induktion nach i. □

Entsprechend erhält man bei Verwendung des Zusatzes die

Folgerung 2: Sind in der Folgerung 1 der Hilbertkörper ein rationaler Funktionenkörper, etwa $K = k(t)$, und $N_0/k(t)$ eine reguläre Körpererweiterung, so gibt es auch eine reguläre Galoiserweiterung $N/k(t)$ mit $\mathrm{Gal}(N/k(t)) \cong G$.

2. Kriterien für die Rationalitätsbedingung

Bei den bisher vorgestellten G-Realisierungen endlicher Gruppen wurde die Automorphismenbedingung (A) häufig beim Existenznachweis mit erfüllt. Einschränkender scheint daher zunächst die Rationalitätsbedingung (R) zu sein. Hier werden nun Bedingungen angegeben, unter denen eine GA-Realisierung einer endlichen Gruppe G über k(t) stets auch eine GAR-Realisierung ist.

Bemerkung 1: Es seien $K = k(t)$ ein rationaler Funktionenkörper der Charakteristik 0, $\mathrm{Gal}(N/K)$ eine GA-Realisierung einer endlichen Gruppe G über K, L der Fixkörper der zu Aut(G) isomorphen Untergruppe A von $\mathrm{Aut}(N/k)$, $\bar{k}$ die algebraisch abgeschlossene Hülle von k in einer algebraisch abgeschlossenen Hülle von K und $\bar{K} := \bar{k}K$. Dann ist $\mathrm{Gal}(N/K)$ sogar eine GAR-Realisierung von G über K, falls $\mathbb{P}(\bar{K}/\bar{k})$ unter der Operation von $\mathrm{Gal}(\bar{K}/L)$ eine Bahn ungerader Länge besitzt. Letzteres ist unter jeder der beiden folgenden Bedingungen erfüllt:

(a) Für die Elementanzahl s der Menge $\bar{\mathbf{S}} \subseteq \mathbb{P}(\bar{K}/\bar{k})$ der in $\bar{k}N/\bar{K}$ verzweigten Primdivisoren gilt $s \equiv 1 \bmod 2$.

(b) Es gibt ein $\mathfrak{p} \in \mathbb{P}(L/k)$ von ungeradem Grad, für dessen Verzweigungs-

<u>ordnung</u> e <u>in</u> K/L <u>gilt</u> $\frac{(K:L)}{e} \equiv 1 \bmod 2$.

<u>Beweis:</u> Das Geschlecht eines regulären Erweiterungskörpers R/L mit $\bar{k}R = \bar{K} = \bar{k}(t)$ ist O. Da $Gal(\bar{K}/R)$ eine Untergruppe von $Gal(\bar{K}/L)$ ist, gibt es auch eine Bahn ungerader Länge auf $\mathbb{P}(\bar{K}/\bar{k})$ unter der Operation von $Gal(\bar{K}/R)$. Daher besitzt R/k einen Divisor von ungeradem Grad und ist nach der Aussage 6 im Kapitel I, § 3, ein rationaler Funktionenkörper. Die Voraussetzungen (a) bzw. (b) sind hinreichend, da $\bar{\mathfrak{S}}$ in (a) und die Menge der Primteiler von $\mathfrak{p}$ in $\bar{K}/\bar{k}$ in (b) eine Bahn ungeder Länge unter $Gal(\bar{K}/L)$ bilden. □

Anmerkung: Die Voraussetzung (b) in der Bemerkung 1 ist zum Beispiel erfüllt, wenn alle in K/L verzweigten Primdivisoren von L/k den Grad 1 besitzen und Out(G) isomorph zu einer zyklischen Gruppe Z_n ($n \in \mathbb{N}$) oder einer Diedergruppe D_m der Ordnung 2m mit $m \equiv 1 \bmod 2$ ist.

Die nächsten beiden Beispiele enthalten G-Realisierungen der A_6 und M_{12} über $\mathbb{Q}(t)$, die keine GAR-Realisierungen sind.

<u>Beispiel 1:</u> Es seien $G := A_6$ und $\tilde{G} := Aut(A_6) \cong P\Gamma L_2(\mathbb{F}_9)$. Dann ist wegen $\tilde{G}/G \cong E_4$ die Bemerkung 1 nicht anwendbar. Die Gruppe $\tilde{G}$ enthält 3 Normalteiler vom Index 2, nämlich

$$U_1 \cong S_6,\ U_2 \cong M_{10},\ U_3 \cong PGL_2(\mathbb{F}_9),$$

deren Durchschnitt G ist. Bezeichnen 2B die Konjugiertenklasse der Involutionen in $U_1 \setminus G$, 4B die Konjugiertenklasse der Elemente der Ordnung 4 in $U_2 \setminus G$ und 10A die Konjugiertenklasse der Elemente der Ordnung 10 in $\tilde{G}$, so gelten für die Klassenstruktur

$$\tilde{\mathfrak{C}} := (2B,4B,10A) \ :\ \ell^i(\tilde{\mathfrak{C}}) = 1$$

sowie $\tilde{\mathfrak{C}}^* = \tilde{\mathfrak{C}}$ (siehe auch Matzat [1984], Lemma 8.6). Nach dem 1. Rationalitätskriterium gibt es eine reguläre Galoiserweiterung $N/\mathbb{Q}(\tilde{t})$ mit $Gal(N/\mathbb{Q}(\tilde{t})) \cong \tilde{G}$. Der Fixkörper $K := N^G$ ist über $\mathbb{Q}(\tilde{t})$ galoissch mit $Gal(K/\mathbb{Q}(\tilde{t})) \cong E_4$. Wegen $g(K) \geq 0$ sind alle 3 in $N/\mathbb{Q}(\tilde{t})$ verzweigten Primdivisoren auch in $K/\mathbb{Q}(\tilde{t})$ (jeweils von der Ordnung 2) verzweigt, woraus mit der Relativgeschlechtsformel $g(K) = 0$ folgt. Also besitzt die Gruppe $G = A_6$ eine GA-Realisierung über einem algebraischen Funktionenkörper $K/\mathbb{Q}$ vom Geschlecht O. (Man kann zeigen, daß $K/\mathbb{Q}$ sogar ein rationaler Funktionenkörper ist: $K = \mathbb{Q}(t)$.)

<u>Beispiel 2:</u> Nach III, § 6, Satz 1, besitzt die Mathieugruppe M_{12} eine G-Realisierung über $\mathbb{Q}(t)$ mit der Verzweigungsstruktur $\mathfrak{C}^* = (4A,4A,10A)^*$.

Es gibt also eine reguläre Galoiserweiterung $N/\mathbb{Q}(t)$ mit $Gal(N/\mathbb{Q}(t)) \cong M_{12}$ und mit der Verzweigungsstruktur C^*. Besäße $\mathbb{Q}(t)$ einen Teilkörper L mit $Gal(N/L) = Aut(M_{12})$, so gäbe es für den von der Ordnung 10 in $N/\mathbb{Q}(t)$ verzweigten Primdivisor $\mathfrak{p}_3 \in \mathbb{P}(\mathbb{Q}(t)/\mathbb{Q})$ ein $\tilde{\mathfrak{p}}_3 \in \mathbb{P}(L/\mathbb{Q})$ mit $\tilde{\mathfrak{p}}_3 = \mathfrak{p}_3^2$. Damit wäre die Verzweigungsordnung von $\tilde{\mathfrak{p}}_3$ in N/L gleich 20 im Widerspruch dazu, daß $Aut(M_{12})$ keine Elemente der Ordnung 20 enthält (siehe Tabellenanhang T.4). Hingegen ist die im Kapitel II, § 6, Satz 2, vorgestellte GA-Realisierung der M_{12} über $\mathbb{Q}(t)$ mit der Verzweigungsstruktur $(3A,3A,6A)^*$ eine GAR-Realisierung wegen $Out(M_{12}) \cong Z_2$.

Bei rationalen Funktionenkörpern $K = k(t)$ über Konstantenkörpern k mit einer projektiven Fundamentalgruppe kann die Rationalitätsbedingung sogar entfallen. Dies folgt aus der

<u>Aussage 1:</u> <u>Es sei k ein Körper mit einer Fundamentalgruppe, deren kohomologische Dimension höchstens 1 ist. Dann besitzt jede Quadrik über k einen rationalen Punkt.</u>

Diese Aussage findet man zum Beispiel bei Serre [1964], Ch. III, Ex. 3 in § 2.4. Damit erhält man den

<u>Satz 2:</u> <u>Es seien k ein Körper der Charakteristik 0 mit einer projektiven Fundamentalgruppe und G eine anabelsche endliche Gruppe. Dann ist jede GA-Realisierung von G über k(t) auch eine GAR-Realisierung von G über k(t).</u>

<u>Beweis:</u> Es seien L der in der Bemerkung 1 definierte Körper und R ein regulärer Erweiterungskörper von L mit $\bar{k}R = \bar{k}(t)$. Dann gilt wie oben $g(R) = 0$. Somit wird R/k durch eine Quadrik erzeugt (siehe Kap. I, § 3.5, Satz D). Da nach § 3, Satz B, die kohomologische Dimension der Fundamentalgruppe von k höchstens 1 ist, besitzt nach der Aussage 1 jede Quadrik über k einen rationalen Punkt. Unter Verwendung des Satzes D im Kapitel I, § 3.5, folgt hieraus, daß R/k ein rationaler Funktionenkörper ist. □

Zusammen mit dem Zusatz A in § 3 ergibt sich hieraus die

<u>Folgerung 3:</u> <u>Sind k ein algebraischer Erweiterungskörper von $\mathbb{Q}^{ab}$ und G eine anabelsche endliche Gruppe, so ist jede GA-Realisierung von G über k(t) auch eine GAR-Realisierung.</u>

3. GAR-Realisierungen für einige einfache Gruppen

In diesem Abschnitt wird gezeigt, daß die meisten der in den beiden vorigen Kapiteln konstruierten G-Realisierungen einfacher Gruppen GAR-Realisierungen sind.

Satz 3:

(a) Die einfachen alternierenden Gruppen A_m besitzen für $m \neq 6$ GAR-Realisierungen über $\mathbb{Q}(t)$.

(b) Die einfachen alternierenden Gruppen A_m besitzen GAR-Realisierungen über $\mathbb{Q}^{ab}(t)$.

Beweis: Die Galoisgruppen der im Kapitel II, § 3.2, Satz 2, konstruierten A_m-Erweiterungen sind für $m \neq 6$ GA-Realisierungen von A_m über $\mathbb{Q}(y) \cong \mathbb{Q}(t)$, da $\mathbb{Q}(y)$ als Fixkörper der A_m in einer regulären S_m-Erweiterung $N/\mathbb{Q}(t)$ gefunden wurde und $\mathrm{Aut}(A_m) \cong S_m$ gilt. Wegen $s = 3$ sind diese GA-Realisierungen nach der Bemerkung 1(a) sogar GAR-Realisierungen der A_m über $\mathbb{Q}(y)$.

Durch Konstantenerweiterung mit $\mathbb{Q}^{ab}$ erhält man für $m \neq 6$ aus den GAR-Ralisierungen der A_m über $\mathbb{Q}(t)$ solche über $\mathbb{Q}^{ab}(t)$. Im Beispiel 1 wurde gezeigt, daß die A_6 eine GA-Realisierung über einem Funktionenkörper $K/\mathbb{Q}$ vom Geschlecht 0 besitzt. Nach dem Satz D in I, § 3.5, und der Aussage 1 ist $\mathbb{Q}^{ab}K$ ein rationaler Funktionenkörper, über dem dann $\mathrm{Gal}(\mathbb{Q}^{ab}N/\mathbb{Q}^{ab}K)$ eine GAR-Realisierung der A_6 bildet. □

Anmerkung: Wie schon im Beispiel 1 festgestellt wurde, besitzt die A_6 eine GA-Realisierung über $\mathbb{Q}(t)$.

Satz 4:

(a) Die einfachen Gruppen $PSL_2(\mathbb{F}_p)$ besitzen für $p \not\equiv \pm 1 \bmod 24$ GAR-Realisierungen über $\mathbb{Q}(t)$.

(b) Die einfachen Gruppen $PSL_2(\mathbb{F}_p)$ besitzen GAR-Realisierungen über $\mathbb{Q}^{ab}(t)$.

Beweis: Wegen $\mathrm{Aut}(PSL_2(\mathbb{F}_p)) \cong PGL_2(\mathbb{F}_p)$ erhält man für $p \not\equiv \pm 1 \bmod 24$ die Existenz von GA-Realisierungen der einfachen Gruppen $PSL_2(\mathbb{F}_p)$ aus der Folgerung 2 im Kapitel III, § 4.2. Für diese ergibt sich die Rationalitätsbedingung (R) aus der Bemerkung 1(b) wegen $\mathrm{Out}(PSL_2(\mathbb{F}_p)) \cong Z_2$. Nach dem Satz 2 mit dem Zusatz 2 im Kapitel III, § 4.2, besitzen die Gruppen $PSL_2(\mathbb{F}_p)$ GA-Realisierungen über $\mathbb{Q}_o^{(p-1)}(t)$ und folglich auch über $\mathbb{Q}^{ab}(t)$. Damit ist auch (b) bewiesen, da nach dem Satz 2 jede GA-Realisierung über $\mathbb{Q}^{ab}(t)$ eine GAR-Realisierung ist. □

Für die bisher behandelten sporadischen einfachen Gruppen gilt der

Satz 5: Die Mathieugruppen M_{11} und M_{12} sowie die Fischer-Griess-Gruppe F_1 besitzen GAR-Realisierungen über $\mathbb{Q}(t)$.

Beweis: Für die Gruppe M_{12} wurde das anteilige Resultat bereits im Beispiel 2 festgestellt. Die Gruppen M_{11} und F_1 besitzen nach III, § 6.1, Satz 1(b), beziehungsweise nach II, § 6.4, Satz 3, G-Realisierungen über $\mathbb{Q}(t)$. Da beide Gruppen keine äußeren Automorphismen haben, sind diese G-Realisierungen stets auch GAR-Realisierungen. □

4. Weitere Resultate über GAR-Realisierungen einfacher Gruppen

Bisher konnten für die folgenden einfachen Gruppen GAR-Realisierungen über $\mathbb{Q}(t)$ beziehungsweise über $\mathbb{Q}^{ab}(t)$ nachgewiesen werden:

Satz B:

(a) Die folgenden einfachen endlichen Gruppen besitzen GAR-Realisierungen über $\mathbb{Q}(t)$:

$$A_m \text{ für } m \neq 6,\ PSL_2(\mathbb{F}_p) \text{ für } p \not\equiv \pm 1 \bmod 24,\ G_2(p)$$

und die 19 in III, § 6.5, Satz A, aufgezählten sporadischen einfachen Gruppen.

(b) Die folgenden einfachen endlichen Gruppen besitzen GAR-Realisierungen über $\mathbb{Q}^{ab}(t)$:

$$A_m,\ PSL_2(\mathbb{F}_p),\ P\Omega_{2m+1}(\mathbb{F}_p),\ PSp_{2n}(\mathbb{F}_p),\ G_2(p)$$

und alle sporadischen einfachen Gruppen mit höchstens der Ausnahme J_4.

Dieser Satz setzt sich aus in mehrere Arbeiten verstreute Einzelergebnissen zusammen. Die Referenzen für die jeweiligen Gruppen sind: A_m (Matzat [1985b], Satz 5); $PSL_2(\mathbb{F}_p)$ für $p \not\equiv \pm 1 \bmod 24$ (Malle, Matzat [1985], Zusatz 1); sporadische einfache Gruppen (Matzat [1985b], Satz 6, und Pahlings [198?]). Die Resultate für die übrigen im Satz B genannten klassischen einfachen Gruppen erhält man durch Untersuchung der von Belyi [1979], § 4, gefundenen G-Realisierungen; wegen $\mathrm{Out}(G_2(p))=I$ geht das Resultat für die Gruppen $G_2(p)$ auf Thompson [198?a] beziehungsweise Feit, Fong [1984] zurück (siehe auch Matzat [198?a]).

§ 5 Einbettungsprobleme mit anabelschem Kern

Bei der Einführung des Begriffs einer GAR-Realisierung im letzten Paragraphen wurde gezeigt, daß endliche Einbettungsprobleme über Hilbertkörpern K lösbar sind, falls deren Kern eine GAR-Realisierung über K(t) besitzt. Wollte man diesen Sachverhalt direkt für einen Induktionsbeweis verwenden, benötigte man die Existenz von GAR-Realisierungen für die anabelschen Hauptfaktoren endlicher Gruppen. Nun sind aber die Automorphismenklassengruppen der direkten Produkte einfacher Gruppen mit mehr als 4 isomorphen Faktoren nicht mehr in Aut(K(t)/K) einbettbar und besitzen daher im allgemeinen keine GAR-Realisierungen über K(t). Diese Hürde kann man überspringen, indem man zu rationalen Funktionenkörpern von höherem Transzendenzgrad übergeht. Dabei stellt sich heraus, daß schon solche endlichen Einbettungsprobleme mit einem charakteristischen einfachen anabelschen Kern über K lösbar sind, für die nur einer der einfachen Faktoren des Kerns eine GAR-Realisierung über K(t) besitzt.

1. GA-Realisierungen charakteristisch einfacher anabelscher Gruppen

Der erste Schritt in die Richtung des angekündigten Resultats ist die

<u>Bemerkung 1:</u> <u>Es seien</u> K <u>ein Körper und</u> $H^* = \prod_{j=1}^{r} H_j$ <u>eine charakteristisch einfache, anabelsche endliche Gruppe, deren einfacher Faktor</u> H_1 <u>eine</u> GA-<u>Realisierung über</u> K(t) <u>besitzt. Dann existiert für</u> H^* <u>eine</u> GA-<u>Realisierung über</u> $K(\underline{t})$, $\underline{t} = (t_1,\dots,t_r)$, <u>mit einem über</u> K <u>rein transzendenten Fixkörper von</u> $A^* \cong \mathrm{Aut}(H^*)$.

<u>Beweis:</u> $H := H_1$ besitzt eine GA-Realisierung über K(t), es gibt also einen Turm regulärer Körpererweiterungen $N \geq K(t) \geq K(u)$ mit $\mathrm{Gal}(N/K(t)) \cong H$ und $\mathrm{Gal}(N/K(u)) \cong \mathrm{Aut}(H)$. Die Minimalpolynome eines primitiven Elements x von N/K(u) über K(t) bzw. K(u) werden mit $f(t,X) \in K(t)[X]$ bzw. mit $g(u,X) \in K(u)[X]$ bezeichnet. Weiter kann angenommen werden, daß u eine Polynomfunktion in t ist: $u = h(t)$ mit $h(X) \in K[X]$.
Sind nun $t_1,\dots,t_r$ über K unabhängige Transzendente und sind x_j Nullstellen von $f(t_j,X)$ für $j = 1,\dots,r$, so ist der von $\underline{x} = (x_1,\dots,x_r)$ über $K(\underline{t})$ erzeugte Körper $M := K(\underline{t},\underline{x})$ galoissch über $K(\underline{t})$ mit einer zu H^* isomorphen Gruppe. Desweiteren sind $u_j := h(t_j)$ für $j = 1,\dots,r$ über K unabhängige Transzendente, und es ist $M/K(\underline{u})$, $\underline{u} = (u_1,\dots,u_r)$,

galoissch mit der Gruppe $\mathrm{Gal}(M/K(\underline{u})) = \prod_{j=1}^{r} \mathrm{Aut}(H_j)$.

Die Automorphismengruppe von H^* ist das Kranzprodukt von Aut(H) mit der symmetrischen Gruppe S_r:

$$\mathrm{Aut}(H^*) \cong \mathrm{Aut}(H) \sim S_r .$$

Eine Operation von S_r auf $K(\underline{u})$ erhält man, indem man $\sigma \in S_r$ die erzeugenden Transzendenten vermöge $u_j \mapsto u_{\sigma(j)}$ permutieren läßt und diese Permutation zu einem Automorphismus $\tilde{\sigma}$ von $K(\underline{u})/K$ fortsetzt. Der Fixkörper dieser Gruppe von Automorphismen von $K(\underline{u})$ ist ein rationaler Funktionenkörper über K, der über K durch die elementarsymmetrischen Polynome $s_1,\ldots,s_r$ in $u_1,\ldots,u_r$ erzeugt wird. Da alle Fortsetzungen $\tilde{\sigma}^*$ von $\tilde{\sigma} \in \mathrm{Gal}(K(\underline{u})/K(\underline{s}))$ auf M die Nullstellen von $g(u_j,X)$, $j = 1,\ldots,r$, permutieren, sind $\tilde{\sigma}^*$ Automorphismen von $M/K(\underline{s})$, und $M/K(\underline{s})$ ist galoissch. Man verifiziert nun leicht, daß

$$\mathrm{Gal}(M/K(\underline{s})) \cong \mathrm{Aut}(H) \sim S_r$$

und damit isomorph zu $\mathrm{Aut}(H^*)$ ist. □

2. Der Einbettungssatz für charakteristisch einfachen anabelschen Kern

Dem Beweis des Hauptresultats in diesem Paragraphen wird noch die folgende Feststellung vorausgeschickt:

<u>Bemerkung 2:</u> <u>Es sei G eine Gruppenerweiterung einer charakteristisch einfachen anabelschen Gruppe</u> $H^* = \prod_{j=1}^{r} H_j$ <u>mit einer Gruppe</u> G_0. <u>Dann ist die Abbildung</u>

$$p_G : G \to S_r,\ \gamma \mapsto \begin{pmatrix} 1 & \cdots & r \\ \gamma(1) & \cdots & \gamma(r) \end{pmatrix} \ \underline{\text{mit}}\ H_{\gamma(j)} := \gamma^{-1} H_j \gamma$$

<u>eine Permutationsdarstellung von G mit</u>

$$D := \mathrm{Kern}(p_G) = \bigcap_{j=1}^{r} N_G(H_j).$$

<u>Beweis:</u> Da H^* ein Normalteiler von G ist, dessen einzige zu $H \cong H_1$ isomorphen Normalteiler der Menge $\{H_1,\ldots,H_r\}$ angehören, permutiert $\gamma \in G$ durch Konjugation $\{H_1,\ldots,H_r\}$. p_G ist also eine Permutationsdarstellung von G mit dem oben angegebenen Kern. □

Anmerkung: Ist H^* in der Bemerkung 2 ein minimaler Normalteiler von G, so ist p_G eine transitive Permutationsdarstellung von G.

Nach diesen Vorbereitungen kann jetzt der folgende Einbettungssatz bewiesen werden:

<u>Satz 1: Es seien</u> K <u>ein Hilbertkörper und</u> $H^* = \prod_{j=1}^{r} H_j$ <u>eine charakteristisch einfache, anabelsche endliche Gruppe, deren einfacher Faktor</u> H_1 <u>eine</u> GAR-<u>Realisierung über</u> K(t) <u>besitzt. Dann hat jedes endliche Einbettungsproblem über</u> K <u>mit dem Kern</u> H^* <u>unendlich viele Lösungen</u>.

<u>Beweis:</u> Es seien N_O/K eine endliche Galoiserweiterung mit der Gruppe G_O und G eine Gruppenerweiterung von H^* mit G_O. Weiter kann ohne Beschränkung der Allgemeinheit angenommen werden, daß H^* ein minimaler Normalteiler von G ist.

Die Bezeichnungen M, $K(\underline{t})$, $K(\underline{u})$, $K(\underline{s})$ werden im Sinne der Bemerkung 1 verwendet; und es sei $M_O = N_O M$ das Kompositum von N_O und M in einer algebraisch abgeschlossenen Hülle von M. Dann ist $M_O/K(\underline{s})$ galoissch mit

$$\mathrm{Gal}(M_O/K(\underline{s})) = \mathrm{Gal}(M_O/N_O(\underline{s})) \times \mathrm{Gal}(M_O/M) \cong \mathrm{Aut}(H^*) \times G_O .$$

Nach dem Satz A in § 4 existiert eine zu G isomorphe Untergruppe U von $\mathrm{Gal}(M_O/K(\underline{s}))$, deren Fixkörper M_O^U ein regulärer Erweiterungskörper von $K(\underline{s})$ ist mit $N_O M_O^U = N_O(\underline{t})$. Es bleibt zu zeigen, daß M_O^U/K ein rationaler Funktionenkörper ist.

Im folgenden wird U mit G identifiziert. Weiter werden die Normalisatoren von H_j in G mit C_j bezeichnet. In einem ersten Schritt wird nun bewiesen, daß der Fixkörper von

$$D = \bigcap_{j=1}^{r} C_j ,$$

also M_O^D, ein rationaler Funktionenkörper über N_O^D ist, wobei N_O^D den Fixkörper der auf N_O eingeschränkten Gruppe D bedeutet. Aus der Voraussetzung folgt, daß die Galoisgruppe der aus $K(x_1,t_1)/K(t_1)$ durch Konstantenerweiterung mit $K_1 := N_O^{C_1}$ entstehenden Körpererweiterung $K_1(x_1,t_1)/K_1(t_1)$ eine GAR-Realisierung von H_1 über $K_1(t_1)$ ist; dabei ist $K_1(u_1)$ der Fixkörper von $A_1 \cong \mathrm{Aut}(H_1)$. G permutiert die Funktionen $u_1,\dots,u_r$. Hieraus ergibt sich, daß u_1 ein Element von $M_O^{C_1}$ ist und der Teilkörper $N_O(t_1)$ von $N_O(\underline{t})$ unter C_1 invariant bleibt. Der Fixkörper $N_O(t_1)^{C_1}$ ist nun ein regulärer Erweiterungskörper von $K_1(u_1)$, dessen Kompositum mit N_O den Körper $N_O(t_1)$ ergibt. Aus der Rationalitätsbedingung (R) folgt jetzt, daß $N_O(t_1)^{C_1}$ ein rationaler Funktionenkörper über K_1 ist; es gibt also eine Funktion $v_1 \in N_O(t_1)^{C_1}$ mit $N_O(t_1)^{C_1} = K_1(v_1)$. Nach obiger Annahme ist p_G eine transitive Permutationsdarstellung auf

$\{H_1,\ldots,H_r\}$; daher existieren für $j = 1,\ldots,r$ Elemente $\gamma_j \in G$ mit $p_G(\gamma_j)(1) = j$. Dann sind $v_j := v_1^{\gamma_j}$ invariant unter C_j, und wegen $D = \bigcap_{j=1}^{r} C_j$ gilt $v_j \in M_O^D$ für $j = 1,\ldots,r$. Auf Grund von $N_O(v_j) = N_O(t_j)$ sind $v_1,\ldots,v_r$ unabhängige Transzendente über N_O^D. Neben den Inklusionen $N_O^D(\underline{v}) \leq M_O^D \leq N_O(\underline{t})$ bestehen die Gradabschätzungen

$$(N_O(\underline{t}):M_O^D) \geq (N_O:N_O^D) = (N_O(\underline{v}):N_O^D(\underline{v})),$$

woraus wegen $N_O(\underline{t}) = N_O(\underline{v})$ folgt: Es ist

$$M_O^D = N_O^D(\underline{v}) \text{ mit } \underline{v} = (v_1,\ldots,v_r).$$

Beim zweiten Beweisschritt wird nun nach dem Vorbild des Beweises zum Einbettungssatz in Kranzprodukte vorgegangen. Es seien also θ_1 ein primitives Element von K_1/K und $\theta_j := \theta_1^{\gamma_j}$. Dann sind $\theta_1,\ldots,\theta_r$ die Nullstellen des Minimalpolynoms von θ_1 über K, und es ist $N_O^D = K(\theta_1,\ldots,\theta_r)$. Bedeuten $V(\underline{\theta})$ die Vandermondesche Determinante von $\theta_1,\ldots,\theta_r$ und $W_i(\underline{\theta},\underline{v})$ diejenige Determinante, die aus $V(\underline{\theta})$ entsteht, indem man die i-te Spalte durch den zu $(v_1,\ldots,v_r)$ transponierten Vektor ersetzt, so erfüllen die

$$w_i := \frac{W_i(\underline{\theta},\underline{v})}{V(\underline{\theta})} \quad \text{für } i = 1,\ldots,r$$

nach der Cramerschen Regel die Gleichungen

$$v_j = \sum_{i=1}^{r} \theta_j^{i-1} w_i \quad \text{für } j = 1,\ldots,r$$

und sind daher r über N_O^D unabhängige Transzendente. Durch $\gamma \in G$ werden nun $\theta_1,\ldots,\theta_r$ und $v_1,\ldots,v_r$ vermöge $\theta_i^{\gamma} = \theta_{\gamma(i)}$ beziehungsweise $v_i^{\gamma} = v_{\gamma(i)}$ permutiert, also sind $w_1,\ldots,w_r$ unter G invariant, woraus zunächst $K(\underline{w}) \leq M_O^G$ für $\underline{w} = (w_1,\ldots,w_r)$ folgt. Da außerdem $N_O^D(\underline{w}) = M_O^D$ ist, gilt wegen

$$(M_O^D:M_O^G) \geq (N_O^D:K) = (N_O^D(\underline{w}):K(\underline{w}))$$

schließlich

$$M_O^G = K(\underline{w}).$$

Aus der Bemerkung 2 in § 2 folgt jetzt, daß es unendlich viele Körper $N \geq N_O$ mit $\mathrm{Gal}(N/K) \cong G$ gibt. □

Mit wörtlich dem Beweis zum Zusatz 1 in § 2.2 folgt, daß der obige

Einbettungssatz für charakteristisch einfachen anabelschen Kern auch innerhalb der regulären Körpererweiterungen eines rationalen Funktionenkörpers k(t) gültig **bleibt.**

Zusatz 1: Ist im Satz 1 der Hilbertkörper ein rationaler Funktionenkörper, etwa $K = k(t)$, und sind $N_0/k(t)$ eine reguläre Galoiserweiterung mit der Gruppe G_0 sowie G eine Gruppenerweiterung von H^* mit G_0, so gibt es auch eine reguläre Galoiserweiterung $N/k(t)$ mit $N \geq N_0$ und $Gal(N/k(t)) \cong G$.

3. Hauptreihen

Der Satz 1 ist nun dazu geeignet, Induktionsbeweise über Hauptreihen zu führen. Auf diese Weise bekommt man zunächst den

Satz 2: (Einbettungssatz für anabelschen Kern)
Sind K ein Hilbertkörper und H eine nichttriviale endliche Gruppe, deren Kompositionsfaktoren GAR-Realisierungen über K(t) besitzen, so hat jedes endliche Einbettungsproblem über K mit dem Kern H unendlich viele Lösungen.

Beweis: Es seien N_0/K eine endliche Galoiserweiterung mit der Gruppe G_0 und G eine Gruppenerweiterung von H mit G_0. Ferner sei H_1 ein bezüglich Inklusion maximales Element unter den in H enthaltenen und von H verschiedenen Normalteilern von G. Dann ist H/H_1 ein Hauptfaktor von G und damit eine charakteristisch einfache Gruppe. Nach der Voraussetzung ist H/H_1 eine anabelsche Gruppe, deren einfache Faktoren GAR-Realisierungen über K(t) besitzen. Damit folgt aus dem Satz 1, daß es unendlich viele Galoiserweiterungen N_1/K mit $N_1 \geq N_0$ und $Gal(N_1/K) \cong G/H_1$ gibt. Nun ersetzt man G_0 durch $G_1 := G/H_1$ und H durch H_1 und schreitet durch Induktion fort. □

Wie bei den vorigen Sätzen erhält man auch hier als

Zusatz 2: Ist im Satz 2 der Hilbertkörper ein rationaler Funktionenkörper, etwa $K = k(t)$, und sind $N_0/k(t)$ eine reguläre Körpererweiterung mit der Gruppe G_0 sowie G eine Gruppenerweiterung von H mit G_0, so gibt es auch eine reguläre Körpererweiterung $N/k(t)$ mit $N \geq N_0$ und $Gal(N/k(t)) \cong G$.

Im Spezialfall $G_0 = I$ wird aus dem Zusatz 2 die

Folgerung 1: Sind k ein Körper und G eine endliche Gruppe, deren Kompositionsfaktoren GAR-Realisierungen über k(t) besitzen, so gibt es eine reguläre Galoiserweiterung $N/k(t)$ mit $Gal(N/k(t)) \cong G$.

Verwendet man noch die Sätze 3 und 4 in § 4, so ergibt sich hieraus weiter die

Folgerung 2: Jede endliche Gruppe, deren Kompositionsfaktoren isomorph zu alternierenden Gruppen A_m mit $m \neq 6$ oder zu Gruppen $PSL_2(\mathbb{F}_p)$ mit $p \not\equiv \pm 1 \bmod 24$ sind, besitzt eine G-Realisierung über $\mathbb{Q}(t)$.

Anmerkung: Die in der Folgerung 2 zugelassenen Kompositionsfaktoren können noch durch die im Satz B(a) von § 4 aufgezählten einfachen Gruppen, also zum Beispiel auch durch die Gruppen $G_2(p)$, ergänzt werden.

Vorläufer des Einbettungssatzes für anabelschen Kern mit seinen Folgerungen findet man bei Thompson [198?b], Th. 2 mit Th. 1, Fried [1984], Th. 2.2 mit Cor. 2.3 und Coombes, Harbater [1985], Th. 3.4 mit Cor. 3.5 und Cor. 3.6. Verbindet man diesen noch mit dem Einbettungssatz von Iwasawa in § 3.3, so erhält man den

Satz 3: Sind K ein Hilbertkörper mit $\mathbb{Q}^{ab} \leq K \leq \overline{\mathbb{Q}}$ und $H \neq I$ eine endliche Gruppe, deren anabelsche Kompositionsfaktoren GA-Realisierungen über K(t) besitzen, so hat jedes endliche Einbettungsproblem über K mit dem Kern H unendlich viele Lösungen.

Hieraus und aus den Sätzen 3 und 4 in § 4 ergibt sich weiter die

Folgerung 3: Jede endliche Gruppe, deren anabelsche Kompositionsfaktoren isomorph zu A_m oder zu $PSL_2(\mathbb{F}_p)$ sind, ist als Galoisgruppe über $\mathbb{Q}^{ab}$ realisierbar.

Anmerkung: Die in der Folgerung 3 zugelassenen anabelschen Kompositionsfaktoren können noch durch die im Satz B(b) von § 4 genannten anabelschen einfachen Gruppen ergänzt werden.

§ 6 Zentrale Einbettungsprobleme

Bei den beiden Rationalitätskriterien wurde vorausgesetzt, daß das Zentrum $Z(G)$ einer als Galoisgruppe über einem Körper K zu realisierenden Gruppe G ein direkter Faktor von G ist. Ansonsten konnte zum Beispiel mit der Bemerkung 5 in III, § 3.3, nur die Faktorgruppe $G_0:=G/Z(G)$ als Galoisgruppe über K realisiert werden. Die Frage nach der Realisierbarkeit von G als Galoisgruppe über K führt dann auf ein Einbettungsproblem, dessen Kern in $Z(G)$ liegt. Ein solches Einbettungsproblem heißt ein *zentrales Einbettungsproblem*. Mit den bisherigen Einbettungssätzen kann die Frage nach der Lösbarkeit eines nicht zerfallenden, zentralen Einbettungsproblems über K nur dann bejaht werden, wenn die Fundamentalgruppe von K eine projektive proendliche Gruppe ist (Einbettungssatz von Iwasawa). Wenn diese Voraussetzung nicht erfüllt ist, sind nicht zerfallende, zentrale Einbettungsprobleme nicht immer lösbar. Im ersten Abschnitt wird ein Kriterium von Serre [1984] vorgestellt, mit dessen Hilfe es konstruktiv möglich ist, die Frage nach der Lösbarkeit eines endlichen zentralen Einbettungsproblems mit dem Kern Z_2 zu entscheiden. Da der Beweis dieses Kriteriums aus dem bisherigen Rahmen fällt, wird hierfür auf die Originalarbeit verwiesen. Ausgehend von den Galoisrealisierungen in II, § 3, und III, § 6, wird dann in den folgenden beiden Abschnitten mit dem Einbettungssatz von Serre gezeigt, daß zum Beispiel die Darstellungsgruppen der alternierenden Gruppen A_m für $m \equiv 0 \bmod 8$ und $m \equiv 1 \bmod 8$ und der Mathieugruppe M_{12} als Galoisgruppen über $\mathbb{Q}$ realisierbar sind.

1. Der Einbettungssatz von Serre

Es seien K ein Körper mit einer von 2 verschiedenen Charakteristik und $Br(K)$ die Brauergruppe von K. Diese besteht aus den Ähnlichkeitsklassen der zentral einfachen endlichdimensionalen Algebren über K. Zu diesen gehören die durch

$$K[j_1,j_2],\ j_1^2 = a_1 \in K^\times,\ j_2^2 = a_2 \in K^\times,\ j_1j_2 = -j_2j_1,$$

definierten Quaternionenalgebren, deren Ähnlichkeitsklasse in $Br(K)$ mit (a_1,a_2) bezeichnet werde. (a_1,a_2) ist eine Involution in $Br(K)$, liegt also bereits in dem Normalteiler $Br_2(K)$ der Elemente der Ordnung 2 von $Br(K)$. In $Br(K)$ und damit auch $Br_2(K)$ gelten die folgenden Rechenregeln für $a,b,c \in K^\times$:

(1.1) $(a,b) = (b,a)$,

(1.2) $(a,b) = (ac^2,b) = (a,bc^2)$,

(1.3) $(a,a) = (a,-1)$,

(1.4) $(1,a) = (b,-b) = (c,1-c) = 1$ für $c \neq 1$,

(1.5) $(a,b)(a,c) = (a,bc)$

(siehe z.B. Jacobson [1980], Ch. 9.15).

Nun sei L/K eine separable Körpererweiterung vom Grad m. Dann ist

$$q_{L/K} : L \to K,\ x \mapsto \mathrm{Spur}_{L/K}(x^2)$$

eine nicht ausgeartete quadratische Form auf L mit der zugehörigen symmetrischen Bilinearform

$$b_{L/K} : L \times L \to K,\ (x,y) \mapsto \tfrac{1}{2}(q_{L/K}(x+y) - q_{L/K}(x) - q_{L/K}(y)).$$

Bezeichnet $\{z_1,\ldots,z_m\}$ eine Basis von L/K und besitzt $x \in L$ die Basisdarstellung $x = \sum_{i=1}^{m} x_i z_i$, so wird

$$q_{L/K}(x) = \sum_{i,j=1}^{m} b_{ij} x_i x_j \text{ mit } b_{ij} := b_{L/K}(z_i,z_j) = \mathrm{Spur}_{L/K}(z_i z_j)$$

und definiert so eine nicht ausgeartete quadratische Form über K:

$$q_{L/K}(\underline{X}) := \sum_{i,j=1}^{m} b_{ij} X_i X_j \in K[X_1,\ldots,X_m].$$

Ist weiter

$$d_{L/K}(\underline{X}) := \sum_{i=1}^{m} a_i X_i^2$$

eine zu $q_{L/K}(\underline{X})$ äquivalente Diagonalform, so heißt das von der Wahl der Diagonalform unabhängige Element

$$s(q_{L/K}) := \prod_{1 \le i < j \le m} (a_i,a_j)$$

der Gruppe $Br_2(K)$ die *Hasse-Invariante von* $q_{L/K}(\underline{X})$ (siehe Jacobson [1980], Prop. 9.9). Nach obigem ist $s(q_{L/K})$ nur von der Körpererweiterung L/K abhängig und wird deshalb auch als *Hasse-Invariante von* L/K bezeichnet:

$$s(L/K) := s(q_{L/K}).$$

Ferner ist

$$d(L/K) := \prod_{i=1}^{m} a_i$$

die Diskriminante sowohl der quadratischen Form $q_{L/K}(\underline{X})$ als auch der Körpererweiterung L/K.

Für die alternierenden Gruppen A_m, $m \geq 4$, gibt es genau eine nicht zerfallende zentrale Gruppenerweiterung $\hat{A}_m$ mit einem Zentrum der Ordnung 2; die zugehörige exakte Sequenz sei

$$I \to Z_2 \to \hat{A}_m \overset{\psi}{\to} A_m \to I.$$

Dabei ist $\hat{A}_m$ für $m \neq 6,7$ die volle Darstellungsgruppe der A_m (siehe zum Beispiel Gorenstein [1982], S. 302). Für jede Untergruppe G_0 von A_m ist also die Urbildmenge $G := \psi^{-1}(G_0)$ eine zentrale Erweiterung von Z_2 mit G_0. Mit den eingeführten Bezeichnungen gilt nun der

<u>Satz A:</u> (Einbettungssatz von Serre)
<u>Es seien</u> K <u>ein Hilbertkörper mit einer von</u> 2 <u>verschiedenen Charakteristik</u>, $L = K(x)$ <u>eine separable Körpererweiterung vom Grad</u> $m \geq 4$, $f(X) \in K[X]$ <u>das Minimalpolynom von</u> x <u>über</u> K, <u>und es gelte</u> $G_0 := \mathrm{Gal}(f) \leq A_m$. <u>Ferner bedeute</u> N_0 <u>die galoissche Hülle von</u> L/K <u>mit</u> $\mathrm{Gal}(N_0/K) \cong G_0$. <u>Dann sind die folgenden beiden Aussagen äquivalent</u>:

(a) <u>Es gibt eine Galoiserweiterung</u> N/K <u>mit</u> $N \geq N_0$ <u>und</u> $\mathrm{Gal}(N/K) \cong G$ <u>für</u> $G := \psi^{-1}(G_0)$.

(b) <u>Die Hasse-Invariante von</u> L/K <u>ist trivial</u>: $\delta(L/K) = 1$.

Dieser Satz ist für nichtzerfallende Gruppenerweiterungen $G = Z_2 \cdot G_0$ in dem Théorème 1 bei Serre [1984] enthalten (siehe auch Feit [198?a], Th. 3.2) und ergibt sich für zerfallende Gruppenerweiterungen aus dem Satz 2 in § 2.

<u>2. Die Darstellungsgruppen von A_m</u>

Im Kapitel II, § 3.2, Satz 2, wurde gezeigt, daß es Polynome $f(t,X) := f_2(y,X)$ der Form

(2.1) $$f(t,X) = X^m + a(t)X + b(t) \in \mathbb{Q}(t)[X]$$

mit

$$a(t) = -m(1-\varepsilon_m mt^2),\ b(t) = (m-1)(1-\varepsilon_m mt^2) \text{ für } m \equiv 1 \bmod 2$$

beziehungsweise mit

$$a(t) = -m(1+\varepsilon_m(m-1)t^2)^{-1},\ b(t) = (m-1)(1+\varepsilon_m(m-1)t^2)^{-1} \text{ für } m \equiv 0 \bmod 2$$

und $\varepsilon_m = (-1)^{\frac{m(m-1)}{2}}$ gibt, deren Nullstellen einen über $\mathbb{Q}(t)$ regulären Körper mit der Galoisgruppe A_m erzeugen.

<u>Bemerkung 1: Es seien</u> K <u>ein Körper der Charakteristik</u> 0 <u>und</u>

$$f(X) = X^m + aX + b \in K[X] \ \underline{\text{mit}}\ ab \neq 0$$

<u>ein irreduzibles Polynom mit einer quadratischen Diskriminante</u>, x <u>eine Nullstelle von</u> f(X) <u>in einem Zerfällungskörper von</u> f(X) <u>über</u> K <u>und</u> $L := K(x)$. <u>Dann ist die quadratische Form</u> $q_{L/K}(\underline{X}) \in K[\underline{X}]$ <u>äquivalent zu</u>

$$mX_1^2 + (-1)^{\frac{m-2}{2}} mX_2^2 + X_3X_4 + \cdots + X_{m-1}X_m \ \underline{\text{für}}\ m \equiv 0 \bmod 2$$

<u>beziehungsweise zu</u>

$$mX_1^2 + cX_2^2 + (-1)^{\frac{m-3}{2}} mcX_3^2 + X_4X_5 + \cdots + X_{m-1}X_m \ \underline{\text{für}}\ m \equiv 1 \bmod 2.$$

<u>mit</u> $c := (1-m)a$.

<u>Beweis:</u> $\{1,x,\ldots,x^{m-1}\}$ bildet eine Vektorraumbasis von L/K. Aus den Newtonschen Formeln für die Potenzsummen folgt sofort

(2.2) $\quad \mathrm{Spur}_{L/K}(x^j) = 0$ für $1 \le j \le m-2$,

(2.3) $\quad \mathrm{Spur}_{L/K}(1) = m,\ \mathrm{Spur}_{L/K}(x^{m-1}) = (1-m)a$.

Nun sei zunächst $m \equiv 0 \bmod 2$. Dann ist L die orthogonale direkte Summe von $K\cdot 1$ und der Hyperebene der Elemente $y \in L$ mit $\mathrm{Spur}_{L/K}(y) = 0$, diese sei L_0. Nach (2.2) erzeugen $x,\ldots,x^{\frac{m-2}{2}}$ einen vollständig isotropen Teilraum von L_0. Folglich enthält L_0 die direkte Summe von $\frac{m-2}{2}$ hyperbolischen Ebenen $H_1,\ldots,H_{\frac{m-2}{2}}$. Also ist L die orthogonale direkte Summe von $K\cdot 1$, $H_1,\ldots,H_{\frac{m-2}{2}}$ und einem linearen Teilraum L_1 von L_0:

$$L = K\cdot 1 \oplus L_1 \oplus \bigoplus_{i=1}^{\frac{m-2}{2}} H_i .$$

Aus dieser Zerlegung von L ergibt sich, daß $q_{L/K}(\underline{X})$ zu einer quadratischen Form der Gestalt

$$mX_1^2 + dX_2^2 + X_3X_4 + \cdots + X_{m-1}X_m$$

äquivalent ist. Nach der Voraussetzung ist die Diskriminante von $q_{L/K}(\underline{X})$ in K quadratgleich zu 1, woraus

$$md(-1)^{\frac{m-2}{2}} \equiv_{2} 1$$

folgt, und es kann $d = (-1)^{\frac{m-2}{2}} m$ gesetzt werden.

Im Fall $m \equiv 1 \bmod 2$ sind $1,\dots,x^{\frac{m-1}{2}}$ nach (2.2) paarweise orthogonale Basisvektoren von L/K, und $x,\dots,x^{\frac{m-3}{2}}$ erzeugen einen vollständig isotropen Teilraum von L. Daher gibt es $\frac{m-3}{2}$ hyperbolische Ebenen $H_1,\dots,H_{\frac{m-3}{2}}$ und einen linearen Teilraum L_1' in L mit

$$L = K\cdot 1 \oplus Kx^{\frac{m-1}{2}} \oplus L_1' \oplus \bigoplus_{i=1}^{\frac{m-3}{2}} H_i$$

(orthogonale direkte Summe). Mit Hilfe von (2.3) sieht man, daß somit $q_{L/K}(\underline{X})$ zu

$$mX_1^2 + (1-m)aX_2^2 + dX_3^2 + X_4X_5 + \cdots + X_{m-1}X_m$$

äquivalent ist. Weil die Diskriminante von $q_{L/K}(\underline{X})$ quadratgleich zu 1 vorausgesetzt war, gilt weiter

$$m(1-m)ad(-1)^{\frac{m-3}{2}} \equiv_{2} 1;$$

es kann also $d = (-1)^{\frac{m-3}{2}} m(1-m)a$ gewählt werden. □

Mit Hilfe der Bemerkung 1 können die Hasse-Invarianten der von einer Nullstelle von $f(t,X)$ über $\mathbb{Q}(t)$ erzeugten Körper $L/\mathbb{Q}(t)$ berechnet werden. Als Resultat erhält man die

<u>Bemerkung 2:</u> <u>Es seien</u> k <u>ein Körper der Charakteristik</u> 0,

$$f(t,X) = X^m + a(t)X + b(t) \in k(t)[X]$$

<u>das in</u> (2.1) <u>angegebene Polynom mit der Galoisgruppe</u> A_m, x <u>eine Nullstelle von</u> $f(t,X)$ <u>in einem Zerfällungskörper von</u> $f(t,X)$ <u>über</u> $k(t)$ <u>und</u> $L := k(t,x)$. <u>Dann gilt für die Hasse-Invariante von</u> $L/k(t)$

$$s(L/k(t)) = ((-1)^{\frac{m}{2}},-m)(-1,-1)^{\frac{m(m+2)}{8}} \quad \text{für } m \equiv 0 \bmod 2$$

<u>beziehungsweise</u>

$$s(L/k(t)) = ((-1)^{\frac{m-1}{2}} m,1-m)(-1,-1)^{\frac{(m+1)(m-1)}{8}} \quad \text{für } m \equiv 1 \bmod 2.$$

<u>Beweis:</u> Es sei $K := k(t)$. Im Fall $m \equiv 0 \bmod 2$ ist $q_{L/K}(\underline{X})$ nach der Bemerkung 1 äquivalent zu

$$mX_1^2 + (-1)^{\frac{m-2}{2}} mX_2^2 + X_3^2 + \cdots + X^2_{\frac{m+2}{2}} - X^2_{\frac{m+4}{2}} - \cdots - X_m^2.$$

Also ist die Hasse-Invariante von L/K

$$s(L/K) = (m,(-1)^{\frac{m-2}{2}} m)(m,-1)^{\frac{m-2}{2}}((-1)^{\frac{m-2}{2}} m,-1)^{\frac{m-2}{2}}(-1,-1)^{\frac{(m-2)(m-4)}{8}}.$$

Hieraus ergibt sich für $m \equiv 0 \bmod 4$

$$s(L/K) = (m,-1)(-m,-1)(-1,-1)^{\frac{(m-2)(m-4)}{8}} = (-1,-1)^{\frac{m(m+2)}{8}}$$

und für $m \equiv 2 \bmod 4$

$$s(L/K) = (-1,m)(-1,-1)^{\frac{(m-2)(m-4)}{8}} = (-1,-m)(-1,-1)^{\frac{m(m+2)}{8}}.$$

Im Fall $m \equiv 1 \bmod 2$ ist $q_{L/K}(\underline{X})$ äquivalent zu

$$mX_1^2 + cX_2^2 + (-1)^{\frac{m-3}{2}} mcX_3^2 + X_4^2 + \cdots + X^2_{\frac{m+3}{2}} - X^2_{\frac{m+5}{2}} - \cdots X_m^2,$$

woraus sich die Hasse-Invariante

$$\begin{aligned} s(L/K) &= (m,c)(m,(-1)^{\frac{m-3}{2}} mc)(m,-1)^{\frac{m-3}{2}}(c,(-1)^{\frac{m-3}{2}} mc)\cdot \\ &\quad (c,-1)^{\frac{m-3}{2}}((-1)^{\frac{m-3}{2}} mc,-1)^{\frac{m-3}{2}}(-1,-1)^{\frac{(m-3)(m-5)}{8}} \\ &= (m,(-1)^{\frac{m-3}{2}} m)(c,(-1)^{\frac{m-3}{2}} mc)((-1)^{\frac{m-3}{3}},-1)^{\frac{m-3}{2}}\cdot \\ &\quad (-1,-1)^{\frac{(m-3)(m-5)}{8}} \end{aligned}$$

ergibt. Also ist für $s \equiv 1 \bmod 4$

$$s(L/K) = (c,-mc)(-1,-1)(-1,-1)^{\frac{(m-3)(m-5)}{8}} = (c,m)(-1,-1)^{\frac{(m+1)(m-1)}{8}}.$$

Beachtet man nun, daß

$$c = (1-m)a(t) = -m(1-m)(1-mt^2),$$

ist, so wird unter Verwendung von (1.4)

$$(c,m) = (1-m,m)(mt^2,1-mt^2) = (1-m,m).$$

Entsprechend erhält man für $s \equiv 3 \bmod 4$

$$s(L/K) = (m,m)(c,mc)(-1,-1)^{\frac{(m-3)(m-5)}{8}} = (-c,-m)(-1,-1)^{\frac{(m+1)(m-1)}{8}}.$$

Hier ist

$$c = (1-m)a(t) = -m(1-m)(1+mt^2),$$

woraus

$$(-c,-m) = (1-m,-m)(1+mt^2,-mt^2) = (1-m,-m)$$

folgt. Damit ist die Bemerkung 2 vollständig bewiesen. □

Für $m \equiv 1 \bmod 2$ wurde das anteilige Resultat auch von Conner, Perlis [1984], Th. VI.2.1 und Cor. VI.2.6, gefunden. Wählt man nun speziell $k = \mathbb{Q}$, so folgt aus dem Einbettungssatz von Serre der nachstehende bei Vila [1985a] bewiesene

<u>Satz 1:</u> <u>Die Darstellungsgruppen $\hat{A}_m$ der alternierenden Gruppen A_m lassen sich für $m \equiv 0 \bmod 8$ und $m \equiv 1 \bmod 8$ als Galoisgruppen regulärer Körpererweiterungen über $\mathbb{Q}(t)$ realisieren.</u>

<u>Beweis:</u> Nach der Bemerkung 2 gilt $\delta(L/\mathbb{Q}(t)) = 1$ für $m \equiv 0 \bmod 8$ und $m \equiv 1 \bmod 8$. Also folgt aus dem Einbettungssatz von Serre, daß es in diesen Fällen Galoiserweiterungen $\hat{N}/\mathbb{Q}(t)$ mit $\mathrm{Gal}(\hat{N}/\mathbb{Q}(t)) \cong \hat{A}_m$ gibt, die den Zerfällungskörper von $f(t,X)$ über $\mathbb{Q}(t)$ enthalten. Wäre nun $\hat{N}/\mathbb{Q}(t)$ nicht regulär, so enthielte $\hat{N}/\mathbb{Q}(t)$ eine Konstantenerweiterung $k(t)/\mathbb{Q}(t)$ vom Grad 2 und $\mathrm{Gal}(\hat{N}/k(t))$ wäre ein Komplement zum Zentrum von $\mathrm{Gal}(\hat{N}/\mathbb{Q}(t))$! □

Die Aussage des Satzes bleibt auch für weitere $m \in \mathbb{N}$ richtig, zum Beispiel gilt der

<u>Zusatz 1:</u> <u>Die Aussage des Satzes 1 stimmt auch für diejenigen $m \equiv 2 \bmod 8$, die sich in $\mathbb{N}$ als Summe zweier Quadrate darstellen lassen.</u>

<u>Beweis:</u> Für $m = x^2 + y^2$ und $m \equiv 2 \bmod 8$ gilt nach der Bemerkung 2 mit $u := \frac{x}{y}$

$$\delta(L/\mathbb{Q}(t)) = (-1,-(x^2+y^2))(-1,-1) = (-1,1+u^2) = 1,$$

woraus die Behauptung wie im Beweis des Satzes 1 folgt. □

Aus dem Satz 1 mit dem Zusatz 1 ergibt sich weiter die

<u>Folgerung 1:</u> <u>Die Darstellungsgruppen der A_m lassen sich für $m \equiv 0 \bmod 8$, $m \equiv 1 \bmod 8$ und für diejenigen $m \equiv 2 \bmod 8$, die sich in $\mathbb{N}$ als Summe zweier Quadrate darstellen lassen, über jedem Hilbertkörper der Charakteristik 0 als Galoisgruppen realisieren.</u>

Geht man nun von $k = \mathbb{Q}$ über zum Gaußschen Zahlkörper $k = \mathbb{Q}(\sqrt{-1})$, so ist -1 eine Quadratzahl in k. Dann folgt aus dem Einbettungssatz von Serre und der Bemerkung 2 der ebenfalls bei Vila [1985a] festgehaltene

Satz 2: Die Darstellungsgruppen $\hat{A}_m$ der alternierenden Gruppen A_m lassen sich für $m \geq 4$ mit $m \neq 6,7$ als Galoisgruppen regulärer Körpererweiterungen über $\mathbb{Q}(\sqrt{-1},t)$ realisieren.

Hieraus ergibt sich weiter die

Folgerung 2: Die Darstellungsgruppen von A_m lassen sich für $m \geq 4$ mit $m \neq 6,7$ über jedem Hilbertkörper der Charakteristik 0, in dem -1 eine Quadratzahl ist, als Galoisgruppen realisieren.

Anmerkung: Die Aussage des Satzes 2 und der Folgerung 2 bleiben in den Fällen $m = 6$ und $m = 7$ für die eindeutig bestimmte nicht zerfallende, zentrale Gruppenerweiterung $\tilde{A}_m$ der A_m mit dem Kern Z_2 richtig.

Weitere Resultate über die Realisierung der Darstellungsgruppen der alternierenden Gruppen als Galoisgruppen findet man bei Vila [1985a], [1985b] und bei Feit [198?a].

3. Die Darstellungsgruppe von M_{12}

Im Kapitel III, § 6, Satz 2, steht, daß die Galoisgruppe des Polynoms

$$(3.1) \qquad \begin{aligned} f(t,X) = {} & X^{12} + 20X^{11} + 162X^{10} + 3348\cdot 5^{-1}X^9 + 35559\cdot 5^{-2}X^8 \\ & + 5832\cdot 5^{-1}X^7 - 84564\cdot 5^{-3}X^6 - 857304\cdot 5^{-4}X^5 \\ & + 807003\cdot 5^{-5}X^4 + 1810836\cdot 5^{-5}X^3 - 511758\cdot 5^{-6}X^2 \\ & + 2125764\cdot 5^{-7}X + 531441\cdot 5^{-8} - tX^2. \end{aligned}$$

über $\mathbb{Q}(t)$ isomorph zur Mathieugruppe M_{12} ist, und im Zusatz 1 desselben Paragraphen, daß zudem

$$\mathrm{Gal}(f(\tau,X)) \cong M_{12} \text{ für } \tau \equiv 1 \bmod 66$$

gilt. Hier sollen nun zunächst die Hasse-Invarianten $\mathfrak{s}(K/\mathbb{Q}(t))$ eines Stammkörpers K von $f(t,X)$ über $\mathbb{Q}(t)$ und $\mathfrak{s}(k_\tau/\mathbb{Q})$ von Stammkörpern k_τ von $f(\tau,X)$ über $\mathbb{Q}$ (für $\tau \equiv 1 \bmod 66$) bestimmt werden. Hierzu ist es sinnvoll, zuerst die Diskriminante von $f(t,X)$ zu berechnen.

Bemerkung 3: Die Diskriminante des Polynoms $f(t,X) \in \mathbb{Q}(t)[X]$ aus (3.1) mit der Galoisgruppe M_{12} ist

$$D(f) = 2^{12}3^{12}5^2(t^2 - 2^{22}3^{18}5^{-15})^6.$$

<u>Beweis:</u> Nach III, § 6.2, ist

$$f(t,X) = \frac{1}{2}(q(X)^4 r(X) + \bar{q}(X)^4 \bar{r}(X)) - tX^2.$$

Hieraus ergibt sich durch Differentiation nach X und der Ausnutzung der Identität (2.4) in III, § 6.2, für jede Nullstelle x von $f(t,X) \in \mathbb{Q}(t)[X]$

$$f'(t,x) = 10q(x)^3\bar{q}(x)^3x^{-1}.$$

Bedeutet nun N die Norm von $\bar{\mathbb{Q}}K/\bar{\mathbb{Q}}(t)$, so gilt

$$D(f) = N(f'(t,x)) = 10^{12}N(q(x))^3 N(\bar{q}(x))^3 N(x)^{-1}.$$

Aus

$$N(x-\xi) = f(t,\xi) \text{ für } \xi \in \bar{\mathbb{Q}}(t)$$

folgt zunächst

$$N(x) = f(t,0) = 3^{12}5^{-8}.$$

Zerlegt man nun q(x) in die Linearfaktoren $(x-\xi_1)(x-\xi_2)$, so erhält man aus

$$f(t,x) = q(x)^4 r(x) - (t+\delta)x^2$$

dies ist die Gleichung (2.2) in III, § 6.2, und

$$\delta = -2^{11}3^9 5^{-8}\theta \text{ mit } \theta = \pm\sqrt{5}$$

als Norm von q(x)

$$N(q(x)) = f(t,\xi_1)f(t,\xi_2) = (t+\delta)(\xi_1\xi_2)^2 = 3^4 5^{-3}(t-2^{11}3^9 5^{-8}\theta)^2$$

und entprechend

$$N(\bar{q}(x)) = 3^4 5^{-3}(t+2^{11}3^9 5^{-8}\theta)^2.$$

Damit ist die angegebene Diskriminantenformel für f(t,X) bewiesen. □

Nach dem Satz von Minkowski-Hasse (siehe zum Beispiel Borevicz, Šafarevič [1966], Kap. I, § 7, Satz 2) ist genau dann $\delta(k_\tau/\mathbb{Q}) = 1$, wenn für alle rationalen Primzahlen (einschließlich ∞) die Hasse-Invarianten der quadratischen Form $q_{k_\tau/\mathbb{Q}}(\underline{X})$ über $\mathbb{Q}_p$ bzw. $\mathbb{R}$ gleich 1 sind, diese werden hier mit $\delta_p(k_\tau/\mathbb{Q})$ bzw. $\delta_\infty(k_\tau/\mathbb{Q})$ bezeichnet. Ein erstes Resultat enthält die

Bemerkung 4: Für die Hasse-Invarianten $s_\infty(k_\tau/\mathbb{Q})$ von $q_{k_\tau/\mathbb{Q}}(\underline{X})$ über $\mathbb{R}$ gelten

$$s_\infty(k_\tau/\mathbb{Q}) = (-1,-1) \quad \text{für } \tau < \delta = -2^{11}3^9 5^{-8}\sqrt{5},$$

$$s_\infty(k_\tau/\mathbb{Q}) = 1 \qquad \text{für } \tau > \delta.$$

Beweis: Nach dem Trägheitssatz von Sylvester (siehe z.B. Jacobson [1980], Kap. 11.4, Ex. 4) ist $q_{k_\tau/\mathbb{Q})}(\underline{X})$ über $\mathbb{R}$ äquivalent zu

$$X_1^2 + \dots + X_{r_1+r_2}^2 - X_{r_1+r_2+1}^2 - \dots - X_{12}^2,$$

wobei r_1 die Anzahl der reellen und r_2 die Anzahl der Paare konjugiert komplexer Nullstellen von $f(\tau,X)$ bedeuten. Aus $r_1 = 0$ für $\tau < \delta$ ergibt sich

$$s_\infty(k_\tau/\mathbb{Q}) = (-1,-1)^{\frac{6\cdot 5}{2}} = (-1,-1) \text{ für } \tau < \delta,$$

und aus $r_1 = 4$ für $\tau > \delta$ folgt

$$s_\infty(k_\tau/\mathbb{Q}) = (-1,-1)^{\frac{4\cdot 3}{2}} = 1 \qquad \text{für } \tau > \delta. \qquad \square$$

Schon hieraus erhält man als

Folgerung 3: Der Zerfällungskörper N_0 des M_{12}-Polynoms $f(t,X)$ aus (3.1) läßt sich in keine Galoiserweiterung $N/\mathbb{Q}(t)$ einbetten, deren Galoisgruppe zur Darstellungsgruppe $\hat{M}_{12}$ der Mathieugruppe M_{12} isomorph ist.

Beweis: Es sei G das Urbild der in die A_{12} eingebetteten Galoisgruppe $\mathrm{Gal}(f) \cong M_{12}$ unter dem Epimorphismus $\psi : \hat{A}_{12} \to A_{12}$ aus § 6.1. Da die M_{12} Elemente der Ordnung 10 besitzt und die Urbilder aller Elemente der Ordnung 10 der A_{12} unter ψ die Ordnung 20 haben –dies läßt sich zum Beispiel aus dem Gruppenatlas (Conway et al. [1985], S.92) ablesen–, besitzt G Elemente der Ordnung 20 und ist daher eine nicht zerfallende, zentrale Gruppenerweiterung von Z_2 mit M_{12}. Hieraus folgt $G \cong \hat{M}_{12}$, da der Schursche Multiplikator von M_{12} isomorph zu Z_2 ist (siehe z.B. Gruppenatlas, S. 31).
Wäre nun $s(K/\mathbb{Q}(t)) = 1$, so gäbe es eine Hilbertmenge $H \subseteq \mathbb{Q}$ mit $s(k_\tau/\mathbb{Q})=1$ für $\tau \in H$. Dies widerspricht der Bemerkung 4! $\square$

Anmerkung: $G = \psi^{-1}(G_0)$ ist genau dann eine nicht zerfallende Gruppenerweiterung von Z_2 mit G_0, wenn G_0 Involutionen vom Permutationstyp $(2)^r$ mit $r \equiv 2 \bmod 4$ enthält.

Nun wird der Frage nachgegangen, ob es wenigstens Spezialisierungen

$k_\tau/\mathbb{Q}$ von $K/\mathbb{Q}(t)$ mit $\delta(k_\tau/\mathbb{Q}) = 1$ gibt. Dies bejaht die

<u>Bemerkung 5: Für sämtliche (endlichen) Primzahlen sind die Hasse-Invarianten</u> $\delta_p(k_{133}/\mathbb{Q})$ von $q_{k_{133}/\mathbb{Q}}(\underline{X})$ <u>über</u> $\mathbb{Q}_p$ <u>trivial</u>:

$$\delta_p(k_{133}/\mathbb{Q}) = 1.$$

<u>Beweis:</u> Es sei $k := k_{133}$. Wegen $f(133,X) \in 5^{-8}\mathbb{Z}[X]$ gilt $\delta_p(k/\mathbb{Q}) = 1$ für alle von 2 und 5 und den Diskriminantenteilern von $f(133,X)$ verschiedenen Primzahlen p. Durch

$$g(X) := 5^{12}f(133,5^{-1}X) \in \mathbb{Z}[X]$$

gelangt man zum Minimalpolynom der fünffachen **Nullstellen** von $f(133,X)$, woraus

$$D(g) = 5^{132}D(f(133,X)) = 2^{12}3^{12}5^{44}l^6$$

folgt mit der Primzahl

$$l := 2^{22}3^{18} - 5^{15}133^2 = 1085133867241531.$$

Durch Diagonalisierung mit Matrizen über $\mathbb{Q}_2$ mit der Determinante 1 erhält man durch Rechnung modulo 16 unter Verwendung von $d(k/\mathbb{Q}) \equiv_2 1$ die über $\mathbb{Q}_2$ zu $q_{k/\mathbb{Q}}(\underline{X})$ äquivalente quadratische Form

$$u_1X_1^2 + \sum_{i=2}^{11} 2u_iX_i^2 + 4u_{12}X_{12}^2$$

mit

$$u_1 \equiv u_2 \equiv 5 \bmod 8,\ u_3 \equiv \ldots \equiv u_6 \equiv 1 \bmod 8,\ u_7 \equiv \ldots \equiv u_{12} \equiv 7 \bmod 8.$$

Hieraus ergibt sich mit Hilfe der Formeln

$$(2,2) = 1,\ (2,u) = (-1)^{\frac{u^2-1}{8}},\ (u,v) = (-1)^{\frac{u-1}{2}\cdot\frac{v-1}{2}} \text{ für } u,v \in \mathbb{Z}_2^\times$$

(siehe z.B. Borevicz, Šafarevič [1966], Kap. I, § 6, Satz 7)

$$\delta_2(k/\mathbb{Q}) = 1.$$

Diagonalisiert man $q_{k/\mathbb{Q}}(\underline{X})$ über $\mathbb{Z}_3$, so wird man durch Rechnen modulo 3 unter Beachtung von $\mathrm{ord}_3(D(g)) = 12$ zu der über $\mathbb{Q}_3$ zu $q_{k/\mathbb{Q}}(\underline{X})$ äquivalenten quadratischen Form

$$\sum_{i=1}^{11} u_iX_i^2 + 3^{12}u_{12}X_{12}^2 \quad \text{mit } u_i \in \mathbb{Z}_3^\times.$$

geführt. Hieraus ergibt sich wegen $(u_i,u_j) = 1$ (loc. cit.)

$$\delta_3(k/\mathbb{Q}) = \prod_{1\le i<j\le 12} (u_i,u_j) = 1.$$

Bei Diagonalisierung über $\mathbb{Z}_5$ modulo 5^6 bekommt man die folgende über $\mathbb{Q}_5$ zu $q_{k/\mathbb{Q}}(\underline{X})$ äquivalente quadratische Form:

$$u_1X_1^2 + 5^2u_2X_2^2 + 5^2u_3X_3^2 + 5^2u_4X_4^2 + 5^3u_5X_5^2 + 5^4u_6X_6^2 + 5^4u_7X_7^2$$
$$+ 5^4u_8X_8^2 + 5^5u_9X_9^2 + 5^6u_{10}X_{10}^2 + 5^6u_{11}X_{11}^2 + 5^6u_{12}X_{12}^2.$$

Hieraus folgt unter Verwendung von

$$(pu,pv) = (-uv,p) = \left(\frac{-uv}{p}\right) \quad \text{für } u,v \in \mathbb{Z}_p^\times,$$

wobei $\left(\frac{q}{p}\right)$ das quadratische Restsymbol bedeutet (loc. cit.), und $u_5 \equiv u_9 \equiv 1 \bmod 5$

$$\delta_5(k/\mathbb{Q}) = (5u_5,5u_9) = \left(\frac{-u_5u_9}{5}\right) = 1.$$

Für p = l erhält man schließlich durch Diagonalisierung in $\mathbb{Z}_l$ modulo l, daß $q_{k/\mathbb{Q}}(\underline{X})$ über $\mathbb{Q}_l$ zu

$$\sum_{i=1}^{6} u_iX_i^2 + \sum_{i=7}^{12} lu_iX_i^2$$

äquivalent ist. Damit wird

$$\delta_l(k/\mathbb{Q}) = \prod_{7\le i<j\le 12} (lu_i,lu_j) = \prod_{7\le i<j\le 12} \left(\frac{-u_iu_j}{l}\right)$$
$$= \left(\frac{-u_7\cdots u_{12}}{l}\right) = \left(\frac{-u_1\cdots u_6}{l}\right) = 1. \qquad \square$$

Faßt man die beiden letzten Bemerkungen zusammen, so erzielt man das folgende Resultat von Bayer, Llorente, Vila [1986]:

<u>Satz 3:</u> <u>Die Darstellungsgruppe der Mathieugruppe</u> M_{12} <u>ist als Galoisgruppe über</u> $\mathbb{Q}$ <u>realisierbar</u>.

<u>Beweis:</u> Für den Körper k_{133} gilt nach den Bemerkungen 4 und 5

$$\delta(k_{133}/\mathbb{Q}) = 1,$$

woraus die Behauptung mit dem Einbettungssatz von Serre folgt. □

In den Artikeln von Bayer, Llorente, Vila [1986] und Feit [1987b] sind weitere τ bestimmt worden, für die $\delta(k_\tau/\mathbb{Q}) = 1$ ist.

A. Der Satz von Weissauer

Hier wird für den Satz von Weissauer [1982] über unendliche Galoiserweiterungen von Hilbertkörpern (§ 1, Satz D) der elementare Beweis von Fried [1985] wiedergegeben, der ohne die Modelltheorie auskommt. Der Satz von Weissauer erweist sich als äquivalent zu dem einfacher anmutenden

Satz 1: Sind K ein Hilbertkörper, N/K eine (unendliche) Galoiserweiterung und L ein von K verschiedener endlich separabler Erweiterungskörper von K mit $L \cap N = K$, so ist das Kompositum M von L mit N (in einer algebraisch abgeschlossenen Hülle $\overline{K}$ von K) hilbertsch.

Beweis: Nach dem Satz A(c) in § 1 genügt es zu zeigen, daß der Durchschnitt der linearen Hilbertmengen $H_M^o(f_j)$ je endlich vieler nichtlinearer, absolut irreduzibler, separabler Polynome $f_j(t,X) \in M[t,X]$, $j = 1,\ldots,m$, unendlich viele Elemente enthält. Dazu seien L_0' der durch die Koeffizienten dieser Polynome über L erzeugte Teilkörper von $\overline{K}$ –alle algebraischen Erweiterungskörper von K werden als Teilkörper von $\overline{K}$ aufgefaßt– , $K_0' := L_0' \cap N$, K_0 der Durchschnitt der galoisschen Hülle von L_0'/K_0' mit N sowie $L_0 := K_0L_0'$. Da K_0 der Fixkörper der auf N eingeschränkten Untergruppe $\mathrm{Gal}(M/L_0)$ von $\mathrm{Gal}(M/L) \cong \mathrm{Gal}(N/K)$ ist, gilt nach dem Verschiebungssatz der Galoistheorie $L_0 = K_0L$. Wegen $(K_0:K) < \infty$ ist K_0 hilbertsch, und L_0 ist ein von K_0 verschiedener endlich separabler Erweiterungskörper von K_0, für dessen galoissche Hülle $\tilde{L}_0$ über K_0 sogar $\tilde{L}_0 \cap N = K_0$ gilt.
Weiter seien nun θ_1 ein primitives Element von L_0/K_0, ein solches kann wegen $L_0 = K_0L$ in L gewählt werden, mit den Konjugierten $\theta_2,\ldots,\theta_n$ –es ist also $\tilde{L}_0 = K_0(\theta_1,\ldots,\theta_n)$– sowie t_1, t_2 zwei über K algebraisch unabhängige Transzendente. Dann sind

$$\tilde{f}_j^{(i)}(\underline{t},X) := f_j(t_1 + \theta_i t_2,X) \in \tilde{L}_0[\underline{t},X]$$

absolut irreduzible Polynome, deren Zerfällungskörper über $\tilde{L}_0(\underline{t})$ mit $F_j^{(i)}$ bezeichnet werde. Ferner seien

$$g_j(\underline{t},X) := \prod_{i=1}^{n} \tilde{f}_j^{(i)}(\underline{t},X) \in K_0[\underline{t},X]$$

und F_j der Zerfällungskörper von $g_j(\underline{t},X)$ über $K_0(\underline{t})$. Aufgrund der absoluten Irreduzibilität von $\tilde{f}_j^{(i)}(\underline{t},X)$ ist der Körper $\tilde{L}_0$ in dem von einer Nullstelle $x_j^{(i)}$ von $\tilde{f}_j^{(i)}(\underline{t},X)$ über $\tilde{L}_0(\underline{t})$ erzeugten Stammkörper algebraisch abgeschlossen. Da nun je zwei der Transzendenten $t_1 + \theta_i t_2$ über $\tilde{L}_0$ algebraisch unabhängig sind, gilt für $i \neq 1$

$$(F_j^{(1)}(x_j^{(i)}):F_j^{(1)}) = (\tilde{L}_0(\underline{t},x_j^{(i)}):\tilde{L}_0(\underline{t})) = \partial(f_j),$$

woraus $F_j \underset{\neq}{\supset} F_j^{(1)}$ folgt. Schließlich sei noch F die galoissche Hülle des Kompositums von $F_1,\ldots,F_m$ über $K(\underline{t})$ (in einer algebraisch abgeschlossenen Hülle $\overline{K(\underline{t})}$ von $K(\underline{t})$); F ist der Zerfällungskörper des Polynoms

$$h(\underline{t},X) := \prod_{j=1}^{m} \prod_{\sigma\in S} g_j^{\sigma}(\underline{t},X)$$

über $K(\underline{t})$, wobei S die Menge der K-Monomorphismen von K_0 in $\overline{K}$ bedeutet. Aus dem Satz 1 in § 1 folgt, daß unendlich viele $\underline{\tau} = (\tau_1,\tau_2) \in K^2$ existieren, so daß der Zerfällungskörper $F_{\underline{\tau}}$ von $h(\underline{\tau},X) \in K[X]$ über K eine zu $Gal(F/K(\underline{t}))$ isomorphe Galoisgruppe besitzt; die Menge dieser $\underline{\tau}$ sei

$$\mathcal{H}_K := \{\underline{\tau} \in K^2 \mid Gal(F_{\underline{\tau}}/K) \cong Gal(F/K(\underline{t}))\}.$$

Für ein festes $\underline{\tau} \in \mathcal{H}_K$ seien im folgenden $\tilde{F} := F_{\underline{\tau}}$, $\tilde{F}_j$ der Zerfällungskörper von $g_j(\underline{\tau},X)$ über K_0, $\tilde{F}_j^{(i)}$ der Zerfällungskörper von $\tilde{f}_j^{(i)}(\underline{\tau},X)$ über $\tilde{L}_0$ sowie $M_j := M \cap \tilde{F}_j$ und $N_j := N \cap \tilde{F}_j$ (siehe Bild). Dabei gilt nach dem Verschiebungnssatz der Galoistheorie noch $M_j = L_0N_j$.

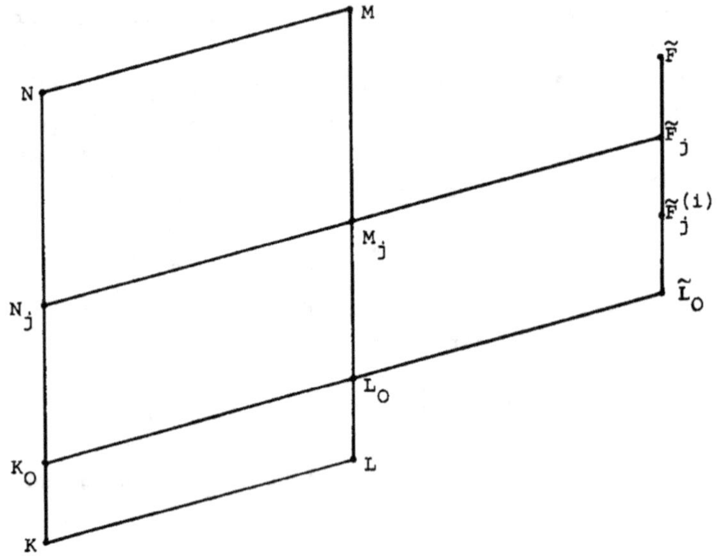

Besäße nun $\tilde{f}_j^{(1)}(\underline{\tau},X)$ eine Nullstelle ξ_j in M, so läge diese gemäß der Definition von $\tilde{F}_j$ auch in $M \cap \tilde{F}_j = M_j$. Da sowohl N_j/K_0 als der Durchschnitt zweier Galoiserweiterungen als auch $\tilde{L}_0/K_0$ galoissch sind, wäre dann die galoissche Hülle von $L_0(\xi_j)/K_0$, diese ist der Körper $\tilde{F}_j$, im Kompositum der Körper N_j und $\tilde{L}_0$ enthalten, woraus $\tilde{F}_j = \tilde{L}_0 N_j$ folgte. Wegen $\tilde{L}_0 \cap N = K_0$ wäre auch $\tilde{L}_0 \cap N_j = K_0$, und es gälte

$$(1) \qquad \mathrm{Gal}(\tilde{F}_j/K_0) \cong \mathrm{Gal}(N_j/K_0) \times \mathrm{Gal}(\tilde{L}_0/K_0).$$

Aus $F_j \supsetneqq F_j^{(1)}$ folgt $\tilde{F}_j \supsetneqq \tilde{F}_j^{(1)}$. Somit existiert ein nichttrivialer Automorphismus γ von $\tilde{F}_j/\tilde{F}_j^{(1)}$. Da die Gruppe

$$\mathrm{Gal}(\tilde{F}_j/N_j) \cong \mathrm{Gal}(\tilde{L}_0/K_0)$$

transitiv auf $\{\theta_1,\ldots,\theta_n\}$ operiert, gibt es zu jedem $i \in \{1,\ldots,n\}$ ein $\sigma_i \in \mathrm{Gal}(\tilde{F}_j/N_j)$ mit $(\theta_1)^{\sigma_i} = \theta_i$, was

$$\mathrm{Gal}(\tilde{F}_j/\tilde{F}_j^{(1)})^{\sigma_i} = \mathrm{Gal}(\tilde{F}_j/\tilde{F}_j^{(i)})$$

nach sich zieht. Aus der Gültigkeit von (1) folgte nun, daß γ mit jedem der σ_i kommutierte. Wegen $\gamma^{\sigma_i} = \gamma$ bliebe also jeder der Körper $\tilde{F}_j^{(i)}$ und damit auch $\tilde{F}_j$ unter γ elementweise fest, woraus $\gamma = \iota$ folgte. Also führt die Annahme $\xi_j \in M$ zu einem Widerspruch.
Damit ist gezeigt, daß die Menge

$$H_L := \{\tau_1 + \theta_1\tau_2 \mid \underline{\tau} \in H_K\}$$

eine, wegen $\theta_1 \in L$ in L enthaltene, unendliche Teilmenge von $\bigcap_{j=1}^{m} H_M^0(f_j)$ ist.

□

<u>Zusatz 1:</u> <u>Unter der Voraussetzung zum Satz</u> 1 <u>enthält der Durchschnitt der Hilbertmengen je endlich vieler irreduzibler separabler Polynome aus</u> M(t)[X] <u>unendlich viele Elemente aus</u> L.

<u>Beweis:</u> Dieser Zusatz ergibt sich sofort aus dem Beweis zum Satz 1, wenn man berücksichtigt, daß die Hilbertmenge $H_M(f)$ jedes irreduziblen separablen Polynoms $f(t,X) \in M(t)[X]$ bis auf höchstens endlich viele Elemente im Durchschnitt der linearen Hilbertmengen endlich vieler, absolut irreduzibler, separabler Polynome $g_j(t,X) \in M(t)[X]$ mit $\partial(g_j) > 1$ liegt (siehe etwa Lang [1983], Prop. 1.1). □

Der Zusatz 1 ist bestmöglich, da im allgemeinen die Hilbertmengen von M keine Elemente von K enthalten, wie das folgende Beispiel zeigt.

<u>Beispiel 1:</u> Es seien $K = \mathbb{Q}$, $N = \mathbb{Q}_o^{ab}$, $L = \mathbb{Q}(\sqrt{-1})$ und $M = \mathbb{Q}^{ab}$. Dann gilt

$$\mathbb{Q} \cap H_{\mathbb{Q}^{ab}}(f) = \emptyset \text{ für } f(t,X) = X^2 - t.$$

Aus dem Satz 1 gewinnt man nun die folgende leichte Verallgemeinerung des Satzes von Weissauer:

<u>Folgerung 1:</u> <u>Sind</u> K <u>ein</u> <u>Hilbertkörper</u>, L/K <u>eine</u> (<u>unendliche</u>) <u>separabel</u> <u>algebraische</u> <u>Körpererweiterung</u> <u>und</u> N <u>die</u> <u>galoissche</u> <u>Hülle</u> <u>von</u> L/K, <u>so</u> <u>ist</u> <u>jeder</u> <u>nicht</u> <u>in</u> N <u>enthaltene</u>, <u>endlich</u> <u>separable</u> <u>Erweiterungskörper</u> M <u>von</u> L <u>hilbertsch</u>.

<u>Beweis:</u> Es seien θ ein primitives Element von M/L, $L_0 := K(\theta)$, $K_0 := L_0 \cap N$ und $M_0 = MN$. Wegen $(K_0:K) < \infty$ ist K_0 hilbertsch. Der Satz 1, angewandt auf die Körper K_0, $N_0 = N$, L_0 und M_0, ergibt: M_0 ist hilbertsch. Da der Durchschnitt der Hilbertmengen $H_{M_0}(f_j)$ (absolut) irreduzibler separabler Polynome $f_j(t,X) \in M(t)[X]$ für $j = 1,\dots,m$ nach dem Zusatz 1 unendlich viele Elemente in $L_0 \leq M$ besitzt, ist $\bigcap_{j=1}^{m} H_M(f_j)$ eine unendliche Menge. Also ist auch M ein Hilbertkörper. □

Anmerkung: Setzt man in der Folgerung 1 noch L = N voraus, so erhält man den Satz D in § 1.

T. TABELLENANHANG

1. Die Gruppe $PSL_2(\mathbb{F}_7)$

Ordnung: $168 = 2^3 3 \cdot 7$

Automorphismenklassengruppe: Z_2

Schurscher Multiplikator: Z_2

Maximale Untergruppen

Ordnung	Index	Typ	Permutationscharakter
24	7	S_4	$\chi_1 + \chi_4$
24	7	S_4	$\chi_1 + \chi_4$
21	8	$Z_7 * Z_3$	$\chi_1 + \chi_5$

Charaktertafel

$\lvert C\rvert$	168	8	3	4	7	7
P	A	A	A	A	A	A
P'	A	A	A	A	A	A
C	1A	2A	3A	4A	7A	7B
χ_1	1	1	1	1	1	1
χ_2	3	−1	·	1	α	$\bar{\alpha}$
χ_3	3	−1	·	1	$\bar{\alpha}$	α
χ_4	6	2	·	·	−1	−1
χ_5	7	−1	1	−1	·	·
χ_6	8	·	−1	·	1	1

$(\alpha = \frac{1}{2}(-1-\sqrt{-7}),\ \bar{\alpha} = \frac{1}{2}(-1+\sqrt{-7}))$

2. Die Gruppe $SL_2(\mathbb{F}_8)$

Ordnung: $504 = 2^3 3^2 7$

Automorphismenklassengruppe: Z_3

Schurscher Multiplikator: I

Maximale Untergruppen

Ordnung	Index	Typ	Permutationscharakter
56	9	$E_8 * Z_7$	$\chi_1 + \chi_6$
18	28	D_9	$\chi_1 + \chi_7 + \chi_8 + \chi_9$
14	36	D_7	$\chi_1 + \chi_6 + \chi_7 + \chi_8 + \chi_9$

Charaktertafel

|C|	504	8	9	7	7	7	9	9	9
P	A	A	A	A	A	A	A	A	A
P'	A	A	A	A	A	A	A	A	A
C	1A	2A	3A	7A	7B	7C	9A	9B	9C
χ_1	1	1	1	1	1	1	1	1	1
χ_2	7	-1	-2	·	·	·	1	1	1
χ_3	7	-1	1	·	·	·	β_1	β_2	β_4
χ_4	7	-1	1	·	·	·	β_4	β_1	β_2
χ_5	7	-1	1	·	·	·	β_2	β_4	β_1
χ_6	8	·	-1	1	1	1	-1	-1	-1
χ_7	9	1	·	α_1	α_2	α_4	·	·	·
χ_8	9	1	·	α_4	α_1	α_2	·	·	·
χ_9	9	1	·	α_2	α_4	α_1	·	·	·

$(\alpha_1 = \zeta_7 + \zeta_7^6,\ \alpha_2 = \zeta_7^2 + \zeta_7^5,\ \alpha_4 = \zeta_7^4 + \zeta_7^3,\ \zeta_7 = e^{\frac{2\pi i}{7}},$

$\beta_1 = -\zeta_9 - \zeta_9^8,\ \beta_2 = -\zeta_9^2 - \zeta_9^7,\ \beta_4 = -\zeta_9^4 - \zeta_9^5,\ \zeta_9 = e^{\frac{2\pi i}{9}})$

3. Die Gruppe M_{11}

Ordnung: $7920 = 2^4 3^2 5 \cdot 11$

Automorphismenklassengruppe: I

Schurscher Multiplikator: I

Maximale Untergruppen

Ordnung	Index	Typ	Permutationscharakter
720	11	M_{10}	$\chi_1 + \chi_2$
660	12	$PSL_2(\mathbb{F}_{11})$	$\chi_1 + \chi_5$
144	55	$M_9 * Z_2$	$\chi_1 + \chi_2 + \chi_8$
120	66	S_5	$\chi_1 + \chi_2 + \chi_5 + \chi_8$
48	165	$M_8 * Z_3$	$\chi_1 + \chi_2 + \chi_5 + 2\chi_8 + \chi_{10}$

Charaktertafel

$\|C\|$	7920	48	18	8	5	6	8	8	11	11
P	A	A	A	A	A	AA	A	A	A	A
P'	A	A	A	A	A	AA	A	A	A	A
C	1A	2A	3A	4A	5A	6A	8A	8B	11A	11B
χ_1	1	1	1	1	1	1	1	1	1	1
χ_2	10	2	1	2	·	-1	·	·	-1	-1
χ_3	10	-2	1	·	·	1	α	$\bar{\alpha}$	-1	-1
χ_4	10	-2	1	·	·	1	$\bar{\alpha}$	α	-1	-1
χ_5	11	3	2	-1	1	·	-1	-1	·	·
χ_6	16	·	-2	·	1	·	·	·	β	$\bar{\beta}$
χ_7	16	·	-2	·	1	·	·	·	$\bar{\beta}$	β
χ_8	44	4	-1	·	-1	1	·	·	·	·
χ_9	45	-3	·	1	·	·	-1	-1	1	1
χ_{10}	55	-1	1	-1	·	-1	1	1	·	·

($\alpha = \sqrt{-2}$, $\bar{\alpha} = -\sqrt{-2}$, $\beta = \frac{1}{2}(-1+\sqrt{-11})$, $\bar{\beta} = \frac{1}{2}(-1-\sqrt{-11})$)

4. Die Gruppe M_{12}

Ordnung: $95040 = 2^6 3^3 5 \cdot 11$

Automorphismenklassengruppe: Z_2

Schurscher Multiplikator: Z_2

Maximale Untergruppen

Ordnung	Index	Typ	Permutationscharakter
7920	12	M_{11}	$\chi_1 + \chi_2$
7920	12	M_{11}	$\chi_1 + \chi_3$
1440	66	$M_{10} * Z_2$	$\chi_1 + \chi_2 + \chi_7$
1440	66	$M_{10} * Z_2$	$\chi_1 + \chi_3 + \chi_7$
660	144	$PSL_2(\mathbb{F}_{11})$	$\chi_1 + \chi_4 + \chi_5 + \chi_6 + \chi_{11}$
432	220	$M_9 * S_3$	$\chi_1 + \chi_2 + \chi_7 + \chi_8 + \chi_{12}$
432	220	$M_9 * S_3$	$\chi_1 + \chi_3 + \chi_7 + \chi_8 + \chi_{12}$
240	396	$Z_2 \times S_5$	$\chi_1 + \chi_3 + \chi_4 + \chi_6 + 2\chi_7 + \chi_{11} + \chi_{14}$
192	495	$M_8 \cdot S_4$	$\chi_1 + \chi_2 + \chi_3 + 2\chi_7 + \chi_8 + \chi_{11} + \chi_{12} + \chi_{14}$
192	495	$Z_4^2 * D_6$	$\chi_1 + \chi_4 + \chi_5 + \chi_6 + 2\chi_7 + \chi_{11} + \chi_{12} + \chi_{14}$
72	1320	$A_4 \times S_3$	$\chi_1 + \chi_4 + \chi_5 + 2\chi_6 + 2\chi_7 + \chi_{10} + 2\chi_{11} + 2\chi_{12} + 2\chi_{13} + 2\chi_{14} + \chi_{15}$

Charaktertafel von M_{12}

|C|	|G|	240	192	54	36	32	32	10	12	6	8	8	10	11	11
P	A	A	A	A	A	B	B	A	BA	AB	A	B	AA	A	A
P'	A	A	A	A	A	A	A	A	BA	AB	A	A	AA	A	A
C	1A	2A	2B	3A	3B	4A	4B	5A	6A	6B	8A	8B	10A	11A	11B
χ_1	1	1	1	1	1	1	1	1	1	1	1	1	1	1	1
χ_2	11	−1	3	2	−1	−1	3	1	−1	·	−1	1	−1	·	·
χ_3	11	−1	3	2	−1	3	−1	1	−1	·	1	−1	−1	·	·
χ_4	16	4	·	−2	1	·	·	1	1	·	·	·	−1	α	$\overline{\alpha}$
χ_5	16	4	·	−2	1	·	·	1	1	·	·	·	−1	$\overline{\alpha}$	α
χ_6	45	5	−3	·	3	1	1	·	−1	·	−1	−1	·	1	1
χ_7	54	6	6	·	·	2	2	−1	·	·	·	·	1	−1	−1
χ_8	55	−5	7	1	1	−1	−1	·	1	1	−1	−1	·	·	·
χ_9	55	−5	−1	1	1	3	−1	·	1	−1	−1	1	·	·	·
χ_{10}	55	−5	−1	1	1	−1	3	·	1	−1	1	−1	·	·	·
χ_{11}	66	6	2	3	·	−2	−2	1	·	−1	·	·	1	·	·
χ_{12}	99	−1	3	·	3	−1	−1	−1	−1	·	1	1	−1	·	·
χ_{13}	120	·	−8	3	·	·	·	·	·	1	·	·	·	−1	−1
χ_{14}	144	4	·	·	−3	·	·	−1	1	·	·	·	−1	1	1
χ_{15}	176	−4	·	−4	−1	·	·	1	−1	·	·	·	1	·	·

$(\alpha = \frac{1}{2}(-1+\sqrt{-11}),\ \overline{\alpha} = \frac{1}{2}(-1-\sqrt{-11}))$

Charaktertafel von Aut(M_{12})

|C|	|G|	480	384	108	72	32	20	24	12	8	20	11	240	48	24	12	20	20	12	12	12
P	A	A	A	A	A	B	A	BA	AB	A	AA	A	A	B	A	BC	AC	AC	AC	BB	BB
P'	A	A	A	A	A	A	A	AB	BA	A	AA	A	A	A	A	CB	CA	CA	CB	BA	BA
C	1A	2A	2B	3A	3B	4A	5A	6A	6B	8A	10A	11A	2C	4B	4C	6C	10B	10C	12A	12B	12C
χ_1	1	1	1	1	1	1	1	1	1	1	1	1	1	1	1	1	1	1	1	1	1
χ_2	1	1	1	1	1	1	1	1	1	1	1	1	−1	−1	−1	−1	−1	−1	−1	−1	−1
χ_3	22	−2	6	4	−2	2	2	−2	·	·	−2	·	·	·	·	·	·	·	·	·	·
χ_4	32	8	·	−4	2	·	2	2	·	·	−2	−1	·	·	·	·	·	·	·	·	·
χ_5	45	5	−3	·	3	1	·	−1	·	−1	·	1	5	−3	1	−1	·	·	1	·	·
χ_6	45	5	−3	·	3	1	·	−1	·	−1	·	1	−5	3	−1	1	·	·	−1	·	·
χ_7	54	6	6	·	·	2	−1	·	·	·	1	−1	·	·	·	·	α	$-\alpha$	·	·	·
χ_8	54	6	6	·	·	2	−1	·	·	·	1	−1	·	·	·	·	$-\alpha$	α	·	·	·
χ_9	55	−5	7	1	1	−1	·	1	1	−1	·	·	5	1	−1	−1	·	·	−1	1	1
χ_{10}	55	−5	7	1	1	−1	·	1	1	−1	·	·	−1	−1	1	1	·	·	1	−1	−1
χ_{11}	66	6	2	3	·	−2	1	·	−1	·	1	·	6	2	·	·	1	1	·	−1	−1
χ_{12}	66	6	2	3	·	−2	1	·	−1	·	1	·	−6	−2	·	·	−1	−1	·	1	1
χ_{13}	99	−1	3	·	3	−1	−1	−1	·	1	−1	·	1	−3	−1	1	1	1	−1	·	·
χ_{14}	99	−1	3	·	3	−1	−1	−1	·	1	−1	·	−1	3	1	−1	−1	−1	1	·	·
χ_{15}	110	−10	−2	2	2	2	·	2	−2	·	·	·	·	·	·	·	·	·	·	·	·
χ_{16}	120	·	−8	3	·	·	·	·	1	·	·	−1	·	·	·	·	·	·	·	β	$-\beta$
χ_{17}	120	·	−8	3	·	·	·	·	1	·	·	−1	·	·	·	·	·	·	·	$-\beta$	β
χ_{18}	144	4	·	·	−3	·	−1	1	·	·	−1	1	4	·	2	1	−1	−1	−1	·	·
χ_{19}	144	4	·	·	−3	·	−1	1	·	·	−1	1	−4	·	−2	−1	1	1	1	·	–
χ_{20}	176	−4	·	−4	−1	·	1	−1	·	·	1	·	4	·	−2	1	−1	−1	1	·	·
χ_{21}	176	−4	·	−4	−1	·	1	−1	·	·	1	·	−4	·	2	−1	1	1	−1	·	·

($\alpha = \sqrt{5}$, $\beta = \sqrt{3}$)

Literaturverzeichnis

Abhyankar, S. [1957]: *Coverings of algebraic curves*. Amer. J. Math. 79, 825-856 (1957)

Artin, E. [1967]: *Algebraic numbers and algebraic functions*. New York-Londón-Paris: Gordon and Breach 1967

Aschbacher, M.; Gorenstein, D.; Lyons, R.; O'Nan, M.; Sims, C.; Feit, W. eds. [1984]: *Proceedings of the Rutgers group theory year*, 1983-1984. Cambridge: Cambridge University Press 1984

Atkin, A.O.L.; Swinnerton-Dyer, H.P.F. [1971]: *Modular forms on noncongruence subgroups*. Proc. Symp. Pure Math. 19, 1-26 (1971)

Bayer, P.; Llorente, P.; Vila, N. [1986]: $\tilde{M}_{12}$ *comme groupe de Galois sur* $\mathbb{Q}$. C.R. Acad. Sc. Paris 303, 277-280 (1986)

Belyi, G.V. [1979]: *On Galois extensions of a maximal cyclotomic field*. Izv. Akad. Nauk SSSR Ser. Mat. 43, 267-276 (1979); Math. USSR Izv. 14, 247-256 (1980)

Belyi, G.V. [1983]: *On extensions of the maximal cyclotomic field having a given classical Galois group*. J. reine angew. Math. 341, 147-156 (1983)

Biggers, R.; Fried, M.D. [1982]: *Moduli spaces of covers and the Hurwitz monodromy group*. J. reine angew. Math. 335, 87-121 (1982)

Borevicz, S.I.; Šafarevič, I.R. [1966]: *Zahlentheorie*. Basel und Stuttgart: Birkhäuser 1966

Breuer, S. [1921]: *Zyklische Gleichungen 6. Grades und Minimalbasis*. Math. Ann. 86, 108-113 (1921)

Breuer, S. [1924]: *Zur Bestimmung der metazyklischen Minimalbasis von Primzahlgrad*. Math. Ann. 92, 126-144 (1924)

Breuer, S. [1926]: *Metazyklische Minimalbasis und komplexe Primzahlen*. J. reine angew. Math. 156, 13-42 (1926)

Breuer, S. [1932]: *Zyklische Minimalbasis zusammengesetzten Grades*. J. reine angew. Math. 166, 54-58 (1932)

Bruen, A.A.; Jensen, C.U.; Yui, N. [1986]: *Polynomials with Frobenius groups of prime degree as Galois groups II*. J. Number Theory 24, 305-359 (1986)

Butler, G.; McKay, J. [1983]: *The transitive groups of degree up to 11*. Commun. Algebra 11, 863-911 (1983)

Chevalley, C. [1955]: *Invariants of finite groups generated by reflections*. Amer. J. Math. 77, 778-782 (1955)

Conner, P.E.; Perlis, R. [1984]: *A survey of trace forms of algebraic number fields*. Singapore: World Scientific 1984

Conway, J.H.; Curtis, R.T.; Norton, S.P.; Parker, R.A.; Wilson, R.A. [1985]: *Atlas of finite groups*. Oxford: Clarendon Press 1985

Coombes, K.; Harbater, D. [1985]: *Hurwitz families and arithmetic Galois groups*. Duke Math. J. 52, 821-839 (1985)

Douady, A. [1964]: *Détermination d'un groupe de Galois*. C. R. Acad. Sc. Paris 258, 5305-5308 (1964)

Douady, R. et A. [1979]: *Algèbre et théories Galoissiennes* II. Paris: Cedic/Fernand Nathan 1979

van den Dries, L.; Ribenboim, P. [1979]: *Application de la theorie des modèles aux groupes de Galois de corps de fonctions*. C. R. Acad. Sc. Paris 288, A785-A792 (1979)

Endo, S.; Miyata, T. [1973]: *Invariants of finite abelian groups*. J. Math. Soc. Japan 25, 7-26 (1973)

Erbach, D.W.; Fischer, J.; McKay, J. [1979]: *Polynomials with Galois group* $PSL_2(7)$. J. Number Theory 11, 69-75 (1979)

Faddeev, D.K. [1984]: *Galois theory (in the Mathematics Institute of the Academy of Sciences)*. (Russian) Trudy Mat. Inst. Steklov 168, 46-71 (1984)

Faltings, G. [1983]: *Endlichkeitssätze für abelsche Varietäten über Zahlkörpern*. Invent. math. 73, 349-366 (1983)

Feit, W. [1980]: *Some consequences of the classification of finite simple groups*. Proc. Symp. Pure Math. 37, 175-181 (1980)

Feit, W. [198?a]: $\tilde{A}_5$ *and* $\tilde{A}_7$ *are Galois groups over number fields*. J. Algebra 104, 231-260 (1986)

Feit, W. [198?b]: $\tilde{M}_{12}$ *is a Galois group over every number field*. (Erscheint demnächst)

Feit, W.; Fong, P. [1984]: *Rational rigidity of* $G_2(p)$ *for any prime* $p > 5$. In Aschbacher et al. eds. [1984], 323-326

Fischer, E. [1915]: *Die Isomorphie der Invariantenkörper der endlichen Abel'schen Gruppen linearer Transformationen*. Nachr. Königl. Ges. Wiss. Göttingen 1915, 77-80

Forster, O. [1977]: *Riemannsche Flächen*. Berlin-Heidelberg-New York: Springer 1977

Franz, W. [1931]: *Untersuchungen zum Hilbertschen Irreduzibilitätssatz*. Math. Z. 33, 275-293 (1931)

Fricke, R. [1928]: *Lehrbuch der Algebra* III. Braunschweig: Vieweg 1928

Fried, M.D. [1977]: *Fields of definition of function fields and Hurwitz families - Groups as Galois groups*. Commun. Alg. 5, 17-82 (1977)

Fried, M.D. [1984]: *On reduction of the inverse Galois group problem to simple groups*. In Aschbacher et al. eds. [1984], 289-301

Fried, M.D. [1985]: *On the Sprindžuk-Weissauer approach to the universal Hilbert subsets*. Israel J. Math. 51, 347-363 (1985)

Fried, M.D.; Jarden, M. [1986]: *Field arithmetic*. Berlin etc.: Springer 1986

Frobenius, F.G. [1904]: *Über die Charaktere der mehrfach transitiven Gruppen*. Sitzungsber. Königl. Preuß. Akad. Wiss. Berlin 1904, 558-571

Furtwängler, Ph. [1925]: *Über Minimalbasen von Körpern rationaler Funktionen*. Sitzungsber. Akad. Wiss. Wien, IIa, __134__, 69-80 (1925)

Geyer, W.-D. [1978]: *The automorphism group of the field of all algebraic numbers*. Atas da 5ª Escola de Álgebra, Sociedade Brasileira de Mathemática, Rio de Janeiro 1978

Gorenstein, D. [1968]: *Finite groups*. New York-Evanston-London: Harper and Row 1968

Gorenstein, D. [1982]: *Finite simple groups*. New York-London: Plenum Press 1982

Gow, R. [1986]: *Construction of some wreath products as Galois groups of normal real extensions of the rationals*. J. Number Theory __24__, 360-372 (1986)

Gröbner, W. [1932]: *Über Minimalbasen für die Invariantenkörper zyklischer und metazyklischer Permutationsgruppen*. Anz. Akad. Wiss. Wien __5__, 43-44 (1932)

Grothendieck, A. [1971]: *Revêtements étales et groupe fondamental*. Lecture Notes in Math. __224__, Berlin-Heidelberg-New York: Springer 1971

Gruenberg, K.W. [1967]: *Projective profinite groups*. J. London Math. Soc. __42__, 155-165 (1967)

Harbater, D. [1984a]: *Mock covers and Galois extensions*. J. Algebra __91__, 281-293 (1984)

Harbater, D. [1984b]: *Algebraic rings of arithmetic power series*. J. Algebra __91__, 294-319 (1984)

Harbater, D. [198?a]: *Galois coverings of the arithmetic line*. In Chudnovsky, D.V et al. eds.: Number Theory, New York 1984-1985. Berlin etc.: Springer 1987

Harbater, D. [198?b]: *Galois covers of an arithmetic surface*. (Erscheint demnächst)

Hecke, E. [1935]: *Die eindeutige Bestimmung der Modulfunktionen q-ter Stufe durch algebraische Eigenschaften*. Math. Ann. __111__, 293-301 (1935)

Heider, F.-P.; Kolvenbach, P. [1984]: *The construction of* SL(2,3)-*polynomials*. J. Number Theory __19__, 392-411 (1984)

Hensel, K.; Landsberg, G. [1902]: *Theorie der algebraischen Funktionen einer Variablen*. Leipzig: Teubner 1902

Hilbert, D. [1892]: *Über die Irreduzibilität ganzer rationaler Funktionen mit ganzzahligen Koeffizienten.* J. reine angew. Math. 110, 104-129 (1892)

Hoechsmann, K. [1968]: *Zum Einbettungsproblem.* J. reine angew. Math. 229, 81-106 (1968)

Hoyden-Siedersleben, G. [1985]: *Realisierung der Jankogruppen* J_1 *und* J_2 *als Galoisgruppen über* $\mathbb{Q}$. J. Algebra 97, 14-22 (1985)

Hoyden-Siedersleben, G.; Matzat, B.H. [1986]: *Realisierung sporadischer einfacher Gruppen als Galoisgruppen über Kreisteilungskörpern.* J. Algebra 101, 273-285 (1986)

Hunt, D.C. [1986]: *Rational rigidity and the sporadic groups.* J. Algebra 99, 577-592 (1986)

Huppert, B. [1967]: *Endliche Gruppen* I. Berlin-Heidelberg-New York: Springer 1967

Hurwitz, A. [1891]: *Über Riemann'sche Flächen mit gegebenen Verzweigungspunkten.* Math. Ann. 39, 1-61 (1891)

Inaba, E. [1944]: *Über den Hilbertschen Irreduzibilitätssatz.* Jap. J. Math. 19, 1-25 (1944)

Išhanov, V.V. [1976]: *On the semidirect imbedding problem with nilpotent kernel.* Izv. Akad. Nauk SSSR Ser. Mat. 40 (1976); Math. USSR Izv. 10, 1-23 (1976)

Iwasawa, K. [1953]: *On solvable extensions of algebraic number fields.* Ann. Math. 58, 548-572 (1953)

Jacobson, N. [1980]: *Basic Algebra* II. San Francisco: Freeman 1980

Jehne, W. [1979]: *Die Entwicklung des Umkehrproblems der Galoisschen Theorie.* Math.-Phys. Semesterberichte 26, 1-35 (1979)

Jensen, C.U.; Yui, N. [1982]: *Polynomials with* D_p *as Galois group.* J. Number Theory 15, 347-375 (1982)

Klein, F. [1884]: *Vorlesungen über das Ikosaeder.* Leipzig: Teubner 1884

Klein, F.; Fricke, R. [1897]: *Vorlesungen über die Theorie der Modulfunktionen* I. Leipzig: Teubner 1897

Klein, F.; Fricke, R. [1912]: *Vorlesungen über die Theorie der Modulfunktionen* II. Leipzig: Teubner 1912

Klein, R. [1982]: *Über Hilbertsche Körper.* J. reine angew. Math. 337, 171-194 (1982)

Kuyk, W. [1964]: *On a theorem of Emmy Noether.* Proc. Ned. Akad. Wetensch. A 67, 32-39 (1964)

Kuyk, W. [1970]: *Extensions de corps Hilbertiens.* J. Algebra 14, 112-124 (1970)

LaMacchia, M.E. [1980]: *Polynomials with Galois group* PSL(2,7). Commun. Algebra 8, 983-992 (1980)

Lang, S. [1973]: *Elliptic functions*. London etc.: Addison-Wesley 1973

Lang, S. [1982]: *Introduction to algebraic and abelian functions*. New York-Heidelberg-Berlin: Springer 1982

Lang, S. [1983]: *Fundamentals of diophantine geometry*. New York-Berlin-Heidelberg-Tokyo: Springer 1983

Lenstra, H.W. [1974]: *Rational functions invariant under a finite abelian group*. Invent. math. 25, 299-325 (1974)

Lenstra, H.W.; Tijdeman, R. [1982]: *Computational methods in number theory* I, II. Amsterdam: Mathematisches Zentrum 1982

van der Linden, F.J. [1982]: *The computation of Galois groups*. In Lenstra, Tijdeman [1982], 199-211

Macbeath, A.M. [1969a]: *Generators of the linear fractional groups*. Proc. Symp. Pure Math. 12, 14-32 (1969)

Macbeath, A.M. [1969b]: *Extensions of the rationals with Galois group* $PGL(2,\mathbb{Z}_n)$. Bull. London Math. Soc. 1, 332-338 (1969)

Malle, G. [1985]: *Realisierung von Gruppen* $PSL_2(\mathbb{F}_p)$ *und* $PSL_3(\mathbb{F}_p)$ *als Galoisgruppen über* $\mathbb{Q}$. Diplomarbeit, Math. Fak. Univ. Karlsruhe (TH)

Malle, G. [198?a]: *Polynomials for primitive nonsolvable permutation groups of degree* $d \leq 15$. J. Symb. Comp. (erscheint demnächst)

Malle, G. [198?b]: *Exzeptionelle Gruppen vom Lie-Typ als Galoisgruppen*. (Erscheint demnächst)

Malle, G.; Matzat, B.H. [1985]: *Realisierung von Gruppen* $PSL_2(\mathbb{F}_p)$ *als Galoisgruppen über* $\mathbb{Q}$. Math. Ann. 272, 549-565 (1985)

Malle, G.; Trinks, W. [198?]: *Zur Behandlung algebraischer Gleichungssysteme mit dem Computer*. (Erscheint demnächst)

Masuda, K. [1955]: *On a problem of Chevalley*. Nagoya Math. J. 8, 59-63 (1955)

Masuda, K. [1968]: *Application of the theory of the group of classes of projective modules to the existence problem of independent parameters of invariant*. J. Math. Soc. Japan 20, 223-232 (1968)

Matzat, B.H. [1979]: *Konstruktion von Zahlkörpern mit der Galoisgruppe* M_{11} *über* $\mathbb{Q}(\sqrt{-11})$. manuscripta math. 27, 103-111 (1979)

Matzat, B.H. [1983]: *Konstruktion von Zahlkörpern mit der Galoisgruppe* M_{12} *über* $\mathbb{Q}(\sqrt{-5})$. Arch. Math. 40, 245-254 (1983)

Matzat, B.H. [1984]: *Konstruktion von Zahl- und Funktionenkörpern mit vorgegebener Galoisgruppe*. J. reine angew. Math. 349, 179-220 (1984)

Matzat, B.H. [1985a]: *Zwei Aspekte konstruktiver Galoistheorie*. J. Algebra 96, 499-531 (1985)

Matzat, B.H. [1985b]: *Zum Einbettungsproblem der algebraischen Zahlentheorie mit nicht abelschem Kern*. Invent. math. 80, 365-374 (1985)

Matzat, B.H. [1986]: *Topologische Automorphismen in der konstruktiven*

Galoistheorie. J. reine angew. Math. 371, 16-45 (1986)

Matzat, B.H. [198?a]: *Über das Umkehrproblem der Galoisschen Theorie*. Jber. Deutsch. Math.-Ver. (Erscheint demnächst)

Matzat, B.H. [198?b]: *Einbettungsprobleme mit abelschem Kern über Hilbertkörpern*. Manuskript, Karlsruhe 1986

Matzat, B.H.; Zeh-Marschke, A. [1986]: *Realisierung der Mathieugruppen* M_{11} *und* M_{12} *als Galoisgruppen über* $\mathbb{Q}$. J. Number Theory 23, 195-202 (1986)

Matzat, B.H.; Zeh-Marschke, A. [1987]: *Polynome mit der Galoisgruppe* M_{11} *über* $\mathbb{Q}$. J. Symb. Comp. (erscheint demnächst)

Nagata, M. [1977]: *Field theory*. New York: Marcel Dekker 1977

Nart, E.; Vila, N. [1983]: *Equations with absolute Galois group isomorphic to* A_n. J. Number Theory 16, 6-13 (1983)

Neukirch, J. [1973]: *Über das Einbettungsproblem der algebraischen Zahlentheorie*. Invent. math. 21, 59-116 (1973)

Neukirch, J. [1974]: *Über die absolute Galoisgruppe algebraischer Zahlkörper*. Jber. Deutsch. Math.-Ver. 76, 18-37 (1974)

Neukirch, J. [1979]: *On solvable number fields*. Invent. math. 53, 135-174 (1979)

Noether, E. [1913]: *Rationale Funktionenkörper*. Jber. Deutsch. Math.-Ver. 22, 316-319 (1913)

Noether, E. [1918]: *Gleichungen mit vorgeschriebener Gruppe*. Math. Ann. 78, 221-229 (1918)

Odoni, R.W.K. [1985]: *The Galois theory of iterates and composites of polynomials*. Proc. London Math. Soc. 51, 385-414 (1985)

Pahlings, H. [198?]: *Some sporadic groups as Galois groups*. (Erscheint demnächst)

Popp, H. [1970]: *Fundamentalgruppen algebraischer Mannigfaltigkeiten*. Berlin-Heidelberg-New York: Springer 1970

Ribet, K.A. [1975]: *On l-adic representations attached to modular forms*. Invent. math. 28, 245-275 (1975)

Roland, G.; Yui, N.; Zagier, D. [1982]: *A parametric family of quintic polynomials with Galois group* D_5. J. Number Theory 15, 137-142 (1982)

Šafarevič, I.R. [1954a]: *On the construction of fields with a given Galois group of order* l^a. Izv. Akad. Nauk SSSR. Ser. Mat. 18, 216-296 (1954); Amer. Math. Soc. Transl. 4, 107-142 (1956)

Šafarevič, I.R. [1954b]: *On the problem of imbedding fields*. Izv. Akad. Nauk SSSR. Ser. Mat. 18, 389-418 (1954); Amer. Math. Soc. Transl. 4, 151-183 (1956)

Šafarevič, I.R. [1954c]: *Construction of fields of algebraic numbers with given solvable Galois group*. Izv. Akad. Nauk SSSR. Ser. Mat.

18, 525-578 (1954); Amer. Math. Soc. Transl. **4**, 185-237 (1956)

Šafarevič, I.R. [1958]: *On the imbedding problem for splitting extensions* (russ.). Dokl. Akad. Nauk SSSR. **120**, 1217-1219 (1958)

Šafarevič, I.R. [1963]: *Algebraic number fields*. Proc. Int. Congr. of Math. in Stockholm 1962, 264-269, Uppsala: Almqvist-Wiksells 1963; Amer. Math. Soc. Transl. **31**, 25-39 (1963)

Saltman, D.J. [1982]: *Generic Galois extensions and problems in field theory*. Adv. Math. **43**, 250-283 (1982)

Saltman, D.J. [1984]: *Noether's problem over algebraically closed field*. Invent. math. **77**, 71-84 (1984)

Schmid, H.L. [1936]: *Über die Automorphismen eines algebraischen Funktionenkörpers von Primzahlcharakteristik*. J. reine angew. Math. **176**, 161-167 (1936)

Scholz, A. [1929]: *Über die Bildung algebraischer Zahlkörper mit auflösbarer galoisscher Gruppe*. Math. Z. **30**, 332-356 (1929)

Scholz, A. [1937]: *Konstruktion algebraischer Zahlkörper mit beliebiger Gruppe von Primzahlpotenzordnung I*. Math. Z. **42**, 161-188 (1937)

Schubert, H. [1964]: *Topologie*. Stuttgart: Teubner 1964

Schur, I. [1930]: *Gleichungen ohne Affekt*. Sitzber. Preuss. Akad. Wiss., Phys.-Math. Klasse 1930, 443-449

Schur, I. [1931]: *Affektlose Gleichungen in der Theorie der Laguerreschen und Hermiteschen Polynome*. J. reine angew. Math. **165**, 52-58 (1931)

Seidelmann, F. [1918]: *Die Gesamtheit der kubischen und biquadratischen Gleichungen mit Affekt bei beliebigem Rationalitätsbereich*. Math. Ann. **78**, 230-233 (1918)

Seifert, H.; Threllfall, W. [1934]: *Lehrbuch der Topologie*. Leipzig-Berlin: Teubner 1934

Serre, J.P. [1959]: *Groupes algébriques et corps de classes*. Paris: Hermann 1959

Serre, J.-P. [1964]: *Cohomologie galoisienne*. Berlin-Heidelberg-New York: Springer 1964

Serre, J.-P. [1968]: *Corps locaux*. Paris: Hermann 1968

Serre, J.-P. [1972]: *Propriétés galoisiennes des points d'ordre fini des courbes elliptiques*. Invent. math. **15**, 259-331 (1972)

Serre, J.-P. [1984]: *L'invariant de Witt de la forme* $Tr(x^2)$. Comment. Math. Helvetici **59**, 651-676 (1984)

Shih, K.-y. [1974]: *On the construction of Galois extensions of function fields and number fields*. Math. Ann. **207**, 99-120 (1974)

Shih, K.-y. [1978]: *P-division points on certain elliptic curves*. Compositio Math. **36**, 113-129 (1978)

Shimura, G. [1966]: *A reciprocity law in nonsolvable extensions*. J.

reine angew. Math. 221, 209-220 (1966)

Shimura, G. [1971]: *Introduction to the arithmetic theory of automorphic functions*. Princeton University Press 1971

Siegel, C.L. [1929]: *Über einige Anwendungen diophantischer Approximationen*. Abh. Preuss. Akad. Wiss., Phys.-math. Klasse 1929, Nr. 1

Soicher, L.; McKay, J. [1985]: *Computing Galois groups over the rationals*. J. Number Theory 20, 273-281 (1985)

Sonn, J. [1972]: *On the embedding problem for nonsolvable Galois groups of algebraic number fields: Reduction theorems*. J. Number Theory 4, 411-436 (1972)

Sonn, J. [1980]: SL(2,5) *and Frobenius Galois groups over* $\mathbb{Q}$. Canad. J. Math. 32, 281-293 (1980)

Stauduhar, R.P. [1973]: *The determination of Galois groups*. Math. Comp. 27, 981-996 (1973)

Suzuki, M. [1982]: *Group theory* I. Berlin-Heidelberg-New York: Springer 1982

Swan, R.G. [1969]: *Invariant rational functions and a problem of Steenrod*. Invent. math. 7, 148-158 (1969)

Swan, R.G. [1981]: *Galois Theory*. In Brewer, J.W.; Smith, M.K. eds.: Emmy Noether: A tribute to her life and work, 115-124. New York: Marcel Dekker 1981

Swan, R.G. [1983]: *Noether's problem in Galois theory*. In Sally, J.D.; Srinivasan, B. eds.: Emmy Noether in Bryn Mawr, 21-40. New York: Springer 1983

Thompson, J.G. [1984a]: *Some finite groups which appear as* Gal(L/K) *where* $K \le \mathbb{Q}(\mu_n)$. J. Algebra 89, 437-499 (1984)

Thompson, J.G. [1984b]: PSL_3 *and Galois groups over* $\mathbb{Q}$. In Aschbacher et al. eds. [1984], 309-319

Thompson, J.G. [1984c]: *Primitive roots and rigidity*. In Aschbacher et al. eds. [1984], 327-350

Thompson, J.G. [198?a]: *Some finite groups of type* G_2 *which appear as Galois groups over* $\mathbb{Q}$. J. Algebra (erscheint demnächst)

Thompson, J.G. [198?b]: *Some finite groups which appear as Galois groups over* $\mathbb{Q}$. J. Algebra (erscheint demnöchst)

Trinks, W. [1969]: *Arithmetisch ähnliche Zahlkörper*. Diplomarbeit, Math. Fak. Univ. Karlsruhe (TH) 1969

Trinks, W. [1978]: *Über B. Buchbergers Verfahren, Systeme algebraischer Gleichungen zu lösen*. J. Number Theory 10, 475-488 (1978)

Trinks, W. [1984]: *On improving approximate results of Buchberger's algorithm by Newton's method*. ACM SIGSAM Bull. 18, 3, S. 7-11 (1984)

Tschebotaröw (Čebotarev), N.G. [1934]: *Die Probleme der modernen Galoisschen Theorie*. Comment. Math. Helvetici 6, 235-283 (1934)

Tschebotaröw (Čebotarev) N.G.; Schwerdtfeger, H. [1950]: *Grundzüge der Galoisschen Theorie*. Groningen-Djakarta: Noordhoff 1950

Vila, N. [1985a]: *On central extensions of* A_n *as Galois groups over* $\mathbb{Q}$. Arch. Math. **44**, 424-437 (1985)

Vila, N. [1985b]: *Polynomials over* $\mathbb{Q}$ *solving an embedding problem*. Ann. Inst. Fourier, Grenoble **35**, 2, S. 79-82 (1985)

Voskresenskiǐ, V.E. [1970]: *On the question of the structure of the subfield of invariants of a cyclic group of automorphisms of the field* $\mathbb{Q}(x_1,\dots,x_n)$. Izv. Akad. Nauk SSSR. Ser. Mat. **34**, 366-375 (1970); Math. USSR Izv. **4**, 371-380 (1970)

Vroskresenskiǐ, V.E. [1971]: *Rationality of certain algebraic tori*. Izv. Akad. Nauk SSSR. Ser. Mat. **35**, 1037-1046 (1971); Math. USSR Izv. **5**, 1049-1056 (1971)

Voskresenkiǐ, V.E. [1973]: *Fields of invariants of abelian groups*. Uspehi Mat. Nauk **28**, 77-102 (1973); Russian Math. Surveys **28**, 79-105 (1973)

Walter, J.H. [1984]: *Classical groups as Galois groups*. In Aschbacher et al. eds. [1984], 357-383

Washington, L.C. [1982]: *Introduction to cyclotomic fields*. New York-Heidelberg-Berlin, Springer 1982

Weber, H. [1886]: *Theorie der Abel'schen Zahlkörper*. Acta Math. **8**, 193-263 (1886)

Weber, H. [1898]: *Lehrbuch der Algebra* I. Braunschweig: Vieweg 1898

Weber, H. [1908]: *Algebra* III. Braunschweig: Vieweg 1908

Weil, A. [1956]: *The field of definition of a variety*. Amer. J. Math. **78**, 509-524 (1956)

Weissauer, R. [1982]: *Der Hilbertsche Irreduzibilitätssatz*. J. reine angew. Math. **334**, 203-220 (1982)

Wilson, R.A. [198?]: *The odd-local subgroups of the Monster*. J. Austral. Math. Soc. (erscheint demnächst)

Zassenhaus, H. [1958]: *Gruppentheorie*. Göttingen: Vandenhoeck und Ruprecht 1958

Zeh, A. [1985]: *Realisierung der Mathieugruppen* M_{11} *und* M_{12} *als Galoisgruppen*. Diplomarbeit, Math. Fak. Univ. Karlsruhe (TH) 1985

Namensverzeichnis

Sachverzeichnis

LECTURE NOTES IN MATHEMATICS
Edited by A. Dold and B. Eckmann

Some general remarks on the publication of monographs and seminars

In what follows all references to monographs, are applicable also to multiauthorship volumes such as seminar notes.

1. Lecture Notes aim to report new developments - quickly, informally, and at a high level. Monograph manuscripts should be reasonably self-contained and rounded off. Thus they may, and often will, present not only results of the author but also related work by other people. Furthermore, the manuscripts should provide sufficient motivation, examples and applications. This clearly distinguishes Lecture Notes manuscripts from journal articles which normally are very concise. Articles intended for a journal but too long to be accepted by most journals, usually do not have this "lecture notes" character. For similar reasons it is unusual for Ph.D. theses to be accepted for the Lecture Notes series.

   Experience has shown that English language manuscripts achieve a much wider distribution.

2. Manuscripts or plans for Lecture Notes volumes should be submitted either to one of the series editors or to Springer-Verlag, Heidelberg. These proposals are then refereed. A final decision concerning publication can only be made on the basis of the complete manuscripts, but a preliminary decision can usually be based on partial information: a fairly detailed outline describing the planned contents of each chapter, and an indication of the estimated length, a bibliography, and one or two sample chapters - or a first draft of the manuscript. The editors will try to make the preliminary decision as definite as they can on the basis of the available information.

3. Lecture Notes are printed by photo-offset from typed copy delivered in camera-ready form by the authors. Springer-Verlag provides technical instructions for the preparation of manuscripts, and will also, on request, supply special staionery on which the prescribed typing area is outlined. Careful preparation of the manuscripts will help keep production time short and ensure satisfactory appearance of the finished book. Running titles are not required; if however they are considered necessary, they should be uniform in appearance. We generally advise authors not to start having their final manuscripts specially tpyed beforehand. For professionally typed manuscripts, prepared on the special stationery according to our instructions, Springer-Verlag will, if necessary, contribute towards the typing costs at a fixed rate.

   The actual production of a Lecture Notes volume takes 6-8 weeks.

.../...

4. Final manuscripts should contain at least 100 pages of mathematical text and should include

   - a table of contents
   - an informative introduction, perhaps with some historical remarks. It should be accessible to a reader not particularly familiar with the topic treated.
   - subject index; this is almost always genuinely helpful for the reader.

5. Authors receive a total of 50 free copies of their volume, but no royalties. They are entitled to purchase further copies of their book for their personal use at a discount of 33 1/3 %, other Springer mathematics books at a discount of 20 % directly from Springer-Verlag.

   Commitment to publish is made by letter of intent rather than by signing a formal contract. Springer-Verlag secures the copyright for each volume.

LECTURE NOTES

ESSENTIALS FOR THE PREPARATION OF CAMERA-READY MANUSCRIPTS

Springer
Springer-Verlag
Berlin Heidelberg New York
London Paris Tokyo

The preparation of manuscripts which are to be reproduced by photo-offset requires special care. Manuscripts which are submitted in technically unsuitable form will be returned to the author for retyping. There is normally no possibility of carrying out further corrections after a manuscript is given to production. Hence it is crucial that the following instructions be adhered to closely. If in doubt, please send us 1 - 2 sample pages for examination.

Typing area. On request, Springer-Verlag will supply special paper with the typing area outlined.

The CORRECT TYPING AREA is 18 x 26 1/2 cm (7,5 x 11 inches).

Make sure the TYPING AREA IS COMPLETELY FILLED. Set the margins so that they precisely match the outline and type right from the top to the bottom line. (Note that the page-number will lie outside this area). Lines of text should not end more than three spaces inside or outside the right margin (see example on page 4).

Type on one side of the paper only.

Type. Use an electric typewriter if at all possible. CLEAN THE TYPE before use and always use a BLACK ribbon (a carbon ribbon is best).

Choose a type size large enough to stand reduction to 75%.

Word Processors. Authors using word-processing or computer-typesetting facilities should follow these instructions with obvious modifications. Please note with respect to your printout that
i) the characters should be sharp and sufficiently black;
ii) if the size of your characters is significantly larger or smaller than normal typescript characters, you should adapt the length and breadth of the text area proportionally keeping the proportions 1:0.68.
iii) it is not necessary to use Springer's special typing paper. Any white paper of reasonable quality is acceptable.
IF IN DOUBT, PLEASE SEND US 1-2 SAMPLE PAGES FOR EXAMINATION. We will be glad to give advice.

Spacing and Headings (Monographs). Use ONE-AND-A-HALF line spacing in the text. Please leave sufficient space for the title to stand out clearly and do NOT use a new page for the beginning of subdivisions of chapters. Leave THREE LINES blank above and TWO below headings of such subdivisions.

Spacing and Headings (Proceedings). Use ONE-AND-A-HALF line spacing in the text. Start each paper on a NEW PAGE and leave sufficient space for the title to stand out clearly. However, do NOT use a new page for the beginning of subdivisions of a paper. Leave THREE LINES blank above and TWO below headings of such subdivisions. Make sure headings of equal importance are in the same form.

The first page of each contribution should be prepared in the same way. Therefore, we recommend that the editor prepares a sample page and passes it on to the authors together with these ESSENTIALS. Please take

.../...

the following as an example.

MATHEMATICAL STRUCTURE IN QUANTUM FIELD THEORY

John E. Robert
Fachbereich Physik, Universität Osnabrück
Postfach 44 69, D-4500 Osnabrück

Please leave THREE LINES blank below heading and address of the author. THEN START THE ACTUAL TEXT OF YOUR CONTRIBUTION.

Footnotes. These should be avoided. If they cannot be avoided, place them at the foot of the page, separated from the text by a line 4 cm long, and type them in SINGLE LINE SPACING to finish exactly on the outline.

Symbols. Anything which cannot be typed may be entered by hand in BLACK AND ONLY BLACK ink. (A fine-tipped rapidograph is suitable for this purpose; a good black ball-point will do, but a pencil will not). Do not draw straight lines by hand without a ruler (not even in fractions).

Equations and Computer Programs. Equations and computer programs should begin four spaces inside the left margin. Should the equations be numbered, then each number should be in brackets at the right-hand edge of the typing area.

Pagination. Number pages in the upper right-hand corner in LIGHT BLUE OR GREEN PENCIL ONLY. The final page numbers will be inserted by the printer.

There should normally be NO BLANK PAGES in the manuscript (between chapters or between contributions) unless the book is divided into Part A, Part B for example, which should then begin on a right-hand page.

It is much safer to number pages AFTER the text has been typed and corrected. Page 1 (Arabic) should be THE FIRST PAGE OF THE ACTUAL TEXT. The Roman pagination (table of contents, preface, abstract, acknowledgements, brief introductions, etc.) will be done by Springer-Verlag.

Corrections. When corrections have to be made, cut the new text to fit and PASTE it over the old. White correction fluid may also be used.

Never make corrections or insertions in the text by hand.

If the typescript has to be marked for any reason, e.g. for TEMPORARY page numbers or to mark corrections for the typist, this can be done VERY FAINTLY with BLUE or GREEN PENCIL but NO OTHER COLOR: these colors do not appear after reproduction.

Table of Contents. It is advisable to type the table of contents later, copying the titles from the text and inserting page numbers.

Literature References. These should be placed at the end of each paper or chapter, or at the end of the work, as desired. Type them with single line spacing and start each reference on a new line.
Please ensure that all references are COMPLETE and PRECISE.

Vol. 1117: D.J. Aldous, J.A. Ibragimov, J. Jacod, Ecole d'Été de Probabilités de Saint-Flour XIII – 1983. Édité par P.L. Hennequin. IX, 409 pages. 1985.

Vol. 1118: Grossissements de filtrations: exemples et applications. Seminaire, 1982/83. Edité par Th. Jeulin et M. Yor. V, 315 pages. 1985.

Vol. 1119: Recent Mathematical Methods in Dynamic Programming. Proceedings, 1984. Edited by I. Capuzzo Dolcetta, W.H. Fleming and T. Zolezzi. VI, 202 pages. 1985.

Vol. 1120: K. Jarosz, Perturbations of Banach Algebras. V, 118 pages. 1985.

Vol. 1121: Singularities and Constructive Methods for Their Treatment. Proceedings, 1983. Edited by P. Grisvard, W. Wendland and J.R. Whiteman. IX, 346 pages. 1985.

Vol. 1122: Number Theory. Proceedings, 1984. Edited by K. Alladi. VII, 217 pages. 1985.

Vol. 1123: Séminaire de Probabilités XIX 1983/84. Proceedings. Edité par J. Azéma et M. Yor. IV, 504 pages. 1985.

Vol. 1124: Algebraic Geometry, Sitges (Barcelona) 1983. Proceedings. Edited by E. Casas-Alvero, G.E. Welters and S. Xambó-Descamps. XI, 416 pages. 1985.

Vol. 1125: Dynamical Systems and Bifurcations. Proceedings, 1984. Edited by B.L.J. Braaksma, H.W. Broer and F. Takens. V, 129 pages. 1985.

Vol. 1126: Algebraic and Geometric Topology. Proceedings, 1983. Edited by A. Ranicki, N. Levitt and F. Quinn. V, 423 pages. 1985.

Vol. 1127: Numerical Methods in Fluid Dynamics. Seminar. Edited by F. Brezzi, VII, 333 pages. 1985.

Vol. 1128: J. Elschner, Singular Ordinary Differential Operators and Pseudodifferential Equations. 200 pages. 1985.

Vol. 1129: Numerical Analysis, Lancaster 1984. Proceedings. Edited by P.R. Turner. XIV, 179 pages. 1985.

Vol. 1130: Methods in Mathematical Logic. Proceedings, 1983. Edited by C.A. Di Prisco. VII, 407 pages. 1985.

Vol. 1131: K. Sundaresan, S. Swaminathan, Geometry and Nonlinear Analysis in Banach Spaces. III, 116 pages. 1985.

Vol. 1132: Operator Algebras and their Connections with Topology and Ergodic Theory. Proceedings, 1983. Edited by H. Araki, C.C. Moore, Ş. Strătilă and C. Voiculescu. VI, 594 pages. 1985.

Vol. 1133: K.C. Kiwiel, Methods of Descent for Nondifferentiable Optimization. VI, 362 pages. 1985.

Vol. 1134: G.P. Galdi, S. Rionero, Weighted Energy Methods in Fluid Dynamics and Elasticity. VII, 126 pages. 1985.

Vol. 1135: Number Theory, New York 1983–84. Seminar. Edited by D.V. Chudnovsky, G.V. Chudnovsky, H. Cohn and M.B. Nathanson. V, 283 pages. 1985.

Vol. 1136: Quantum Probability and Applications II. Proceedings, 1984. Edited by L. Accardi and W. von Waldenfels. VI, 534 pages. 1985.

Vol. 1137: Xiao G., Surfaces fibrées en courbes de genre deux. IX, 103 pages. 1985.

Vol. 1138: A. Ocneanu, Actions of Discrete Amenable Groups on von Neumann Algebras. V, 115 pages. 1985.

Vol. 1139: Differential Geometric Methods in Mathematical Physics. Proceedings, 1983. Edited by H. D. Doebner and J. D. Hennig. VI, 337 pages. 1985.

Vol. 1140: S. Donkin, Rational Representations of Algebraic Groups. VII, 254 pages. 1985.

Vol. 1141: Recursion Theory Week. Proceedings, 1984. Edited by H.-D. Ebbinghaus, G.H. Müller and G.E. Sacks. IX, 418 pages. 1985.

Vol. 1142: Orders and their Applications. Proceedings, 1984. Edited by I. Reiner and K. W. Roggenkamp. X, 306 pages. 1985.

Vol. 1143: A. Krieg, Modular Forms on Half-Spaces of Quaternions. XIII, 203 pages. 1985.

Vol. 1144: Knot Theory and Manifolds. Proceedings, 1983. Edited by D. Rolfsen. V, 163 pages. 1985.

Vol. 1145: G. Winkler, Choquet Order and Simplices. VI, 143 pages. 1985.

Vol. 1146: Séminaire d'Algèbre Paul Dubreil et Marie-Paule Malliavin. Proceedings, 1983–1984. Edité par M.-P. Malliavin. IV, 420 pages. 1985.

Vol. 1147: M. Wschebor, Surfaces Aléatoires. VII, 111 pages. 1985.

Vol. 1148: Mark A. Kon, Probability Distributions in Quantum Statistical Mechanics. V, 121 pages. 1985.

Vol. 1149: Universal Algebra and Lattice Theory. Proceedings, 1984. Edited by S. D. Comer. VI, 282 pages. 1985.

Vol. 1150: B. Kawohl, Rearrangements and Convexity of Level Sets in PDE. V, 136 pages. 1985.

Vol 1151: Ordinary and Partial Differential Equations. Proceedings, 1984. Edited by B.D. Sleeman and R.J. Jarvis. XIV, 357 pages. 1985.

Vol. 1152: H. Widom, Asymptotic Expansions for Pseudodifferential Operators on Bounded Domains. V, 150 pages. 1985.

Vol. 1153: Probability in Banach Spaces V. Proceedings, 1984. Edited by A. Beck, R. Dudley, M. Hahn, J. Kuelbs and M. Marcus. VI, 457 pages. 1985.

Vol. 1154: D.S. Naidu, A.K. Rao, Singular Pertubation Analysis of Discrete Control Systems. IX, 195 pages. 1985.

Vol. 1155: Stability Problems for Stochastic Models. Proceedings, 1984. Edited by V.V. Kalashnikov and V.M. Zolotarev. VI, 447 pages. 1985.

Vol. 1156: Global Differential Geometry and Global Analysis 1984. Proceedings, 1984. Edited by D. Ferus, R.B. Gardner, S. Helgason and U. Simon. V, 339 pages. 1985.

Vol. 1157: H. Levine, Classifying Immersions into $\mathbb{R}^4$ over Stable Maps of 3-Manifolds into $\mathbb{R}^2$. V, 163 pages. 1985.

Vol. 1158: Stochastic Processes – Mathematics and Physics. Proceedings, 1984. Edited by S. Albeverio, Ph. Blanchard and L. Streit. VI, 230 pages. 1986.

Vol. 1159: Schrödinger Operators, Como 1984. Seminar. Edited by S. Graffi. VIII, 272 pages. 1986.

Vol. 1160: J.-C. van der Meer, The Hamiltonian Hopf Bifurcation. VI, 115 pages. 1985.

Vol. 1161: Harmonic Mappings and Minimal Immersions, Montecatini 1984. Seminar. Edited by E. Giusti. VII, 285 pages. 1985.

Vol. 1162: S.J.L. van Eijndhoven, J. de Graaf, Trajectory Spaces, Generalized Functions and Unbounded Operators. IV, 272 pages. 1985.

Vol. 1163: Iteration Theory and its Functional Equations. Proceedings, 1984. Edited by R. Liedl, L. Reich and Gy. Targonski. VIII, 231 pages. 1985.

Vol. 1164: M. Meschiari, J.H. Rawnsley, S. Salamon, Geometry Seminar "Luigi Bianchi" II – 1984. Edited by E. Vesentini. VI, 224 pages. 1985.

Vol. 1165: Seminar on Deformations. Proceedings, 1982/84. Edited by J. Ławrynowicz. IX, 331 pages. 1985.

Vol. 1166: Banach Spaces. Proceedings, 1984. Edited by N. Kalton and E. Saab. VI, 199 pages. 1985.

Vol. 1167: Geometry and Topology. Proceedings, 1983–84. Edited by J. Alexander and J. Harer. VI, 292 pages. 1985.

Vol. 1168: S.S. Agaian, Hadamard Matrices and their Applications. III, 227 pages. 1985.

Vol. 1169: W.A. Light, E.W. Cheney, Approximation Theory in Tensor Product Spaces. VII, 157 pages. 1985.

Vol. 1170: B.S. Thomson, Real Functions. VII, 229 pages. 1985.

Vol. 1171: Polynômes Orthogonaux et Applications. Proceedings, 1984. Edité par C. Brezinski, A. Draux, A.P. Magnus, P. Maroni et A. Ronveaux. XXXVII, 584 pages. 1985.

Vol. 1172: Algebraic Topology, Göttingen 1984. Proceedings. Edited by L. Smith. VI, 209 pages. 1985.

Vol. 1173: H. Delfs, M. Knebusch, Locally Semialgebraic Spaces. XVI, 329 pages. 1985.

Vol. 1174: Categories in Continuum Physics, Buffalo 1982. Seminar. Edited by F.W. Lawvere and S.H. Schanuel. V, 126 pages. 1986.

Vol. 1175: K. Mathiak, Valuations of Skew Fields and Projective Hjelmslev Spaces. VII, 116 pages. 1986.

Vol. 1176: R.R. Bruner, J.P. May, J.E. McClure, M. Steinberger, H_∞ Ring Spectra and their Applications. VII, 388 pages. 1986.

Vol. 1177: Representation Theory I. Finite Dimensional Algebras. Proceedings, 1984. Edited by V. Dlab, P. Gabriel and G. Michler. XV, 340 pages. 1986.

Vol. 1178: Representation Theory II. Groups and Orders. Proceedings, 1984. Edited by V. Dlab, P. Gabriel and G. Michler. XV, 370 pages. 1986.

Vol. 1179: Shi J.-Y. The Kazhdan-Lusztig Cells in Certain Affine Weyl Groups. X, 307 pages. 1986.

Vol. 1180: R. Carmona, H. Kesten, J.B. Walsh, École d'Été de Probabilités de Saint-Flour XIV – 1984. Édité par P.L. Hennequin. X, 438 pages. 1986.

Vol. 1181: Buildings and the Geometry of Diagrams, Como 1984. Seminar. Edited by L. Rosati. VII, 277 pages. 1986.

Vol. 1182: S. Shelah, Around Classification Theory of Models. VII, 279 pages. 1986.

Vol. 1183: Algebra, Algebraic Topology and their Interactions. Proceedings, 1983. Edited by J.-E. Roos. XI, 396 pages. 1986.

Vol. 1184: W. Arendt, A. Grabosch, G. Greiner, U. Groh, H.P. Lotz, U. Moustakas, R. Nagel, F. Neubrander, U. Schlotterbeck, One-parameter Semigroups of Positive Operators. Edited by R. Nagel. X, 460 pages. 1986.

Vol. 1185: Group Theory, Beijing 1984. Proceedings. Edited by Tuan H.F. V, 403 pages. 1986.

Vol. 1186: Lyapunov Exponents. Proceedings, 1984. Edited by L. Arnold and V. Wihstutz. VI, 374 pages. 1986.

Vol. 1187: Y. Diers, Categories of Boolean Sheaves of Simple Algebras. VI, 168 pages. 1986.

Vol. 1188: Fonctions de Plusieurs Variables Complexes V. Séminaire, 1979–85. Edité par François Norguet. VI, 306 pages. 1986.

Vol. 1189: J. Lukeš, J. Malý, L. Zajíček, Fine Topology Methods in Real Analysis and Potential Theory. X, 472 pages. 1986.

Vol. 1190: Optimization and Related Fields. Proceedings, 1984. Edited by R. Conti, E. De Giorgi and F. Giannessi. VIII, 419 pages. 1986.

Vol. 1191: A.R. Its, V.Yu. Novokshenov, The Isomonodromic Deformation Method in the Theory of Painlevé Equations. IV, 313 pages. 1986.

Vol. 1192: Equadiff 6. Proceedings, 1985. Edited by J. Vosmansky and M. Zlámal. XXIII, 404 pages. 1986.

Vol. 1193: Geometrical and Statistical Aspects of Probability in Banach Spaces. Proceedings, 1985. Edited by X. Fernique, B. Heinkel, M.B. Marcus and P.A. Meyer. IV, 128 pages. 1986.

Vol. 1194: Complex Analysis and Algebraic Geometry. Proceedings, 1985. Edited by H. Grauert. VI, 235 pages. 1986.

Vol. 1195: J.M. Barbosa, A.G. Colares, Minimal Surfaces in $\mathbb{R}^3$. X, 124 pages. 1986.

Vol. 1196: E. Casas-Alvero, S. Xambó-Descamps, The Enumerative Theory of Conics after Halphen. IX, 130 pages. 1986.

Vol. 1197: Ring Theory. Proceedings, 1985. Edited by F.M.J. van Oystaeyen. V, 231 pages. 1986.

Vol. 1198: Séminaire d'Analyse, P. Lelong – P. Dolbeault – H. Skoda. Seminar 1983/84. X, 260 pages. 1986.

Vol. 1199: Analytic Theory of Continued Fractions II. Proceedings, 1985. Edited by W.J. Thron. VI, 299 pages. 1986.

Vol. 1200: V.D. Milman, G. Schechtman, Asymptotic Theory of Finite Dimensional Normed Spaces. With an Appendix by M. Gromov. VIII, 156 pages. 1986.

Vol. 1201: Curvature and Topology of Riemannian Manifolds. Proceedings, 1985. Edited by K. Shiohama, T. Sakai and T. Sunada. VII, 336 pages. 1986.

Vol. 1202: A. Dür, Möbius Functions, Incidence Algebras and Power Series Representations. XI, 134 pages. 1986.

Vol. 1203: Stochastic Processes and Their Applications. Proceedings, 1985. Edited by K. Itô and T. Hida. VI, 222 pages. 1986.

Vol. 1204: Séminaire de Probabilités XX, 1984/85. Proceedings. Edité par J. Azéma et M. Yor. V, 639 pages. 1986.

Vol. 1205: B.Z. Moroz, Analytic Arithmetic in Algebraic Number Fields. VII, 177 pages. 1986.

Vol. 1206: Probability and Analysis, Varenna (Como) 1985. Seminar. Edited by G. Letta and M. Pratelli. VIII, 280 pages. 1986.

Vol. 1207: P.H. Bérard, Spectral Geometry: Direct and Inverse Problems. With an Appendix by G. Besson. XIII, 272 pages. 1986.

Vol. 1208: S. Kaijser, J.W. Pelletier, Interpolation Functors and Duality. IV, 167 pages. 1986.

Vol. 1209: Differential Geometry, Peñíscola 1985. Proceedings. Edited by A.M. Naveira, A. Ferrández and F. Mascaró. VIII, 306 pages. 1986.

Vol. 1210: Probability Measures on Groups VIII. Proceedings, 1985. Edited by H. Heyer. X, 386 pages. 1986.

Vol. 1211: M.B. Sevryuk, Reversible Systems. V, 319 pages. 1986.

Vol. 1212: Stochastic Spatial Processes. Proceedings, 1984. Edited by P. Tautu. VIII, 311 pages. 1986.

Vol. 1213: L.G. Lewis, Jr., J.P. May, M. Steinberger, Equivariant Stable Homotopy Theory. IX, 538 pages. 1986.

Vol. 1214: Global Analysis – Studies and Applications II. Edited by Yu.G. Borisovich and Yu.E. Gliklikh. V, 275 pages. 1986.

Vol. 1215: Lectures in Probability and Statistics. Edited by G. del Pino and R. Rebolledo. V, 491 pages. 1986.

Vol. 1216: J. Kogan, Bifurcation of Extremals in Optimal Control. VIII, 106 pages. 1986.

Vol. 1217: Transformation Groups. Proceedings, 1985. Edited by S. Jackowski and K. Pawalowski. X, 396 pages. 1986.

Vol. 1218: Schrödinger Operators, Aarhus 1985. Seminar. Edited by E. Balslev. V, 222 pages. 1986.

Vol. 1219: R. Weissauer, Stabile Modulformen und Eisensteinreihen. III, 147 Seiten. 1986.

Vol. 1220: Séminaire d'Algèbre Paul Dubreil et Marie-Paule Malliavin. Proceedings, 1985. Edité par M.-P. Malliavin. IV, 200 pages. 1986.

Vol. 1221: Probability and Banach Spaces. Proceedings, 1985. Edited by J. Bastero and M. San Miguel. XI, 222 pages. 1986.

Vol. 1222: A. Katok, J.-M. Strelcyn, with the collaboration of F. Ledrappier and F. Przytycki, Invariant Manifolds, Entropy and Billiards; Smooth Maps with Singularities. VIII, 283 pages. 1986.

Vol. 1223: Differential Equations in Banach Spaces. Proceedings, 1985. Edited by A. Favini and E. Obrecht. VIII, 299 pages. 1986.

Vol. 1224: Nonlinear Diffusion Problems, Montecatini Terme 1985. Seminar. Edited by A. Fasano and M. Primicerio. VIII, 188 pages. 1986.

Vol. 1225: Inverse Problems, Montecatini Terme 1986. Seminar. Edited by G. Talenti. VIII, 204 pages. 1986.

Vol. 1226: A. Buium, Differential Function Fields and Moduli of Algebraic Varieties. IX, 146 pages. 1986.

Vol. 1227: H. Helson, The Spectral Theorem. VI, 104 pages. 1986.

Vol. 1228: Multigrid Methods II. Proceedings, 1985. Edited by W. Hackbusch and U. Trottenberg. VI, 336 pages. 1986.

Vol. 1229: O. Bratteli, Derivations, Dissipations and Group Actions on C*-algebras. IV, 277 pages. 1986.

Vol. 1230: Numerical Analysis. Proceedings, 1984. Edited by J.-P. Hennart. X, 234 pages. 1986.

Vol. 1231: E.-U. Gekeler, Drinfeld Modular Curves. XIV, 107 pages. 1986.